BIM 应用系列教材

安装工程BIM建模基础与应用

王君峰　朱溢镕　主编

化学工业出版社
·北京·

内容简介

党的二十大报告强调，加快发展数字经济，促进数字经济和实体经济深度融合，打造具有国际竞争力的数字产业集群。数字技术、数字经济作为世界科技革命和产业变革的先机，日益融入经济社会发展各领域全过程。BIM 技术已成为工程建设行业重要的数字技术，成为工程行业数字经济的组成部分。

本书以安装工程项目为基础，系统性地介绍了安装工程中各专业 BIM 模型创建与综合应用的过程。全书共 10 章，涵盖 BIM 的基础概念，安装工程 BIM 策划和协同方法，给排水、消防、采暖、通风防排烟及空调、电气等机电工程各专业基础知识与 BIM 模型创建的方法，BIM 模型在机电安装工程中的应用等内容。

本书结合机电安装工程涉及专业较多的特点，对安装工程各专业的工作范围及相关规范进行详细说明，加强读者对安装工程的认知与理解，具有较强的实用性。随书附带操作视频、图片及对应的练习成果文件等多媒体资源，可扫描书中二维码获取，方便教与学。

本书可作为应用型本科、高等职业院校建筑工程相关专业的教材，也可作为机电安装相关专业工程师、BIM 爱好者的自学用书，以及社会相关培训机构的参考用书。

图书在版编目（CIP）数据

安装工程BIM建模基础与应用 / 王君峰，朱溢镕主编.
北京 : 化学工业出版社，2025. 2. -- ISBN 978-7-122
-46702-7

Ⅰ. TU723.3-39

中国国家版本馆CIP数据核字第2024FE6623号

责任编辑：李仙华　吕佳丽　　文字编辑：郝　悦　王　硕
责任校对：张茜越　　装帧设计：张　辉

出版发行：化学工业出版社（北京市东城区青年湖南街 13 号　邮政编码 100011）
印　　装：三河市航远印刷有限公司
787mm×1092mm　1/16　印张 16¾　彩插 2　字数 423 千字　2025 年 2 月北京第 1 版第 1 次印刷

购书咨询：010-64518888　　售后服务：010-64518899
网　　址：http://www.cip.com.cn
凡购买本书，如有缺损质量问题，本社销售中心负责调换。

定　　价：49.80元

编写人员名单

主　编

王君峰　重庆筑信云智建筑科技有限公司

朱溢镕　浙江广厦建设职业技术大学

副主编

汤　侗　中国建设科技集团股份有限公司

张　吉　浙江建设职业技术学院

程　蓓　重庆筑信云智建筑科技有限公司

陈　欢　重庆科恒建材集团有限公司

参　编

刘书航　重庆筑信云智建筑科技有限公司

翁嘉嘉　重庆筑信云智建筑科技有限公司

王娟丽　中国建设科技集团股份有限公司

徐　聪　中建科工集团有限公司

丁东山　中建科工集团有限公司

田文飞　信息产业电子第十一设计研究院科技工程股份有限公司

李怡静　四川柏慕联创建筑科技有限公司

胡　林　四川柏慕联创建筑科技有限公司

鲍大鑫　中铁建工集团有限公司建筑工程研究院

田仲翔　中铁建工集团有限公司建筑工程研究院

彭根生　重庆设计集团有限公司市政设计研究院

主　审

杨万科　重庆筑信云智建筑科技有限公司　技术总监、教授级高级工程师

序

随着科技的不断进步与数字化浪潮的席卷，建设工程行业正迎来前所未有的变革。其中，BIM（building information modeling）技术以其强大的可视化、协调性、模拟性、优化性、可出图性，成为推动行业转型升级的重要引擎。如今，BIM已经成为了行业内更基础的平台，并为各种应用提供重要支撑，特别是在大型、复杂、重点工程建设中，发挥了不可或缺、无可替代的重要作用。

王君峰老师身为BIM领域的资深翘楚，长期以来不懈地投身于BIM技术的研究、实践与推广之中。他的辛勤耕耘结出了累累硕果，至今已累计出版了九本与BIM相关的书籍。在这些作品中，他不仅展现了BIM技术的广阔天地，更是通过精心制作的视频课件，深入剖析了实际工程应用中的软件操作细节，为BIM从业人员提供了宝贵的启示。

而今，王君峰老师再次献上一部力作——《安装工程BIM建模基础与应用》。这本书承袭了他一贯的严谨务实之风，系统地介绍了BIM技术在安装工程领域的基础理论、实践应用以及未来发展趋势。他为广大读者提供了一本既系统又全面、既实用又深入的安装工程BIM教材，旨在帮助读者深入理解和掌握BIM技术，助力行业的数字化转型和升级。

本书逐一探讨了机电安装工程、给排水工程、消防系统、采暖系统、通风防排烟及空调系统、电气工程等多个专业领域的BIM建模基础与应用。从软件的界面介绍、基本操作到专业模型的创建、优化与输出，力求为读者提供一套完整的学习体系。特别是在机电管线综合优化预留孔洞及机电材料统计等方面，结合项目案例，详细讲解了如何利用BIM模型进行高效、精准的设计与管理。

值得一提的是，本书不仅注重理论知识的传授，更强调实践能力的培养。希望通过系统化的学习，让读者能够熟练掌握BIM技术，满足未来BIM就业专业岗位的能力要求。也希望本书能够为行业BIM人才的培养提供助力。

展望未来，BIM 技术将在建设工程领域发挥越来越重要的作用。在此，我向广大读者强烈推荐这本书。无论你是 BIM 技术的初学者，还是已经有一定 BIM 基础的从业者，这本书都将是你不可或缺的宝贵资源。它将帮助你更好地掌握 BIM 技术，提升安装工程 BIM 建模能力，提高你的职业竞争力，为你的职业生涯注入新的活力。让我们一起跟随王君峰老师的步伐，共同探索 BIM 技术的无限可能！为推动建设工程行业的数字化发展贡献自己的力量！

中铁建工集团有限公司建筑工程研究院 BIM 中心主任

2024 年 12 月

前言

党的二十大报告强调，加快发展数字经济，促进数字经济和实体经济深度融合，打造具有国际竞争力的数字产业集群。数字技术、数字经济作为世界科技革命和产业变革的先机，日益融入经济社会发展各领域全过程。在当今建筑行业中，信息化与数字化技术的迅猛发展正在推动着行业的深刻变革。作为这一变革的重要载体，建筑信息模型（BIM）技术以其独特的优势，正在逐步改变着传统建筑设计与施工的方式。特别是在机电安装工程领域，BIM 技术的应用不仅能够提升设计的精度与效率，而且还能够实现各专业之间的协同设计，在设计及深化过程中提质增效，从而大大提高建筑的整体性能与工程质量。BIM 技术已成为工程建设行业重要的数字技术，成为工程行业数字经济的组成部分。

本书旨在为广大安装工程设计与施工领域读者提供一本系统、全面、实用的安装工程 BIM 建模及应用指南。本书从 BIM 技术的基本概念入手，深入剖析了 BIM 在机电深化设计中的应用原理与实践方法。通过对 BIM 模型的创建、管理与优化等环节的详细讲解，使读者能够全面了解并掌握 BIM 技术在机电深化设计中的具体应用技巧。

此外，本书还注重理论与实践相结合，通过真实案例分析与实操练习，使读者能够在实践中不断加深对 BIM 技术的理解与掌握。同时，本书还关注行业前沿动态，对 BIM 技术在机电深化设计中的最新研究成果与发展趋势进行了介绍，使读者能够紧跟行业步伐，不断提升自身的专业素养与技能水平。

在编写过程中，我们力求做到内容翔实、语言通俗易懂，使不同层次的读者都能够轻松学习。同时，我们还特别注重教材的实用性与可操作性，力求使每一位读者都能够通过本书的学习，真正掌握 BIM 技术在机电安装工程中的应用技能。

我们相信，本书将成为广大安装工程设计与施工领域读者学习 BIM 技术的实用参考书籍。无论是初学者还是有一定经验的从业者，都能够从本书中获得宝贵的启示与帮助。

全书共10章。第1章介绍了BIM的基础概念、政策和发展、应用和价值、人才需求；第2章介绍了安装工程BIM的应用场景及应用流程；第3章介绍了安装工程BIM建模的主流软件Revit的通用操作；第4章介绍了安装工程BIM前期准备阶段的执行计划、协同机制及样板设置；第5章介绍了给排水相关专业知识以及如何在Revit中创建给排水专业模型；第6章介绍了消防专业相关知识以及如何在Revit中创建消防专业模型；第7章介绍了采暖专业相关知识以及如何在Revit中创建采暖专业模型；第8章介绍了通风防排烟及空调专业相关知识以及如何在Revit中创建通风防排烟及空调专业模型；第9章介绍了电气专业相关知识以及如何在Revit中创建电气专业模型；第10章介绍了BIM最常用的碰撞检查、管线综合优化、预留孔洞、机电材料统计、净高分析、支吊架深化、出图打印、模型输出与展示8个应用点的详细操作流程。

本书由王君峰、朱溢镕担任主编，汤侗、张吉、程蓓、陈欢担任副主编，刘书航、翁嘉嘉、王娟丽、徐聪、丁东山、田文飞、李怡静、胡林、鲍大鑫、田仲翔、彭根生参与编写。第1章由朱溢镕编写，第2章由徐聪、丁东山编写，第3章由王君峰、田文飞编写，第4章由张吉编写，第5章由汤侗、王娟丽编写，第6章由刘书航编写，第7章由李怡静、胡林编写，第8章由陈欢、彭根生编写，第9章由鲍大鑫、田仲翔编写，第10章由程蓓、翁嘉嘉编写。全书由重庆筑信云智建筑科技有限公司技术总监教授级高级工程师杨万科主审。

在本书即将付梓之际，首先要感谢编写团队中每一位成员以及他们的家人，正是家人的支持、理解与辛苦付出，才让这本书能够及时顺利完稿。在此过程中也得到了化学工业出版社的大力支持，在此一并感谢！

为方便教学，本书开发了操作视频、图片等资源，可通过扫描书中二维码获取。同时，本书还提供了配套的电子课件、相应实战样例文件、专用宿舍楼图纸等，可登录www.cipedu.com.cn免费获取。

由于编写时间及作者水平有限，疏漏之处在所难免，还请读者不吝指正。

编者

2024年12月

目录

二维码资源目录

编号	资源名称	类型	页码
1-1	BIM 介绍	视频	2
1-2	图 1-3 彩图	图片	7
2-1	图 2-5 彩图	图片	13
2-2	图 2-8 彩图	图片	14
2-3	图 2-9 彩图	图片	16
2-4	图 2-11 彩图	图片	16
2-5	图 2-12 彩图	图片	17
2-6	图 2-13 彩图	图片	17
2-7	图 2-14 彩图	图片	17
2-8	图 2-15 彩图	图片	18
2-9	图 2-16 彩图	图片	18
2-10	图 2-17 彩图	图片	19
2-11	图 2-18 彩图	图片	19
3-1	图 3-1 彩图	图片	24
3-2	视图基本操作	视频	48
3-3	图元编辑	视频	55
4-1	表 4-5 系统颜色及线型编码表	PDF	63
4-2	链接与复制监视	视频	69
4-3	样板文件与项目信息设置	视频	79
4-4	系统定义与项目浏览器管理	视频	80
5-1	建模前准备	视频	91
5-2	定义给水系统	视频	93
5-3	创建给水横管	视频	96
5-4	创建给水立管	视频	99
5-5	创建给水设备及末端	视频	100
5-6	创建给水管道附件	视频	103
5-7	定义排水系统	视频	104
5-8	创建排水横管	视频	106
5-9	创建排水立管	视频	108
5-10	创建排水设备及末端	视频	109
5-11	图 5-52 彩图	图片	111
5-12	创建排水管道附件	视频	112
5-13	图 5-57 彩图	图片	113
6-1	定义喷淋系统	视频	117
6-2	创建喷淋横管	视频	119
6-3	创建喷淋立管	视频	121
6-4	创建喷淋头	视频	122
6-5	创建喷淋管道附件	视频	124
6-6	定义消火栓系统	视频	125
6-7	创建消火栓横管	视频	126
6-8	创建消火栓立管	视频	127
6-9	创建消火栓箱	视频	127

续表

第1章 BIM 概述

知识目标

- 掌握建筑信息模型（BIM）的概念
- 掌握 BIM 的特征、政策与核心价值
- 了解 BIM 的软件应用场景
- 熟悉 BIM 人才市场需求及能力分析

能力目标

- 运用 BIM 概念及特征价值知识提升个人认知能力
- 内化 BIM 软件应用场景及岗位人才能力需求转化

素质拓展

通过本章的学习，深刻了解促进建筑行业转型升级的数字化核心技术——BIM 技术，结合 BIM 的概念、特征等体系化的知识学习，一方面建立体系化思维认知；另一方面可以建立建筑产业正确的价值观。结合我国 BIM 政策及项目应用价值学习，增强对建筑行业的信心，进而转化为学习的动力。

通过本章的学习，对建筑行业新型岗位——建模信息模型技术员有深刻认知。基于新型岗位业务场景，分析 BIM 新型岗位能力要求，结合岗位能力细分的学习实践目标，聚焦 BIM 岗位核心能力技术技能实操应用。围绕一体化项目案例，脚踏实地地进行业务学习转化，立足当下，发挥技艺，追求卓越的匠人精神。通过对未来工作岗位的深度认知思考，进而明确当前学习目标及方向。

BIM 技术的发展给建筑业带来了一次质的飞跃，本章系统地介绍了 BIM 建模技术在建设工程机电项目中的应用价值及给建筑产业升级带来的意义。本章以“技艺在身、匠心在怀的BIM 建模员”为主题，融入学校创新匠人培养建设中的“高质量卓越工程师培养目标”、新一代数字技术中的“数字建造理念”、跨学科视野中的“智能建造思维”、科技强国号召中的“中国建造方向”、高质量发展背景中的“鲁班精神传承”，注重德技并修，将教学与育人两条线融会贯通。在中国建造时代背景下，通过数字建造驱动智能建造场景中 BIM 技术技能人才培养目标，最终支撑中国建造走向世界。

1.1 BIM 的概念及特征

BIM 成为建筑行业中最热门的数字技术，广泛应用于各类工程的设计、施工及运维等各领域。特别是在机电安装工程领域，基于 BIM 模型完成机电安装工程管线深化设计，并指导机电安装工程现场安装，已经成为当前机电安装工程必备的工作流程。作为当前国内应用较为广泛的 BIM 创建工具，Revit 平台支持建筑、结构、机电（包含暖通、给排水、电气等专业）横跨设计、施工、运维建筑全生命周期各个阶段，以满足工程建设行业中各专业、各阶段的应用需求。

1.1.1 BIM 的概念

BIM 全称为 building information modeling，其中文含义为“建筑信息模型”。

美国国家 BIM 标准委员会（NBIMS）将 BIM 定义为：BIM 是一个设施（建设项目）物理和功能特性的数字表达；BIM 是一个共享的知识资源，是一个分享有关这个设施的信息，为该设施从建设到拆除的全生命周期中的所有决策提供可靠依据的过程；在项目的不同阶段，不同利益相关方通过在 BIM 中插入、提取、更新和修改信息，以支持和反映其各自职责的协同作业。

《建筑信息模型应用统一标准》（GB/T 51212—2016）将 BIM 定义为：在建设工程及设施全生命周期内，对其物理和功能特性进行数字化表达，并依此设计、施工、运营的过程和结果的总称，简称模型。如图 1-1 所示，表明了建筑信息模型与工程建设各阶段之间的关系。

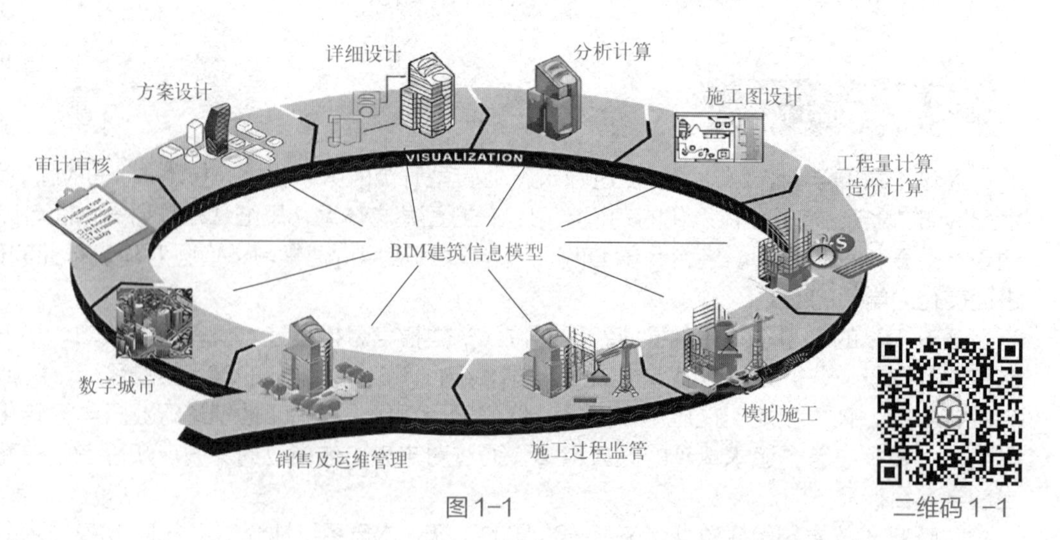

图 1-1

二维码 1-1

建筑信息模型简称BIM，是利用精准的数字模型对项目进行设计、建造和运营的全过程高效管理。BIM的本质是模型与信息的融合。

（1）building（建筑）

building（建筑）不能狭义理解为“建筑”，应该是整个工程建设行业，包括建筑工程、水利水电工程、道路桥梁等各类基础设施工程。

“建筑”包含下列三种类型的设施或建筑物：住宅、办公等建筑物；水坝、电站等构筑物；公路、铁路、市政管道等线状结构的基础设施。

（2）information（信息）

information（信息）由尺寸、定位、空间拓扑关系等几何信息，名称、几何尺寸、规格型号、材料和材质、生产厂商、功能与性能技术参数，以及系统类型、施工段、施工方式、工程逻辑关系等非几何信息构成。BIM技术的基础核心，就是以三维模型为载体，通过信息、数据的采集、传递，进行专业分析及后期的预测、优化，为建筑工程产业带来真正变革动力。

（3）modeling（模型）

可以从三个层面来理解BIM中的模型，即model（几何模型）、modeling（过程模型）和management（管理）。

当将BIM中的M理解为model时，BIM表达的是工程项目物理和功能特性的数字化模型。初期的BIM发展以模型创建为主，大多数的BIM项目均以提交三维模型为目的。

当将BIM中的M理解为modeling时，可将其理解为建造过程的“模型化”，指的是建筑在设计施工过程中的基于三维几何模型的工作方式及应用。这一阶段BIM发展以模型深化应用为主，项目全过程与BIM模型关联，以BIM模型为基础进行深化应用，达到为项目建造过程辅助降本增效及提升工程质量的目的。

当将BIM中的M理解为management时，可将其理解为建筑工程的数字化“管理”，这里的建筑信息管理是建设全过程的数字化工作流程。通过使用BIM中的信息，使项目各参与方在全生命周期内信息共享、协同作业。

BIM各层级之间关系如图1-2所示。

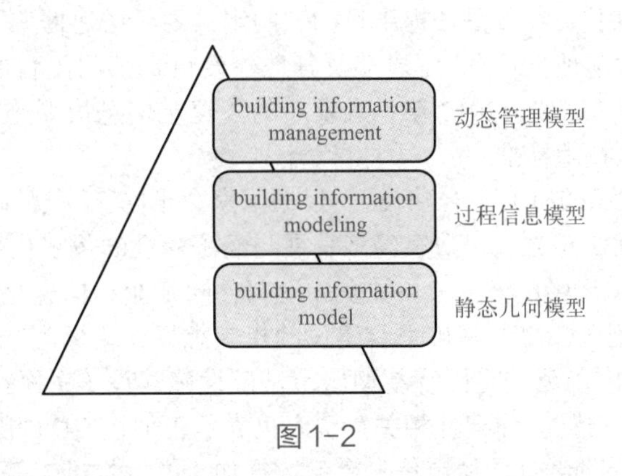

图1-2

1.1.2 BIM的特征

BIM具有模型可视化、参数化、协同性、模拟性、可交互性、全生命周期连贯性等特点。对于BIM的特征，总结有以下几点：

① BIM 是设施的数字表达，是对工程项目设施实体和功能特性的完整描述，基于三维几何数据模型，集成了建筑设施其他相关物理信息、功能要求和性能要求等参数化信息并且通过开放式标准实现信息的互用。

② BIM 是共享的知识资源，基于数字模型，实现工程的规划、设计、施工、运维各个阶段数据共享。数据是连续、即时、可靠、一致的，可以为工作和决策提供可靠依据。

③ BIM 是数字化协同过程，是应用于设计、建造、运营的数字化管理方法和协同工作过程，支持建筑工程的集成管理环境，可以在其整个进程中使建筑工程效率显著提高和风险降低。

④ BIM 是信息化的技术，BIM 需要信息化软件支撑，需要通过 BIM 软件在 BIM 模型中实现提取、应用、更新相关信息，支持和反映各自职责的协同作业，以提高设计、建造和运维的效率和水平。

1.2 BIM 的政策分析及发展趋势

1.2.1 BIM 的政策分析

通过梳理国家近十年 BIM 政策及官方数据，国内 BIM 技术应用大致可分为目标制定（2011—2015 年）、实施推广（2016—2019 年）、全过程落地（2020 年至今）三个阶段；以 2016 年《建筑信息模型应用统一标准》的发布为分水岭，2016 年以前着重“顶层设计”，2016 年以后聚焦“落地推广”，2020 年至今立足“（CIM）平台建设”。

2016 年以前着重“顶层设计”。住房和城乡建设部（简称住建部）及各地建设负责部门主要出台的是应用推广意见，提出了推广 BIM 技术的方案以及 BIM 技术发展的目标，如住建部发布的《2016—2020 年建筑业信息化发展纲要》提出：“到 2020 年末，建筑行业甲级勘察、设计单位以及特级、一级房屋建筑工程施工企业应掌握并实现 BIM 与企业管理系统和其他信息技术的一体化集成应用”，特点是“提出目标、制定计划、搭建框架”。

2016 年以后聚焦“落地推广”。住建部及各地建设负责部门出台的 BIM 技术政策更加细致，落地、实操性更强。例如，2017 年 5 月发布的《建筑信息模型施工应用标准》让中国建筑业有了可参考的 BIM 技术标准。

2020 年至今立足“（CIM）平台建设”。根据国家“十四五”规划对数字化、网络化、智能化的要求，特别是 2022 年之后，数字经济发展与经济社会的数字化转型对 BIM 技术应用推广力度需求加大。具体以 2020 年住房和城乡建设部会同工业和信息化部、中央网信办印发的《关于开展城市信息模型（CIM）基础平台建设的指导意见》为标志，当前及未来一段时间预测，BIM（或 CIM）的应用范围将围绕新型城市基础设施建设（简称新城建）继续深入推广，以“新城建”对接“新基建”。住建部相关负责人也表示正加快 CIM 相关标准编制工作（《城市信息模型基础平台技术标准》《城市信息模型数据加工技术标准》等一批行业标准正在加紧编制中）。

住建部、交通运输部等多个部委自 2011 年开始即发布了与 BIM 相关的各项政策，随着对 BIM 的理解和在行业中的应用不断深入，各部委的政策目标要求也在逐年更新。例如，2022 年 3 月，住房和城乡建设部印发《“十四五”住房和城乡建设科技发展规划》，提出了“以支撑建筑业数字化转型发展为目标，研究 BIM 与新一代信息技术融合应用的理论、方法和支撑体系，研究工程项目数据资源标准体系和建设项目智能化审查、审批关键技术”作为建筑业信息技术应用基础研究的“十四五”发展目标，并给出了一系列具体的任务。例如，“研究5G、大数据、云计算、人工智能等新一代信息技术，与工程建设全产业链BIM应用融合的理论、方法和支撑体系，以及多技术融合发展战略和实施路径”“结合BIM与多源异构数据的管理，建立项目数据资源标准体系，完善BIM基础数据标准和BIM数据应用标准，开展工程建设规范和标准性能指标数字化研究”等。这意味着BIM已经不再仅仅是一项软件技术，而是作为建筑业的基础数据，通过数据融合实现建筑业数字化转型。

而交通运输部于2023年9月发布《关于推进公路数字化转型加快智慧公路建设发展的意见》，确立了到2027年，公路数字化转型取得明显进展，构建公路设计、施工、养护、运营等“一套模型、一套数据”，基本实现全生命期数字化，2035年全面实现公路数字化转型，建成安全、便捷、高效、绿色、经济的实体公路和数字孪生公路两个体系的发展目标，并提出“利用BIM+GIS技术实现数据信息集成管理，优化勘察测绘流程”“自2024年6月起，新开工国家高速公路项目原则上应提交BIM设计成果”“促进BIM设计成果向施工传递并转化为施工应用系统”“依托BIM模型实现装备间数据交换、施工数据采集、自动化控制等，提高加工精度和效率，逐步实现工程信息模型与工程实体同步验收交付”的具体目标要求。

1.2.2 BIM的发展趋势

在“数字中国”和“数字化转型”的时代背景下，我国BIM应用整体上呈现和经历从技术应用到管理应用、从模型应用到信息应用、从专业应用到集成应用、从辅助交付到法定交付为特征的发展趋势。

BIM从技术应用到管理应用，即从技术团队应用到管理团队应用、从技术人员应用到管理人员应用。目前BIM在技术层面的应用已经开始进入日常普及状态，但BIM在管理层面的应用仍处于早期摸索阶段，主要表现为BIM应用主体仍为一线生产人员，项目或企业管理层和决策层应用的人员数量仍然比较少，这也是BIM应用和项目管理不能有效结合的主要原因，需要通过推动企业和项目管理层掌握BIM应用来实现这个转变。

BIM从模型应用到信息应用，即从几何信息应用到非几何信息应用。目前BIM几何信息主要体现建筑工程的几何尺寸，如机房的结构梁尺寸，机电管道的长度、宽度等信息；BIM的非几何信息包括成本、过程审批等大量与几何尺寸无关的管理信息。目前BIM几何信息应用的覆盖面比较大，成熟度和普及度也都比较高，但BIM非几何信息应用还局限于部分场景，数据持续应用在法律和技术层面都存在障碍，需要扩大BIM模型中的信息在项目建设和运维活动中的应用场景。

BIM从专业应用到集成应用，即从BIM单一技术点的应用到BIM与其他信息技术的集成应用。目前不同信息技术在建筑业的应用成熟度处于不同阶段，BIM与不同技术的集成应用存在不同的问题，仍处在不同的成熟度，需要逐项解决BIM和不同技术的集成应用问题。

BIM从辅助交付到法定交付，目前BIM应用为辅助应用而非生产性应用，BIM模型为辅助交付物而非法定交付物，图纸为法定交付物，需要同时准备技术和法律条件使BIM成为和图纸具有同等法律地位的法定交付物。目前已有南京、上海、重庆等多地通过政策要求在设计阶段提交施工图审查模型，正在推进BIM从辅助交付到法定交付的进程。

1.3 安装工程 BIM 软件简介

机电安装工程包括给排水、消防、暖通、强电、弱电等多个专业。在该领域目前较为常见且应用广泛的 BIM 软件为 Autodesk Revit（简称 Revit），当然，目前国内也有类似的 BIM 工具软件出现，如广联达数维协同设计软件等。Autodesk Revit 提供了包括建筑、结构、暖通、给排水、电气在内各专业建模所需要的工具，这些工具还可用于创建道路、桥梁、隧道、水利水电等其他各领域的 BIM 模型。在 Autodesk Revit 中通过提供 MEP（mechanical，electrical and plumbing）一系列具有建筑水、暖、电综合设计的技术化工具命令，设计和创建 BIM 的机电模型。

Autodesk Revit 主要应用于项目的前期设计阶段，设计师通过该软件可以完成初步方案设计、模型创建、施工图设计、深化优化设计等工作。Autodesk Revit 还提供了建筑水、暖、电设计专用的建模绘图工具以及计算分析工具。Autodesk Revit 结合了建筑信息模型（BIM）的概念，能够提供全方位的节能建筑解决方案。它主要用于设计、创建和优化建筑机电模型，包括暖通、给排水、电力和消防等系统。

Autodesk Revit 软件的主要特点如下：

① 智能化的设计工具。它能够按照设计师的思维方式工作，通过数据驱动的系统建模和设计来优化建筑设备与管道专业工程。

② 面向设备及管道专业的设计和制图解决方案。它基于建筑信息模型，能够减少设备专业设计团队之间以及与建筑师和结构工程师之间的协调错误。

③ 内置的建模绘图工具和计算分析工具。它支持暖通设计准则，能够进行暖通设计，包括供暖通风三维系统的创建和电力照明和电路的设计。

④ 高效的工作流程。它支持直接在计算机里面将机电设计以 3D 管线配一遍，能够将所有平面图、立面图、剖面图、详图、透视图、彩现、影像、明细表、动态文件包在同一个图档内。

⑤ 参数化的变更管理策略。它能够提高模型的协调性与一致性，优化建筑设备及管线系统的综合能力，促进建筑可持续性设计。

总的来说，Autodesk Revit 是一款功能强大、高效且智能的 BIM 机电模型设计软件，广泛应用于建筑等领域。

1.4 BIM 技术核心价值与安装工程 BIM 应用

1.4.1 BIM 技术核心价值

结合 BIM 技术发展及项目实践总结，BIM 技术的核心价值有以下几个方面：

① 提高项目信息准确性和一致性。BIM 通过建立数字化建筑信息模型，集成项目各专业的数据和信息，确保不同专业之间的信息一致，降低人为出错的可能性，提高信息准确性。

② 优化设计方案。基于 BIM 模型，设计人员可以方便地进行设计方案的对比和优化。通过与模型的交互，可以快速发现设计缺陷和冲突，实现方案优化。

③ 提高施工精度和产生率。BIM 模型中的大量信息可以直接用来指导施工，特别是结合激光扫描和无人机测绘等技术，可以做到高精度放样和控制施工，能够显著提高施工精度和

效率。

④ 优化项目管理。BIM 技术可以实现全生命周期信息管理，项目各阶段的数据和信息可以有机联系和集成。为项目进度控制、成本控制、变更管理等提供了技术支撑，优化了项目管理。

⑤ 实现工程信息高度集成。BIM 通过建立数字化模型，实现了不同专业工程信息的高度集成。这为实现工程信息的互操作性、重用性奠定了基础，实现了信息价值的最大化。

⑥ 提供维护管理参考。BIM 技术收集并整合的项目信息，为项目后期的运维管理提供了重要参考。通过 BIM 模型可以方便地查询设备信息，检查管线走向，实现故障诊断和处理等。

总体来说，BIM 技术的核心价值在于实现项目几何信息与全生命周期信息和工程数据的高度集成，提高信息准确性和各专业协同性，优化项目设计、施工和管理，实现项目整体价值的最大化。

1.4.2 安装工程 BIM 应用

机电安装工程是工程建筑重要的工作环节之一，具有专业较多、任务繁重、相互交叉作业等工作特点。在机电安装工程施工阶段存在因管线路由设计不合理带来的碰撞多、返工多等问题。通过 BIM 技术的安装工程综合应用可使各专业施工单位有效协调，避免因现场重复拆改导致人工与材料费用增加，实现施工质量、进度、成本达到预定目标的效果。如图 1-3 所示为在 Revit 软件中创建的机电安装工程各专业的 BIM 模型。

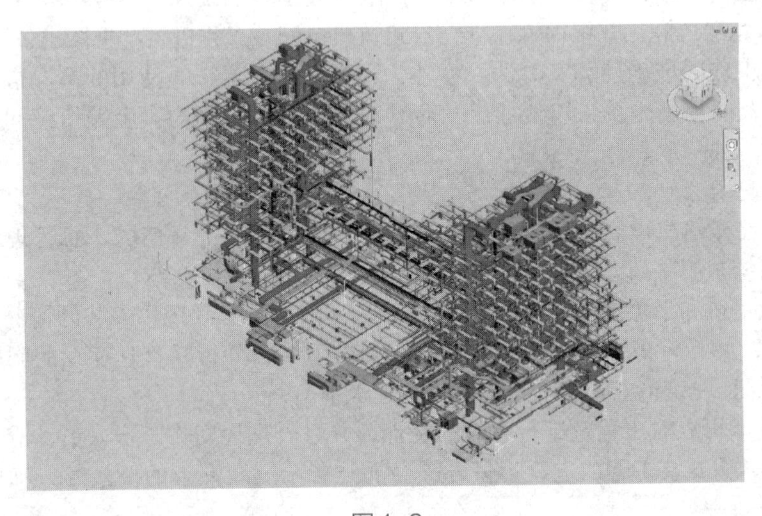

二维码 1-2

图1-3

机电安装工程 BIM 应用主要包括以下几方面内容。

（1）安装方案设计

机电安装方案设计是建筑机电安装工程工作开展的基础。机电安装方案是建筑机电安装工程展开的基础，主要保证各项安装环节全面落实，提前避免可能出现的安装质量问题。因此，BIM 技术在建筑机电安装工程应用的过程中，需要将安装方案作为应用的重点。

① 对建筑机电安装工程现场的实际情况进行勘察、分析和数据信息采集，更新相应的 BIM 模型。通过 BIM 模型了解其工程量以及安装环节等，对这些参数和数据信息进行现场规

划。同时，在规划完成以后，需要将方案进行打印，由相关各方审核，这样不仅保证方案的严谨性，还可以为现场工作的开展提供指导性的意见。

② 由于建筑机电安装工程管线相对较多，因此为了保证管线的合理性，BIM 技术可以根据现场情况，利用 3D 模拟等技术，对管线进行规划和布置，可以不再出现混淆和交错的现象。另外，利用 BIM 技术可以对管线碰撞进行模拟检查，根据检查的结果、查勘实际情况等，实现最优的管线距离。

③ BIM 技术在内部信息平台相互结合，这样在方案本身变更以后，系统会及时更新，安装人员也会第一时间得到更新以后的方案，避免方案与实际情况存在误差，影响建筑机电安装工程的质量。

（2）安装工程成本控制

它是保证机电安装工程展开的核心要素。成本的稳定性是保证建筑机电安装工程展开的基础，但是在一些建筑机电安装的过程中，往往对成本的控制较差，无法实现良好的经济效益。BIM 技术在建筑机电安装工程应用的过程中，可以对工程成本进行有效的控制，保证良好的经济效益，具体的控制方式可以从以下几点展开。

① BIM 技术在建筑机电安装工程应用的过程中，可以对工程现场的实际情况进行综合性的考虑。例如：针对工程可能出现的问题，以及安装环节变更发生的可能性等方面，预留出一定的成本空间，避免发生成本不足的现象。

② BIM 技术可以根据工程量，以及所需要的工程施工材料量进行模拟，并且帮助相关工作人员进行采购，进而保证成本的充足性，实现良好的经济效益。BIM 技术可以与云技术和计算机技术结合，定期更新材料的使用情况和购买情况，这样不仅成本不会出现损耗，也会保证安装材料的充足性，可以严格控制建筑机电安装工程的工期。

③ BIM 技术可以利用三维模型软件，对建筑机电安装工程进行“框图出价”等预算工作，提升工程预算工作的准确性、实时性。另外，还可以对成本资金使用的情况进行全面、实时掌控，并且会及时更新系统，以便业主及时补充资金，避免因为资金链衔接问题影响工程的质量和进度。

（3）工程现场管理

BIM 技术在建筑机电安装工程应用的过程中，其范围是非常广的，工程现场管理就是其中的一个，具体的应用从以下几点展开。

① 将智能手机和平板电脑与 BIM 技术结合，实时掌握工程现场安装的情况，获取现场各项数据和参数，并且将识别的数据和信息输入到模型中，分析其管理存在的问题，提出有效的解决方案，保证建筑机电安装工程现场的管理水平。

② BIM 技术可以对工程量进行有效的统计，并且合理地安排工作人员，避免发生工作人员频繁调动，影响安装工程的进度。另外，会加强各个安装环节的衔接性，确保工程可以稳定、有序展开。

③ 将各项故障报告资料、检验报告以及工程安装环节清单等添加到三维模型中，可以更加直观分析建筑机电安装工程现场的情况，分析其中是否存在管理问题。

另外，BIM 技术具有良好的兼容性，可以将一些设备、材料的型号、功率、性能、厂家等方面信息，进行整理、归纳和存储，为工作人员在数据和信息查找方面提供便利的条件。

就目前的情况来看，BIM 技术在我国建筑机电行业应用中，取得了良好的成绩和效果。BIM 技术与传统的技术相比较，该项技术具有良好的可视性和协调性等优势，为相关工作人员各项工作的展开提供了极大的便利条件。同时，建筑机电安装工程模型主要以各项数据信息，以及 BIM 信息模型作为基础，展开了各项建筑机电安装环节，并且又可以从各项工作中获取各项信息，反馈到模型中分析安装环节可能产生的问题，及时解决并保证了工程质量。由此可见，BIM 技术在我国建筑机电安装行业中，值得大力推广，具有良好的发展及应用前景。

1.5 BIM 人才需求分析

随着 BIM 的普及，BIM 人才的需求也越来越旺盛。为了适应当前职业领域的新变化，更好满足优化人力资源开发管理、促进就业及创业、推动国民经济结构调整和产业转型升级等需要，人力资源和社会保障部对职业分类大典进行了第二次修订。此次修订可以看到职业分类大典已将建筑信息模型技术员（简称：BIM 技术员）纳入修订序列，为更好地推动我国建筑业数字化、智能化而服务，职业目录归于专业化服务人员序列。

基于人力资源和社会保障部发布的建筑信息模型技术员职业技能标准，将该职业划分为以下五级：五级 / 初级工、四级 / 中级工、三级 / 高级工、二级 / 技师、一级 / 高级技师。同时根据建筑信息模型技术员岗位定位，将建筑信息模型技术员岗位主要工作内容聚焦如下：

① 负责项目中建筑、结构、暖通、给排水、电气专业等 BIM 模型的搭建、复核、维护管理工作。

② 协同其他专业建模，并做碰撞检查。

③ 通过室内外渲染、虚拟漫游、建筑动画、虚拟施工周期等进行建筑信息模型可视化设计。

④ 施工管理及后期运维。

可以结合人力资源和社会保障部发布的建筑信息模型技术员职业技能标准对不同等级岗位的能力标准及测评要求进行系统了解，也为进一步促进学习能力转化与岗位能力需求对标。当然，人力资源和社会保障部颁布的建筑信息模型（BIM）职业技能标准，是基于 BIM 岗位的基本能力要求标准。在实际工作中，对 BIM 人才的能力要求也更为符合。当前行业 BIM 人才需求更多聚焦在 BIM 专业综合应用人才维度。就目前实际 BIM 岗位工作分工分析来看，BIM 专业综合应用人才数量最大，覆盖面最广，最终实现 BIM 业务价值的贡献也最大，也是目前缺口较大的 BIM 类人才。

在 BIM 专业综合应用人才领域有以下三类人才需求已经清晰并被企业所认可。

① 第一类是 BIM 建模人员（包括模型维护）。

BIM 的应用终究要从创建模型开始，所以无论是设计院，还是业主或者施工单位，无论是请外部的咨询公司，还是培养自己的 BIM 团队，模型的维护是必不可少的。经过专业培训机构的系统培训，就可以按照图纸和要求进行 BIM 模型创建。

② 第二类是 BIM 的实施人才（信息化实施）。

如果把 BIM 看作是一个信息化系统，那么需要实施人员去针对项目做出实施计划，代表甲方与外部的合作单位沟通，组织协调相关专题会议，对实施计划进行有效的把控，确保基于项目的 BIM 实施计划达到预期成果，同时还能总结出相应的实施经验和思路。这类人才除了要掌握 BIM 相关的专业知识外，还要懂业务，同时具备管理的组织实施能力。通俗地讲，就是要学会在 BIM 技术与企业管理之间架起桥梁，学会用 BIM 技术去实施项目管理。目前来看，这类人才是最稀缺的。

③ 第三类是高层次复合型 BIM 人才（BIM 战略总监）。

这一类人才的作用随着 BIM 的协同应用价值发挥，这一类人才站在企业信息化、数字化的战略高度，运用 BIM 系统能够对企业的组织形态、岗位职责、工作流程进行再造和优化，属于企业 BIM 战略总监的级别。

施工企业推进 BIM 的策略（里面提到 BIM 推行的三步：功能性应用、项目级应用、企业级应用）其实和上面三类人才对应，企业级应用层面就是最后一类人才。从单纯的生产力提升到最后生产关系的改造，必然需要更高层次的复合型 BIM 人才推进工程企业向智能建造方向发展。

小结

本章详细阐述了 BIM 的概念及特征，围绕 BIM 技术在我国的发展历程，基于我国 BIM 政策与技术实践应用，对我国 BIM 技术发展趋势进行系统化总结。本章聚焦 BIM 安装工程主流软件应用介绍，以此为基础阐述 BIM 技术核心价值及安装工程 BIM应用。

练习题

1. 什么是 BIM？ BIM 的特征是什么？
2. 我国 BIM 的政策及技术的发展经历了哪几个阶段？
3. BIM 技术的核心价值及工程应用场景有哪些？
4. 结合目前专业定位及 BIM 人才需求分析，思考未来个人 BIM 岗位定位及专业能力要求。

第2章

安装工程 BIM 应用

知识目标

- 学习机电安装工程包含的专业范围
- 学习 BIM 在机电安装中的应用价值

能力目标

- 掌握 BIM 机电安装工程深化的成果形式
- 掌握机电安装工程中 BIM 工作的要求

素质拓展

随着我国经济的快速发展和城市化进程的加速推进，机电设备安装工程行业得到了长足的发展。国家不断增加对基础设施建设、节能减排、智能制造等领域的投入，为机电设备安装工程市场提供了广阔的发展空间。同时，政府出台了一系列政策，鼓励企业加大技术创新力度，提高行业技术水平和市场竞争力。

近年来，我国机电设备安装工程市场发展势头强劲，从 2014 年的不足万亿元增长至 2023 年的超过 5 万亿元，增幅明显。这一增长趋势表明，我国机电设备安装工程市场在不断扩大，并且有巨大的发展潜力。机电安装工程向工业化、智能化、高端化发展趋势明显。

2.1 安装工程 BIM 应用基础知识

2.1.1 机电安装工程 BIM 应用概述

机电安装工程包括给排水系统、消防系统、采暖通风系统、防排烟系统、弱电系统、强电系统等。机电管线、设备众多且局部房间功能复杂，需要依托土建、结构进行设计、排布及定位。通常，机电安装工程施工的好坏会直接影响工程品质及使用体验。如图 2-1~ 图 2-4 所示，分别为某工程走廊部位机电管线、制冷机房机电设备管线、数据中心弱电机房管线、消防泵房管线安装后的工程现场照片。

图 2-1

图 2-2

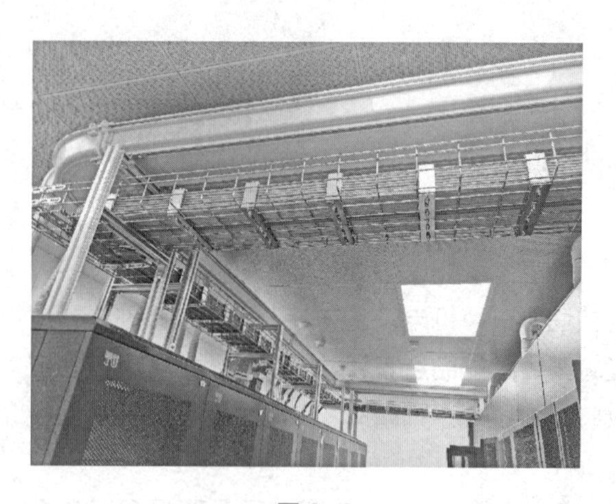

图 2-3

图 2-4

采用 BIM 技术进行机电深化设计是最为有效的，在开展机电深化前需明确机电深化的目标、应用场景。机电深化设计是指在业主或设计顾问提供的施工图或招标图的基础上，在不改变设计原理和条件的前提下，结合项目施工现场实际情况，对图纸进行复核、细化、补充、完善和优化，最终生成满足业主或设计顾问的技术要求，符合相关设计规范和施工规范，并通过相关审查，能直接指导现场施工的 BIM 模型及图纸。如图 2-5 所示为在 Revit 软件中完成的机电深化模型，通过 BIM 模型可以充分协调机电安装工程中各系统管道之间的关系，实现最优的机电安装系统布置方案。

二维码 2-1

图 2-5

通过深化设计对施工图或招标图继续深化，使用机电综合管线、三维技术和综合协调手段对机电管线的路由进行优化调整，对设备及末端机电点位的精准定位，使深化设计后的施工图完全具备可实施性，满足机电安装工程精确按图施工的严格要求。通过深化设计对施工图或招标图中未能表达详细的大样图、安装详图、节点图、设备内部原理图、二次接线图等进行优化补充，对工程量清单中的未列出的施工内容进行补漏拾遗，准确调整施工清单。图 2-6 显示了在 Revit 中完成的基于 BIM 模型生成的管道明细表。

<管道明细表>

A	B	C	D
类型	规格型号	长度	单位
PVC-C	DN25	5.44	m
内外壁涂塑复合钢管	DN25	26.68	m
内外壁涂塑复合钢管	DN32	26.70	m
内外壁涂塑复合钢管	DN40	12.67	m
内外壁涂塑复合钢管	DN50	3.60	m
内外壁涂塑复合钢管	DN80	5.14	m
内外壁涂塑复合钢管	DN100	4.51	m
无缝钢管_焊接	DN25	119.61	m
无缝钢管_焊接	DN32	12.81	m
无缝钢管_焊接	DN40	0.20	m
无缝钢管_焊接	DN50	6.87	m
无缝钢管_焊接	DN65	16.56	m
无缝钢管_焊接	DN80	0.66	m
总计: 163		241.44	

图 2-6

通过深化设计对施工图纸的补充、完善及优化，进一步明确机电与装修、土建、幕墙等其他专业的施工界面，明确彼此可能交叉施工的内容，为各专业顺利配合施工创造有利条件。如图 2-7 所示为基于 BIM 模型生成的机电安装深化局部剖面图纸。

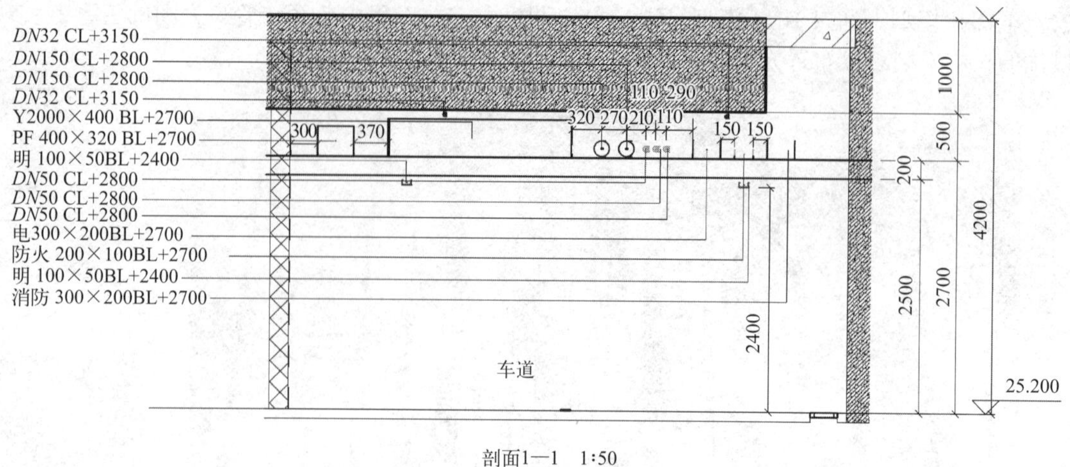

剖面1—1 1:50

图 2-7

通过深化设计复核计算，准确地进行最终的材料与设备选型，保证原设计的可靠性、合理性，达到设计目标的最终实现。

传统也有类似于“管线综合”的做法，设计院或者施工单位会基于二维图纸，通过叠图和经验结合，在一些管线集中的位置做平、剖面图，在平、剖面图上初步进行管线排布。但是这样的做法很有局限性，对图纸把控能力及经验要求较高，还容易遗漏管线且不能全面掌握整个项目的管线排布情况，并且无法直观可视化、信息化，不具有传递性。采用传统方法往往还存在大量的碰撞、净高问题，另外还存在机电实际施工与设计图纸不符、支吊架施工不合理、预留预埋不准确、材料浪费多、拆改返工多、现场混乱、进度慢的问题。采用 BIM 技术，将各专业 BIM 模型集成整合后进行管线综合，然后再进行碰撞检查、净高分析，相较于人工进行的叠图、管线碰撞检查，效率极大提升，由于 BIM 技术采用的是软件计算，不会出现人工排查过程中的遗漏问题，可完全杜绝软件层面的管线碰撞问题，并且基于 BIM 模型可对每个功能区域进行净高分析；施工阶段进行机电深化，基于深化后的模型出各种用于机电安装的图纸。如图 2-8 所示为基于 BIM 模型完成的机电安装工程中常见的机房 BIM 深化出图模型，可以利用 BIM 模型的可视化特征提高机电安装工程现场的沟通效率。

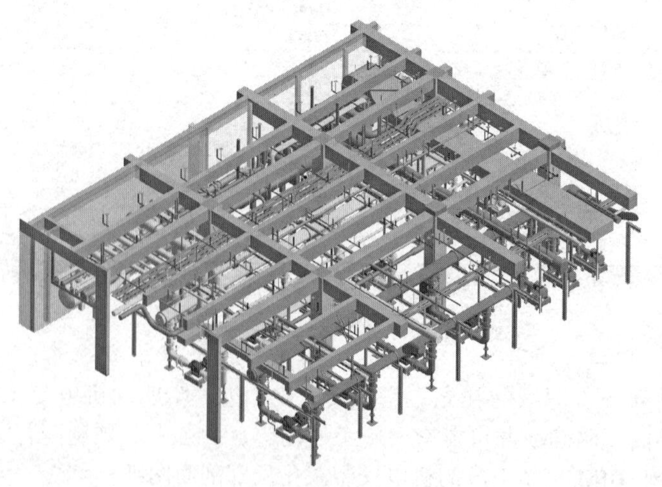

二维码 2-2

图 2-8

2.1.2 机电安装工程BIM应用场景

如表2-1所示，目前机电深化应用主要集中在设计和施工阶段。设计阶段主要的应用场景有：设计协调、机房管井优化、管线综合排布、碰撞检查、净高管控、协同设计。施工阶段主要的应用场景有：模型深化、各专业深化图纸、支吊架图纸、预留预埋图纸、DPTA（装配式）机房深化。

表2-1 机电安装工程常见BIM应用场景

阶段	应用场景	应用内容
设计阶段	设计协调	建筑、结构和机电专业协同设计，机电路由可视化设计
	机房管井优化	对机房和管井的尺寸、数量及位置的合理性进行分析、优化
	管线综合排布	机电各专业管线综合在一起进行排布，排布管线为主管线，不包括支管与末端
	碰撞检查	建筑、结构、给排水、暖通、电气等专业的模型综合在一起进行碰撞检查，找出有问题的地方
	净高管控	对每一个功能区域进行净高分析，形成净高分布图，然后与净高需求进行对比，找出净高不足的位置
	协同设计	对碰撞检查的结果、净高不足的地方进行协同，得出解决方案，直至无碰撞、所有地方净高问题得以解决
施工阶段	模型深化	承接设计阶段的模型，完善支管末端，考虑施工规范及做法，进行机电最后深化，包含支管末端、支吊架、预留预埋
	各专业深化图纸	基于机电深化后的模型出给排水、暖通、电气等专业图纸
	支吊架图纸	基于机电深化后的模型出支吊架位置图、大样详图
	预留预埋图纸	基于机电深化后的模型出预留孔洞图、预埋套管图
	DPTA（装配式）机房深化	对机房单独进行深化，然后进行拆分，基于拆分后的单元模型出详细的加工图纸，工厂根据图纸生产各个单元，各个单元作为成品运送至现场安装

如图2-9所示，设计阶段对机电各系统的管线进行统一的空间排布，确保机电管线可以满足自身系统以及其他系统的整体要求。管线综合是用于形成或验证设计成果合理性的BIM应用。

设计阶段主要管线综合排布后，如图2-10所示，使用Autodesk Navisworks软件进行全面的管道与主体间以及管道与管道间的碰撞检查，对有碰撞的地方逐个调整，确保机电主管线与土建之间无碰撞、机电主管线之间没有碰撞。

碰撞调整完成后，对建筑的每一个功能区域进行净高分析，形成净高分布图，如图2-11所示。

结合项目净高需求，判断各个功能区域的净高是否满足使用要求，对有问题的地方进行协调，可通过组织召开多专业网络会议或者现场会议的方式讨论、解决问题。

二维码 2-3　　二维码 2-4

图 2-9　　图 2-10

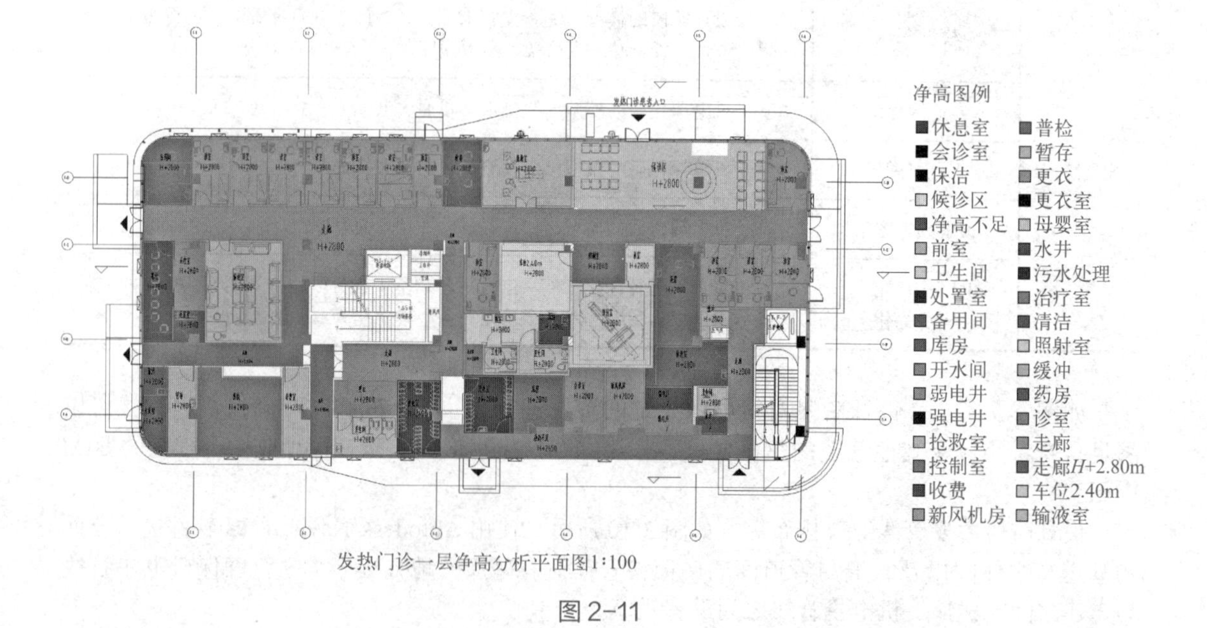

图 2-11

如图 2-12 所示，该区域净高不满足要求，管线已不能调整，把同截面悬挑梁调整为变截面悬挑梁，在悬挑末端梁截面变小，为管线排布创造了空间，净高问题得以解决。

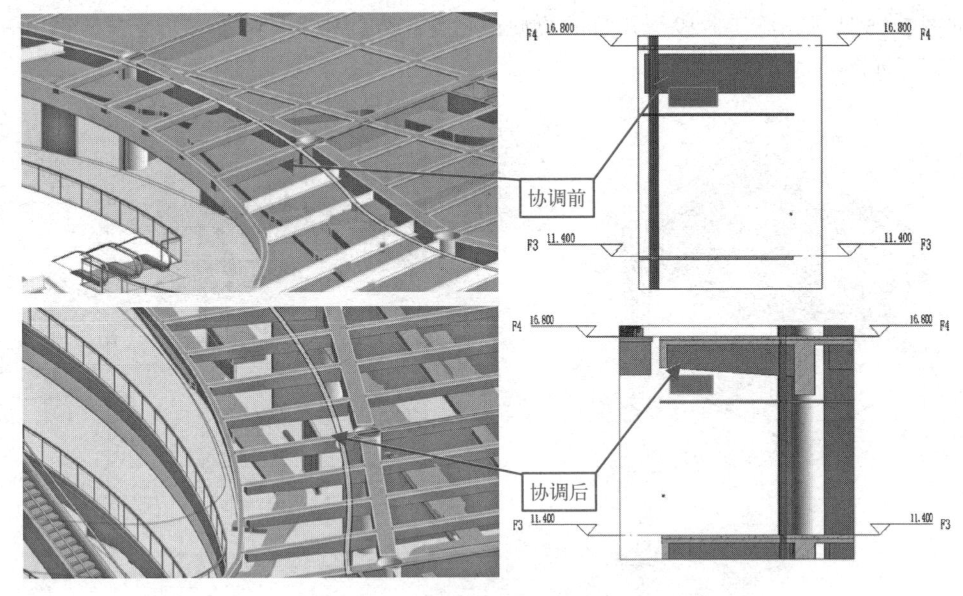

图2-12

如图2-13所示，该区域净高不满足要求，通过管线重新排布，风管在走道范围内提升到梁底，右侧翻弯，喷头提升，净高从2612mm增加到2800mm，问题得以解决。

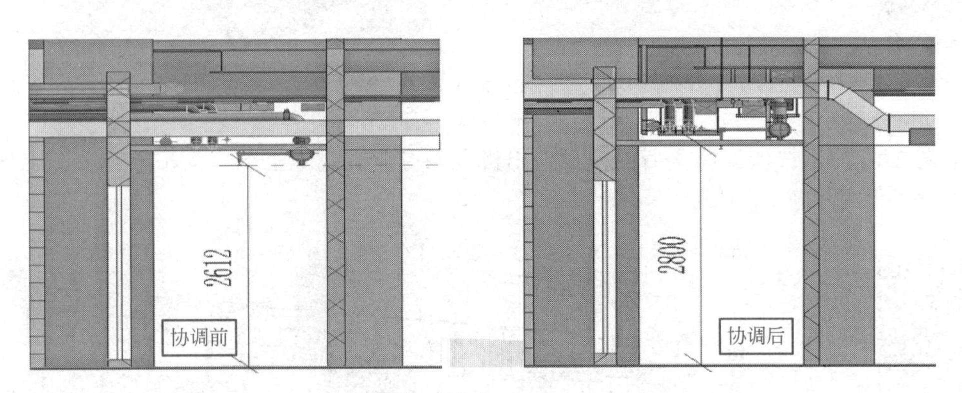

图2-13

设计阶段管线综合是针对整个大的机电方案进行综合排布，对于支管末端不进行深化，且支吊架、预留预埋深化也在施工阶段完成。如图2-14所示，延续设计阶段模型，根据机电安装方案及工艺，进行施工机电二次深化，补充支管末端及支吊架。

二维码2-5

二维码2-6

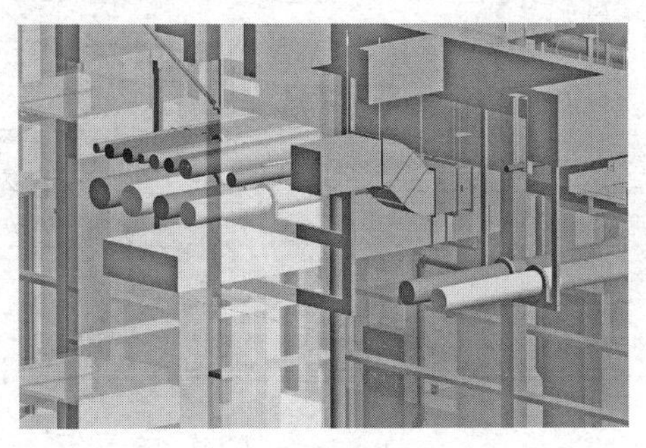

图2-14

二维码2-7

如图 2-15 所示，施工阶段深化后的模型，对关键节点和设计净高进行复核，得出管线排布安装方案详图。

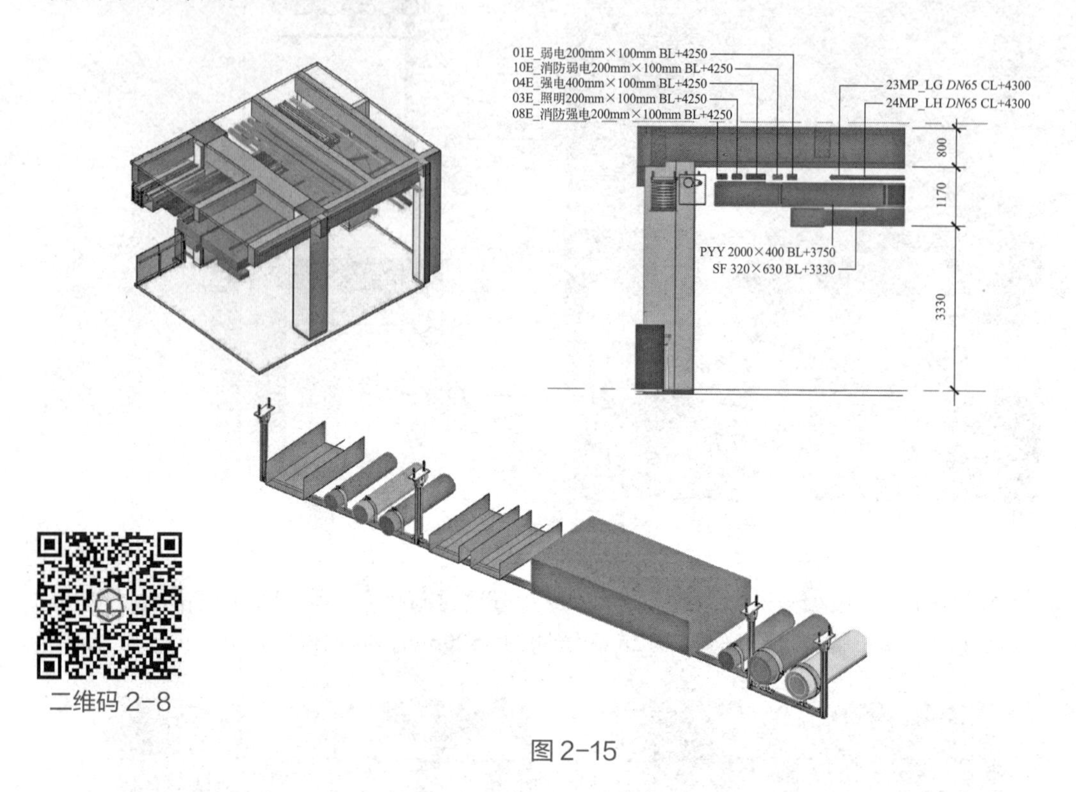

图 2-15

如图 2-16 所示，依据深化后的模型，出机电各专业管线施工图、支吊架施工图、预留预埋施工图用于实际施工。

二维码 2-9

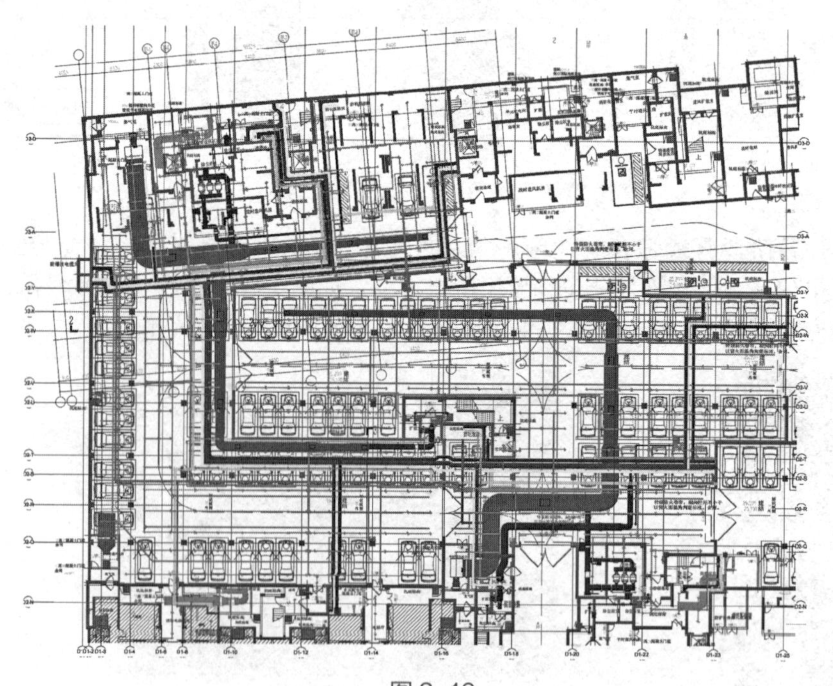

图 2-16

如图 2-17 所示，在施工过程中，要严格按照深化后的模型进行施工，确保施工的结果与模型一致。

图 2-17

采用 BIM 技术进行机电深化，可以规避大量的碰撞、净高问题，并且多专业模型综合在一起，利用可视化的特点，极大地提升了深化设计效率和质量。深化后的模型用于施工，基本做到现场零返工。BIM 机电深化，在提升可视化、加强专业协调、提升商务成本管控能力方面效果较为显著；在规范现场的管理流程、提升沟通效率、推进使用信息化进行安全质量管理方面具有显著优势。

DPTA（装配式）机房借助 BIM 技术进行深化，使得普通的作业人员也能实施复杂机房内的施工，使得机房施工能够有序推进，并在一定程度上规避大量的人力投入、长时间的施工，从而节约项目成本。如图 2-18 所示为基于 BIM 模型对装配式制冷机房进行深化，并依据深化的成果进行管道单元的拆分，全球工厂加工生产，并依据安装顺序组织产品运输。

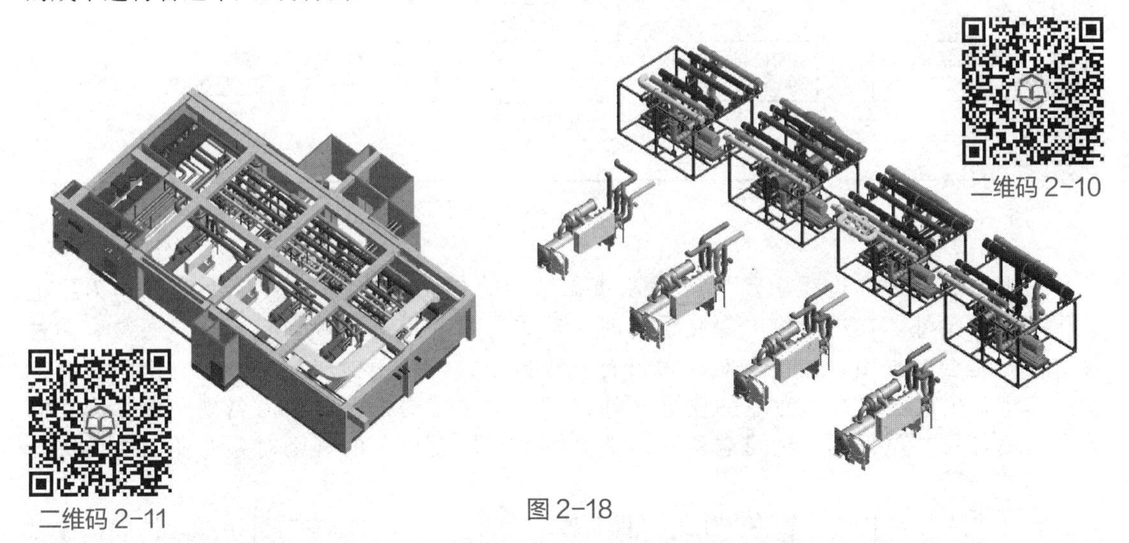

二维码 2-10

二维码 2-11

图 2-18

总体说来，基于 BIM 技术的机电深化，可以大幅度提高设计效率及质量，提前避免严重的设计错误和变更产生；同时基于施工阶段深化模型，机电安装能有序、准确进行，提高安装效率，避免拆改。机电深化能加快整个项目的建设进度，节省工期，避免大量改单及安装返工，从而降低成本，且能明显提升工程质量。

2.2 机电安装工程 BIM 应用流程

目前机电深化的工作主要集中在设计阶段与施工阶段。如图 2-19 所示，设计阶段前期制定各专业的项目样板文件，统一制定标高轴网，然后进行各专业模型创建，单专业模型创建完成后，机电各专业每一层综合成一个文件，每层综合文件链接相应的建筑、结构模型进行主管线调整，再进行碰撞检查、净高分析，直至问题解决，设计阶段最后出图及制作需要漫游、展示；施工阶段，延续设计阶段的模型补充完善支管末端，再次进行碰撞检查、净高复核，然后依据模型出相关的机电深化图纸、漫游与展示，最后依据模型、图纸指导机电安装。

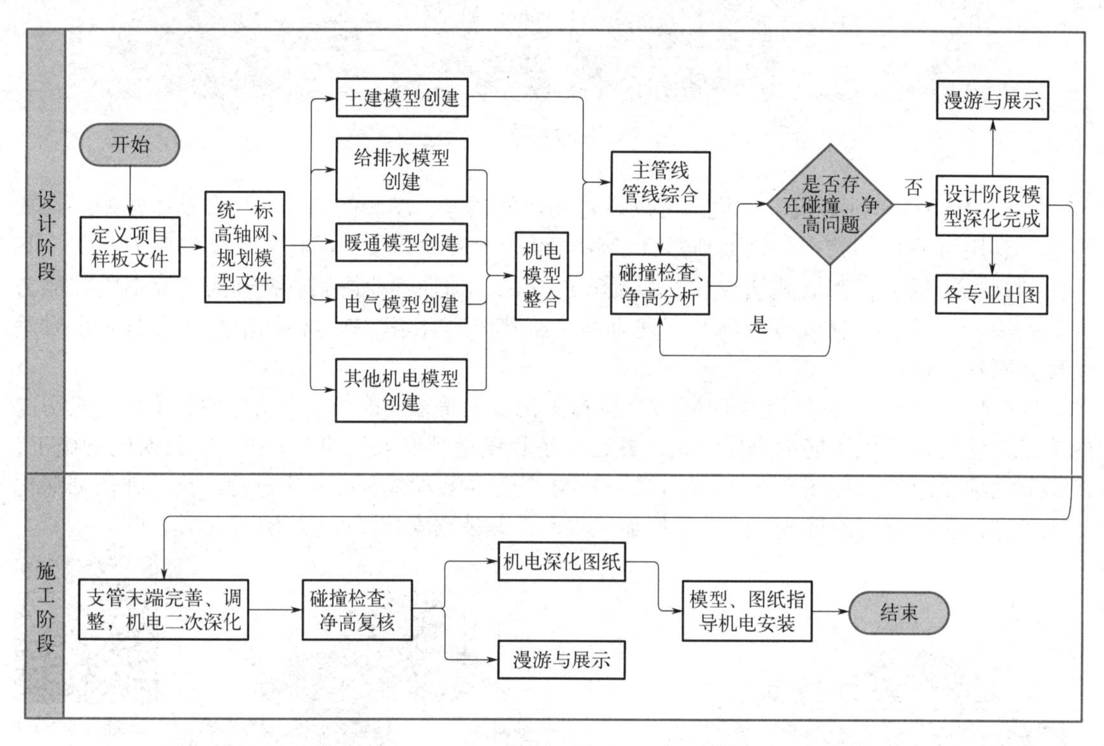

图 2-19

在机电深化设计过程中需要借助建筑、结构等相关专业的 BIM 模型成果作为机电深化的工作条件。在进行机电深化设计时，首先会对项目进行规划与分解。通常有两种模式：一是会根据项目的楼层对项目进行一级拆分，再基于楼层根据专业分别创建各专业的模型并生成独立的单专业的模型文件，模型文件需要根据文件命名规则保存为不同的专业文件；二是根据“项目名称 _ 专业名称 _ 楼层名称”的规则对各专业的文件进行命名。

项目文件命名中取 4 个字母作为项目名称，通常取项目名称中的首字母，例如，可以用“XMMC”代表“项目名称”。专业名称通常用 2 个字母表示，例如，使用“AR”代表“建筑”专业。在专业名称后再以当前所在的楼层字母与楼层编号结尾，本书中楼层名称统一取 2 位数字，例如，B01 代表地下室 1 层，F01 代表地上 1 层等。各专业名称、代码参见表 2-2。

表 2-2　BIM 模型中各专业常用名称、代码

序号	专业名称	专业代码
1	建筑	AR
2	结构	ST
3	给排水	PD
4	暖通	AC
5	电气	EL
6	场地	ZP
7	小市政	SZ
8	幕墙	MQ
9	综合	ZH

在完成各楼层的专业模型后，通过使用 Revit 的链接功能可以将各专业模型按楼层链接为完整的机电综合文件，在该文件中可以使用“绑定”功能将暖通、给排水及电气专业链接模型绑定为当前文件，以方便机电管线的调整操作。在完成机电综合深化设计后，最终再将各楼层已完成的机电深化模型整合为完整的项目文件。各专业的名称及文件组织关系详见图 2-20。

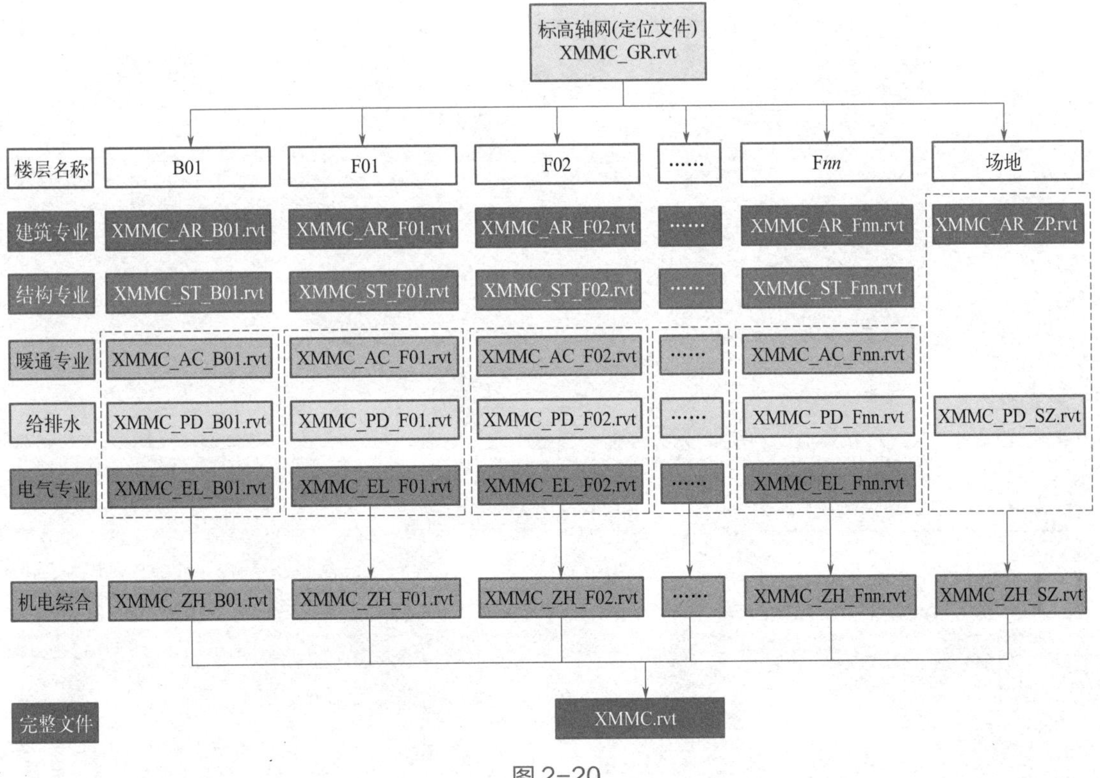

图 2-20

小 结

本章主要介绍了机电安装工程中 BIM 的作用以及机电安装各阶段中 BIM 的应用与成果的形式。利用 BIM 模型的可视化特征，可以优化机电安装工程各专业间的管道排布，以完成机房深化等。在机电安装工程中应用 BIM 时应该通过统一规范的文件命名，应用合理的协作方式等完成 BIM 的应用。在后面章节中会详细介绍基于 BIM 的机电安装工程协作的设置方法。

练习题

1. 机电安装工程通常包含哪些专业?
2. 机电安装工程 BIM 深化时如何表达各区域的净高成果?
3. 基于 BIM 完成机电安装深化设计有哪些优势?

第3章 Revit 软件操作基础

知识目标

- 学习 Revit 软件中的常见术语
- 学习视图样板的概念及作用

能力目标

- 掌握 Revit 软件的基本操作
- 掌握在 Revit 中设置机电管线类别信息的基本操作

素质拓展

2000 年左右 BIM 概念传入我国。在经历了起步阶段之后，目前我国 BIM 行业正处于快速发展的阶段，各类新技术与建筑行业不同环节业务结合的现象已经越来越多，对相关技术和流程的补充或再造已经陆续体现，例如，物联网设备及移动互联网数据传输技术在施工现场的监控、信息实时回传与反馈的应用，BIM 技术在工程项目各阶段的应用，实现各参与方在同一多维建筑信息模型基础上的数据共享，为产业链贯通、工业化建造提供技术保障。BIM 技术的发展体现了中国智慧与中国人民的创造精神，促进建筑工程行业向智能建造方向发展。

Revit 最早是美国一家名为 Revit Technology 的公司于 1997 年开发的三维参数化建筑设计软件。2002 年，美国 Autodesk 公司以 1.33 亿美元收购了 Revit Technology， Revit 正式成为 Autodesk BIM 产品线中的一部分。经过多年的开发和发展，Revit 已经发展成为包含建筑、结构、机电多专业的 BIM 工具，并横跨设计、施工、运维多个阶段，成为全球知名的三维参数化 BIM 平台。在国内机电工程 BIM 应用中，Revit 已经成为行业内通用的软件平台。

3.1 Revit 软件界面

Revit 是以三维参数化设计为核心的 BIM 工具。除可以建立真实的机电安装工程三维 BIM 模型外，还可以创建建筑、结构等专业的 BIM 模型。利用创建的 BIM 模型、Revit 提供的注释功能可以直接生成工程图纸、工程量统计清单等，满足工程中各专业 BIM 工作的需求。由于图纸等这些信息都来自 BIM 模型，所以当 BIM 模型发生变更时，Revit 会自动更新所有相关信息（所有图纸、表格、工程量清单等）。如图 3-1 所示为在 Revit 中创建的机电安装工程各专业机电综合 BIM 模型，该 BIM 模型中链接显示了结构专业模型，并基于该模型生成了机电安装工程所需要的各专业机电管线平面、剖面图纸及相关的阀门统计信息表。所有这些信息均存储在名为 .rvt 格式的项目文件中，以方便机电安装工程的深化设计及管理。

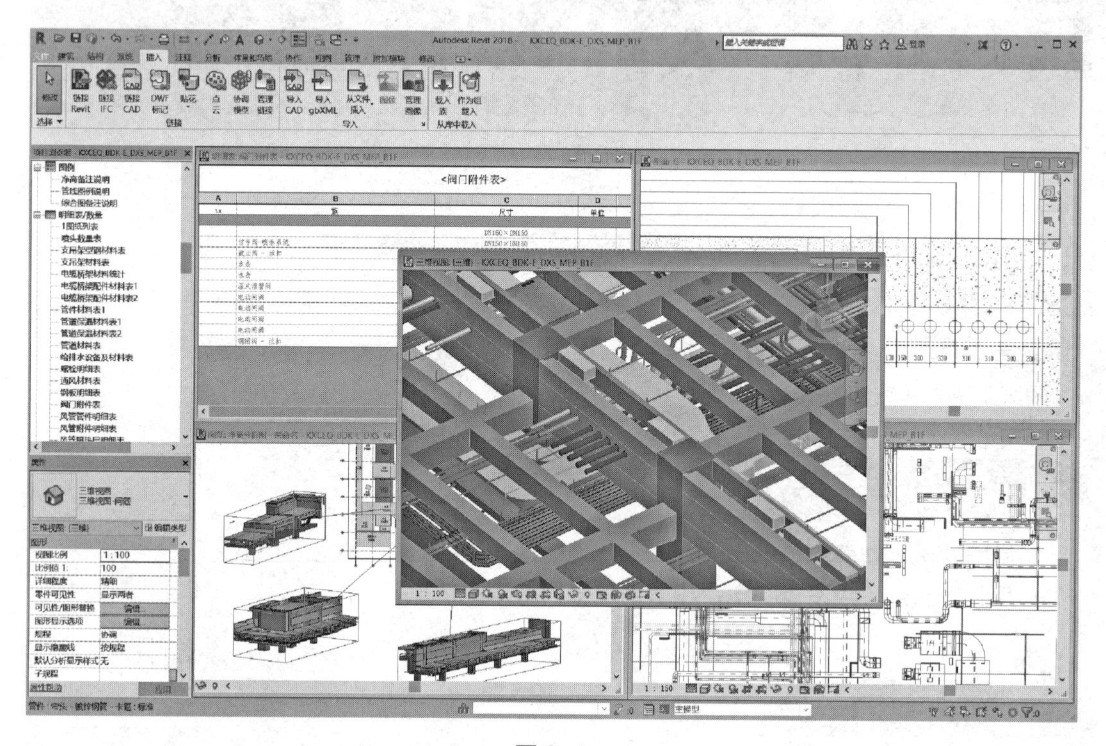

图 3-1

Revit 提供了创建机电深化设计所需要的建筑、结构、暖通、给排水、电气等各专业图元的对象创建工具，也提供了机电深化中 BIM 模型的浏览、编辑、查询、管理相关的工具。学习与掌握这些工具，是利用 Revit 完成机电安装工程 BIM 模型创建的基础。Revit 具有自身的操作特点。接下来，本书将以 Revit 2021 版为例，学习 Revit 中的软件操作基础。

二维码 3-1

Revit 是标准的 Windows 应用程序，以 Windows 10 为例，安装完成 Revit 后，单击“Windows → 所有程序 → Autodesk → Revit”或双击桌面 Revit 快捷图标即可启动 Revit。

启动 Revit 后，默认将显示“最近使用的文件”界面；单击“项目”列表中的“打开”按钮，浏览至“随书文件 \ 第 3 章 \ 暖通机房模型 .rvt”项目文件。由于该项目文件由比 Revit 2021 版本低的 Revit 2018 版本创建，因此 Revit 会给出模型升级对话框，如图 3-2 所示。

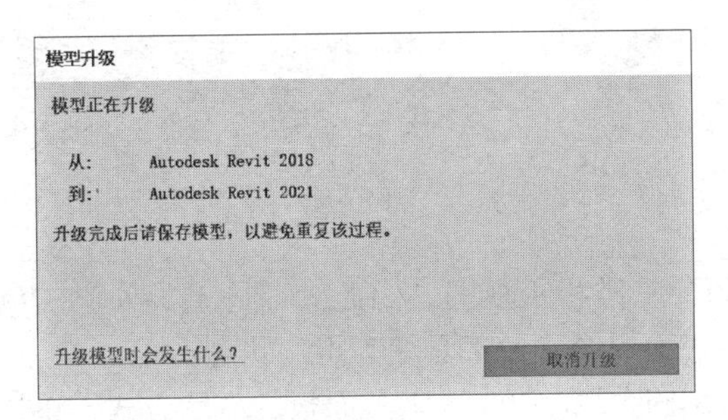

图 3-2

升级完成后，Revit 进入项目查看与编辑状态，默认将打开“3D- 制冷机房”三维视图。移动鼠标至场景中任意构件位置，单击将选择该对象，Revit 将显示与所选择构件相关联的绿色上下文选项卡。Revit 软件界面功能如图 3-3 所示。

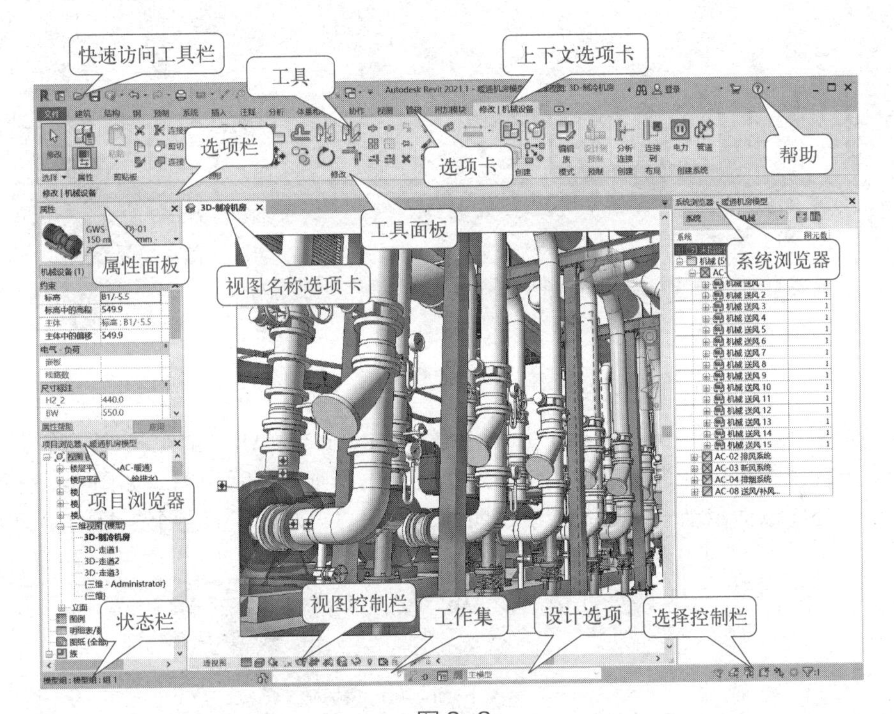

图 3-3

3.1.1 使用功能区工具

Revit 采用标准的 Ribbon 界面，该界面由快速访问栏、选项卡、面板、工具、浮动面板、视图显示区域等部分组成。鼠标单击功能区选项卡的名称，可以在各选项卡中进行切换，每个选项卡中都包括一个或多个由各种工具组成的工具面板，每个工具面板都会在下方显示该面板的名称。例如，单击“系统”选项卡，将切换至机电系统选项卡，该选项卡中包含了创建机电工程各专业 BIM 模型相关的工具面板，如图 3-4 所示，“系统”选项卡中包括“HVAC”“预制”“P&ID 协作”“机械”“卫浴和管道”“电气”“模型”“工作平面”共计 8 个工具面板，在名称为“HVAC”的工具面板中包含风管、风管管件、网管附件等工具。单击工具面板上的工具图标可以执行该工具。

图 3-4

注意，由于当前视图为三维相机视图，因此大部分工具处于灰色不可用状态。可通过项目浏览器切换至任意楼层平面视图，使工具变为可用状态。

Revit 提供了 3 种最小化形式的功能区工具面板的显示方式。单击选项卡右侧功能区状态切换符号可以切换选项卡的不同显示状态，分别为最小化为选项卡、最小化为面板标题和最小化为面板按钮，各面板的界面显示状态如图 3-5 所示。当工具面板最小化显示时，移动鼠标至工具面板名称上时，Revit 会自动弹出该工具面板的工具，以便于用户使用该工具面板中的工具。

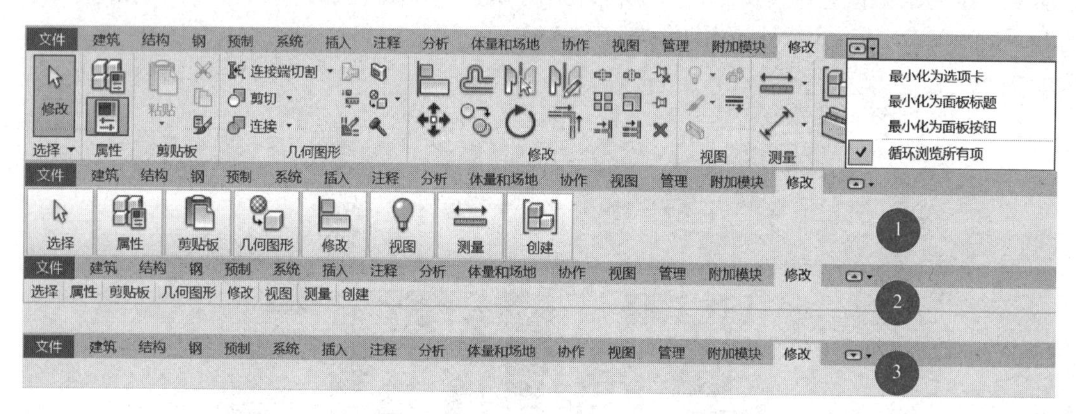

图 3-5

移动鼠标至工具面板中工具图标上并稍作停留，Revit 会弹出当前工具的名称及文字操作说明。如果鼠标继续停留在该工具处，将显示该工具的详细的图示说明，如图 3-6 所示。对于复杂的工具，还将以演示动画的形式给予说明，方便用户直观地了解各个工具的使用方法。

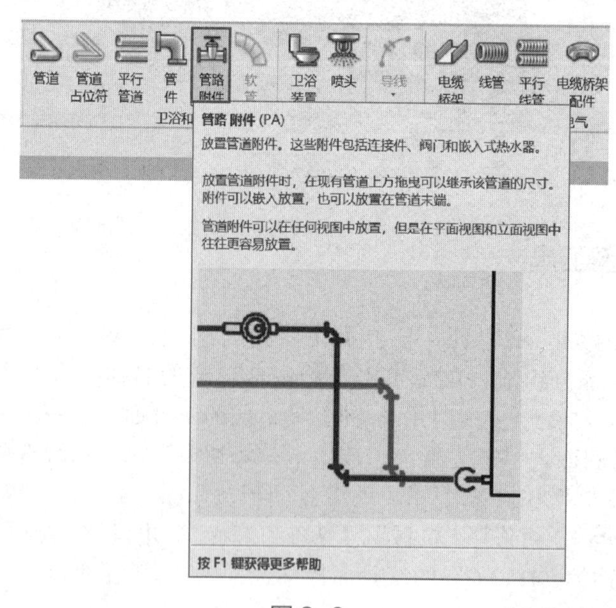

图 3-6

Revit 界面中，单击工具面板名称旁的箭头符号可打开相应的设置对话框，其用于设置该类别对象的相关设置属性。例如，单击“系统”选项卡中“HVAC”面板右侧的箭头符号，将打开如图 3-7 所示的“机械设置”对话框，其用于设置暖通空调图元的显示方式及绘制方式。

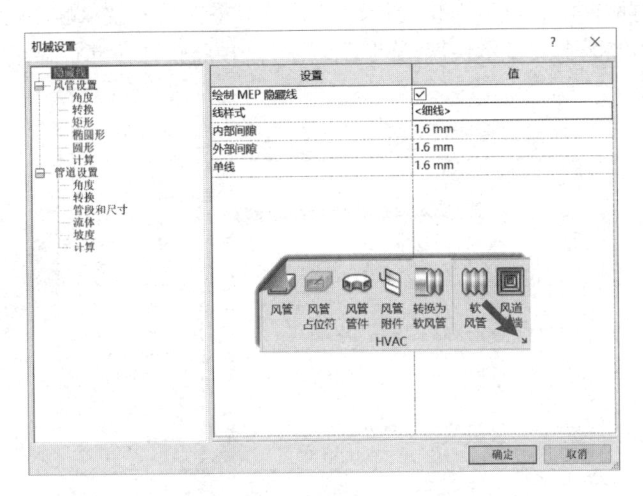

图 3-7

鼠标左键按住并拖动工具面板标题位置时可以将该面板拖拽至当前选项卡中其他位置，也可以将面板拖拽至绘图区域的任意位置，使该面板变为浮动工具面板。浮动工具面板将不随当前选项卡的切换而变化，可随时单击如图 3-8 所示浮动面板右上方的“将面板返回到功能区”按钮使浮动面板返回到该面板原来所在的选项卡中。注意工具面板仅可返回到原来所在的选项卡中。

图 3-8

对于经常使用的工具，可以在工具面板中右键单击该工具，在弹出的右键菜单中选择“添加到快速访问工具栏”将所选择的工具添加到快速访问工具栏中。如图 3-9 所示，可以通过 Revit 快速访问工具栏直接使用其中的工具，其功能与在工具面板中执行该工具相同。由于快速访问工具栏将一直显示在主界面中，而不需要在不同的选项卡间进行切换，从而提高命令的执行效率。如果需要删除快速访问工具栏中的工具，可以在快速访问工具栏中要删除的工具上单击鼠标右键，在弹出的右键菜单中选择“从快速访问工具栏中删除”即可。该操作仅会将工具从快速访问工具栏中删除，不会删除工具面板中的工具。

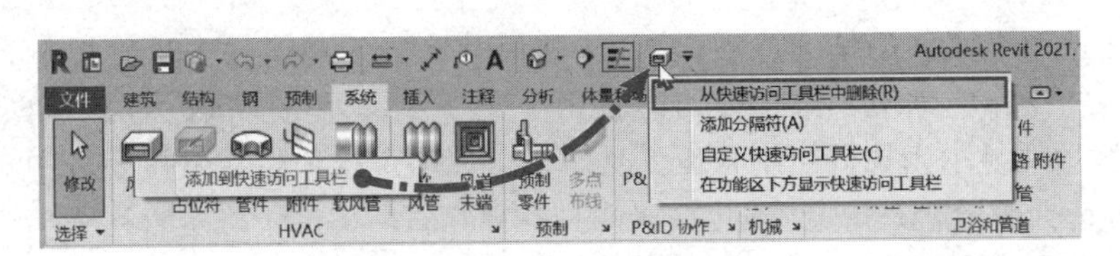

图 3-9

如图 3-10 所示，单击快速访问工具栏后方的“自定义快速访问工具栏”下拉菜单，可显示或隐藏快速访问工具栏中 Revit 默认的工具，如要隐藏“新建”工具，只需在列表中清除“新建”工具的选择状态即可。单击“自定义快速访问工具栏”选项将打开“自定义快速访问工具栏”对话框，在该对话框中，可以对快速访问工具栏中各工具的显示顺序、显示分组进行调节，并可通过勾选“在功能区下方显示快速访问工具栏”选项将快速访问栏显示在功能区的下方。

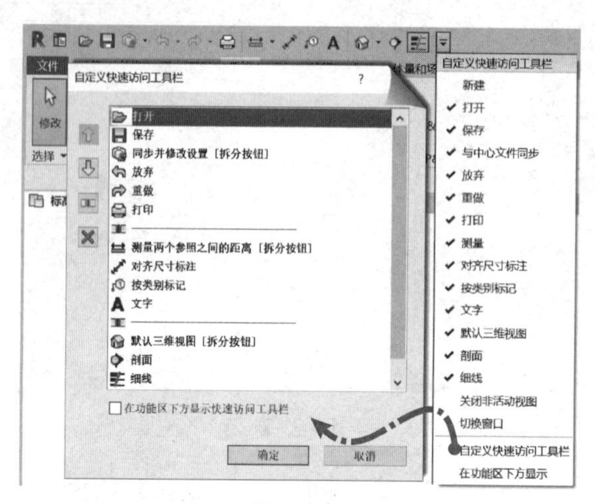

图 3-10

3.1.2 上下文选项卡及选项栏

使用 Revit 中任何工具或选择项目中任意对象后，Revit 都将自动切换至上下文选项卡。如图 3-11 所示为使用“系统”选项卡“卫浴和管道”工具面板中“管道”工具后以绿色显示的名称为“修改 | 放置 管道”的上下文选项卡。在该选项卡中，除显示“修改”选项卡中的相关工具面板外，还包含“放置工具”“偏移连接”“带坡度管道”和“标记”4 个绿色上下文工具面板。上下文选项卡中的上下文工具面板随当前工具不同而不同。在上下文工具面板中使用工具时选择与该工具相关的操作选项，例如，在“放置工具”上下文工具面板中可以控制绘制管道时的“对正”方式以及是否启用“自动连接”“继承高程”和“继承大小”选项。

图 3-11

与上下文选项卡关联的是“选项栏”。选项栏默认位于功能区工具面板下方，用于设置当前正在执行的操作的细节。选项栏的内容用于进一步设置当前执行的工具的参数。例如，图 3-11 中的选项栏显示当执行绘制管道工具时，可以通过选项栏在下拉列表中对所绘制的管道的直径进行选择设置，并指定绘制管道时的“中间高程”，用于确定管道距离当前标高的偏移高度。右键单击选项栏的空白位置，在弹出菜单中选择“固定在底部”，可将选项栏固定在 Revit 界面的下方。

风管、管道、电缆桥架、线管等工具选项栏中的选项名称会随工具的具体设置而变化。如图 3-12 所示，在使用管道工具绘制水管等管道时，可以通过“放置工具”上下文工具面板中“对正”工具来设置管道在垂直方向的定位方式为顶部、底部或中间，选项栏会根据管道对正的设置显示为“顶部高程”“底部高程”或“中间高程”。

状态栏位于界面的左下方，用于给出当前相关执行命令的提示。如图 3-13 所示，在执行“管道”命令后，状态栏提示下一步的操作为在绘图区域“单击以输入管道起点”。当选择不同的工具时，Revit 会在状态栏中给出不同的提示内容。多注意状态栏的提示，对于快速掌握 Revit 软件的操作大有裨益。

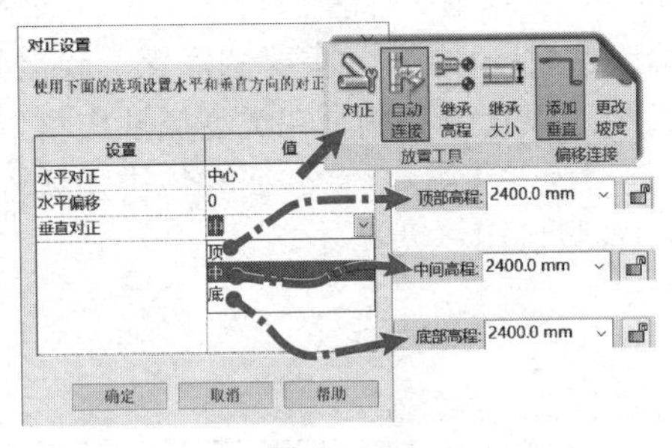

图 3-12

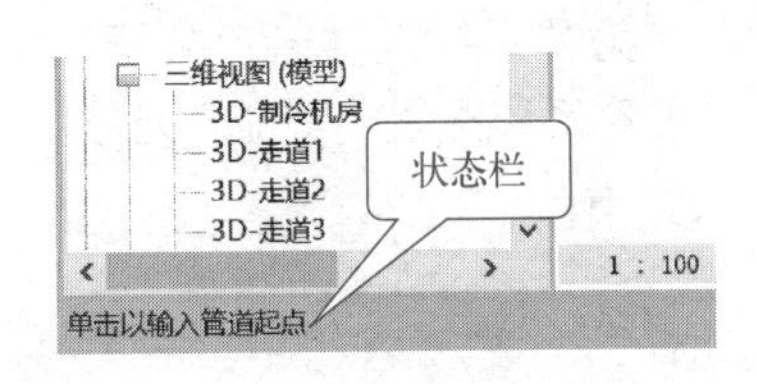

图 3-13

可以通过“选项”对话框控制功能区中各选项卡及工具的显示。如图 3-14 所示，单击“文件”选项卡中“选项”按钮，打开“选项”对话框。切换至“用户界面”选项，在“配置”中通过勾选工具名称设置在 Revit 功能区中显示的选项卡及工具面板，还可以在“功能区选项卡切换”中指定在项目环境或族编辑器环境下工作时选项卡的默认行为。通过勾选“选择时显示上下文选项卡”选项可以设置选择对象后自动切换至上下文选项卡，以便于修改所选择的对象。

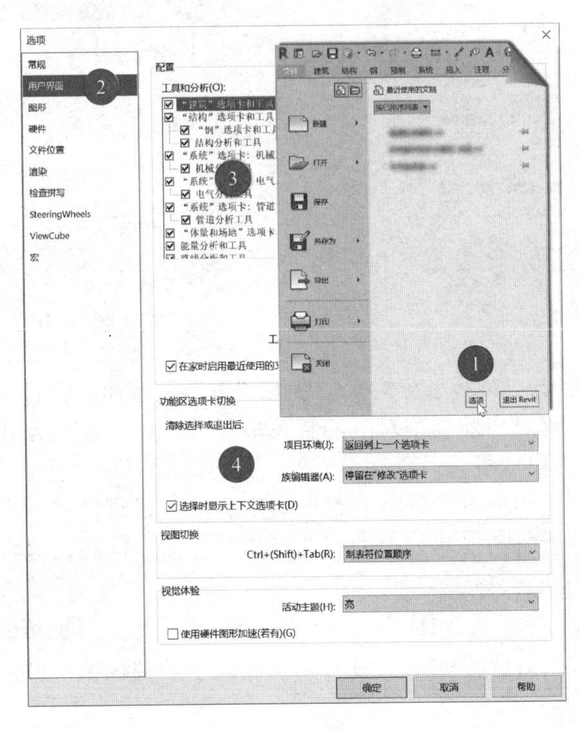

图 3-14

3.1.3 属性面板

属性面板可以查看和修改BIM模型中各图元的参数。在机电安装工程模型创建的过程中，通常需要查询、修改各管线的系统类型、管道尺寸、管线高度等信息，可以通过读取和修改属性面板中各相应的参数来进行查询和修改。Revit属性面板各部分功能如图3-15所示。

属性面板中显示的内容随在项目中选择的图元属性的不同而变化。如未选择任何图元，将显示当前视图的属性。修改属性面板中对应参数名称，将修改图元的相关信息。例如，修改管道的中间高度值或直径，将修改项目中所选择管道的位置和几何尺寸。

单击属性面板中“编辑类型”按钮，将打开“类型属性”对话框（图3-16）。该对话框中将显示与当前对象相关的族类型参数。族与族类型是Revit中非常重要的概念。族是Revit管理对象的一种方法，不同的族具有不同的类型参数。以管道为例，在类型属性中可以看到当前采用的族为“系统族：管道类型”，当前的族类型为“无缝钢管”，而在该类型属性中，仅提供了“布管系统配置”“注释记号”等几个类型参数供用户设置。

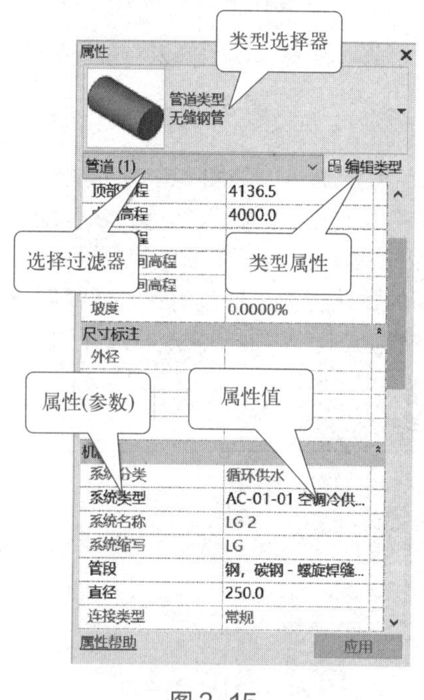

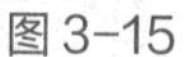
图3-15

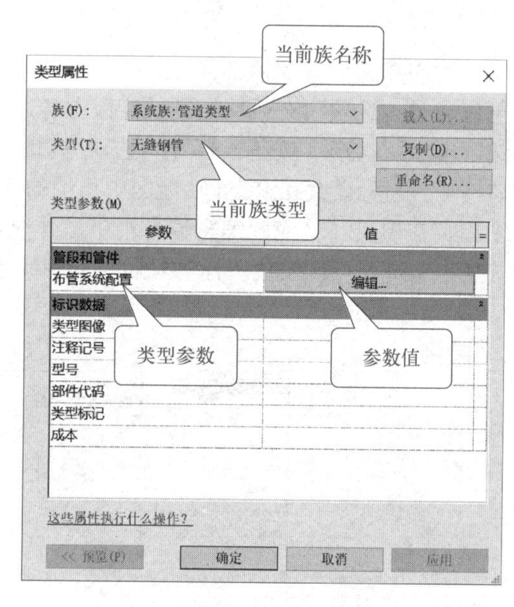

图3-16

如图3-17所示，单击“布管系统配置”后的“编辑”按钮，将打开“布管系统配置”对话框。在该对话框中可以对当前类型对应的管道的尺寸范围、连接方式进行设置。继续单击“管段和尺寸”按钮，弹出“机械设置”对话框，并自动对应到“管道设置”中的“管段和尺寸”设置页面。在该页面中可以对管道的管段类别、尺寸目录做进一步的设置。尺寸目录的设置，将成为在创建管道时的尺寸列表中可选择的尺寸值。这些设置将成为影响项目中所有该类型管道的基本设置。

注意，单击“系统”选项卡“HVAC”及“卫浴和管道”工具面板的右侧箭头，以及“管理”选项卡“设置”工具面板“MEP设置”下拉列表中的“机械”设置也可以打开“机械设置”对话框。

由于机电安装工程中管道的材质、管径及连接方式众多，根据不同的管道材质、使用场景、管径等设置不同的管道连接方式，常见的管道连接方式包括焊接、卡压式连接、螺纹连接、承插连接、沟槽连接、热熔连接等。Revit 通过“机械设置”中的“管段”区分不同的材质，并通过“尺寸目录”来说明当前材质下的可用管径范围，利用“类型属性”中的“布管系统配置”对话框中配置的弯头、四通等族来配置管道在当前项目中的连接方式。

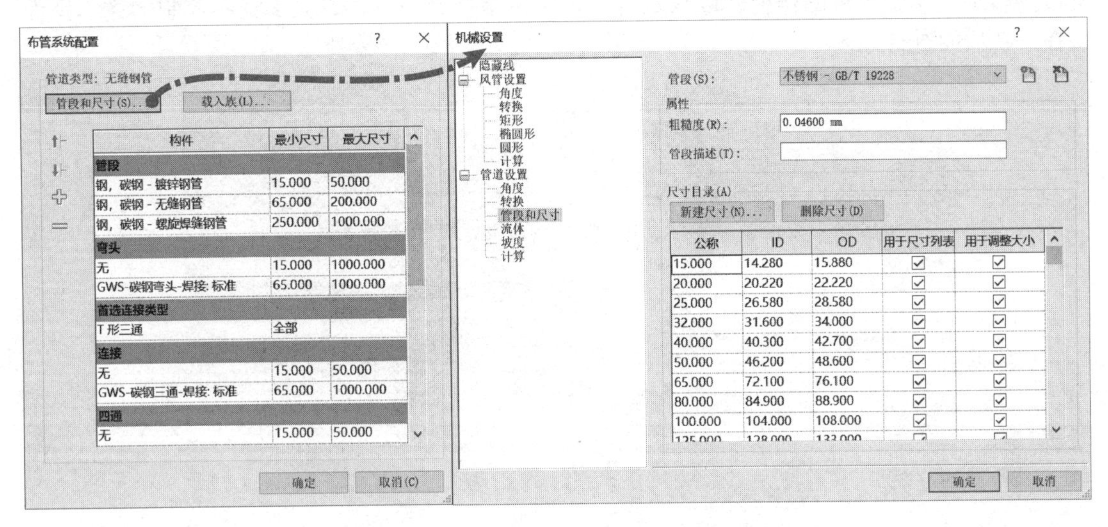

图 3-17

3.1.4 项目浏览器

Revit 中的项目浏览器用来组织和管理当前项目中包括的所有信息，包括项目的视图、族、链接等项目资源。Revit 按逻辑层次关系组织这些项目资源，方便用户管理。在项目浏览器中，使用树形结构来管理各相关资源。展开和折叠各分支时，将显示下一层级的内容。如图 3-18 所示为项目浏览器中包含的项目内容。项目浏览器中，项目类别前显示“⊞”表示该类别中还包括其他子类别项目。在 Revit 中进行 BIM 模型创建和查看时，最常用的操作就是通过项目浏览器在各视图中切换。展开视图类别中“楼层平面（01-AC- 暖通）”类别，Revit 将显示该楼层平面类别中所有可用楼层平面视图，双击任意楼层平面视图名称，可切换至指定视图，项目浏览器中将用亮显的方式显示当前激活的视图。

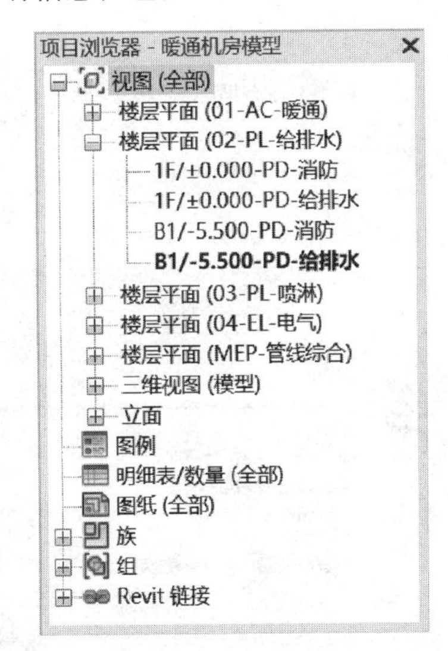

图 3-18

Revit 中的视图包括楼层平面视图、立面视图、剖面视图、三维视图、图纸视图、明细表视图、图例视图等多种视图类型。在 Revit 中任意类型的视图均可以根据规则生成多个视图。例如，对于机电安装工程来说，对于地下室一层楼层，通常会生成水、暖、电三个专业的平面视图，而各专业又会根据需要按系统生成更为详细的系统平面视图，例如，给排水专业在创建 BIM 模型时会生成消防、喷淋、给排水等不同专业的楼层平面视图。

Revit 可以为各类视图设置不同类型，不同的视图类型除可以方便对视图的类别进行管理外，还可以根据视图类型定义不同视图的默认显示样式，例如，定义视图中不同管道系统的默认颜色等。双击任意楼层平面视图名称切换至楼层平面视图，在不选择任何图元的情况下，属性面板中将显示当前楼层平面视图的视图属性。如图 3-19 所示，在“类型选择器”下拉列表中，可以设置当前视图的类型名称；单击“编辑类型”按钮打开“类型属性”对话框，在“类型属性”对话框中可以使用“复制”“重命名”等方式新建或修改视图的类型名称，并可以为该类视图指定视图样板，以满足各类视图显示控制的要求。关于视图控制的详细设置，将在本章后面进行详述。

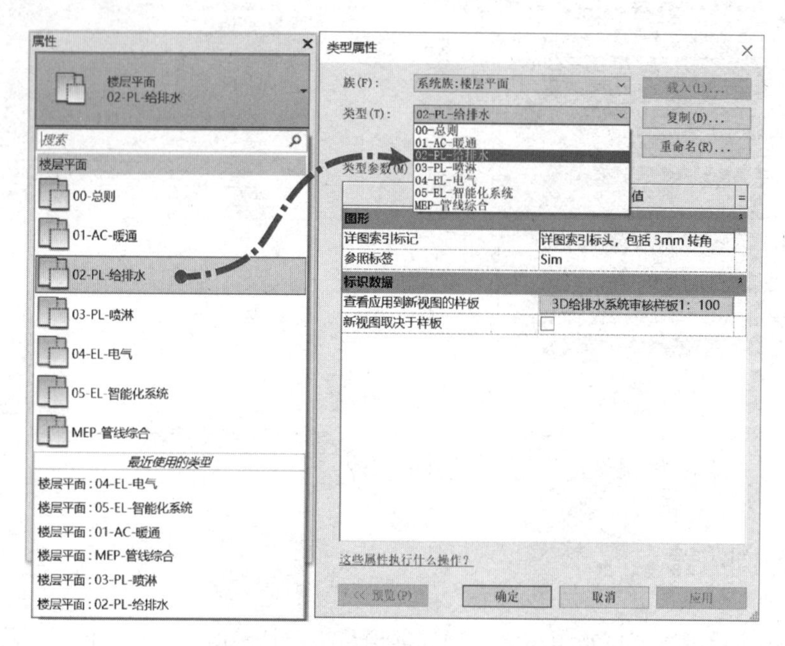

图 3-19

Revit 为项目浏览器提供了浏览器组织设置功能，用于设置各视图的显示方式。如图 3-20 所示，右键单击项目浏览器中“视图”类别，在弹出的右键菜单中选择“浏览器组织”，弹出“浏览器组织”对话框。在“视图”列表中选择“类型 / 规程”，单击“编辑”按钮，打开“浏览器组织属性”对话框，切换至“成组和排序”选项卡，在该对话框中设置“成组条件”为“相关标高”，否则按设置为“类型”，其他参数默认，可以对项目浏览器的显示方式设置过滤器以及成组和排序的条件。

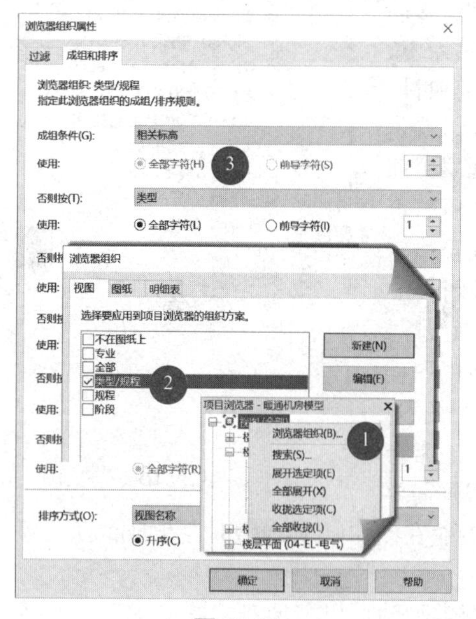

图 3-20

修改后，项目浏览器中的视图将首先根据项目的标高分组，再根据当前标高中包含的视图类型分别组织包含的视图。设置前和设置后的项目浏览器组织结构变化结果如图 3-21 所示。

在机电深化设计中，机电管道系统的定义非常重要。如图 3-22 所示，在项目浏览器中展开“族”→“管道系统”→“管道系统”类别，可显示当前项目中所有预定义的可用的系统。双击任意系统的名称将弹出“类型属性”对话框，允许对该系统进行进一步的参数设定。还可以使用“复制”或“重命名”按钮新增或修改管道系统的名称，以满足机电安装工程BIM模型创建的需求。可以在Revit的项目样板中预设常用的机电系统类型，以方便创建机电安装工程BIM模型时直接使用预设的管道系统。

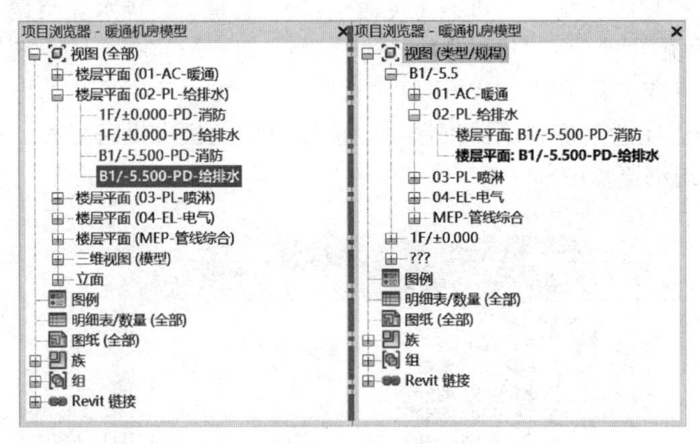

图3-21

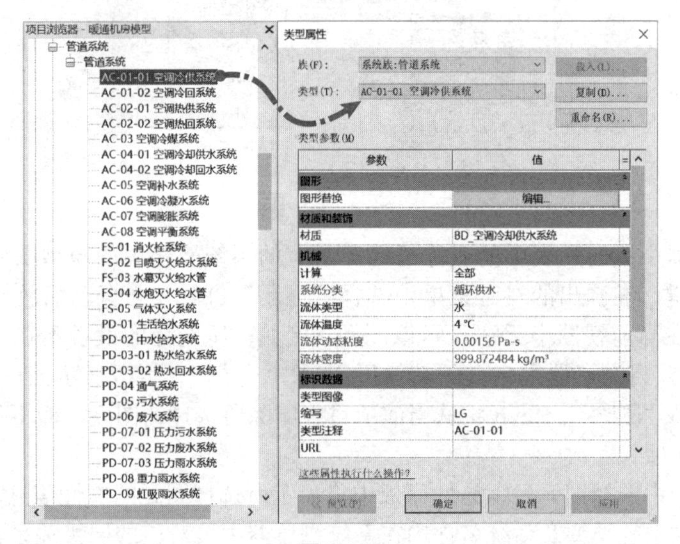

图3-22

由于项目浏览器中包含了当前机电安装工程中大量的信息，如果希望快速查找并定位到指定信息，如视图名称、系统类型名称等，可以在项目浏览器中单击鼠标右键，在弹出的右键菜单中选择“搜索”，弹出如图3-23所示的“在项目浏览器中搜索”对话框，输入视图名称或关键字查找到指定的信息位置。

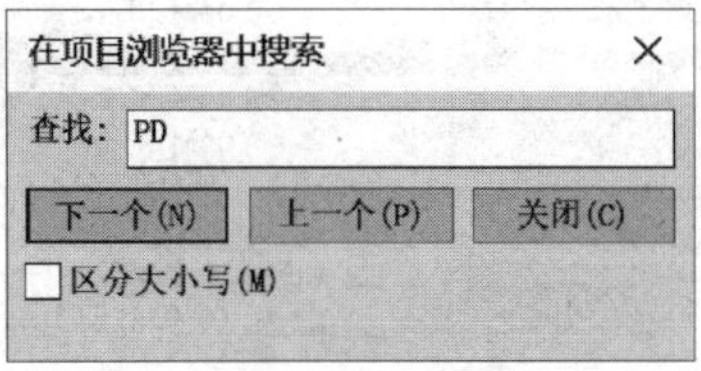

在项目浏览器中搜索
查找: PD
下一个(N) 上一个(P) 关闭(C)
区分大小写(M)

图3-23

3.1.5 系统浏览器

为方便创建机电安装工程BIM模型时对项目中的各类机电设备进行管理，Revit提供了系统浏览器，用来集中管理当前机电安装工程BIM模型中的各类设备。如图3-24所示，在系统浏览器中可根据规程分别显示机械（暖通空调）、管道（给排水及空调水）和电气三种不同的系统，并按系统类别（如“机械”）、系统类型（如“AC-03新风系统”）、系统名称（如“04M-XF 1”）、设备族名称（如“GWS-单层百叶风口：800×800”）的方式依据树状结构组织在系统浏览器中。注意系统浏览器仅显示当前项目中的机电设备名称，项目中绘制的各类管道并不显示在系统浏览器中。

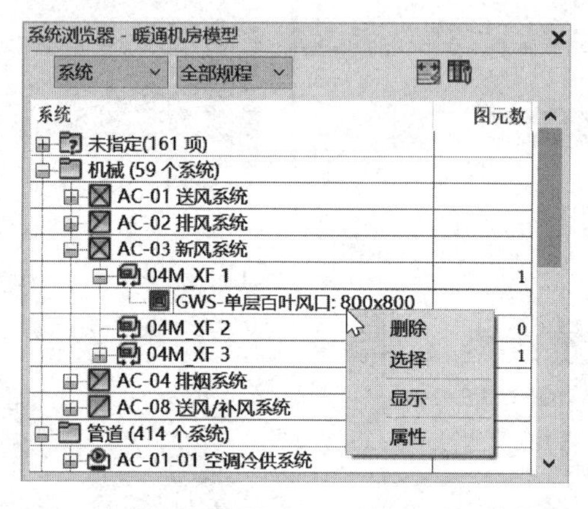

图3-24

在系统浏览器中单击列表中的名称可选择对应的系统及相关的模型图元。在所选择的设备上单击鼠标右键，在弹出的右键菜单中选择“显示”，Revit会自动缩放当前视图并高亮显示该设备。如果在当前视图中无法显示该图元（例如，所选择的设备不在当前楼层标高中），Revit会自动查找项目浏览器中定义的其他可用视图，并打开可以显示该设备的视图。注意，如果在列表中选择“删除”，Revit将从当前项目中删除所选择的图元，而不仅仅是从系统浏览器列表中删除该选项。

在系统浏览器中选择图元后，属性面板中将显示所选择图元的属性信息。如图3-25所示，可见图元属性中的系统类型及系统名称均在系统浏览器中按对应的层级关系正确显示。

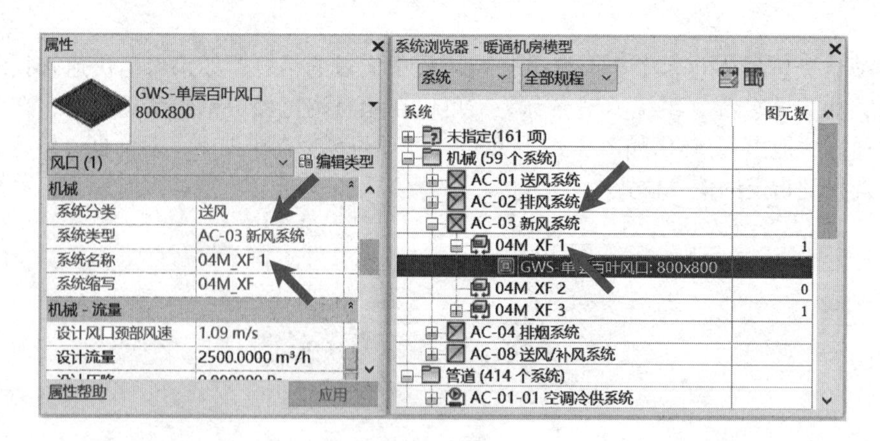

图3-25

属性面板、项目浏览器及系统浏览器面板均属于浮动面板。如图3-26所示，单击“视图”选项卡“窗口”面板中“用户界面”下拉列表，可通过勾选“属性”“项目浏览器”及“系统浏览器”前的复选框来打开或关闭相应的面板。还可以通过键盘快捷键“F9”打开或关闭系统浏览器，按快捷键“PP”或“Ctrl+1”打开或关闭属性面板。

在Revit中拖动浮动面板至屏幕边缘时，Revit会给出面板放置方式的预览。当多个面板重叠放置时，Revit会给出面板的组合显示的形式。如图3-27所示，还可以将多个面板合并在一起，通过单击下方面板名称来切换不同的面板，以最大限度节约屏幕空间。

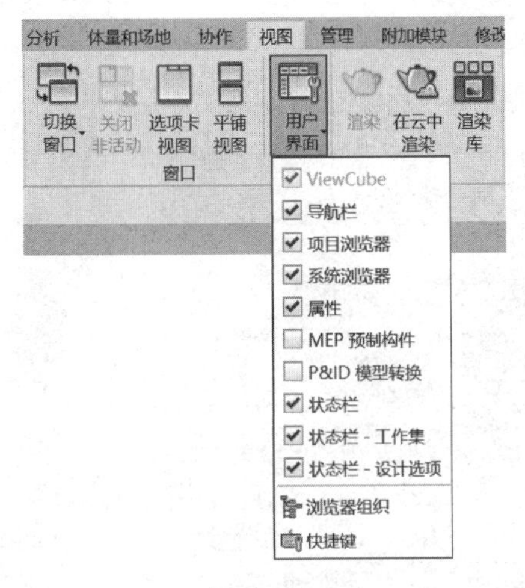

图3-26

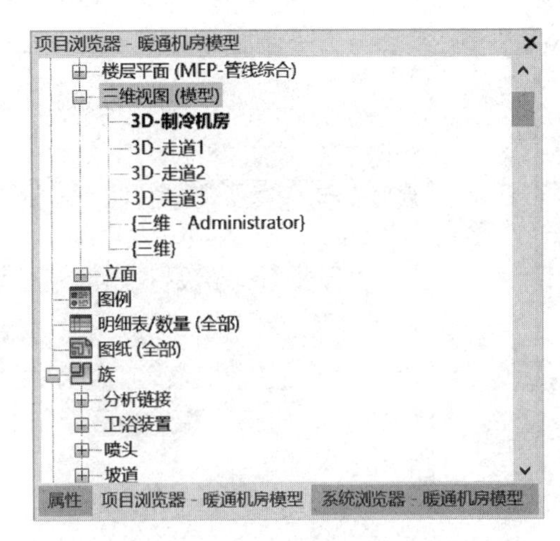

图3-27

3.2 Revit中常见术语

要创建机电安装工程BIM模型，需要先了解Revit软件中的几个重要概念。Revit中大部分的对象工具都采用工程对象术语，例如，机械设备、电缆桥架、线管等。但软件中包括几个专用的术语，读者务必全面理解和掌握。

Revit中常见的术语包括：参数化、项目、项目样板、对象类别、族、族类型、族实例以及管道系统。必须理解这些术语的概念与含义，才能灵活使用Revit的各项功能并完成机电安装工程BIM模型创建及应用。

Revit拥有自己专用的数据存储格式，且针对不同用途的文件，Revit将存储为不同格式的文件。在Revit中，最常见的几种类型的文件为：项目文件、样板文件和族文件。

3.2.1 参数化

“参数化”是Revit软件的重要特性，也是使用Revit创建机电安装工程BIM模型的优势之一。在Revit中，所谓参数化是指各模型图元之间的约束关系，如约束图元间的相对距离、管道共线等，Revit会自动记录这些几何约束特征并自动维护几何图元之间的关系。例如，当指定风管距离楼面标高的高度为2800mm，修改标高值时，Revit会自动修改风管的位置，以保障其距离标高的高度为 2800mm。构件间的参数化关系可以在创建模型时由 Revit 自动创建，也可以根据需要由用户手动创建。

参数化设计是 Revit 的一个重要特征，它分为两个部分：参数化图元和参数化修改引擎。Revit 中的图元都是以“族”的形式出现，这些构件是通过一系列参数定义的。参数保存了图元作为数字化建筑构件的所有信息。

Revit 提供了全局参数功能，可以在项目中自定义全局参数，使用该参数可以对项目进行全面的参数控制。例如，可以在项目中定义“管线间距”参数值，如图 3-28 所示为使用“全局参数”对话框定义“管线间距”参数的示例。

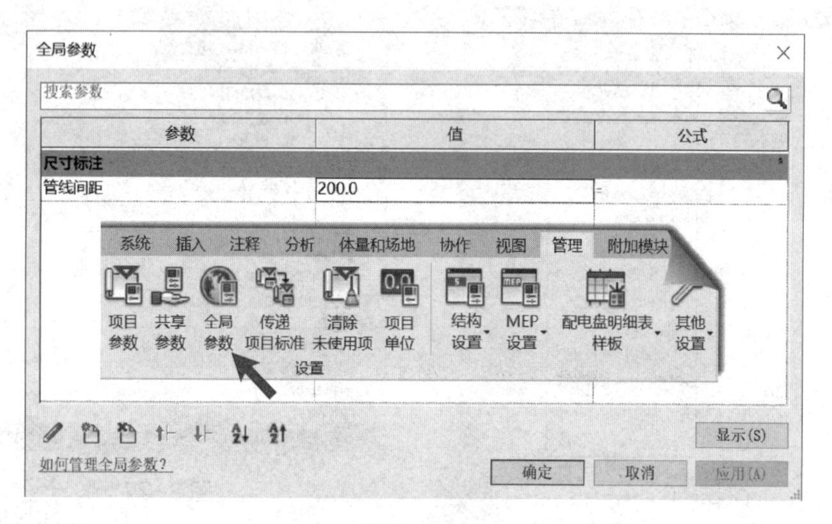

图 3-28

定义全局参数后，可以通过在项目中添加尺寸标注的方式将该参数应用于项目中，如图 3-29 所示，在平面中利用尺寸标注分别标注了平面中 *X*、*Y* 两个方向的管线间距，并利用“标签尺寸标注”上下文工具面板中“标签”工具分别为每个尺寸标注添加了自定义的“管线间距”标签，无论原来的管线间距值是多少，Revit 都会在添加“管线间距”标签时修改尺寸标注的值为 200。当修改全局参数值时，所有应用该参数的管线间距将同时修改。

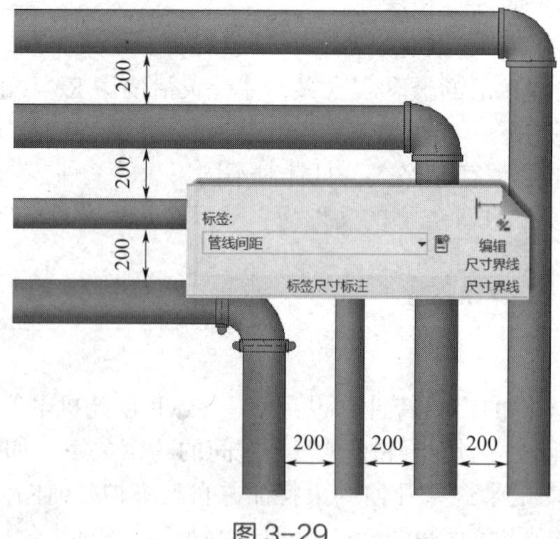

图 3-29

3.2.2 项目

Revit 中所有的设计的模型、视图及信息都被存储在一个后缀名为“.rvt”的 Revit 项目文件中。在项目文件中，将包括设计中所需的全部 BIM 信息。这些信息包括建筑的三维模型、平立剖面及节点视图、各种明细表、施工图图纸以及其他相关信息。可以说项目是一个集成的工程信息数据库。

Revit 中所有的项目在保存时均可控制是否生成项目的备份文件。如图 3-30 所示，在第一次保存项目文件时，会打开“另存为”对话框，单击“选项”按钮打开“文件保存选项”对话框，在该对话框中通过指定“最大备份数”可以设置保留的备份数量。Revit 会自动按保存次数将备份文件命名为 fileName.001.rvt、fileName.002.rvt、fileName.003.rvt……直到达到最大备份数量后，删除最早的备份文件。可以在保存文件时通过“保存”对话框单击“选项”按钮打开“文件保存选项”对话框。

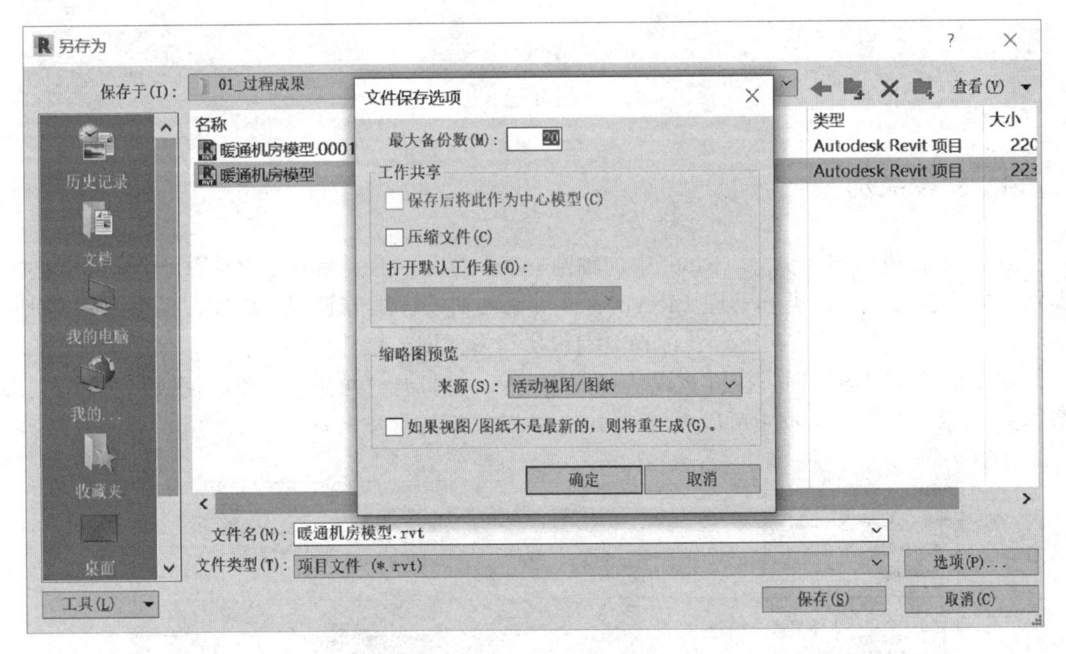

图 3-30

3.2.3 项目样板

当在 Revit 中新建项目时，Revit 会自动以一个后缀名为“.rte”的文件作为项目的初始文件，这个“.rte”格式的文件称为“样板文件”。样板文件中定义了新建的项目中默认的初始参数，例如：项目默认的度量单位、默认的楼层数量的设置、层高信息、线型设置、显示设置等。Revit 允许用户自定义自己的样板文件的内容，并保存为新的 .rte 文件。

可以在样板中预设机电系统的名称、视图的样板等机电深化过程中常用的设置。可以大大地提高机电深化工作的效率与标准化工作程度。如图 3-31 所示为在 Revit 样板中预设的视图样板，可以在各视图中通过应用视图样板来自动调整视图的显示方式，自动为指定的机电管线系统添加预设的系统颜色，以满足机电深化成果的展示。

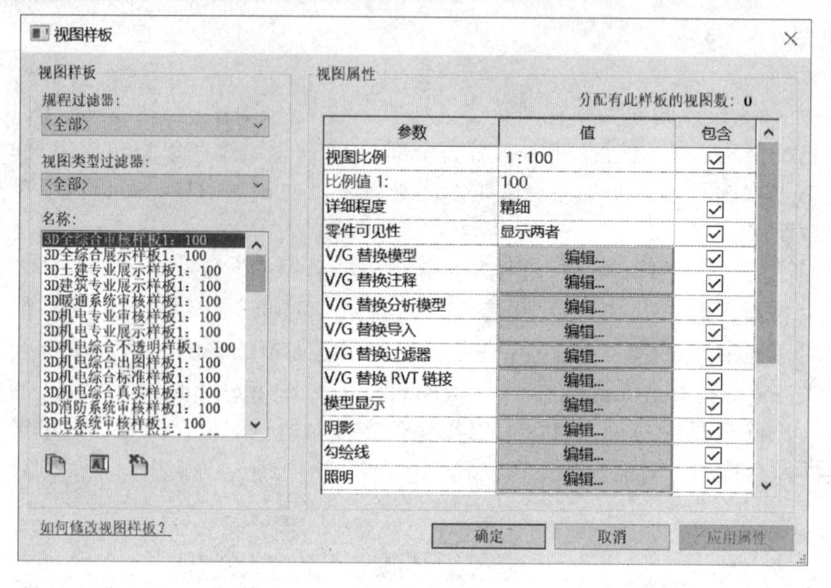

图 3-31

3.2.4 对象类别

Revit 不提供图层的概念。Revit 中的轴网、墙、风管、尺寸标注、文字注释等对象以对象类别的方式进行自动归类和管理。Revit 通过对象类别进行细分管理。例如，模型图元类别包括墙、楼梯、楼板、卫浴装置等；注释类别包括门窗标记、尺寸标注、轴网、文字等。

在项目任意视图中通过按键盘默认快捷键 VV，将打开“可见性 / 图形替换”对话框，如图 3-32 所示，在该对话框中可以查看 Revit 包含的详细的类别名称。

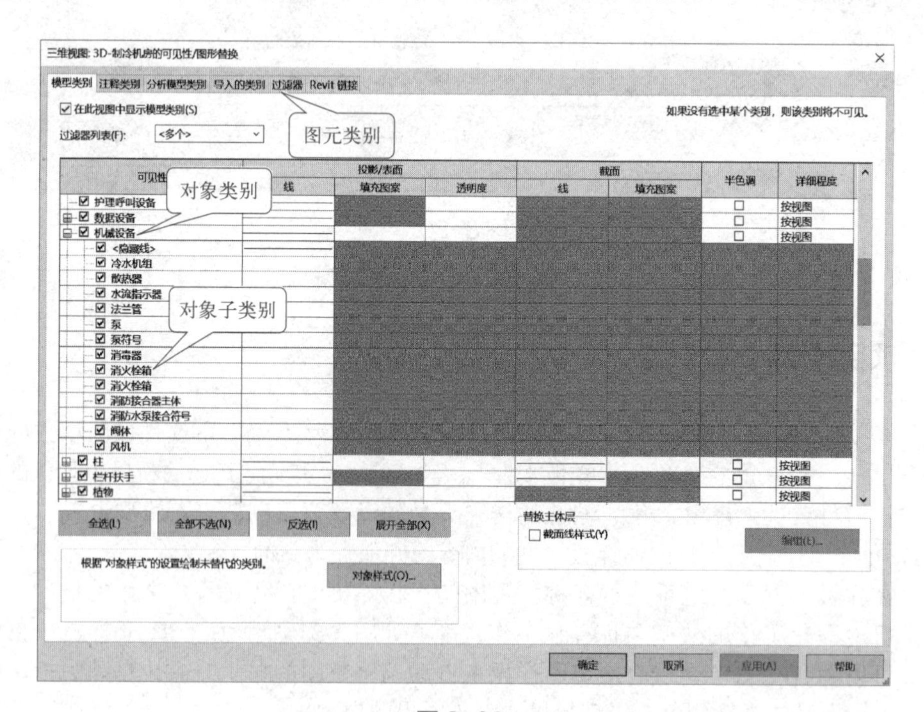

图 3-32

注意 Revit 的各类别对象中，还将包含子类别定义，如机械设备对象类别中，还可以包含冷水机组、散热器等子类别。Revit 通过控制对象中各子类别的可见性、线宽等设置，控制三维模型对象在视图中的显示，以满足机电安装工程 BIM 设计出图的要求。

在创建机电安装工程各类 BIM 对象时，Revit 会自动根据对象所使用的族将该图元自动归类到正确的对象类别当中。例如，放置管道时 Revit 会自动将该图元归类于“管道”对象类别。

3.2.5 族

Revit 的项目由墙、门、窗、楼板、楼梯等一系列基本对象“堆积”而成，这些基本的零件称为图元。除三维图元外，文字、尺寸标注等单个对象也称为图元。

族是 Revit 项目的基础。Revit 的任何单一图元都由某一个特定族产生。例如，一根水管、一台水泵、一个尺寸标注、一个图框。由一个族产生的各图元均具有相似的属性或参数。

在 Revit 中，族可划分为三种类型：

（1）可载入族　可载入族是指单独保存为族 .rfa 格式的独立族文件，且可以随时载入到项目中的族。Revit 提供了族样板文件，允许用户自定义任意形式的族。在 Revit 中，门、窗、结构柱、卫浴装置等均为可载入族。如图 3-33 所示为空调泵族，在该族中定义了泵的几何形状，并定义了进水、出水的管道接口位置以及电气的接口信息。

（2）系统族　系统族仅能利用系统提供的默认参数进行定义，不能作为单个族文件载入或创建。系统族包括风管、管道、导线、屋顶、楼板、尺寸标注等。对于系统族，Revit 会在图 3-34“类型属性”对话框中“族”列表中显示“系统族”以示区别。系统族中定义的族类型可以使用“项目传递”功能在不同的项目之间进行传递。

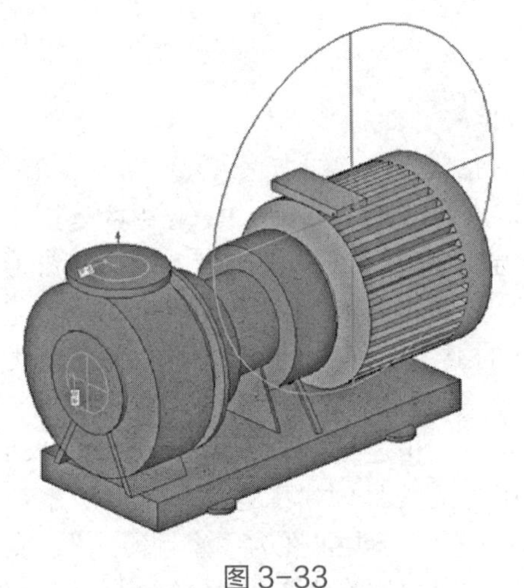

图 3-33

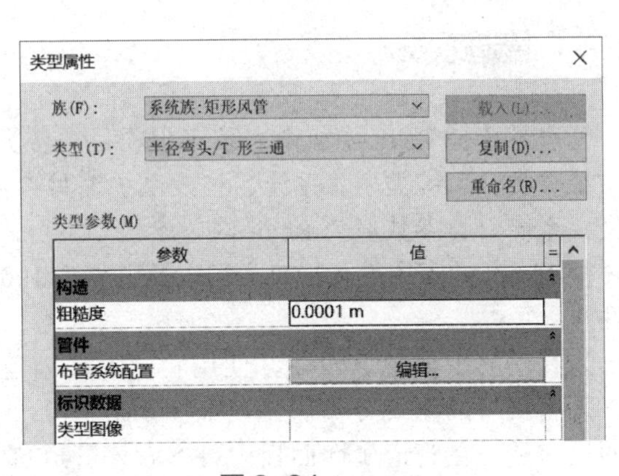

图 3-34

（3）内建族　在项目中，由用户在项目中直接创建的族称为内建族。内建族仅能在本项目中使用，即不能保存为单独的 .rfa 格式的族文件，也不能通过“项目传递”功能将其传递给其他项目。

与其他族不同，Revit 不允许用户通过复制内建族类型的方式来为内建族创建新的类型。

3.2.6 族类型与族实例

除内建族外，每一个族包含一个或多个不同的类型，用于定义不同的对象特性。例如，对于机械设备来说，可以通过创建不同的族类型，定义不同的设备尺寸和管道接口尺寸。而每个放置在项目中的实际机械设备图元，则称为该类型的一个实例。Revit 通过类型属性参数和实例属性参数控制图元的类型或实例参数特征。同一类型的所有实例均具备相同的类型属性参数设置，而同一类型的不同实例，可以具备完全不同的实例属性参数设置。

如图 3-35 所示，列举了 Revit 中族类别、族、族类型和族实例之间的相互关系。

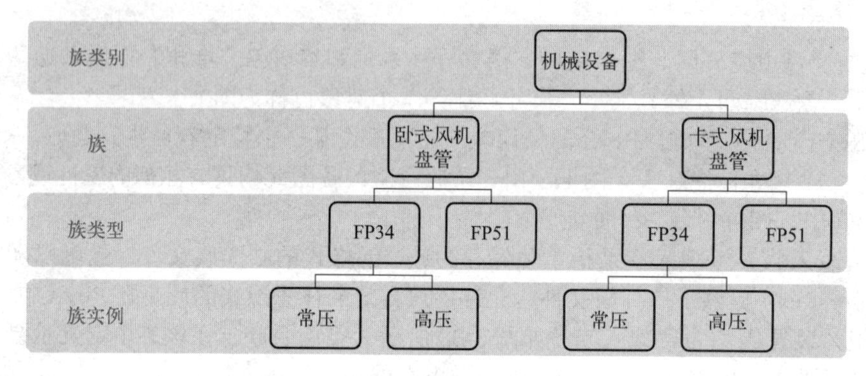

图 3-35

例如，对于同一类型的不同机械设备族实例，它们均具备相同的尺寸和管道接口定义，但可以具备不同的位置编号、标高等信息。修改族类型属性的值会影响该族类型的所有族实例，而修改族实例属性时，仅影响所有被选择的族实例。要修改某个族实例使其具有不同的族类型定义，必须为族创建新的族类型。

3.2.7 管道系统

管道系统是 Revit 中机电安装工程项目中各类管道进行管理的基础。Revit 中的管道系统由系统分类、系统类型、系统名称及系统缩写参数确定。其中系统分类由设备族中接口形式定义，系统分类参数值为 Revit 内置参数，不可修改。如图 3-36 所示的马桶族中，分别定义了直径 15mm 的家用冷水接口类型以及直径为 100mm 的卫生设备共计两种不同的系统分类连接件。

当在项目中放置该设备并使用管道工具创建与该接口相连接的管道时，管道会自动继承该设备接口的系统分类属性。如图 3-37 所示为使用管道工具创建了连接家用冷水系统分类的接口后，在管道属性面板中可查看该管道自动继承系统分类属性为“家用冷水”，在该分类中系统类型为“家用冷水”，当前管道的系统名称为“家用冷水 1”，系统缩写目前为空白。注意 Revit 将以管道系统中设置的系统名称的缩写按顺序自动编号，以区分不同分区的系统。

保持管道处于选择状态，切换至“管道系统”上下文选项卡，单击“编辑系统”工具可切换至系统编辑状态。如图 3-38 所示，“属性”面板中显示当前管道系统的属性，可以对当前管道的“系统名称”进行修改；打开“类型属性”对话框，在该对话框中可修改系统的缩写名称，当输入缩写名称后，将修改管道属性面板中的“系统缩写”。

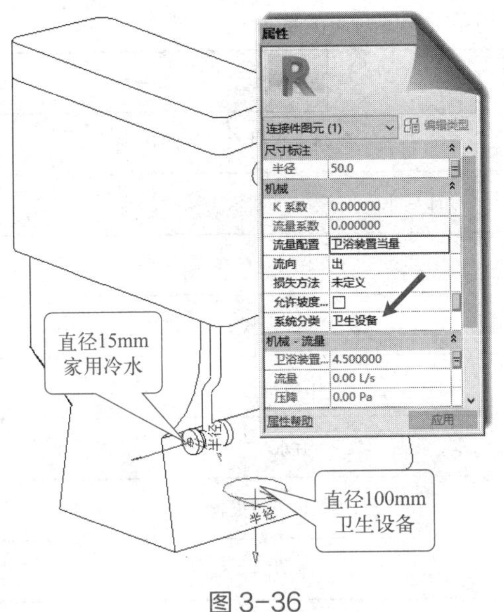

图 3-36

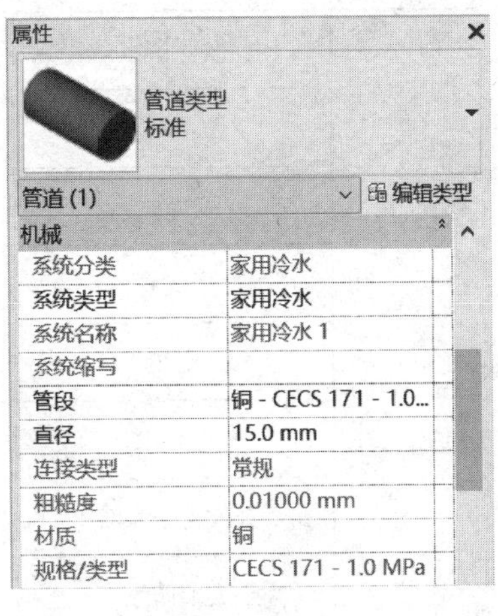

图 3-37

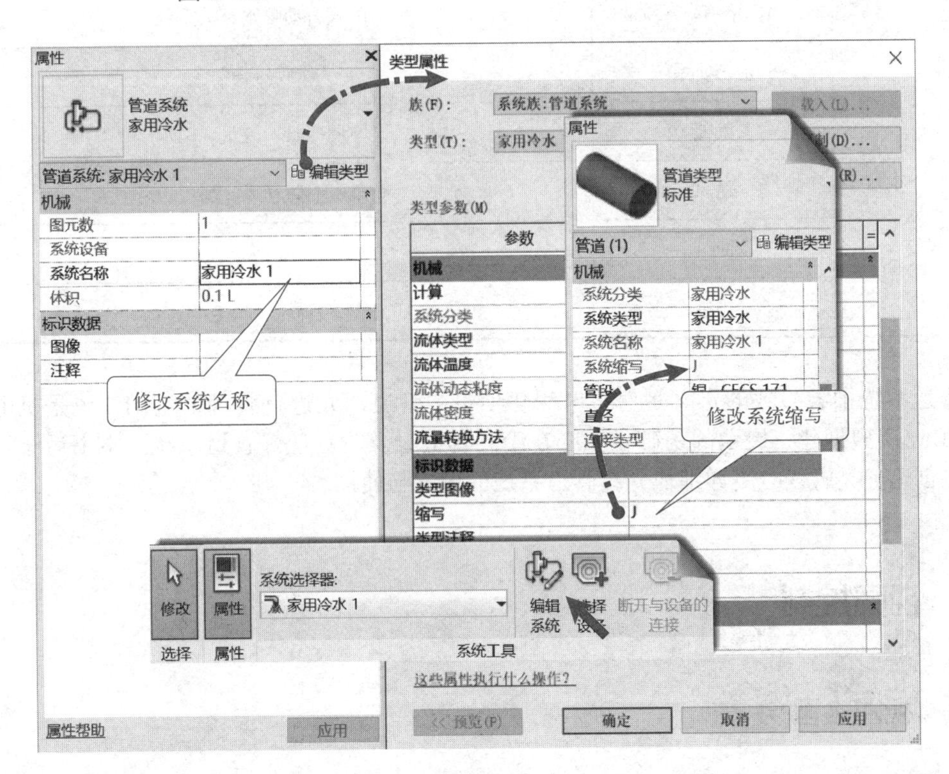

图 3-38

在 Revit 中，系统分类属于硬编码，由软件系统内置，是最顶层的系统管理类别，用户不可以修改、删除或增加系统分类。“系统类型”是系统分类的实例子集，可在项目中建立并复制多个不同的系统类型，系统类型通常应与正确的系统分类相匹配，以方便管理。Revit 提供了 11 种管道系统分类、3 种风管系统分类，系统分类与常见系统类型对应关系见表 3-1。而“系统名称”又属于“系统类型”的实例子集，用于区分同一系统类型下不同分区、不同回路或不同楼层的管线系统及设备。

表 3-1 系统分类与常见系统类型对应关系

图元类别	系统分类	常见系统类型
管道	循环供水	冷却供水、空调冷水供水、采暖供水
	循环回水	冷却回水、空调冷水回水、采暖回水
	卫生设备	污水
	通气管	通气管、通风孔
	家用热水	热给水
	家用冷水	给水
	湿式消防系统	自动喷淋、消火栓
	干式消防系统	气体消防
	预作用消防系统	闭式自动喷水灭火系统
	其他消防系统	水喷雾消防
	其他	空调冷媒、废水、雨水
风管	送风	新风、消防补风、加压送风
	回风	回风
	排风	排风、除尘

管道系统中各参数的定义是对机电深化项目中管道图元进行管理的基础，也是机电安装工程 BIM 模型创建、展示的基础，务必在绘制管道时及时管理好管道系统。本书后续章节中将会在创建各类管线时更详细地介绍管道系统的设置与使用。

3.3 视图控制

3.3.1 视图类型

Revit 提供了多种视图形式用于全面查看 BIM 模型。常用的视图有平面视图、立面视图、剖面视图、详图索引视图、三维视图、图例视图、明细表视图等。同一项目可以有任意多个视图，例如对于 F1 标高，可以根据需要创建任意数量的楼层平面视图，用于表现不同的功能要求，如 F1 梁布置视图、F1 柱布置视图、F1 房间功能视图、F1 暖通平面视图、F1 给排水平面视图等。所有视图均根据模型剖切投影生成。

如图 3-39 所示，Revit 在“视图”选项卡“创建”面板中提供了创建各类视图的工具，也可以在项目浏览器中根据需要通过复制已有视图的方式创建各类视图。

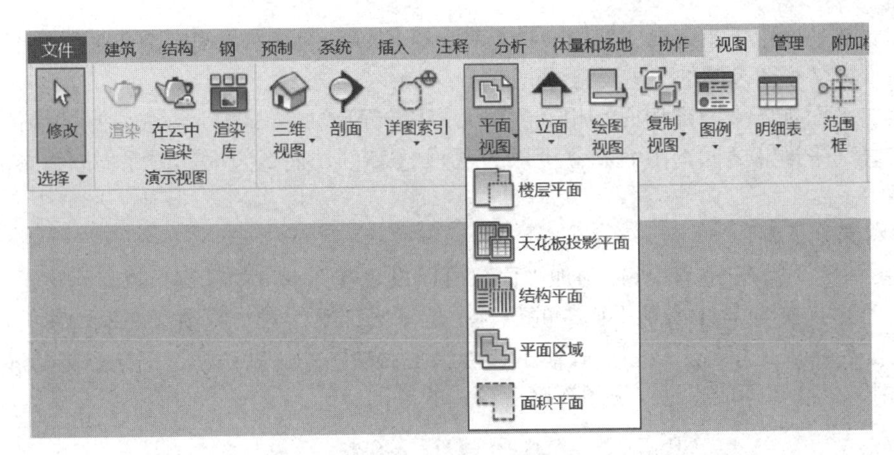

图 3-39

（1）平面视图　楼层平面、结构平面视图及天花板投影平面视图是按指定的标高偏移位置剖切项目模型后投影到指定水平面生成的水平方向视图，通常用于生成机电安装工程中常见的给排水平面图、暖通平面图等。大多数项目至少包含一个楼层平面、结构平面。在创建项目标高时默认可以自动创建对应的楼层平面视图；在立面中，已创建的楼层平面视图的标高标头显示为蓝色，无平面关联的标高标头是黑色。除使用项目浏览器外，在立面中可以通过双击蓝色标高标头进入对应的楼层平面视图；使用“视图”选项卡“创建”面板中的“平面视图”工具可以手动创建楼层平面视图。

切换至任意楼层平面视图，不选择任何图元时，“属性”面板将显示当前视图的属性。如图 3-40 所示，在“属性”面板中单击“视图范围”后的编辑按钮，将打开“视图范围”对话框。在该对话框中，可以定义视图的剖切位置以及视图深度范围。

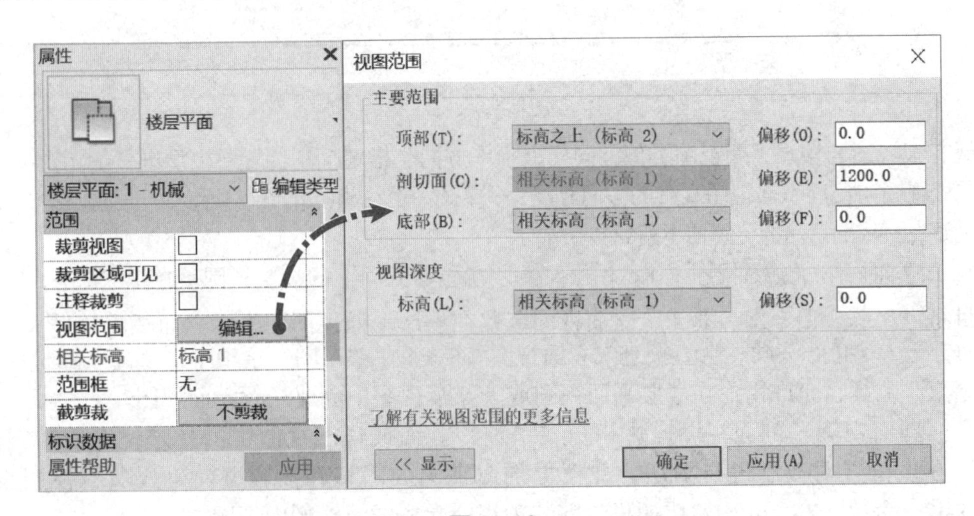

图 3-40

“视图范围”对话框中，各主要功能介绍如下。

- 视图主要范围：

每个平面视图都具有“视图范围”视图属性，该属性也称为可见范围。视图范围是用于控制楼层平面视图中几何模型对象的可见性和外观的一组水平平面。以最常用的楼层平面视图为例，如图 3-41 所示，在楼层平面视图中分别称顶部平面 ①、剖切面②、底部平面③。顶部平面和底部平面用于指定视图范围最顶部和底部位置，剖切面是确定剖切高度的平面，这 3 个平面用于定义视图范围的“主要范围”。

在楼层平面视图中与剖切面②相交的图元将以剖面线的方式显示（如常见的墙体）；在剖切面②与底部平面③之间的图元和位于顶部平面 ①和剖切面②之间的图元将以投影的方式在视图中显示。

● 视图深度范围：

“视图深度”是视图范围外的附加平面，可以设置视图深度的标高，以显示位于底裁剪平面之下的图元，如图 3-41 所示平面④的位置。位于底部平面③与视图深度平面④的视图深度范围内的图元将以“超出”线型方式显示在楼层平面视图中。默认情况下该标高与底部重合。“主要范围”的底部不能超过“视图深度”设置的范围。

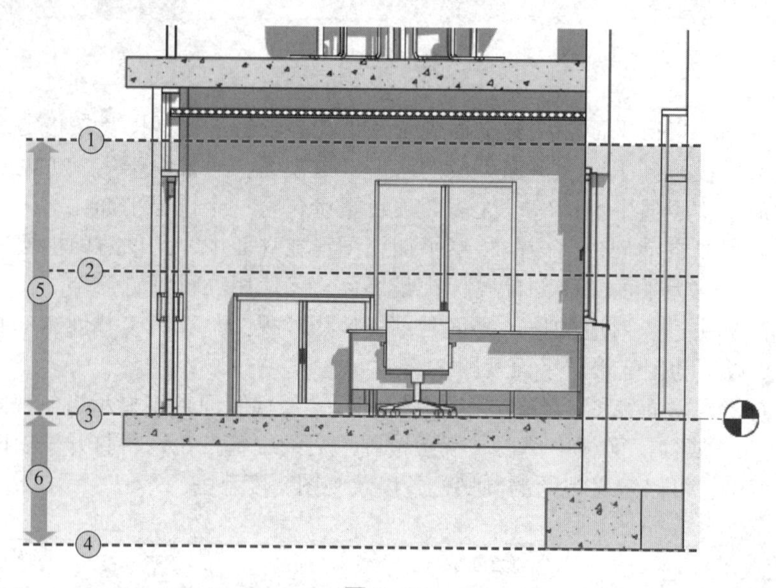

图 3-41

天花板视图与楼层平面视图类似，同样沿水平方向、指定标高位置对模型进行剖切生成投影。但天花板视图与楼层平面视图观察的方向相反：天花板视图从剖切面的位置向上进行投影显示，而楼层平面视图从剖切面的位置向下进行投影显示。

（2）立面视图　立面视图是 Revit 几何模型在立面方向上的投影视图。在 Revit 中，默认每个项目将包含东、西、南、北 4 个立面视图，并在楼层平面视图中显示立面视图符号 ◐ 。双击立面标记中黑色小三角，会直接进入立面视图。Revit 在“视图”选项卡“创建”面板中提供了“立面”工具，允许用户在楼层平面视图或天花板视图中创建任意立面视图。

（3）剖面视图　剖面视图允许用户在平面、立面或详图视图中的指定位置绘制剖面符号线，在该位置对模型进行剖切，并根据剖面视图的剖切和投影方向生成项目模型投影。如图 3-42 所示为在 Revit 中生成的机电安装工程中常用的管线剖面视图。

如图 3-43 所示，Revit 在“视图”选项卡“创建”面板中提供了“剖面”工具，允许用户在平面、立面、剖面等视图中创建任意方向的剖面视图。剖面视图具有明确的剖切范围，可以通过鼠标拖拽剖面标头调整剖切深度及范围。

（4）详图索引视图　当需要对模型的局部细节进行放大显示时，可以使用详图索引视图。Revit 在“视图”选项卡“创建”面板中提供了“详图索引”工具，允许用户在平面视图、剖面视图、详图视图或立面视图中添加详图索引。在详图索引范围内的模型部分，将以详图索引视图中设置的比例显示在独立的视图中。详图索引视图显示父视图中某一部分的放大版本，且所显示的内容与原模型关联。

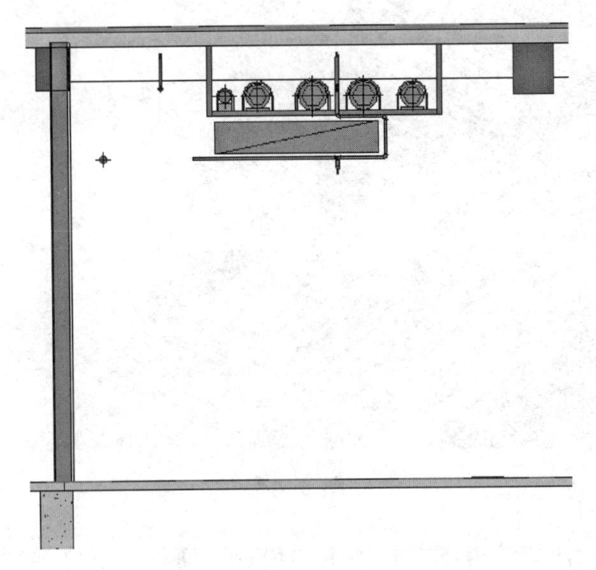

图 3-42

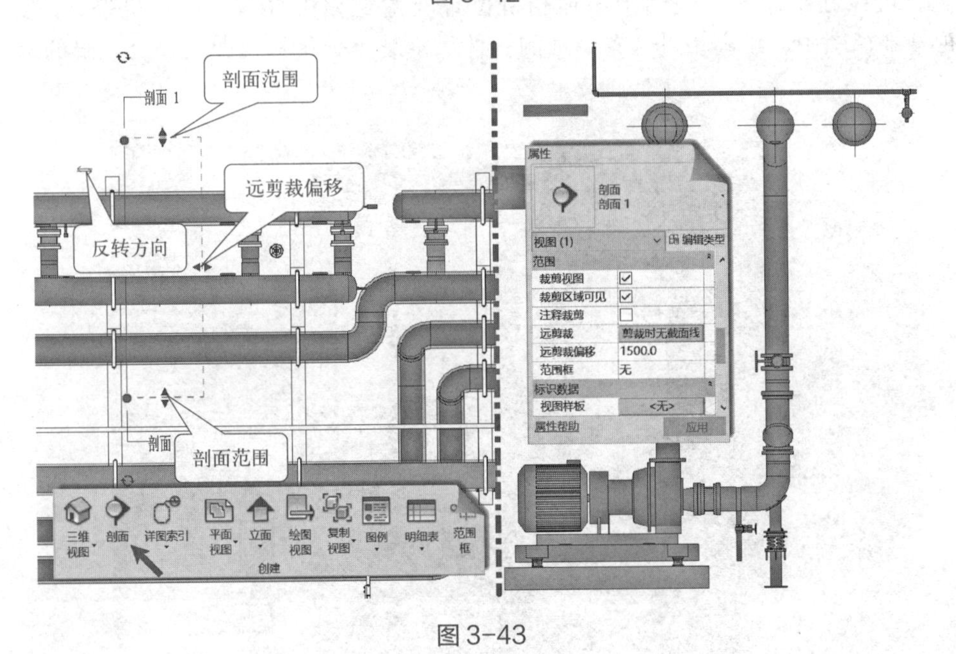

图 3-43

绘制详图索引的视图是该详图索引视图的父视图。如果删除父视图，则也将删除该详图索引视图。详图索引视图在工程中通常用于表示详细构造做法或机电安装工程中设备局部详细的安装详图。

（5）三维视图　Revit 中三维视图分两种：正交三维视图和透视图。在正交三维视图中，构件的显示不产生远近透视关系，如图 3-44 所示。单击快速访问栏“默认三维视图”图标直接进入默认三维视图，在默认三维视图中可以配合使用“Shift”键和鼠标中键根据需要灵活调整视图角度。

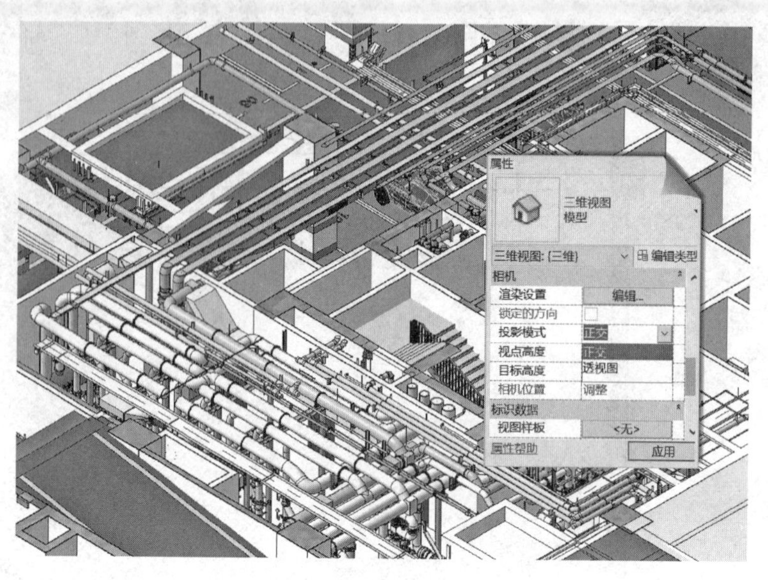

图 3-44

如图 3-45 所示，使用“视图”选项卡“创建”面板“三维视图”下拉列表中 “相机”工具可以在楼层平面视图中添加相机位置及指定相机方向生成相机透视三维视图。在透视三维视图中，距离相机位置越远的构件显示越小，这种视图更符合人眼的透视观察视角。

图 3-45

选择任意图元，自动切换至“修改”上下文关联选项卡，在“视图”面板中选择“选择框”工具，Revit 将自动创建包围所选择图元的三维剖切视图，如图 3-46 所示。在机电安装工程中，通常采用局部三维剖切的方式，展示特定位置（如暖通机房或走道）的三维管道排布情况。

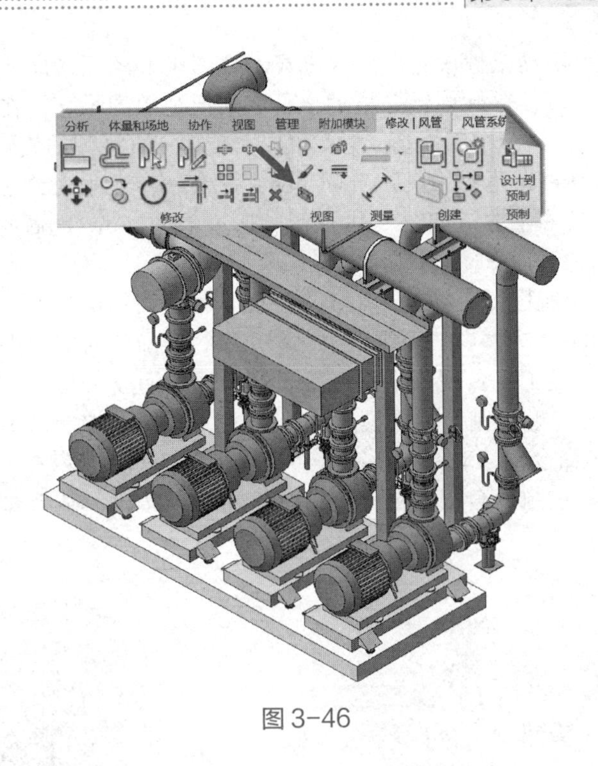

图 3-46

局部三维视图的本质是利用三维剖面框对三维视图的显示范围进行裁剪。如图 3-47 所示，使用“选择框”后将自动激活三维视图“属性”面板中“剖面框”选项，在使用“选择框”工具时，Revit 会自动根据所选择的图元的范围调整剖面框的大小，也可以通过拖动剖面框的范围操作按钮及旋转方向按钮来调整剖切显示的范围及剖切方向。

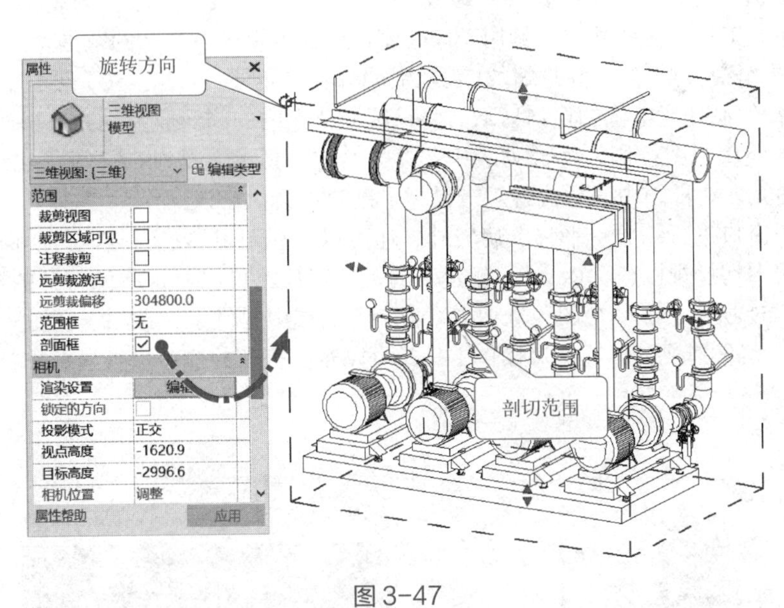

图 3-47

3.3.2 视图基本操作

可以通过鼠标、ViewCube 和视图导航对 Revit 视图进行平移、缩放等操作。在平面、立面或三维视图中，向上滚动鼠标滚轮可以放大显示视图中的图元，向下滚动鼠标滚轮可以缩小显示视图中的图元；按住鼠标中键并拖动，可以实现视图的平移。在默认三维视图中，按住键盘“Shift”键并按住鼠标中键拖动鼠标，可以实现对三维视图的旋转。

在三维视图中，Revit 还提供了 ViewCube，用于实现对三维视图的进一步控制。ViewCube 默认位于屏幕右上方。如图 3-48 所示，通过单击 ViewCube 的面、顶点或边，可以改变默认三维视图中的视角方向。

Revit 还提供了“导航栏”工具条，用于对视图进行更灵活的控制。默认情况下，导航栏位于视图右侧 ViewCube 下方。在任意视图中，都可通过导航栏对视图进行控制。

导航栏主要提供两类工具：视图平移查看工具和视图缩放工具。单击导航栏中上方第一个圆盘图标，将进入全导航控制盘控制模式（图 3-49），全导航控制盘中提供缩放、平移、动态观察（视图旋转）等命令，移动鼠标指针至全导航控制盘中命令位置，按住左键不动即可执行相应的操作，全导航控制盘会跟随鼠标指针的位置一起移动。显示或隐藏导航盘的快捷键为“Shift+W”键。

二维码 3-2

图 3-48

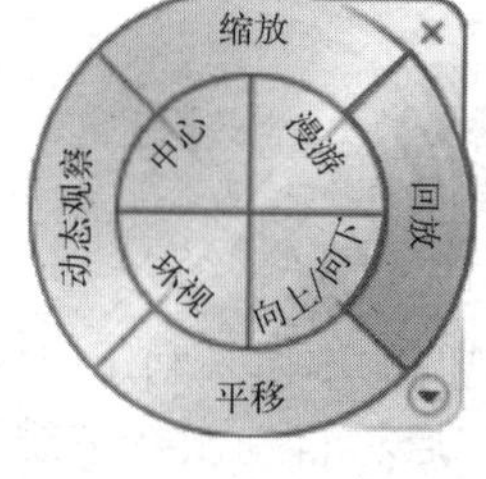

图 3-49

导航栏中提供的另外一个工具为“缩放”工具，单击缩放工具下拉列表，可以查看 Revit 提供的视图缩放工具。视图缩放工具用于修改窗口中的可视区域显示的范围。

在实际操作中，最常使用的缩放工具为“区域放大”，见图 3-50，使用该缩放命令时 Revit 允许用户绘制任意范围的窗口区域，将该区域范围内的图元放大至充满视口显示。

任何时候使用视图控制栏缩放列表中“缩放全部以匹配”选项时，都可以缩放显示当前视图中全部图元。在视图中任意位置双击鼠标中键，也会执行该操作。

除对视图窗口进行缩放、平移、旋转外，还可以对视图窗口进行控制。前面已经介绍过，在项目浏览器中切换视图时，Revit 将创建新的视图窗口，可以对这些已打开的视图窗口进行控制。如图 3-51 所示，在“视图”选项卡“窗口”面板中提供了“选项卡视图”“切换窗口”、“关闭非活动”“平铺视图”等窗口操作工具，可以对已打开的窗口进行显示排布。

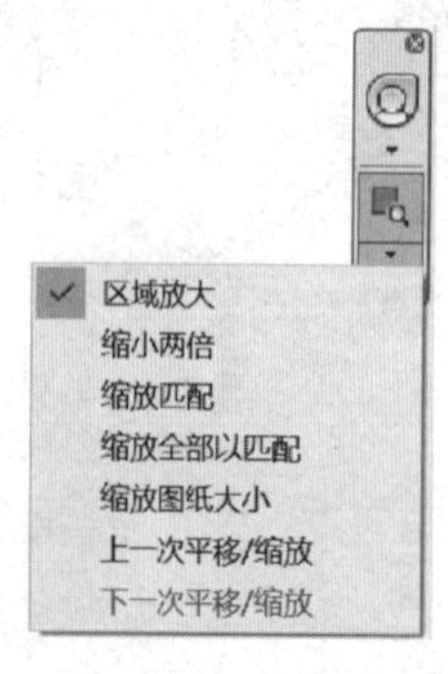

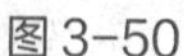

图 3-50

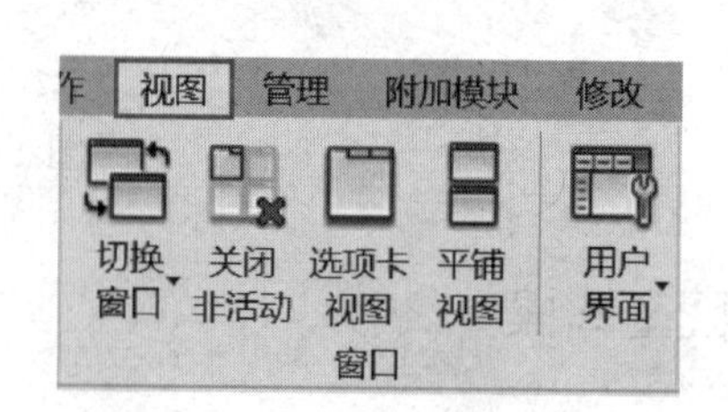

图 3-51

使用“选项卡视图”时，Revit将在顶部视图名称选项卡中以选项卡的方式显示所有已打开的视图，并高亮显示当前激活的视图窗口的名称。使用“平铺视图”工具，可以同时查看所有已打开的视图窗口，各窗口将以合适的大小并列显示。当打开较多的视图时，这些视图将占用大量的计算机内存资源，可以使用“关闭非活动”工具一次性关闭所有未激活的视图以节省系统资源。注意“关闭非活动”工具不能在“平铺视图”模式下使用。切换窗口工具用于在多个已打开的视图窗口间进行切换。

在“选项卡视图”状态下，按住并拖动视图名称选项卡至空白区域并松开鼠标左键时，该视图可变为浮动窗口，按住并拖动浮动窗口的标题栏至视图名称选项卡位置，Revit会将浮动窗口变为选项卡模式。可以自由调整浮动窗口的大小，也可以将浮动窗口拖拽至Revit主体之外。例如，将浮动窗口拖拽至另一个显示器中可以随时通过该窗口查看项目中模型的变化。

3.3.3 视图显示及样式

Revit为每个视图提供了视图控制栏，通过视图控制栏，可以对视图中的图元进行显示控制，视图控制栏中各功能如图3-52所示。在三维视图中，Revit还会在视图控制栏中提供渲染选项，用于启动渲染器对视图进行渲染。在Revit中各视图均以独立的窗口显示，因此在任何视图中进行视图控制栏的设置均不会影响其他视图。

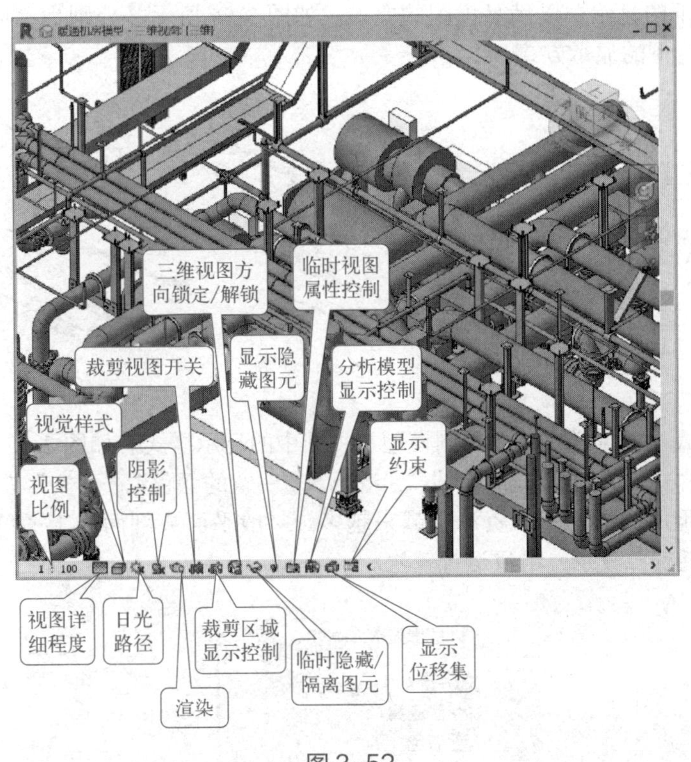

图3-52

（1）视图比例　视图比例用于控制几何模型与当前视图中尺寸标注等注释图元显示之间的关系。如图3-53所示，单击视图控制栏“视图比例”按钮，在比例列表中选择合适的比例即可修改当前视图的比例。注意无论视图比例如何调整，均不会修改模型的实际尺寸，仅会影响当前视图中添加的文字、尺寸标注等注释信息的相对大小。Revit 允许为项目中的每个视图指定不同比例，也可以创建自定义视图比例。

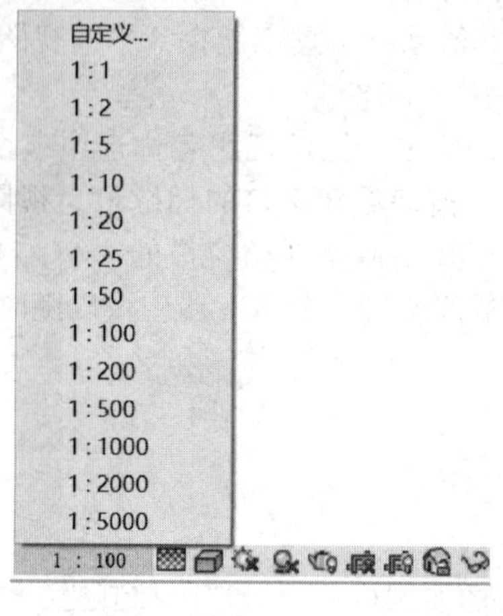

图 3-53

（2）视图详细程度　Revit 提供了三种视图详细程度：粗略、中等、精细。Revit 中的图元可以在族中定义不同视图详细程度模式下要显示的模型。Revit 通过视图详细程度控制同一图元在不同状态下的显示，以满足出图的要求。如图 3-54 所示，分别为管道、风管和桥架在不同视图详细程度下的显示方式。

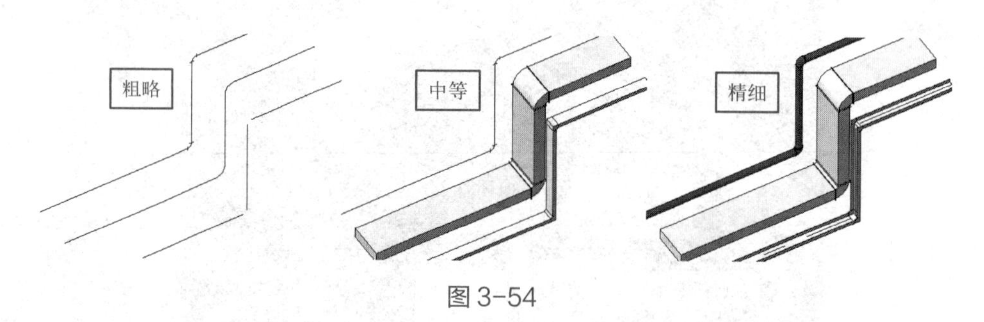

图 3-54

（3）视觉样式　视觉样式用于控制模型在视图中的显示样式。如图 3-55 所示，Revit 提供了 6 种显示视觉样式："线框""隐藏线""着色""一致的颜色""真实""光线追踪"。显示效果逐渐增强，但所需要的系统资源也越来越多。一般平面或剖面施工图可设置为隐藏线模式，这样系统消耗资源较少，项目运行较快。

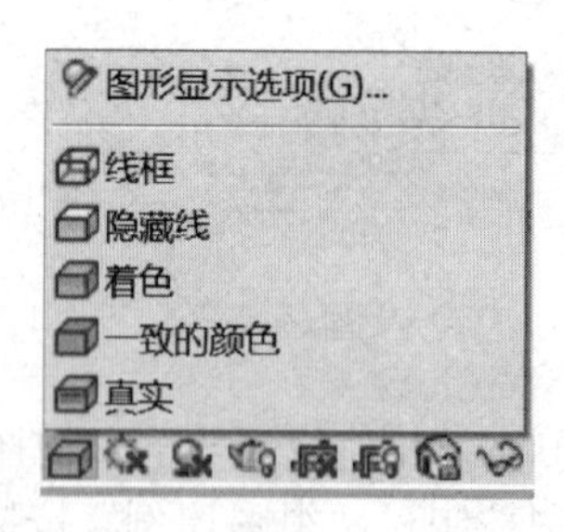

图 3-55

在视觉样式列表中选择“图形显示选项”，打开如图3-56所示“图形显示选项”对话框，在该对话框中可以对当前视图的图形显示做进一步的设置，例如，是否“启用勾绘线”效果，使当前视图中的图形看起来更类似于手绘风格。

（4）打开/关闭阴影开关、打开/关闭日光路径　在视图中，可以通过打开/关闭阴影开关在视图中显示模型的光照阴影，增强模型的表现力。在日光路径的“日光设置”中，还可以对日光进行详细设置。如图3-57所示为打开日光路径后显示的太阳时刻，通过调整太阳的日期以及当前时间来确定当前视图中的太阳的位置，从而影响视图中阴影表现。注意太阳的高度与项目所在的经纬度有关，可以在“日光设置”中通过指定“地点”来确定当前项目的经纬度。

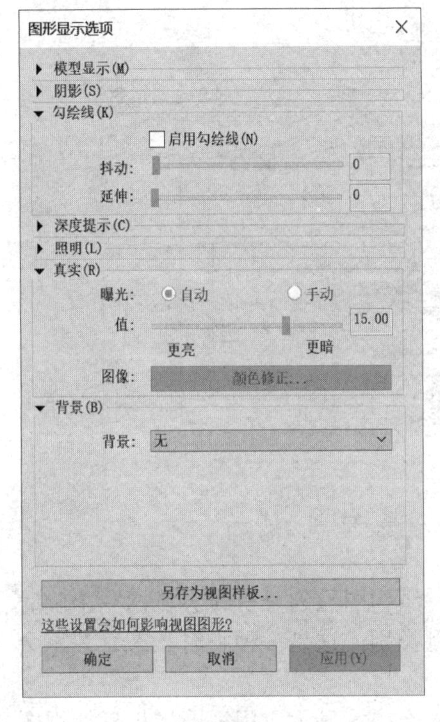

图3-56

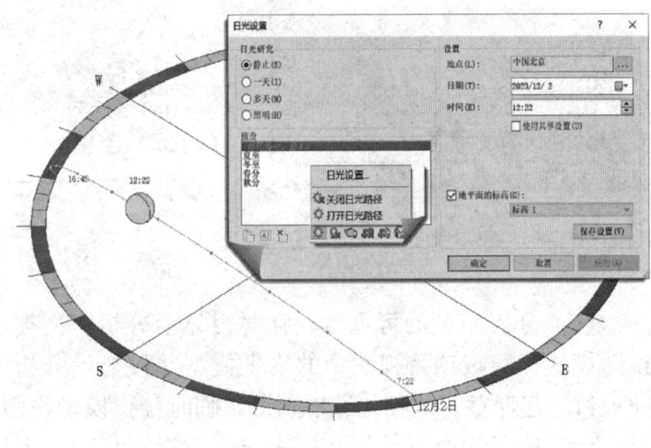

图3-57

（5）裁剪视图、显示/隐藏裁剪区域　视图裁剪区域定义了视图中用于显示项目的范围，由两个工具组成：是否启用裁剪按钮及是否显示裁剪区域。可以单击“显示裁剪区域”按钮在视图中显示裁剪区域，再通过启用裁剪按钮将视图裁剪功能启用，通过拖拽裁剪边界对视图进行裁剪。裁剪后裁剪框外的图元不显示。

（6）临时隐藏/隔离图元选项和显示隐藏的图元选项　在视图中可以根据需要临时隐藏任意图元。选择图元后单击临时隐藏或隔离图元（或图元类别）命令，将弹出隐藏或隔离图元选项，可以分别对所选择图元进行隐藏和隔离。其中隐藏图元选项将隐藏所选图元；隔离图元选项将在视图中隐藏所有未被选定的图元。可以根据图元（当前项目中处于选择状态的图元）或类别（当前项目中所有的与已选择图元对象类别相同的图元）的方式对图元的隐藏或隔离进行控制。

所谓临时隐藏图元是指当关闭项目后，重新打开项目时被隐藏的图元将恢复显示。视图中临时隐藏或隔离图元后，视图周边将显示蓝色边框。此时再次单击隐藏或隔离图元命令，可以选择“重设临时隐藏/隔离”选项恢复被隐藏的图元，或选择“将隐藏/隔离应用到视图”选项，此时视图周边蓝色边框消失，将永久隐藏不可见图元，即无论任何时候图元都将不再显示，见图 3-58。

要查看项目中隐藏的图元可以单击视图控制栏中“显示隐藏的图元”命令。如图 3-59 所示，所有被隐藏的图元均会显示为亮红色。选择被隐藏的图元，单击 “显示隐藏的图元”面板中“取消隐藏图元”选项可以恢复图元在视图中的显示。注意恢复图元显示后，务必单击“切换显示隐藏图元模式”按钮或再次单击视图控制栏“显示隐藏的图元”按钮返回正常显示模式。

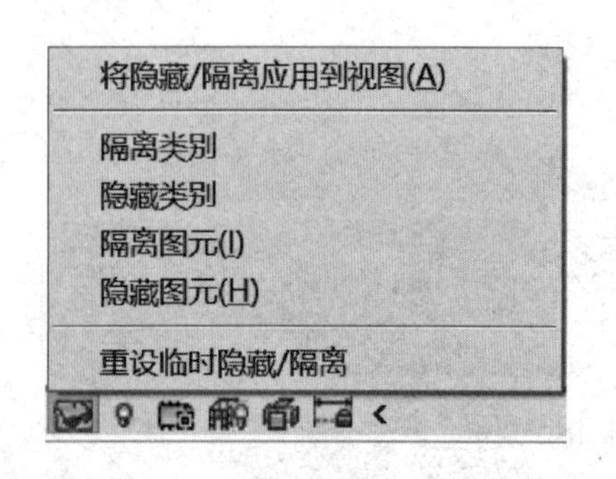

图 3-58

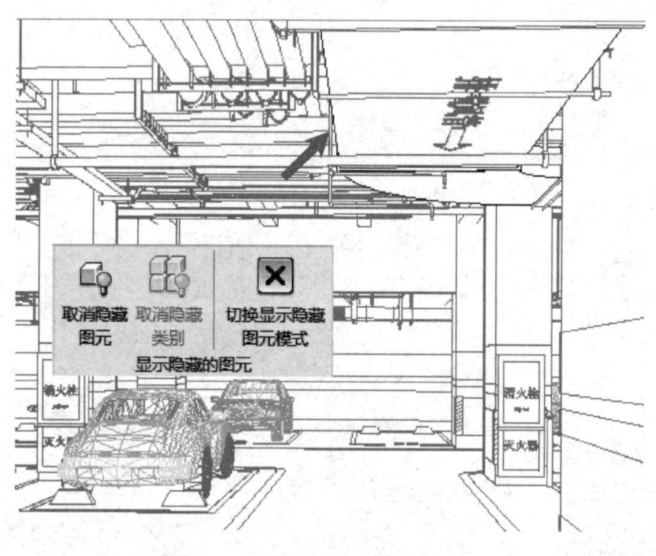

图 3-59

（7）分析模型的可见性　临时仅显示分析模型类别：结构图元的分析线会显示一个临时视图模式，隐藏项目视图中的物理模型并仅显示分析模型类别，这是一种临时状态，并不会随项目一起保存，清除此选项则退出临时分析模型视图。

（8）临时视图属性　允许用户通过指定临时视图样板来预览显示应用视图样板后的视图显示状态，通常用来对视图进行临时显示的快速处理，如在暖通管道平面视图中临时加载管道平面视图样板，以显示管道系统中的图元，以方便对其进行临时处理。

（9）显示约束　如果在项目中添加了全局参数，可以通过其开关来显示当前项目中的全局参数的位置。

（10）显示/隐藏渲染对话框（仅三维视图才可使用）　打开渲染对话框，以便对渲染质量、光照等进行详细的设置。Revit 采用 Mental Ray 渲染器进行渲染。

（11）解锁/锁定三维视图方向（仅三维视图才可使用）　如果需要在三维视图中进行三维尺寸标注及添加文字注释信息，需要先锁定三维视图。锁定的三维视图不能旋转，但可以平移和缩放。在创建三维详图大样时，可激活该按钮将三维视图方向锁定，防止修改三维视角。

（12）显示位移集　用于控制是否以位移的方式显示各构件的关系。位移视图类似于“爆炸”视图，即通过在三维空间中对构件进行分解来表明构件间的关联关系，如图 3-60 所示。

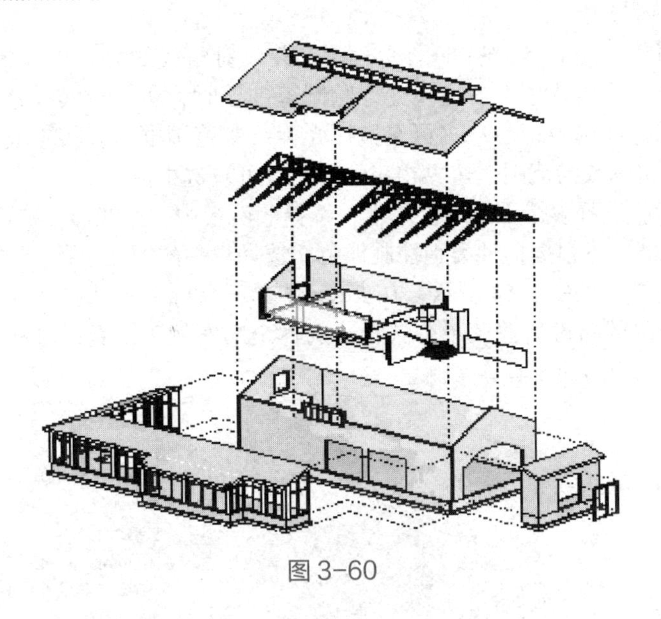

图 3-60

3.4　基本操作

3.4.1　图元选择

要对图元进行修改和编辑，必须选择图元。在 Revit 中可以使用 4 种方式进行图元的选择，即单击选择、框选、按特性选择及按图元 ID 选择。

（1）单击选择　移动鼠标至任意图元上，Revit 将高亮显示该图元并在状态栏中显示有关该图元的信息，单击鼠标左键将选择高亮显示的图元。在选择时如果多个图元彼此重叠，可以移动鼠标至图元位置，循环按键盘“Tab”键，Revit 将循环高亮预览显示各图元，当要选择的图元高亮显示后，单击鼠标左键将选择该图元。按 “Shift+Tab”键可以按相反的顺序循环切换图元。

要选择多个图元，可以配合使用键盘“Ctrl”键并鼠标左键单击要添加到选择集中的图元；要从选择集中删除图元，可按住键盘“Shift”键单击已选择的图元，将从选择集中删除该图元。

当选择图元时，单击“管理”选项卡或上下文关联选项卡中如图 3-61 所示的“选择”面板中的“保存”按钮，弹出“保存选择”对话框，输入选择集的名称，即可保存该选择集。要调用已保存的选择集，单击“管理”选项卡“选择”面板中的“载入”按钮，将弹出“恢复过滤器”对话框，在列表中选择已保存的选择集名称即可。

图 3-61

（2）框选　将光标放在要选择的图元一侧，并以对角线的方式拖拽鼠标形成矩形边界，可以绘制选择范围框。当从左至右拖拽光标绘制范围框时，将生成实线范围框。被实线范围框全部包围的图元将被选中；当从右至左拖拽光标绘制范围框时，将生成虚线范围框，被所有虚线范围框完全包围或与范围框边界相交的图元均可被选中。

如图3-62所示，选择多个图元时，单击“选择”面板中“过滤器”按钮将打开“过滤器”对话框。在该对话框中可根据构件类别控制保留在选择集中的图元。

（3）按特性选择　如图3-63所示，在Revit中单击鼠标左键选择图元后，在空白位置单击鼠标右键，在弹出的右键快捷菜单中选择“选择全部实例”工具，可在整个项目或当前视图中选择与当前图元相同的所有族实例。

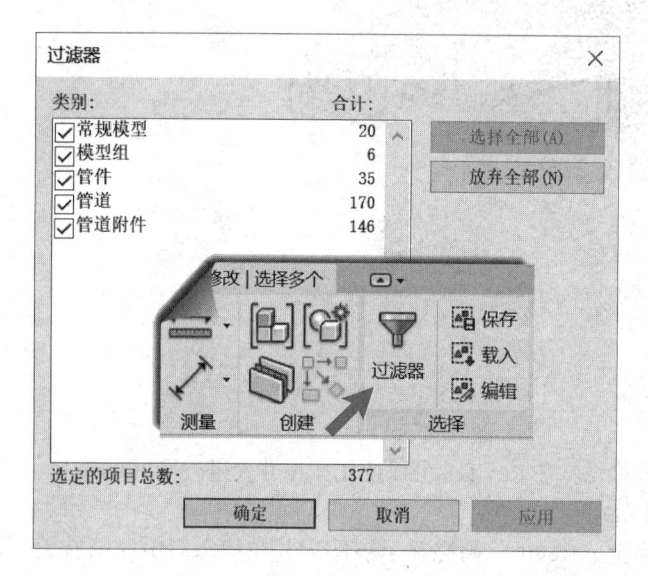

图3-62

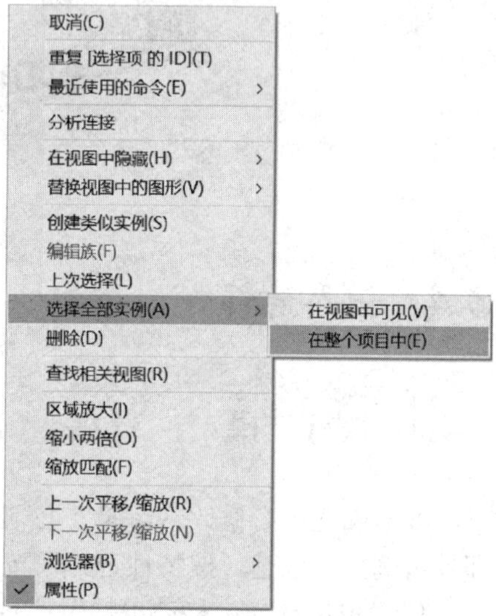

图3-63

Revit主界面的右下方提供了选择控制工具，如图3-64所示，各开关分别定义可选择的对象类型。其中链接图元开关控制是否允许选择链接模型中的图元；基线图元开关控制是否允许选择视图中以基线显示的图元；锁定图元开关控制是否允许选择标记为锁定状态的图元；面图元开关控制是否能够以通过在“面”上单击选择面图元，例如，对于楼板，如果允许选择面图元，则在楼板面中任意位置单击均可选择楼板图元，否则仅允许通过楼板边缘进行选择；选择时拖拽用于控制在选择图元时是否可以移动图元的位置。

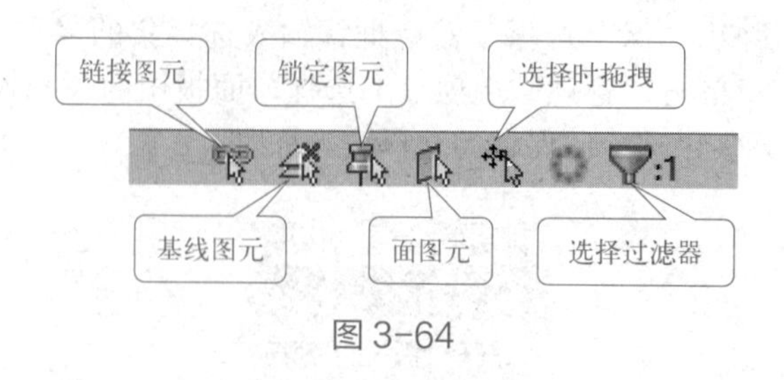

图3-64

（4）按图元ID选择　在“管理”选项卡“查询”面板中提供了“选择项的ID”以及“按ID选择”工具。如图3-65所示为选择图元后使用“选择项的ID”查询所选择集中图元的ID号。使用“按ID选择”工具，输入图元的ID即可选择该图元。Revit采用了一种独特的机制以保障在同一个项目中各图元具有唯一的 ID 号而不重复。“按 ID 选择”工具通常在与其他 BIM 软件交互时通过程序自动调用使用，例如，在 Navisworks 中进行碰撞检查时可通过构件 ID 来定位图元的位置。

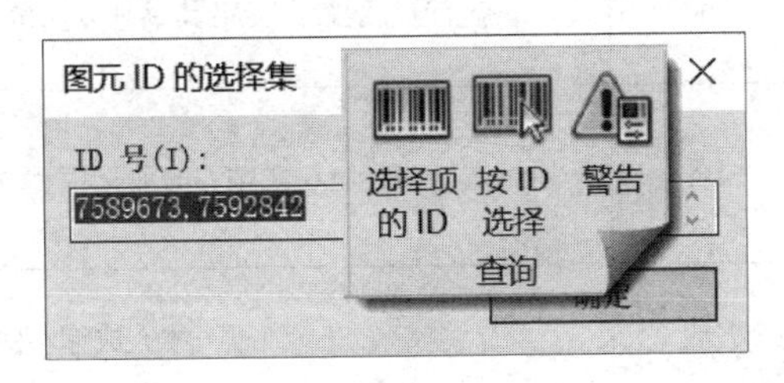

图 3-65

3.4.2　图元编辑

如图 3-66 所示，Revit 在修改面板中提供了对齐、移动、复制、镜像、旋转等命令，利用这些命令可以对图元进行编辑和修改操作。

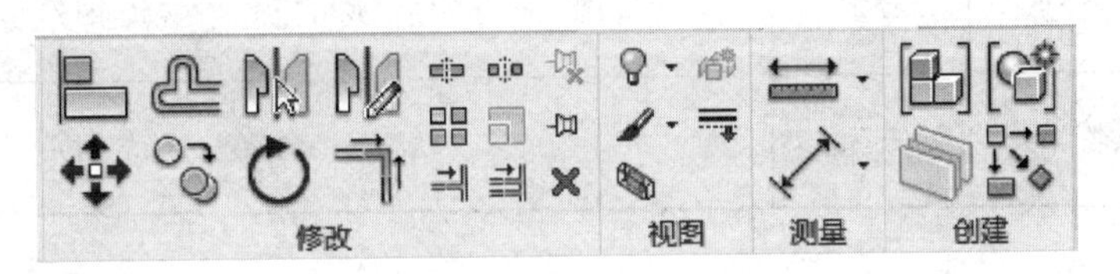

图 3-66

二维码 3-3

各工具的功能详见表 3-2。

表 3-2　图元编辑工具功能

序号	图标	名称	功能
1		移动	将图元从一个位置移动到另一个位置
2		复制	可复制一个或多个选定图元，并生成副本
3		阵列	创建一个或多个相同图元的线性阵列或半径阵列
4		对齐	将一个或多个图元与选定位置对齐
5		旋转	使图元绕指定轴旋转指定角度

续表

序号	图标	名称	功能
6		偏移	将管道等线性图元沿其垂直方向按指定距离进行复制或移动
7		镜像	通过选择或绘制镜像轴，对所选模型图元执行镜像复制或反转命令
8		缩放	放大或缩小图元
9		修剪	对图元进行修剪操作
10		拆分图元	将图元分割为两个单独的部分
11		锁定	将图元标记为锁定或解除锁定，锁定图元可防止误操作
12		删除	从项目中删除已选择的图元

在使用上述图元编辑工具时，应多注意选项栏中的相关工具选项，例如，在使用“复制”工具时可以通过勾选选项栏中的“多个”选项实现连续多个复制操作，如图 3-67 所示。

图 3-67

除单击修改面板中的工具外，还可以使用键盘快捷键来执行相应的编辑工具，例如，直接按快捷键 MV，将执行修改工具。

在创建机电安装工程模型过程中，经常需要对各管线进行连接操作。可以使用修剪工具来实现管道间的连接。如图 3-68 所示，Revit 一共提供了三个修剪和延伸工具，从左至右分别为修剪 / 延伸为角、单个图元修剪和多个图元修剪工具。

图 3-68

如图 3-69 所示，使用“修剪”和“延伸”工具时必须先选择修剪或延伸的目标位置，再选择要修剪或延伸的对象。对于多个图元的修剪工具，可以在选择目标后，多次选择要修改的图元，这些图元都将延伸至所选择的目标位置，可以将这些工具用于墙、线、风管、管道等线性图元的编辑。在修剪或延伸时，鼠标单击拾取的图元位置将被保留。

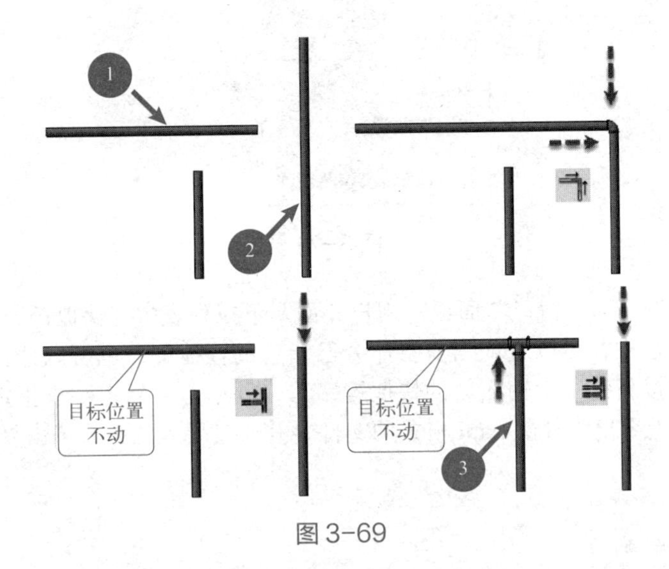

图3-69

3.4.3 临时尺寸

临时尺寸标注是相对最近的垂直构件创建的，并按照设置值递增。点选项目中的图元，图元周围就会出现蓝色的临时尺寸，修改尺寸上的数值，就可以修改图元位置。可以通过移动尺寸界线来修改临时尺寸标注所参照的构件位置，如图3-70所示。

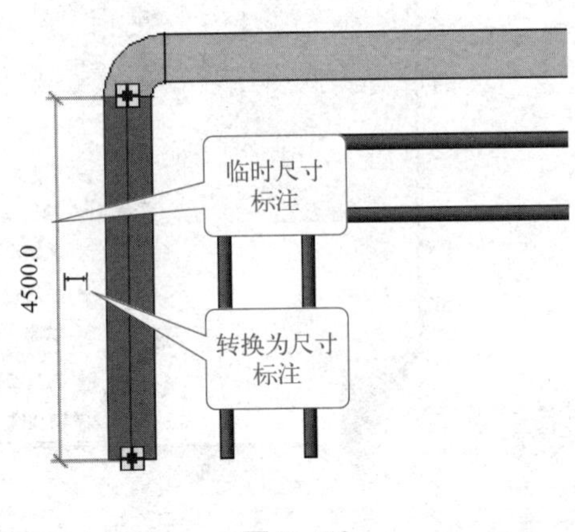

图3-70

3.4.4 快捷键

可以为Revit中几乎所有的命令指定快捷键，通过键盘输入快捷键可直接访问Revit中的各工具，从而加快工具执行的速度。

例如，在创建机电安装工程模型过程中，需要经常绘制管道，可直接通过键盘输入“PI”，Revit即可执行管道工具进入管道绘制状态。如图3-71所示，当鼠标在工具上稍作停留，Revit会显示工具提示，在工具提示中用括号显示当前工具的快捷键信息。

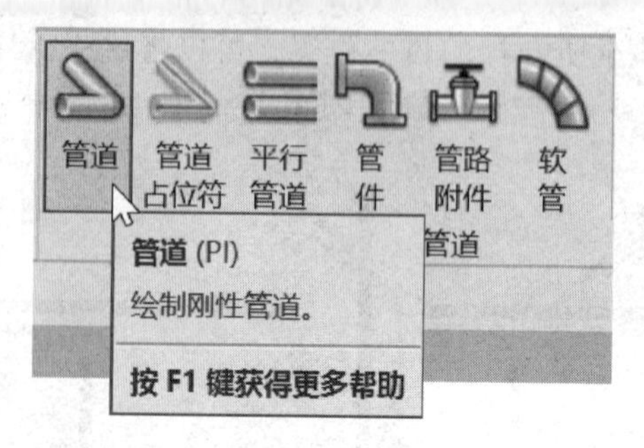

图 3-71

单击“视图”选项卡“窗口”面板“用户界面”下拉列表中“快捷键”将打开“快捷键”对话框。在该对话框中，可以查询当前各命令已指定的快捷键，也可以选择需要修改快捷键的命令，在下方“按新键”中输入新的快捷键字母，并单击“指定”来指定新的快捷键，还可以将当前的快捷键导出为外部 .xml 格式的文件，并通过导入的方式来恢复已保存的快捷键，见图 3-72。

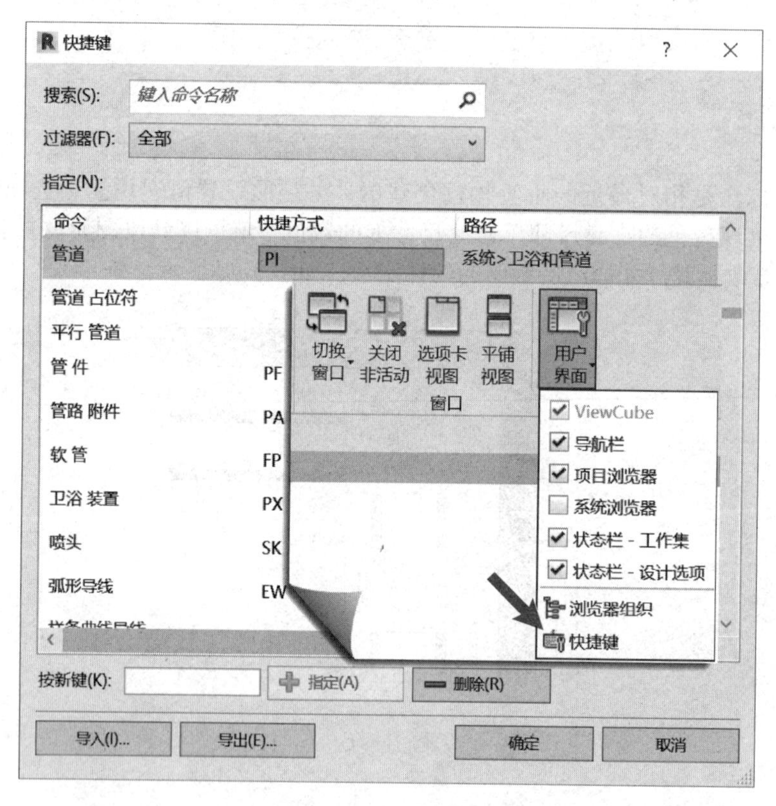

图 3-72

小 结

本章主要介绍了 Revit 软件的界面，Revit 软件中的属性面板、项目浏览器以及系统浏览器的功能及作用。对 Revit 中的常见术语如参数化进行了解释，了解 Revit 中对于管道系统的管理的方式。本章还介绍了 Revit 中的视图平移、缩放的基本操作方法并对图元的编辑的功能进行了简要的说明。

练习题

1. 选择图元时 Revit 会自动切换的界面名称是什么？

2. 使用自定义快捷键修改“风管”工具的快捷键是什么？

3. 试述族类别、族类型及族实例的关系。

4. 试述管道分类、系统类型和系统名称之间的关系，并采用合理的分类新建“室外消防环网”系统类型。

5. 以“暖通机房模型”为基础，在楼层平面视图中应用“着色配色”视图样板。

第 4 章

机电工程 BIM 建模前期准备

知识目标

- 深入理解 BIM 执行计划的内容和作用
- 熟悉机电工程 BIM 建模的前期准备工作
- 掌握机电工程 BIM 模型的构成和执行计划的主要内容

能力目标

- 能够根据 BIM 执行计划进行项目策划和管理
- 能够有效运用 Revit 的链接功能进行多专业协作
- 能够精确提取和分割图纸信息，创建和管理机电专业样板文件

素质拓展

自 21 世纪初以来，我国开始引入并推广建筑信息模型（BIM）技术，这一举措不仅显著改变了传统的建筑设计、施工和管理方法，还推动了建筑行业的数字化转型。随着时间的推移，一系列关于 BIM 的规范和标准逐渐建立，为技术实施提供了标准化的操作流程和理论支持，确保了技术应用的广泛性和有效性。这些规范和标准的制定，不仅提升了行业技术水平，还为建筑项目质量和效率的提升提供了有力支持，推动了行业向智能化、绿色化和高效化方向迈进。

2006 年，《建筑工程设计信息模型应用导则》发布：国内首个关于 BIM 应用的指导文件，为 BIM 技术的推广提供了初步的指导。

2011 年，《建筑信息模型应用指南》发布：进一步规范 BIM 技术的应用流程和标准，推动 BIM 技术在建筑工程中的应用。

2017 年，《建筑信息模型应用统一标准》实施：国内首部 BIM 应用标准，标志着 BIM 技术的应用进入了规范化阶段。

2018 年，《建筑信息模型分类和编码标准》（GB/T 51269—2017）实施：明确了 BIM 模型的分类和编码方法，推动 BIM 技术在工程建设中的标准化应用。

2019 年，《建筑信息模型设计交付标准》（GB/T 51301—2018）实施：进一步规范了 BIM 模型的设计交付要求，促进 BIM 技术在设计和施工阶段的应用。

2018 年，《建筑信息模型施工应用标准》（GB/T 51235—2017）实施：规范了 BIM 技术在施工阶段的应用流程和要求，推动 BIM 技术在施工管理中的应用。

在创建机电安装工程 BIM 模型前，需要做一系列的准备工作，包括完成项目 BIM 工作策划，梳理机电安装工程图纸，收集和整理建筑、结构等其他专业的 BIM 模型等，以便于后续开展创建安装工程 BIM 模型的工作。

4.1　安装工程 BIM 执行计划

机电安装工程的 BIM 工作由机电安装工程 BIM 模型和机电安装工程 BIM 应用两部分组成。对机电安装工程的 BIM 模型会根据安装工程的专业分别进行建模，通常由多人共同协作完成。有时机电安装工程 BIM 建模工作会跟随机电安装工程的项目进展而在整个工程实施周期内持续。为协调和统一安装工程项目 BIM 模型成果及应用成果，需要在创建机电安装工程 BIM 模型前对项目进行整体策划。

通过策划，可以确保机电安装工程在 BIM 模型创建和应用中具备统一的流程，能够在机电安装工程项目的各个阶段都发挥其应有的作用，从而推进项目向着更加高效、协同和可持续的方向发展。

BIM 执行计划简称为 BEP（BIM executive plan），是用于统一机电安装工程各项 BIM 工作的最主要部分。BIM 执行计划一般包括以下几部分内容：项目概述、BIM 项目团队角色与职责、机电工程 BIM 应用要求、BIM 沟通例会要求、软件资源配置与数据接口要求、模型组成方式等。

为方便读者进行实际操作，本书选用了专用宿舍楼的机电工程图纸，相关图纸可通过随书提供的文件夹路径“随书文件 \ 专用宿舍楼图纸”下载。

4.1.1　项目概述

本书为专用宿舍楼机电工程的 BIM 实施制定了一套标准化操作框架。项目位于河南省郑州市，需要根据项目机电安装图纸创建完成电气、给排水和暖通系统的 BIM 模型。模型细化将包括配电、照明、动力和消防报警等系统，以及给水、排水和采暖、空调、通风及排烟系统。本计划的编制确保机电工程模型的准确性与完整性，同时排除了建筑和结构等非机电专业的建模需求。项目信息如表 4-1 所示。

表 4-1　项目信息表

信息分类	信息内容
项目名称	专用宿舍楼机电工程

续表

信息分类	信息内容
项目位置及地址	河南省郑州市
合同类型 / 交付方式	专业建模服务合同
项目描述	该项目涉及专用宿舍楼的电气系统的 BIM 建模，模型包括配电、照明、动力、消防报警等系统
	该项目涉及专用宿舍楼的给排水系统的 BIM 建模，模型包括给水、排水、消防水系统等
	该项目涉及专用宿舍楼的暖通系统的 BIM 建模，模型包括采暖、空调、通风、排烟系统等
附加项目信息	项目的机电工程模型将按照具体的设计说明进行建模，不包括建筑、结构等其他专业

4.1.2 BIM 项目团队角色与职责

模型发展与资源分配表精细划分了模型的不同发展阶段，并详细标注了项目关键时间节点以及相应阶段所需资源，以支持跨专业团队的高效协作。请参考表 4-2，该表的星号（*）标注了本书内容涉及的具体阶段。

表 4-2 BIM 项目执行计划模型发展和资源分配表

模型名称	模型元素	项目阶段	LOD	专业人员
土建模型	初步设计模型	设计概念	100	建筑师
	土建设计深化模型	设计发展	200	建筑、结构设计团队
	结构模型、建筑面层模型	施工图	300	土建 BIM 建模员
	建筑、结构记录模型	记录 / 交付	500	项目经理
机电模型	电气 / 给排水 / 暖通初步设计模型	设计概念	100	机电工程师
	电气 / 给排水 / 暖通详细设计模型	设计发展	200	机电设计团队
	电气 / 给排水 / 暖通施工图模型*	施工图*	300*	机电 BIM 建模员团队
	电气 / 给排水 / 暖通记录模型	记录 / 交付	500	项目经理
施工 / 记录模型	包括以上所有模型	施工	400	施工经理
	包括以上所有模型	记录 / 交付	500	项目经理

注：LOD（level of development）定义了 BIM 模型在设计、施工和运维各阶段的细节和信息深度，确保模型的准确性和完整性。LOD 100 提供初步的体积和位置；LOD 200 具有较准确的几何形状；LOD 300 适用于施工图，几何精确；LOD 400 包含构件细节和制造要求；LOD 500 则为竣工状态模型，包含运维信息。

4.1.3　机电工程 BIM 应用要求

（1）信息交换格式　本书采用的信息交换格式为建筑工程信息的共享和协作提供了基础，促进了建筑工程的效率和质量，如表 4-3 所示。

表 4-3　项目信息交换格式要求

项目	rvt	Excel	pdf	其他
3D 模型	√			
融合模型	√			√（.nwd；.nwc；.nwf）
图纸			√	√（.dwg）
报告			√	
清单及信息表		√		
渲染照片				√（.jpg）
漫游视频				√（.avi）

【提示】.nwd、.nwc 及 .nwf 是 Autodesk Navisworks 软件的数据格式，该软件通常用于整合不同的 BIM 成果模型，以完成协调、碰撞检查、施工模拟等模型管理工作。

（2）项目单位　本书所采用的建筑工程中常见的几项测量项目的单位和精度要求，如表 4-4 所示。

表 4-4　项目单位及精度

序号	项目	单位	精度
1	长度	毫米（mm）	0 位小数
2	面积	平方米（m^2）	2 位小数
3	体积	立方米（m^3）	2 位小数
4	角度	度（°）	2 位小数

（3）颜色编码　在机电 BIM 模型中，所有模型将包含一个专门用于协调的 3D 视图，该视图通过颜色编码的过滤器来标识不同系统，以便在 BIM 环境中进行有效协调。系统的颜色编码是由建筑师和 BIM 顾问共同确定的，将用于辅助碰撞检测和解决问题。表 4-5 中列举了机电安装工程中机电系统对应的常用 RGB 颜色值，可通过扫描二维码 4-1 查看完整的各系统对应的配色信息。

二维码 4-1

表 4-5　系统 RGB 颜色示例及 RGB 颜色值

系统	RGB 颜色示例	RGB 颜色值
电缆桥架		191-000-255

续表

系统	RGB 颜色示例	RGB 颜色值
H- 净化回风		255-000-255
H- 净化排风		000-255-000
H- 净化送风		191-000-255
H- 加压送风		255-063-000

（4）协调层级　如果任何系统与其他系统出现干扰或冲突，建筑师 / 工程师将根据项目团队的共识，遵循以下基于学科层级的解决方案：

同一个学科下的不同系统之间发生冲突，由该学科的负责人协调处理。不同学科的系统之间发生冲突，由项目团队共同协调处理，并遵循以下原则：

① 结构系统优先，其他系统必须做出让步。

② 建筑系统次之，其他系统可以做出适当的调整。

③ 设备位置和访问优先于其他系统，但次于结构和建筑系统。

④ 其他系统最后，必须做出必要的改变。

具体来说，对于机电工程管道 BIM 综合，应遵守以下规则：

① 按照净高需求，管线综合排布需要满足建筑空间净高的使用要求，尽可能抬升净高。

② 按照排布的先后循序，先主管后支管进行排布。

③ 按照管线交叉避让翻弯原则：一般小管让大管，有压让无压，桥架避让水管，非保温管避让保温管，金属管避让非金属管。

④ 按照管道排布的上下关系：桥架在上，水管在下；小管在上，大管在下；在当前区域内路过的管道在上，在当前区域中需要使用的管道在下。

⑤ 按照左右位置关系：一般检修管道在外面，不检修的管道在里面。

⑥ 强弱电分设的原则：弱电线路如电信、有线电视、计算机网络和其他建筑智能线路易受强电线路电磁场的干扰，因此，强电线路与弱电线路不应敷设在同一个电缆槽内，并应保留一定距离。

⑦ 电气桥架和管道在同一高度时，水平分开布置；平行分层布置时，在同一垂直方向，电气桥架、封闭母线应位于热介质管道下方，其他管道上方。

⑧ 在同一位置垂直布置各种管线时，电气桥架应位于热介质管道下方，其他管道上方；风管在上，水管在下；尽可能使管线呈直线，相互平行，使安装、维修方便，降低工程造价。在不影响功能的前提下，可适当调整管道和桥架规格。

⑨ 设备管线其他注意事项：易弯曲的让不易弯曲的；临时性的让永久性的；新建的让现有的；检修次数少的和方便的让检修次数多的和不方便的；附件少的避让附件多的。

为确保安装工程 BIM 执行计划的成功执行，跨学科团队之间的紧密合作显得尤为关键。本计划详尽地为团队成员提供指导，确保在电气、给排水、暖通等各个系统的模型开发、资源分配、信息交换格式以及协调层级上实现高效整合。通过这一计划，不仅通过技术创新优化了工程流程，更重要的是促进了团队间的紧密合作，从而显著提升了整个项目的工作效率与质量。此外，本计划强调了协同设计和施工过程中信息共享的重要性，确保所有相关部门能够及时获取必要的信息，有效预防冲突和误解。这种全面且系统的计划，不仅提高了项目管理的透明度，也加强了各专业间的信任和理解，从而为整个安装工程的顺利进行打下了坚实的基础。

4.1.4　BIM 沟通例会要求

BIM 沟通例会的设置是为了确保项目团队在整个项目周期内保持信息同步和协作。会议类型包括项目启动会议、定期的月度进度会议、技术审查会议，以及关键交付物的审查会议。这些会议涉及的参与者包括项目经理、BIM 经理、设计师、施工团队及其他相关利益方。会议的目的在于提高项目进度的透明度，及时解决技术问题，并确保所有交付物均达到项目要求。BIM 经理负责组织这些会议，并确保会议内容及后续行动计划得到适当记录，以支持项目的顺利进行，BIM 项目会议类型及安排如表 4-6 所示。

表 4-6　BIM 项目会议类型及安排表

会议类型	项目阶段	频率	参与者	地点
BIM 要求启动会议	项目启动阶段	单次	项目经理、BIM 经理、设计团队等	指定地点或线上
BIM 项目执行计划开发会议	计划开发阶段	单次	项目经理、BIM 经理、施工团队等	指定地点或线上
设计协调会议	设计阶段	按需	设计团队、BIM 技术员	指定地点或线上
施工过程中的进度回顾会议	施工阶段	每月一次	施工经理、BIM 建模员	现场或线上
任何涉及多方参与的其他 BIM 会议	根据需要调整项目阶段	按需	项目经理、所有相关利益方	指定地点或线上

4.1.5　软件资源配置与数据接口要求

本节规定了项目所需软件工具的具体版本及兼容性要求，确保所有团队成员使用统一的技术平台，从而维持项目的技术环境一致性。涵盖的内容包括建模软件、分析工具和协同平台，以及这些工具的维护和更新策略。如表 4-7 所示，为确保数据在不同系统间的有效沟通，确定了数据交换的标准格式和安全接口协议，规定了支持的文件类型和实施的数据保护措施，以实现数据的无缝对接和信息安全，确保项目数据不受未授权访问和风险威胁。

表 4-7　软件资源配置与数据接口表

类别	软件 / 标准	版本 / 格式	使用目的	管理策略
建模软件	Autodesk Revit	2021	建筑信息模型创建	版本统一，定期更新
协同平台	ACC	最新版	项目文件共享与团队协作	中央管理，权限控制

续表

类别	软件 / 标准	版本 / 格式	使用目的	管理策略
分析工具	Navisworks Manage	2021	碰撞检测与项目模拟	版本统一，定期更新
数据标准格式	IFC	IFC 4X3	跨平台数据交换	标准化数据输出
安全接口协议	—	SSL/TLS	数据传输加密	强制执行

【提示】IFC 格式的全称为 industry foundation class（工业基础类），IFC 格式是一个由国际组织 buildingSMART 制定和维护的通用的国际建筑数据交换格式。IFC 格式目前已经发展到 4.0 版本，已被 ISO 组织收录为国际标准数据格式。

4.1.6 模型组成方式

模型组成方式是 BIM 项目管理的关键环节，旨在将整个建筑信息模型（BIM）根据不同建筑元素或系统，划分为更易管理的较小单元。在机电工程领域，由于涉及诸如电气、给排水及暖通等多个复杂专业，模型的细分显得尤为关键。如表 4-8 所示，这种分解策略允许各专业团队集中精力于其负责的模型部分，从而提升设计精确性，优化资源分配，并促进不同专业间的协调和合作。此举不仅提高了工作效率，还确保了项目在设计、施工和维护阶段的信息及时更新。

表 4-8　模型分解表

主专业	子系统	模型组成部分	主要内容	负责团队
给排水专业	给水系统	给水管道及附件	创建并定义给水系统，包括管道、立管、设备及末端设施和附件	给排水设计团队
	排水系统	排水管道及附件	创建并定义排水系统，包括管道、设备及末端设施和附件	给排水设计团队
消防专业	喷淋系统	喷淋管道及附件	创建并定义喷淋系统，包括消防管道、喷淋设备、末端及其附件	消防设计团队
	消火栓系统	消火栓管道及附件	创建并定义消火栓系统，包括管道、末端及附件	消防设计团队
采暖专业	采暖系统	采暖管道及附件	创建并定义采暖系统，包括绘制管道、放置采暖末端及附件	采暖设计团队
通风防排烟及空调专业	通风防排烟系统	通风防排烟设备及管道	创建并定义通风防排烟系统，包括设备、管道、末端及附件	通风设计团队
	空调及新风系统	空调设备及风管	定义空调系统，创建空调设备、风管、末端及附件	空调设计团队
	空调水系统	空调水管道及附件	定义空调水系统，创建空调水管道、末端及附件	空调设计团队

续表

主专业	子系统	模型组成部分	主要内容	负责团队
电气专业	桥架系统	桥架及相关配套设施	定义桥架类型及翻弯要求，绘制强弱电桥架	电气设计团队
	配电系统	配电箱及线管	创建配电箱及线管，包括发电机房布置	电气设计团队

4.2　链接与协作

机电工程是一项涉及建筑、结构、给排水、暖通、电气等多个专业的复杂工程。在机电工程设计过程中，各专业之间需要及时沟通设计成果，共享设计信息，以确保设计的准确性和完整性。

标高和轴网是设备设计中重要的定位信息。Revit 通过标高和轴网为机电模型中各构件定位。在 Revit 中进行机电项目设计时，必须先确定项目的标高和轴网定位信息，再根据标高和轴网定位信息建立设备中风管、机械设备、管道、电气设备、照明设备等模型构件。

链接是 Revit 中的重要功能，可以将多个模型文件连接在一起，实现数据共享和协作。在机电工程设计中，可以通过链接的方式，将建筑、结构专业的模型文件连接到机电模型中，以获取标高和轴网等信息。

4.2.1　作用

机电工程设计在现代建筑项目中扮演着关键角色，与建筑、结构等其他专业之间的紧密协作至关重要。这种协作通常涉及大量的设计信息共享，而 Revit 软件的链接功能便成为了这一过程中的核心工具。如图 4-1 所示，通过实现多专业模型之间的协同工作，Revit 不仅提高了设计的效率，更显著地提升了设计的质量。

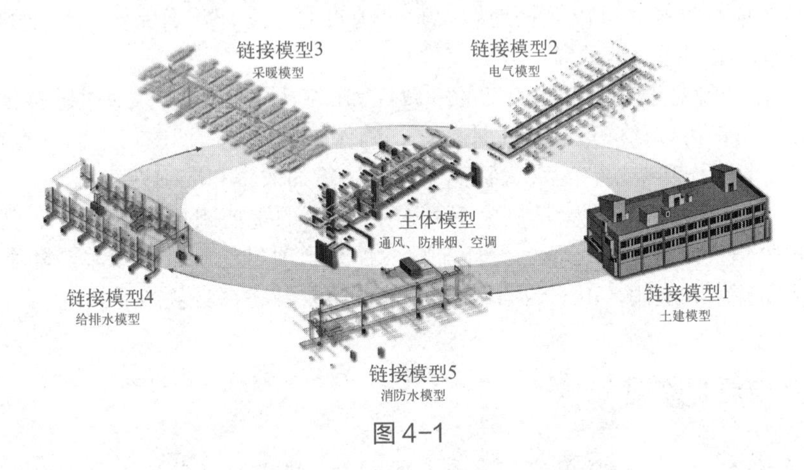

图 4-1

在 Revit 中，链接模型的概念指的是将其他专业创建的模型文件作为链接文件引入当前模型。这种方法具有多个显著特点。首先，每个专业的主体文件保持独立，因其文件大小相对较小，运行速度较快。其次，主体文件可以实时读取链接文件的信息，以获取链接文件中的任何修改通知。最后，为确保在协作过程中各专业间的修改权限得到尊重，被链接的文件在主体文件中无法直接编辑或修改。

在机电工程 BIM 建模过程中，Revit 的链接功能被广泛应用于多种场景。例如，设备工程师可以将建筑模型链接到系统项目文件中，将其作为系统设计的起点。当建筑模型发生更改时，这些更改会自动在系统项目文件中进行同步更新。此外，设备工程师还可以监视建筑模型中的标高、轴网等关键图元，以便及时发现设计上的潜在冲突。如图 4-2 所示，设计师可以点击“协作”选项卡“坐标”面板中“协调查阅”按钮选择链接文件，在弹出的“协调查阅”对话框中选择变更的操作，并添加相应的注释。通过这种方式，建筑、结构、设备等不同专业的项目文件可以实现相互链接，形成一个多专业协同设计的环境。

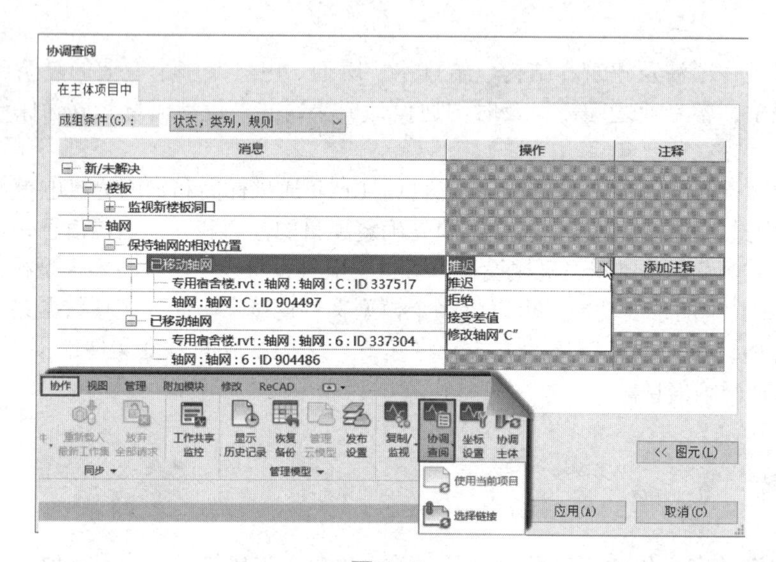

图 4-2

除了基本的链接和同步功能，Revit 的链接工具还支持更高级的协作特性。例如，设计团队可以利用链接模型进行集中式碰撞检测，以识别并解决不同专业模型间的空间冲突。此外，通过链接功能，项目管理者可以轻松地跟踪整个项目的进度，并确保各个专业的工作进度相互匹配，从而避免出现时间上的滞后或冲突。

Revit 的链接功能对于维护设计信息的一致性和准确性至关重要。通过链接模型，所有参与项目的专业人员都可以访问最新的设计数据，确保整个项目周期内信息的一致性和最新性。这不仅减少了重复工作和错误，也大大提高了设计决策的效率和准确性。

总结而言，Revit 的链接功能是机电工程 BIM 建模的重要组成部分，它不仅支持设计团队之间的有效协作，而且优化了整个设计流程，提升了项目的质量和效率。随着建筑行业对 BIM 技术的不断探索和应用，Revit 及其链接功能的重要性将会日益凸显。

4.2.2 链接与复制监视

在 Revit 软件中，文件链接是实现多专业协同设计的关键环节。通过链接不同专业的文件，如 Revit 文件、IFC 文件、CAD 文件以及 DWF 标记文件，设计者可以进行综合性的项目处理。本节内容旨在详细介绍如何在 Revit 中链接模型。

首先，选择合适的项目样板至关重要，因为标准的 Revit 样板往往无法完全满足特定项目的需求。因此，通常采用已经预设好的专业样板进行设计。在此基础上，将建筑专业模型链接至所选样板文件中，为机电模型设计提供基础。接下来，通过具体示例来阐述如何利用 Revit 链接土建模型，从而创建系统设计的主体文件。此外，为确保链接文件的准确性与有效性，建议将“随书文件 \ 第 4 章 \ 专用宿舍楼 .rvt”的土建模型项目文件及“随书文件 \ 第 4 章 \RVT\ 机电项目样板 -Revit2021 版 .rte”样板文件复制至本地硬盘。以下为该过程具体的操作步骤。

① 新建项目。启动 Revit 后，单击“文件”列表中的“新建”子菜单的“项目”按钮，弹出“新建项目”对话框，如图 4-3 所示。点击“浏览”按钮找到样板文件“随书文件 \ 第 4 章 \RVT\ 机电项目样板 -Revit2021 版 .rte”后，在“样板文件”下拉列表中选择该样板文件，确认创建类型为“项目”，单击“确定”按钮，即可创建空白项目文件。默认情况下，将打开标高 1 楼层平面视图。最后，单击“文件”列表中的“另存为”按钮，保存名称为“给排水模型 .rvt”。

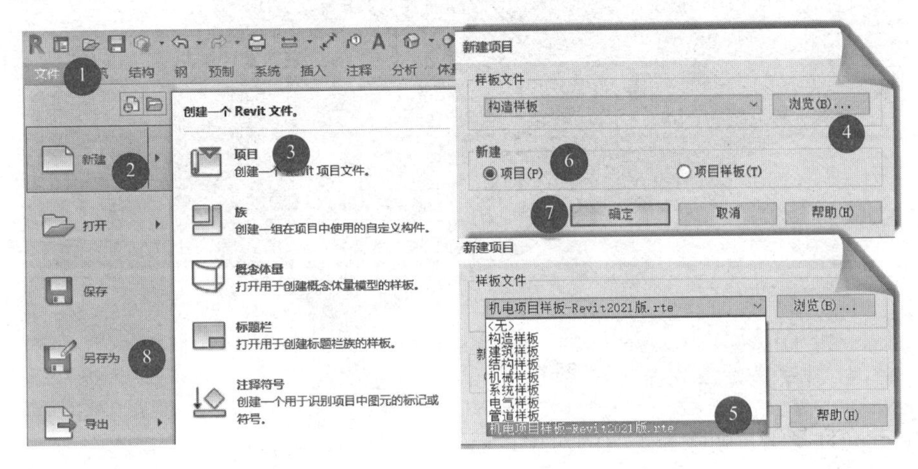

二维码 4-2

图 4-3

② 插入链接模型。单击“插入”选项卡“链接”面板中“链接 Revit”工具，打开“导入 / 链接 RVT”对话框。如图 4-4 所示，在“导入 / 链接 RVT”对话框中，浏览至“随书文件 \ 第 4 章 \ 专用宿舍楼 .rvt”项目文件。设置底部“定位”方式为“自动 - 内部原点到内部原点”，单击“打开”按钮，该建筑模型文件将链接到当前项目文件中，且链接模型文件的项目原点自动与当前项目文件的项目原点对齐。链接后，当前的项目将被称为“主体文件”。

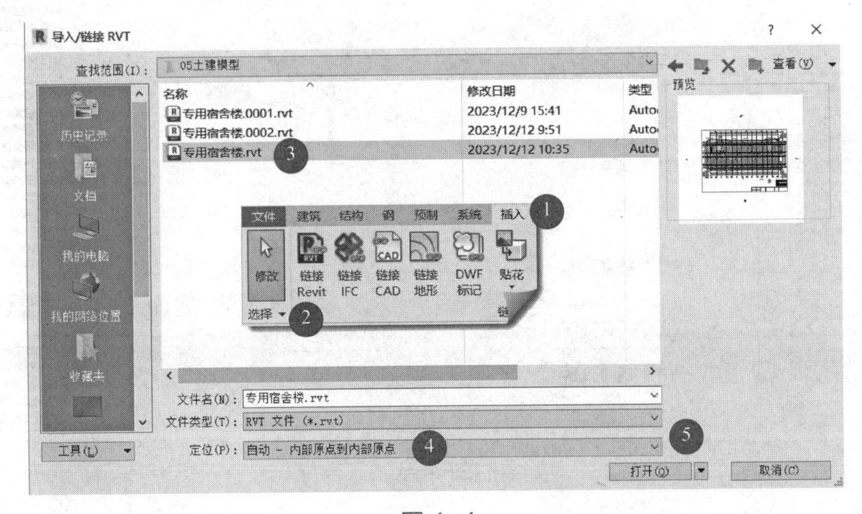

图 4-4

③ 锁定链接模型。选中链接模型，自动切换至“修改 |RVT 链接”上下文选项卡。如图 4-5 所示，单击“修改”面板中“锁定”工具，将在链接模型位置出现锁定符号，表示该链接模型已被锁定。

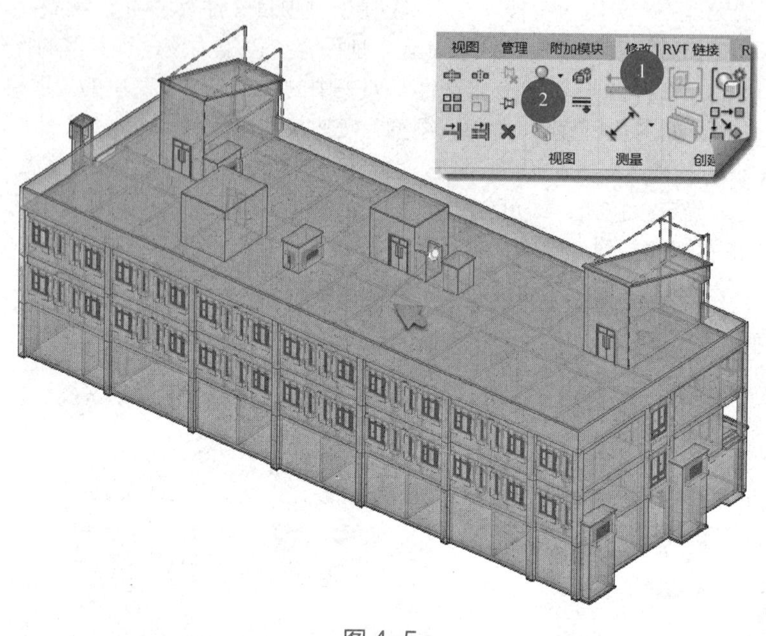

图 4-5

【提示】Revit 允许复制、删除被锁定的对象，但不允许移动、旋转被锁定的对象。

④ 调整初始标高。切换至“立面：南 _ 暖通”视图。该视图位于“视图（全部)”→“机械”→“H50_ 其他视图” 视图类别下。如图 4-6 所示，该视图中显示了当前项目中项目样板自带的标高以及链接模型文件中的标高。单击选择当前项目中的标高“4.000　F2”，修改标高数值为 3.600，与链接项目标高相同。

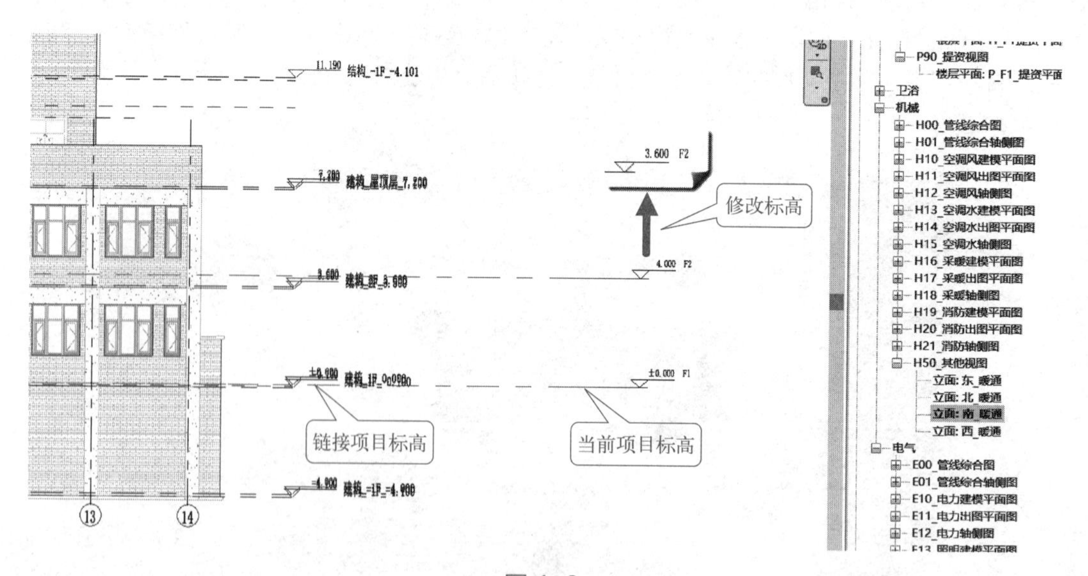

图 4-6

⑤ “复制 / 监视”工具使用。选择“协作”选项卡“坐标”面板中“复制 / 监视”工具下拉列表，在列表中选择“选择链接”选项，移动鼠标单击“专用宿舍楼”链接项目的任意位置，自动进入“复制 / 监视”状态并切换至“复制 / 监视”上下文选项卡，如图 4-7 所示。

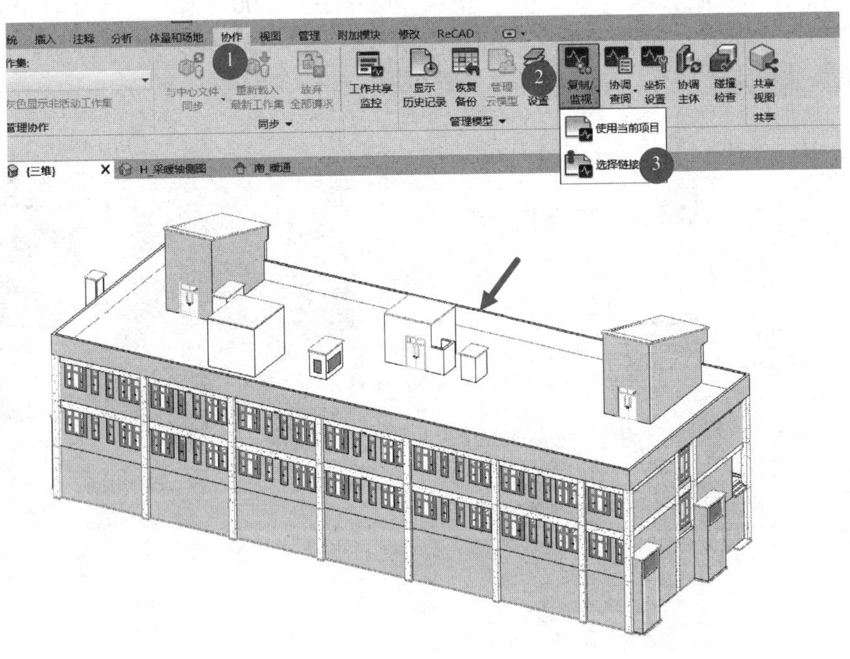

图 4-7

⑥ “复制 / 监视”选项设置。在“复制 / 监视选项”对话框中，列举了链接样例项目中可以复制到当前项目的构件类别。切换至“标高”选项卡，在“要复制的类别和类型”列表中，列举了链接项目中包含的标高族类型。在“新建类型”下拉列表中，选择用于复制生成当前项目标高的标高类型。本项目“上标头”的新建类型选择“上标头 _ 建筑 _ 层标”，“下标头”的新建类型选择“下标头 _ 建筑 _ 层标”，其他参数默认即可。单击“确定”按钮退出“复制 / 监视选项”对话框，如图 4-8 所示。

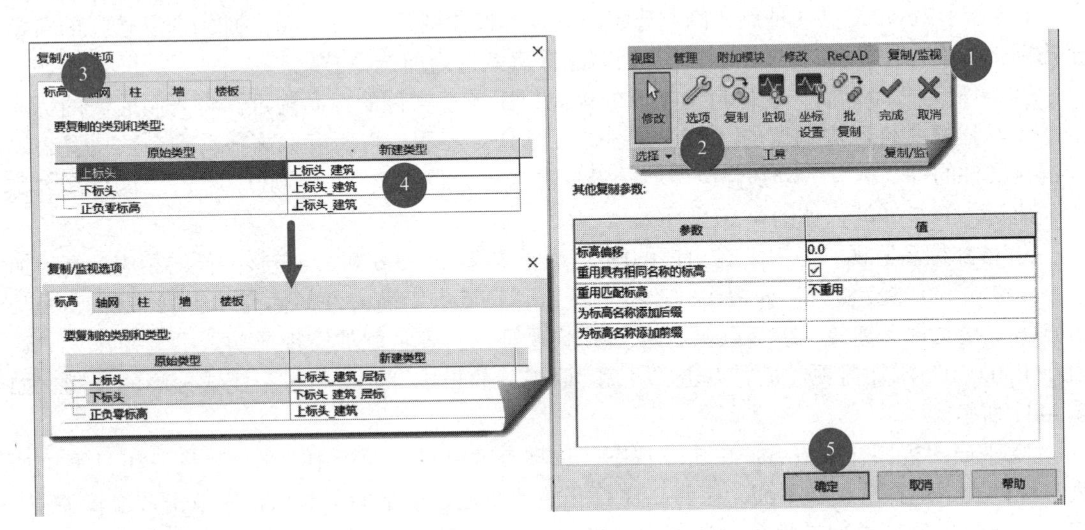

图 4-8

【提示】"复制 / 监视选项"对话框用于设置链接项目中的族类型与复制后当前项目中采用的族类型之间的映射关系。

⑦ 复制标高。单击"工具"选项卡中"复制"工具，勾选选项栏中的"多个"选项。从上至下依次选择"建筑 _ 檐口 _11.190""建筑 _ 屋顶层 _7.200"及"建筑 _-1F_-4.000"，完成后单击选项栏"完成"按钮，Revit 将在当前项目中复制生成所选择的标高图元，并在每个标高中间位置显示监视符号，表示该图元已被监视，如图 4-9 所示。

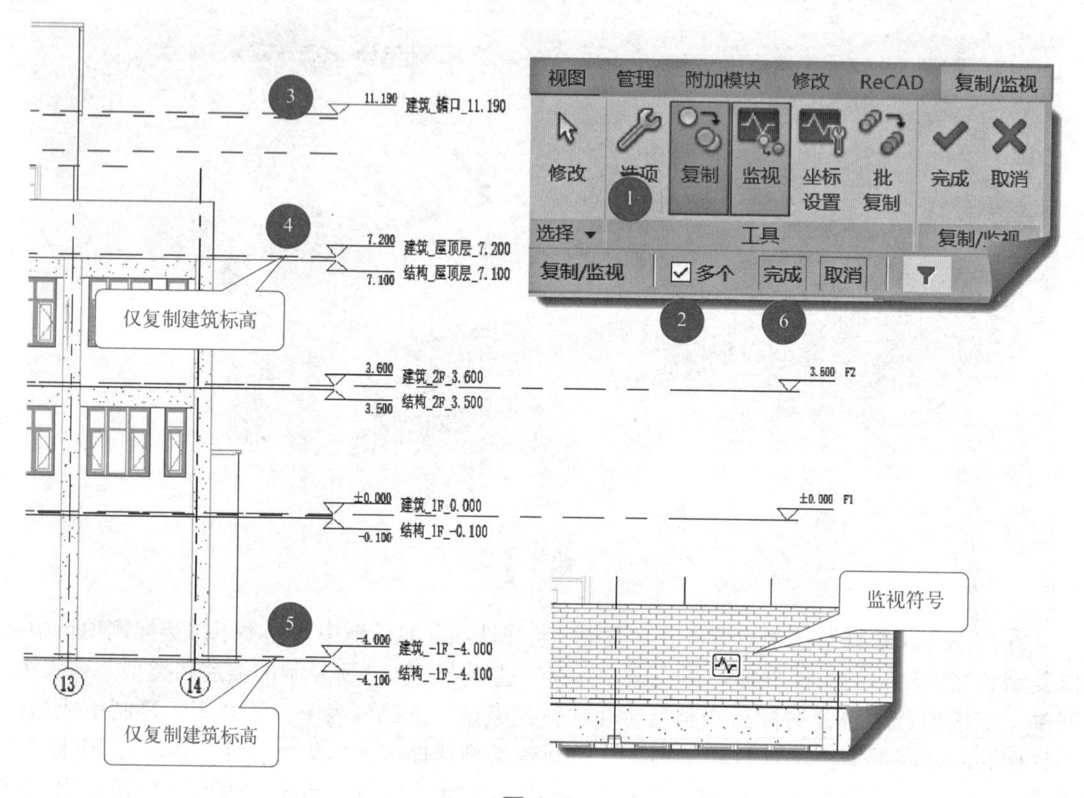

图 4-9

【提示】Revit 提供两种点选修改选集的方式：按住键盘"Ctrl"键添加当前新选择的对象至当前选择集；按住键盘"Shift"键从当前选择集减选当前选择。

⑧ 调整与命名标高。软件自动生成的标高位于链接文件的标高附近。将复制完成的标高的基点与样板文件原先预留的"F1"及"F2"标高对齐后，将所有标高拖动到合适位置，以与链接文件的标高区分。分别修改"F1"的标高名称为"建筑 _1F_0.000"，"F2"的标高名称为"建筑 _2F_3.600"，如图 4-10 所示。

⑨ 添加标高监视。为"建筑 _1F_0.000"及"建筑 _2F_3.600"与链接文件的相应标高添加监视。单击"复制 / 监视"面板中"监视"按钮，先点击当前文件的标高"建筑 _2F_3.600"，再点击链接文件"建筑 _2F_3.600"，会生成监视符号，表示添加监视成功。重复操作为"建筑 _1F_0.000"添加监视。最后点击"复制 / 监视"面板中"完成"按钮完成标高的复制，如图 4-11 所示。

⑩ 平面图视图样板设置。单击"视图"选项卡"创建"面板中"平面视图"工具下拉列表，在列表中选择"楼层平面"工具。在打开的"新建楼层平面"对话框中单击"编辑类型"按钮，在弹出的"类型属性"对话框中单击"标识数据"栏目中的"查看应用到新视图的样

板”右侧的“无”按钮，在弹出的“指定视图样板”对话框中选择“P_ 给排水 _ 建模平面 _1 ： 100”视图样板，依次选择确定后回到“新建楼层平面”对话框，如图 4-12 所示。

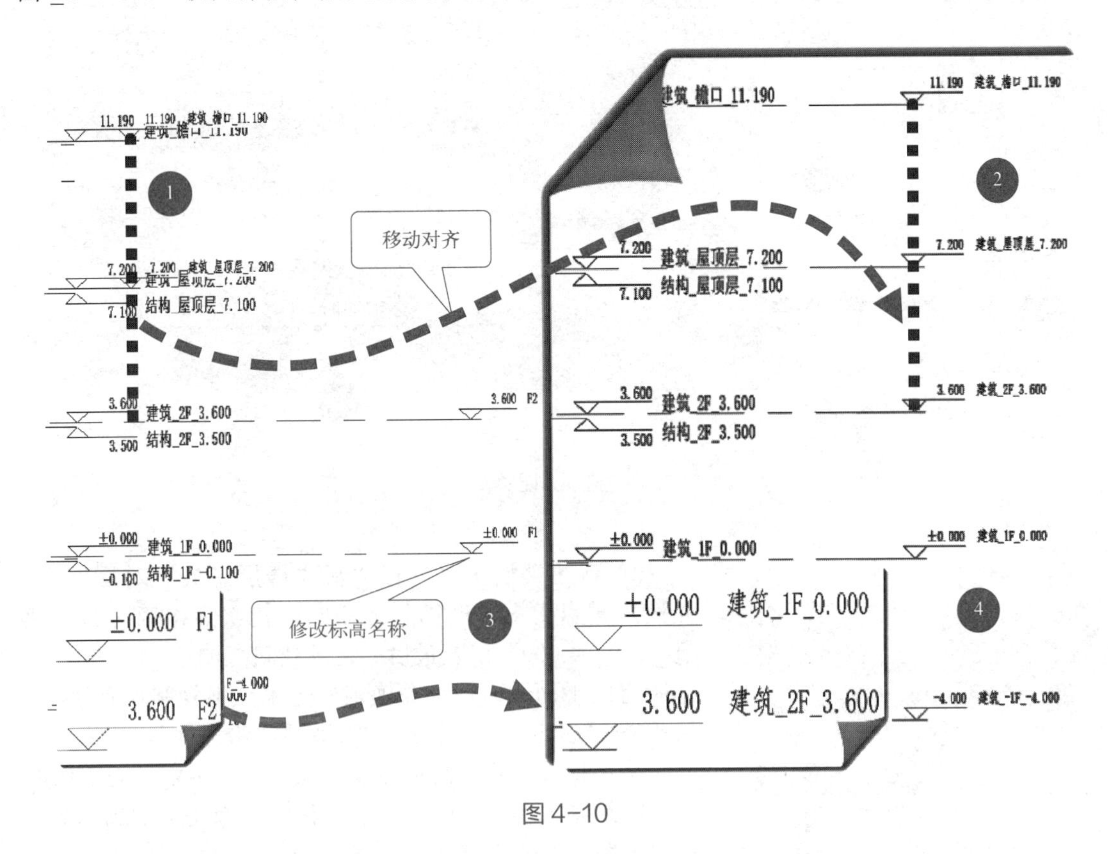

图 4-10

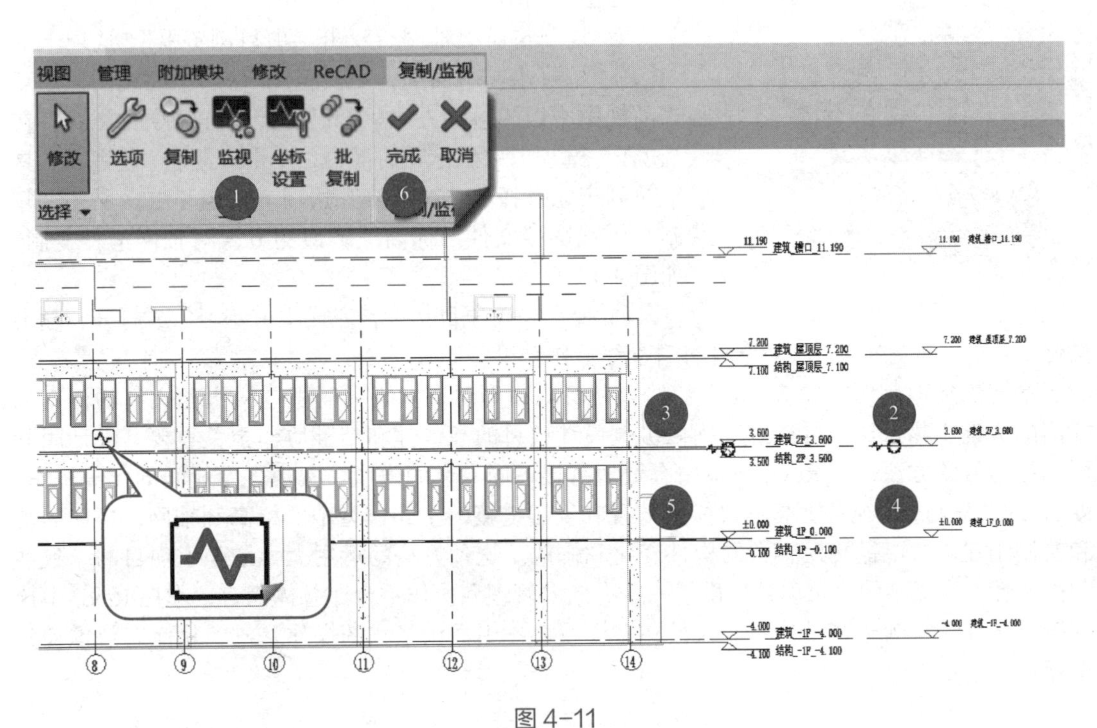

图 4-11

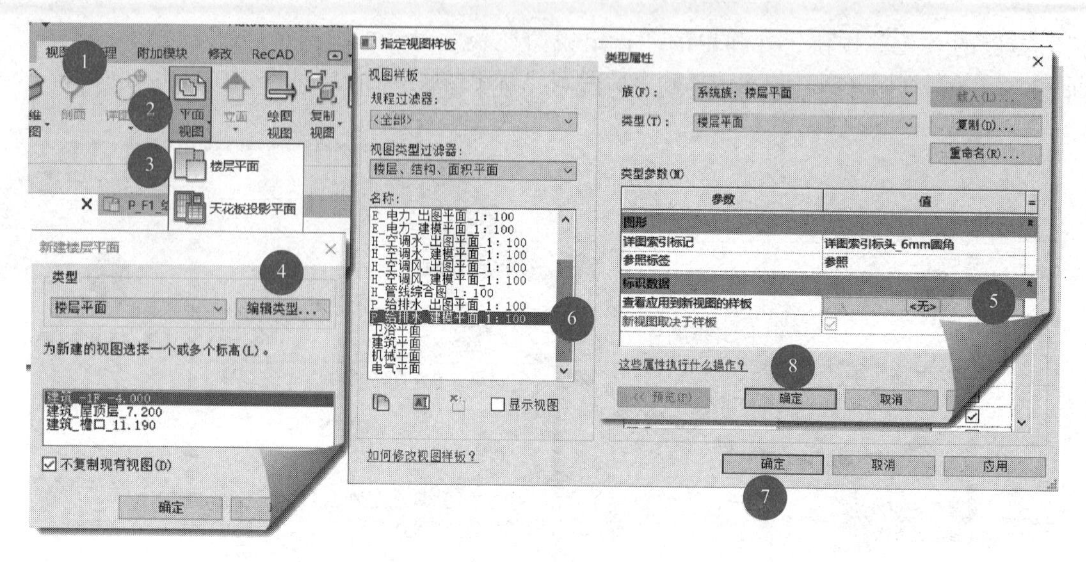

图 4-12

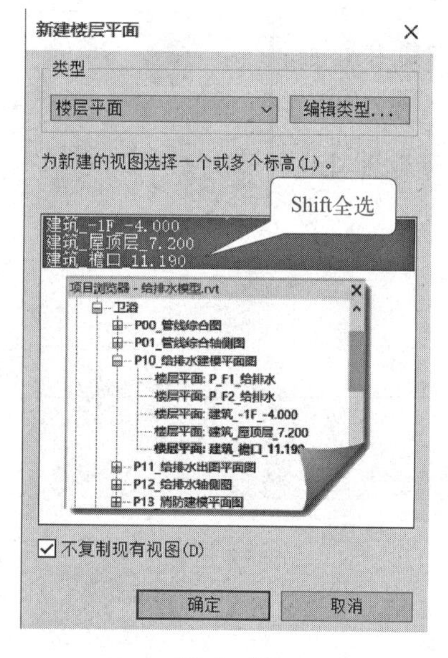

图 4-13

⑪ 新建楼层平面。在“新建楼层平面”对话框内，在按住键盘上的“Shift”键的同时依次点击第一行“建筑 _-1F_-4.000”以及最后一行“建筑 _ 檐口 _11.190”全选所有的平面图，检查并确定勾选了“不复制现有视图”后点击“确定”，就生成了需要的“给排水”建模平面图。最后检查“项目浏览器”选项卡的“卫浴”规程内的“P10_ 给排水建模平面图”子规程内是否完整生成了所有的平面图，如图 4-13 所示。

⑫ 复制与监视轴网。双击“项目浏览器” 选项卡的“P_F1_ 给排水”平面图，切换至 1F 楼层平面视图，注意当前视图中以淡显的方式显示已链接的样例项目图元。在“协作”选项卡“坐标”面板中，单击“复制 / 监视”工具下拉列表，选择“选择链接”选项。采用与上文所述“复制与监视链接文件的标高”类似的方式对轴网进行复制，如图 4-14 所示。

⑬ 保存当前项目文件，完成本节练习，或打开“随书文件 \ 第 4 章 \4.2.2.rvt”项目文件查看最终操作结果。

本节细致地阐释了在 Revit 中初始创建机电模型时，复制和监视链接土建文件的标高和轴网的关键步骤。这一过程对于确保机电设计项目的高效性和精准协作至关重要。设计团队可利用类似的方法，在 Revit 环境中有效地链接不同专业的模型，实现多专业间的无缝协作。Revit 的“复制 / 监视”工具不仅能够监视和复制链接的土建模型中的标高和轴网，还能监视和复制土建、机电链接模型中的构件变化和修改。这种方法的运用大大增强了项目的一致性和协调性，为复杂的建筑项目提供了一个有效的管理和协作平台。总体而言，掌握 Revit 中这些关键步骤，将为建筑设计专业人员在多专业协作中提供坚实的操作基础，从而有效推动整个项目的顺利进行。

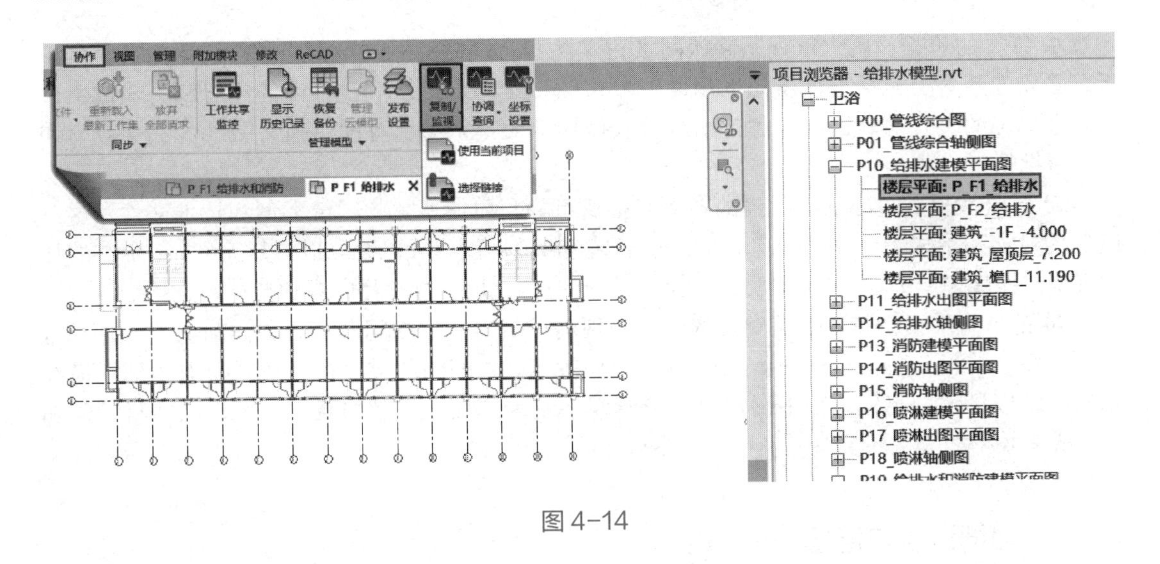

图 4-14

4.3　机电工程图纸准备

在现代建筑工程中，机电工程图纸的准备是项目成功的关键。本节内容将系统介绍如何高效处理和管理机电工程的施工图纸，确保各阶段的精确执行和高效协作。从接收图纸开始，通过 Autodesk Construction Cloud（ACC）平台，不仅保证了数据的安全传输，还通过实时的在线协作功能，增强了团队之间的互动和沟通效率。通过详尽的核实步骤，包括格式确认、目录对比以及完整性检查，每一步都旨在消除图纸准备过程中可能出现的误差，从而为后续的建模和施工提供坚实的基础。

4.3.1　图纸接收与核实

在进行机电工程 BIM 模型创建前，需要对已有的图纸等资料进行整理和核实。图纸核实工作的内容主要包括以下几个方面的内容。

① 图纸格式核对：需要确认接收到的图纸的格式，以确保其符合机电工程 BIM 模型创建的要求。通常，接收的图纸格式为可编辑的 DWG。此外，还可以要求提供 pdf 格式的图纸，以便于验证 CAD 图纸的准确性和完整性。

② 目录对比与完整性检查：在接收图纸的初步阶段，首先进行的是与项目图纸目录的对比，确认所有必需的图纸如平面图、系统图、细节图等均已齐全；接着，重点进行图纸版本的核对，这包括确认图纸的版本号、版次以及图纸上的项目名称和建设单位是否与当前项目一致，同时也要检查图纸上的图别、版次和日期信息，确保所有信息的准确无误，此外，仔细检查图纸是否存在缺页、信息模糊或错误标记问题，这些都是影响图纸完整性的常见问题。只有当图纸内容完全可读，且没有遗漏时，才能确保后续的建模和施工活动的顺利进行。

③ 蓝图处理和抽查：对于工程蓝图，重点检查图纸的套数是否完整，确保所有必要的图纸都已接收。通过随机抽查的方法，对照电子版文件和蓝图，比较其版本和内容是否一致。这种抽查可以帮助发现初步遗漏的问题，确保在项目执行过程中使用的是最准确和最新的图纸信息。

④ 签章的审查：签章审查是确认图纸正式性和合规性的重要步骤。检查蓝图中是否具备所有必要的签章，包括设计单位的出图章、审图机构的审批章、设计师的注册章、建设单位和监理单位的签章等。这些签章是图纸合法使用的关键依据，有助于确认图纸的法律效力和设计审批的正式性。

⑤ 齐全性检查：确认接收到的图纸包括所有项目阶段所需的图纸类型和技术文件。这不仅包括建筑和结构图纸，还应包括电气、管道和其他机电系统的详细图纸。此外，所有的技术规范、操作说明书和其他相关文件也必须检查齐全，以支持项目的顺利执行和维护。

⑥ 记录与反馈：在图纸核实过程中，发现的任何不一致或问题都必须详细记录，并及时反馈给图纸的发放单位。这一步骤是确保所有参与项目的团队成员都能及时获取最新、最准确的图纸信息，以避免施工中出现错误或延误。记录和反馈机制的建立，是提高项目管理和质量控制效率的关键环节。

4.3.2 图纸记录与管理

在完成图纸文件的确认后，项目团队必须迅速而准确地记录所有接收到的图纸资料。这不仅是为了保证信息的透明性，也是为了未来审计和参考的需要。在图纸登记阶段，应在专门的收发文登记表中详细填写每份图纸的关键信息，包括图纸的接收日期、图纸形式（标明是电子版还是纸质版）、图纸名称、图纸编号以及图纸版本等。这样的详细记录有助于团队成员在项目执行过程中快速找到所需的图纸，也方便在必要时进行图纸的追踪和复核。如图 4-15 所示为常见的图纸接收登记表。

图纸接收登记表

项目名称＿＿＿＿＿＿＿＿ 项目编号＿＿＿＿＿＿＿＿

发图单位＿＿＿＿＿＿＿＿ 发 图 人＿＿＿＿＿＿＿＿

序号	专业	图纸名称	图纸编号	图纸阶段	版本
1					
2					
3					
4					
5					
6					
7					
8					
9					
10					
11					
12					
13					
14					
15					

接收人＿＿＿＿＿＿＿＿ 接收日期＿＿＿＿年＿＿月＿＿日

图 4-15

4.3.3 图纸会审与反馈

在会审准备阶段，项目团队需集合和审查所有必需的图纸和技术文件，确保资料的完整性和准确性。这包括核对图纸的版本，确保所有专业的需求都被满足，并且确保图纸无缺失。随后，在跨专业团队的详细会审中，深入讨论图纸内容，识别并解决潜在的问题和冲突，如设计错误、信息遗漏或系统间的不兼容问题。

会审过程中发现的问题应详细记录，并分类处理。这些记录包括具体的问题描述、影响范围及建议的更正措施。问题记录后，应及时将这些问题反馈给相关设计单位，通过电子邮件或会议等方式进行沟通，确保所有问题都能得到妥善解决。此外，还需安排专人负责跟踪这些问题的解决进度，直到所有问题都被确认解决，确保图纸的准确性和工程的顺利进行。

4.3.4 图纸拆分

在BIM建模过程中，图纸拆分显得尤为重要。通过细分专业内容，如电气、暖通和给排水等，图纸拆分有效提升建模的效率与准确性。这种图纸拆分的方法确保了专业间信息的精确传递，增强了协同工作的效果，进而避免施工过程中的错误与冲突，促进项目流程的顺利实施，既节约时间与资源，又提升了建模质量。

在图纸拆分的过程中，有效的做法是将图纸划分为电气、给排水及暖通三大专业类别。对于电气专业，应逐层拆分并详细区分照明、配电、应急照明、消防报警及弱电系统平面图等。给排水专业的拆分工作则应逐层拆分给排水系统及喷淋系统的平面图等。暖通专业分为三个子领域：空调系统须拆分为新风、空调定位、冷媒管道、冷凝水管道及室外机等各层平面图；地暖系统则须拆分为采暖管线及采暖平面图；防排烟系统的拆分则着重于通风及排烟系统的各层平面图。为满足建模需求，大样图应在拆分前按1∶100比例缩小，以便于后续处理和应用。这种系统化的拆分方法不仅提高了工作效率，也确保了建模的准确性和细节的充分展现。

处理和存储拆分后的图纸时，建立一个明确的命名规则至关重要，以确保文件易于识别和检索。此外，实施一致的版本控制流程，确保所有团队成员能够访问最新版本的图纸，是确保建模过程中信息一致性和准确性的关键。采用数字化存储和备份策略，不仅提高了图纸管理的效率，还增强了数据安全性。通过这些方法，可以有效地管理和利用拆分后的图纸，为BIM建模过程提供坚实基础。

图纸拆分过程可以借助Autodesk CAD原生软件，或使用“CAD快速看图”等其他软件实现。图4-16展示了以电气图纸为例的图纸拆分基本步骤。首先，单击“文件”菜单中的“新建”按钮，创建一个名为“Drawing2.dwg”的新文件。然后，使用快捷键“Ctrl+C”，复制专用宿舍楼图纸“专用宿舍楼-电气_t3.dwg”文件中的“一层照明平面图”。接着，切换至“Drawing2.dwg”文件，并使用快捷键“Ctrl+V”粘贴刚才复制的内容。最后，单击“文件”菜单中的“另存为”按钮，导航至“图纸拆分”文件夹下的“电气专业”子文件夹，并将文件重命名为“F1照明平面图”，点击“保存”按钮完成操作。

在未来的BIM建模实践中，图纸拆分有望进一步发展，特别是在协作和平台集成方面。例如，多人协作平台，允许团队成员同时在线编辑和更新图纸，从而提高工作效率和减少误差。此外，会有更多工具和插件的引入，以支持更高效的数据同步和实时通信，进一步简化图纸拆分和管理流程，加强跨专业团队间的协作。这些改进将进一步优化 BIM 建模流程，提高项目的整体质量和执行效率。

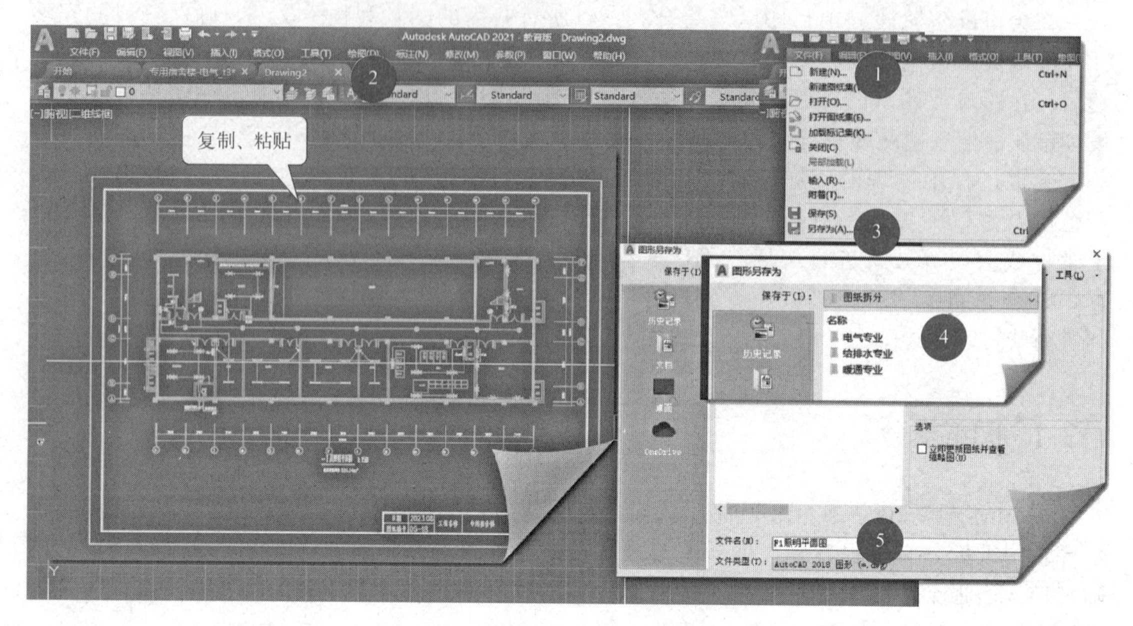

图 4-16

本节详细介绍了项目团队从接收图纸到会审的全过程管理技能，有效地提高了图纸处理的质量和效率。图纸管理不仅是一种技术活动，更是一种确保项目顺利进行的策略行为。通过严格的图纸管理流程，确保每一份图纸都能精确反映设计意图，同时及时发现并解决问题，最终实现项目的顺利完成。在未来的工程实践中，这些流程和技术的应用将进一步优化，以适应不断变化的建筑行业需求。

4.4　机电工程系统设置

在建筑信息模型（BIM）的领域内，机电工程样板的精心创建是实现高效率和精确度的建模工作的核心。这些样板在 Revit 建模中扮演着至关重要的角色，它们为机电系统的设计和维护过程提供了一个标准化且可重复使用的框架。机电工程样板的重要性不仅体现在其对单个项目的服务上，更在于它作为团队合作的基础，为不同专业组间的有效沟通和统一行动提供了支持。本节内容旨在深入探讨机电工程样板的构建过程，涵盖其基本要求、目标，以及必备的设置要素。

4.4.1　样板文件与项目信息设置

新建机电样板的步骤如图 4-17 所示，启动 Revit 后，单击“文件”列表中的“新建”子菜单的“项目”按钮，弹出“新建项目”对话框。在“样板文件”下拉列表中选择“系统样板”样板文件，确认创建类型为“项目样板”，单击“确定”按钮，即可创建基于“系统样板”的空白项目样板文件。单击“文件”列表中的“保存”按钮，保存名称为“机电样板 .rte”。

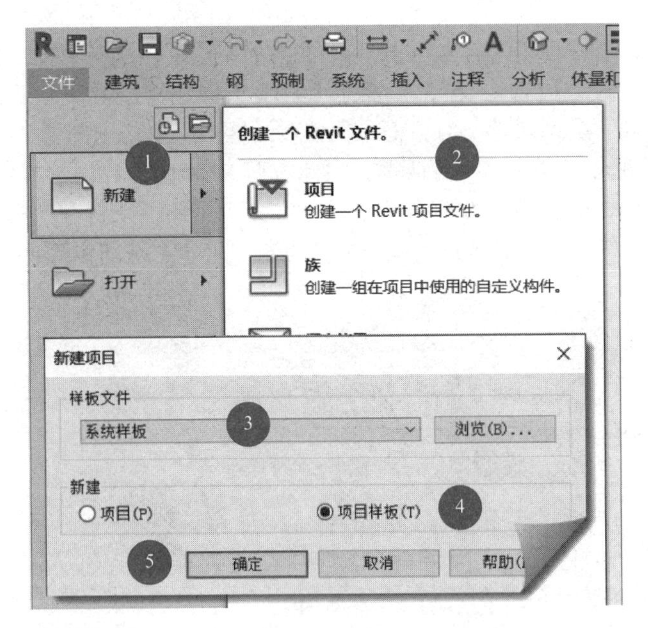

二维码 4-3

图 4-17

项目参数的定义如图 4-18 所示，点击“管理”选项卡下的“设置”面板中的“项目信息”工具。在弹出的“项目信息”窗口中，根据现有资料补充完整项目信息，如项目发布日期、客户姓名和项目地址等。如需添加软件中未预设的信息项，点击“管理”选项卡下的“设置”面板中的“项目参数”工具，然后在弹出的“项目参数”窗口中选择“添加”按钮，以添加所需的项目参数。

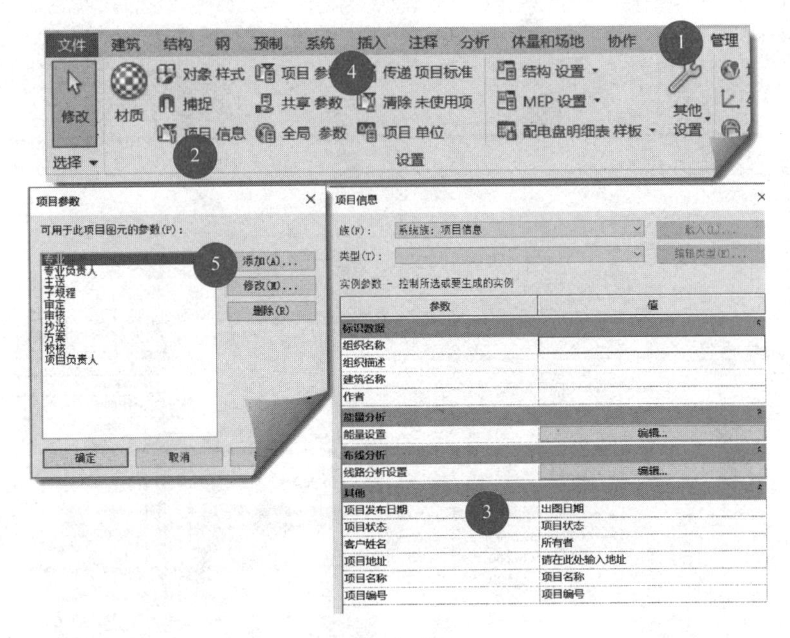

图 4-18

4.4.2 系统定义与项目浏览器管理

系统定义及设置的步骤如图 4-19 所示，在“项目浏览器”的“族”子菜单中，选择“管道系统”及“风管系统”，并根据项目要求创建所需系统。双击选定的系统名称，将打开“类型属性”对话框。在该对话框中，单击“图形替换”旁的“编辑”按钮，进入“线图形”对话框，在此按照 BIM 执行计划的规定设定系统颜色。同理，单击“材质”选项旁的“材质定义”按钮，以打开“材质浏览器”，在其中定义所需材质。完成所有设置后，点击“确定”按钮以确认并完成系统定义。

二维码 4-4

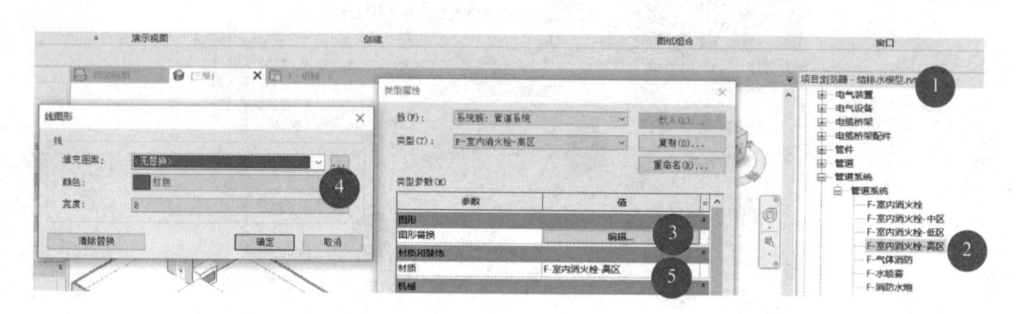

图 4-19

管道尺寸及坡度的设置如图 4-20 所示，点击“系统”选项卡下的“HVAC”和“卫浴和管道”面板右下角箭头，可分别进入风管和管道的建模基本信息设置界面。以“卫浴和管道”设置为例，在弹出的“机械设置”对话框中，选择“管道设置”子菜单下的“管段和尺寸”，可以添加系统中缺失的管道尺寸。选择“管道设置”子菜单下的“坡度”选项，则能够新建系统中未预设的坡度值。

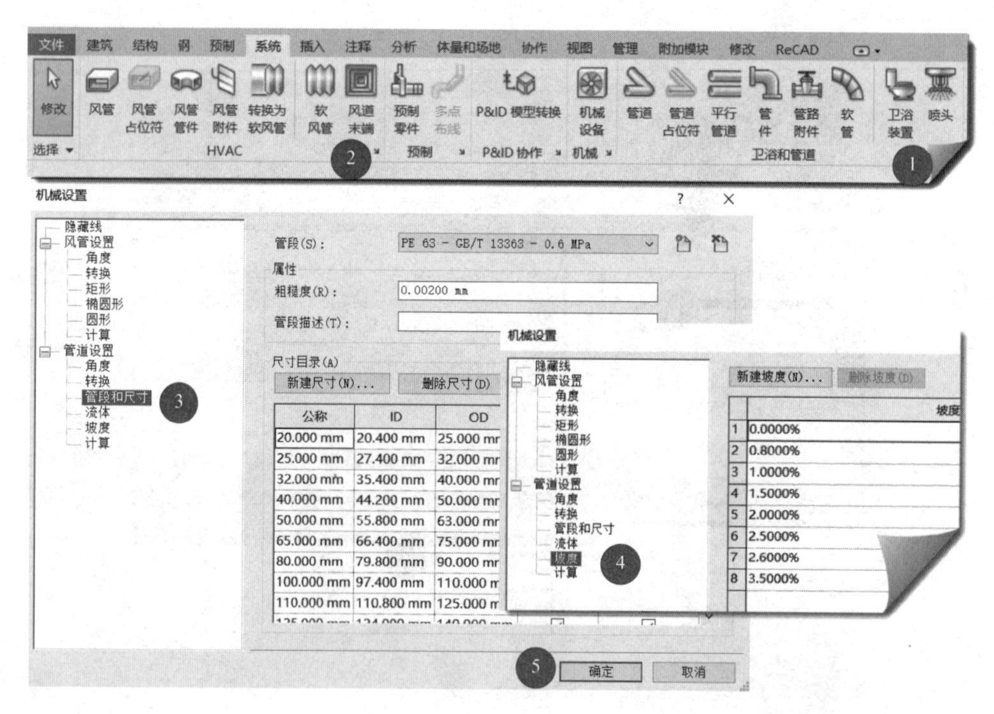

图 4-20

视图样板的设置如图 4-21 所示，选择“视图”选项卡下的“图形”面板中“视图样板”工具的下拉菜单，并点击“管理视图样板”按钮，将弹出“视图样板”对话框，在“名称”栏中新建所需的视图样板名称。以“P_ 给排水 _ 建模平面 _1 ：100”的模型显示设置为例，新建名称后，在对话框右侧的“视图属性”栏找到“V/G 替换模型”，点击其右侧的“编辑”按钮，将打开“可见性 / 图形替换”对话框，在此对话框中进行“模型类别”及“过滤器”的设置。“视图样板”对话框中还可以进行规程、视图比例等的设置。同样的方法可用于创建其他专业所需的视图样板。

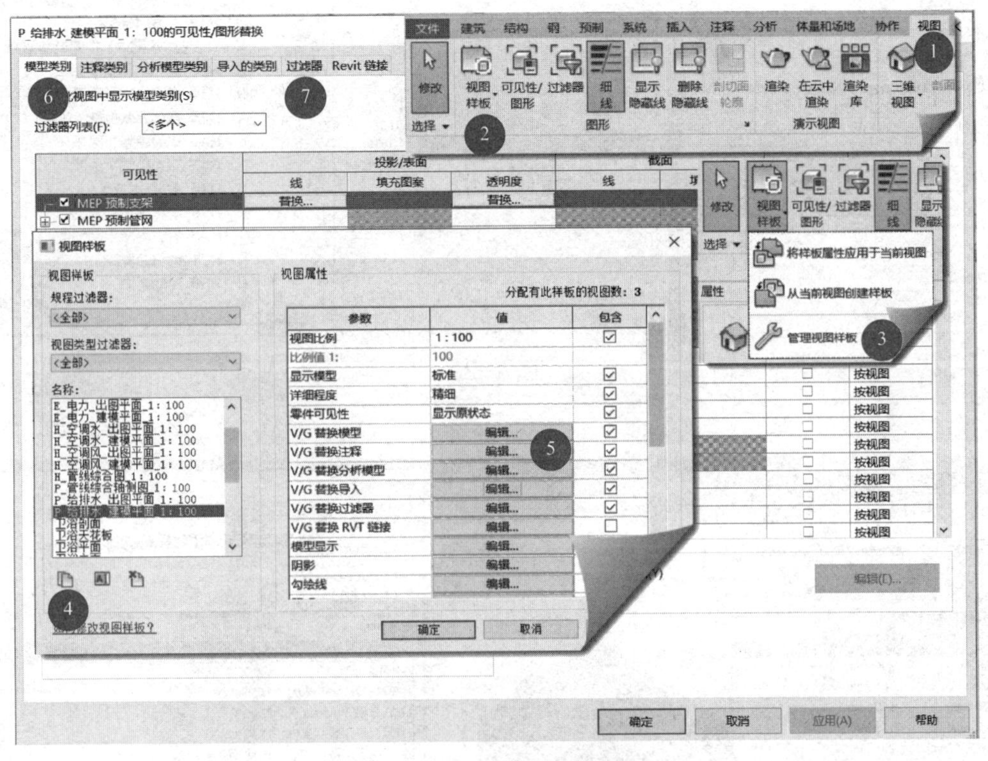

图 4-21

项目浏览器的整理如图 4-22 所示，本“机电样板”采用“协调”“卫浴”“机械”“电气”四个规程。按照这些规程，为各个专业创建所需的平面图、立面图和三维图。单击相应平面图的“属性”选项板中“标识数据”栏目中的“视图样板”右侧的按钮，在弹出的“指定视图样板”对话框中可以选择对应名称的视图样板，点击“确定”按钮即可将相应的视图样板应用于对应的视图。

4.4.3　族整理

为满足项目需求，需要在单一族中添加多种类型，以适应各种不同规格、尺寸或配置。在族内单击“创建”选项卡下的“属性”面板中的“族类型”工具，在弹出的“族类型”对话框中可以新建各种类型并设置各种需要的参数，如尺寸、材料等。这些设置确保了族的多功能性和适用性。完成这些步骤后，所有定制化的族均需载入到项目样板中并保存，确保其在建模过程中可被有效选用和应用，如图 4-23 所示。

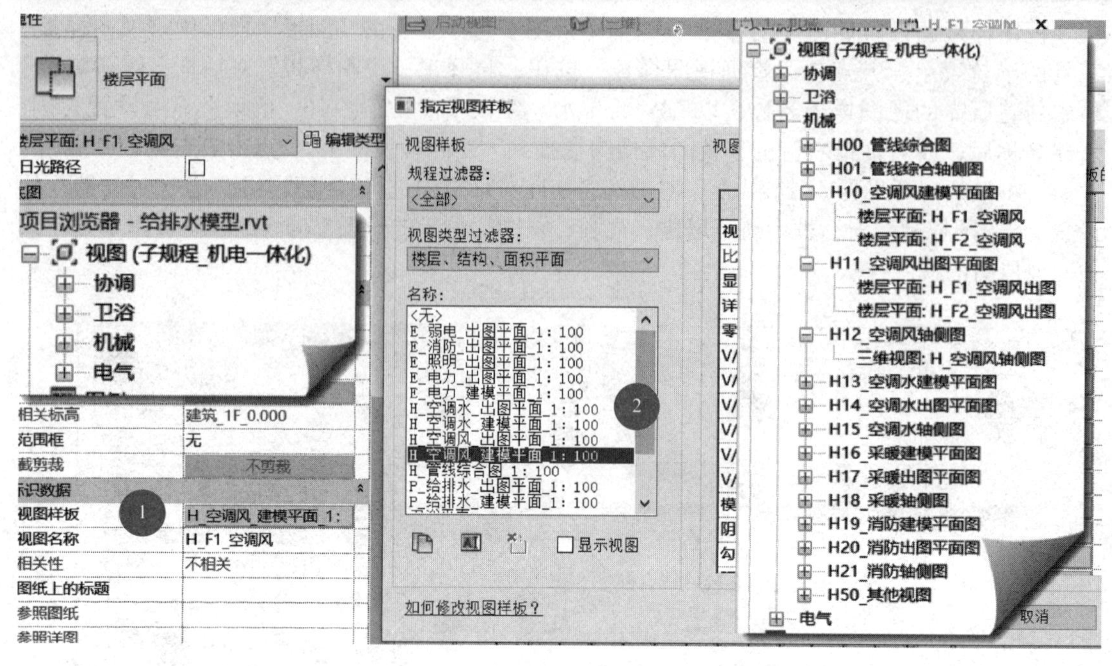

图 4-22

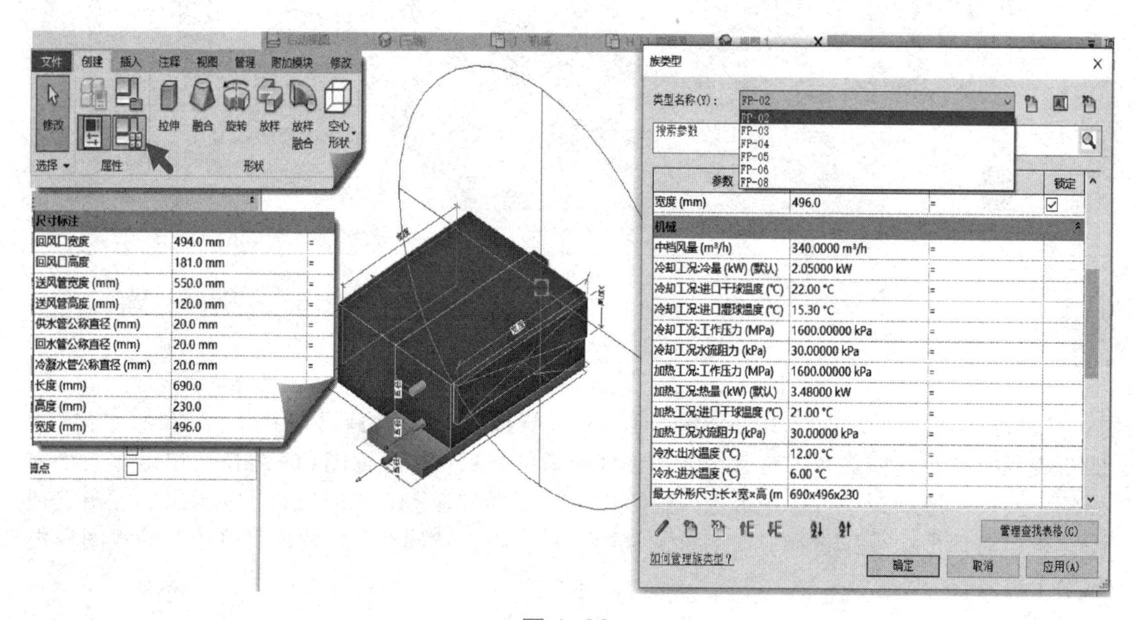

图 4-23

注释族和图纸族的创建方法与构件族类似，关注于满足特定的标注和图纸布局需求。无论是构件、注释还是图纸族，为了在项目中进行高效的参数统计和管理，特别是在进行报表制作和数据分析时，采用“共享参数”至关重要。这种共享参数的设置增强了各类族在不同项目间的通用性和适应性，同时也简化了数据的提取和汇总过程。因此，无论是构件族、注释族还是图纸族，它们的应用在项目中都将更为灵活和高效，满足专业化的 BIM 建模需求。通过这种综合性的族管理策略，项目的整体协调性和效率得以显著提升。

小结

本章详细介绍了机电工程样板的创建过程，为机电系统的设计和维护提供了一个标准化且可重复使用的基础。这一成果为专业小组提供了一个共同的工作平台，并显著提高了工作效率。通过预先定义族的基础设置和关键参数，团队成员能够立即开始高效、协调的建模工作。样板的动态更新和维护是确保其长期适用性和与时俱进的重要环节，这不仅适应了不断变化的项目需求，而且进一步完善了公司标准的制定。尽管样板在建模的初始设计阶段被使用，其设定和优化的影响却贯穿于整个项目周期，为后续项目提供了宝贵的参考和模板。

练习题

1. 什么是 BIM 执行计划（BEP）？简述其在机电工程项目中的三个关键作用。

2. 描述机电安装工程的 BIM 模型创建过程，并指出项目团队成员在此过程中的主要职责。

3. 基于本章内容，分析机电工程中 BIM 技术的核心价值和应用场景。

第5章 给排水专业BIM建模

知识目标

- 熟悉给排水专业在建筑工程设计中的工作内容
- 了解给排水专业 BIM 建模基本内容
- 掌握给排水专业建模的基本操作

能力目标

- 能够根据项目实际需求新建管道系统并设置管道类型
- 能够创建给排水管道并建立给排水 BIM 模型

素质拓展

通过学习常用规范和图纸构成，深入理解给排水系统工作原理，建模时严格遵循行业标准，确保模型准确、可靠。在工程行业，需要熟知相关规范、安全规定和质量控制标准，并在设计、施工和项目管理中实施这些标准，遵守行业规范是工程师职业素养的重要组成部分。

通过项目案例实践，掌握 BIM 建模知识及基本操作，提升建模技能和效率。通过理论结合实践的教学方式，有效培养实践与创新能力，为未来给排水领域发展奠定坚实基础。

新中国成立以来，我国给排水行业蓬勃发展，实现了从基础建设到环保治理的历史跨越，不断提升技术水平和管理标准，为城市发展和生态环境保护作出了积极贡献。给排水行业发展历程如下:

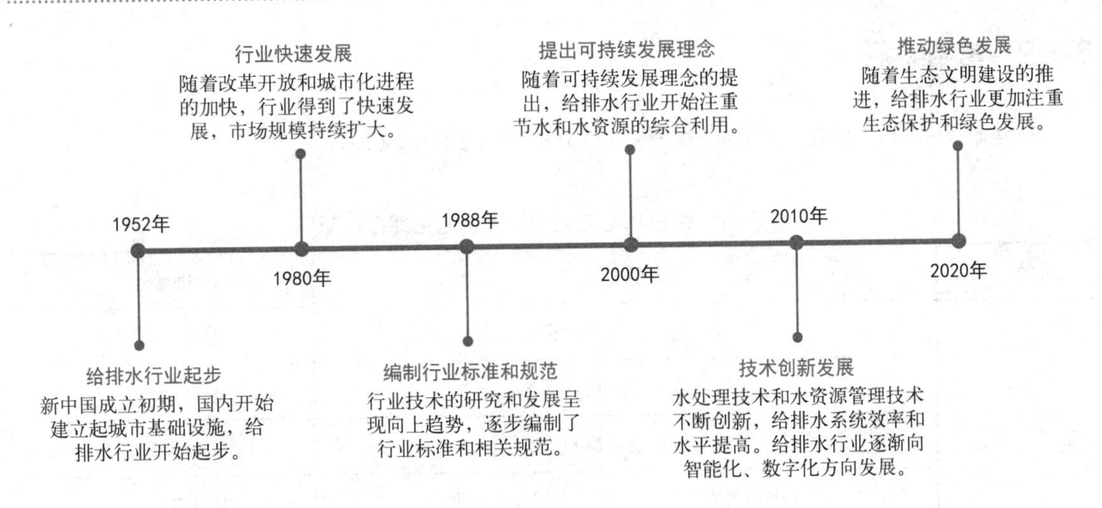

5.1 给排水专业基础知识

在上一章中介绍了机电工程BIM建模的前期准备，从本章开始将通过具体的案例来学习如何在Revit中完成机电安装工程BIM模型的创建。给排水专业设计内容一般包括给排水系统和消防系统两大类，在本书中为方便理解及学习，将给排水专业建模内容拆分成了给排水专业BIM建模及消防专业BIM建模。本章重点介绍给排水专业BIM建模的操作与应用。

5.1.1 专业简介

建筑工程给排水按系统大类可分为给排水系统和消防系统：给排水系统包括给水系统和排水系统；消防系统则包含消防给水灭火相关的系统，如消火栓给水系统、自动喷淋系统等。

（1）给水系统　通过管道及辅助设备，按照建筑物和用户的生产、生活和消防需要，有组织地把水输送到用水点的网络称为给水系统。

（2）排水系统　通过管道及辅助设备，把屋面雨雪水、生活和生产的污水、废水及时排放出去的网络称为排水系统。

（3）消火栓给水系统　室内消火栓给水系统的主要组件有室内消火栓、水带、水枪、消防卷带（又称水喉）、水泵接合器。其中水泵接合器是供消防车从室外向室内消防系统供水的接口，有地上式、地下式和墙壁式三种，由接合器本体和止回阀、闸阀、安全阀、泄水阀等组成。

（4）自动喷淋系统　自动喷淋系统是一种消防灭火装置，是应用十分广泛的一种固定消防设施，在发生火灾时，能自动打开喷头喷水灭火并同时发出火灾报警信号。自动喷淋系统具有工作性能稳定、灭火效率高、不污染环境、维护方便等优点，主要由喷头、报警阀组、管道系统组成。自动喷淋系统具有可以自动喷水、自动报警和对初期火灾进行降温等功能，并且可以和其他消防设施同步联动工作，因此能有效控制、扑灭初期火灾。

5.1.2 常用规范

在建筑工程设计和施工中给排水专业常用的现行规范见表 5-1。

表 5-1 给排水专业常用设计及施工现行规范

规范分类	规范名称	规范号
设计规范	《建筑给水排水设计标准》	GB 50015—2019
	《民用建筑节水设计标准》	GB 50555—2010
	《建筑节能与可再生能源利用通用规范》	GB 55015—2021
	《民用建筑太阳能热水系统应用技术标准》	GB 50364—2018
	《建筑给水排水与节水通用规范》	GB 55020—2021
	《生活饮用水卫生标准》	GB 5749—2022
	《建筑设计防火规范》（2018 年版）	GB 50016—2014
	《建筑防火通用规范》	GB 55037—2022
	《消防设施通用规范》	GB 55036—2022
	《消防给水及消火栓系统技术规范》	GB 50974—2014
	《自动喷水灭火系统设计规范》	GB 50084—2017
	《建筑灭火器配置设计规范》	GB 50140—2005
	《气体灭火系统设计规范》	GB 50370—2005
	《民用建筑绿色设计规范》	JGJ/T 229—2010
	《绿色建筑评价标准》	GB /T 50378—2019
施工规范	《建筑给水排水及采暖工程施工质量验收规范》	GB 50242—2002
	《给水排水管道工程施工及验收规范》	GB 50268—2008
	《建筑与小区雨水控制及利用工程技术规范》	GB 50400—2016
	《建筑机电工程抗震设计规范》	GB 50981—2014
	《建筑给水塑料管道工程技术规程》	CJJ/T 98—2014

5.1.3 图纸构成

给排水专业图纸主要包括图纸目录，设计、施工说明、图例，设备材料表，平面图，系统图及卫生间大样图等。案例项目中的图纸图幅及比例见表 5-2。

表 5-2　案例项目中图纸图幅及比例

图纸名称	图幅	比例
图纸目录	A3	<—
设计、施工说明、图例	A3	—>
平面图	A3	1 ∶ 150
系统图	A3	1 ∶ 150
卫生间大样图	A3	1 ∶ 50

给排水专业图纸主要内容如表 5-3 所示。

表 5-3　给排水专业图纸主要内容

编号	图纸名称	图纸主要内容
1	图纸目录	包含给排水专业所有图纸的图纸名称、图号、版次、规格，方便查询及抽调图纸
2	设计、施工说明	包括给排水设计施工依据、工程概况、设计内容和范围、室内外设计参数、各系统管道及保温层的材料、系统工作压力及施工安装要求等
3	图例	反映给排水专业各种构件在图纸中的二维图面表达形式
4	设备材料表	包括给排水专业各类设备的名称、性能参数、数量等信息
5	平面图	表达卫生器具、给排水设备、附件、横管、进出户管等在建筑平面中的位置
6	系统图	表达给排水专业平面设计内容在管道系统上的连接点位置（连接顺序、连接方式）及技术要求（管径、坡度、安装高度、设备的技术参数等），并用轴测图来表达系统图的内容，用各种图例来区别管道及附件类型
7	卫生间大样图	卫生间因比例限制难以表达清楚所给出的详图，使用小比例图面给出的内容详图

给排水专业常用图例如表 5-4 所示，同时表 5-4 表达了图纸中常见的设备及管道附件的名称与图纸符号。

表 5-4　给排水专业常用图例

名称	给排水平面图与系统图符号	名称	给排水平面图与系统图符号
水表组（井）		闸阀 / 防护闸阀	
水表	（卧式）	蝶阀	
	（立式）		

续表

名称	给排水平面图与系统图符号
截止阀 / 防护截止阀	
止回阀	
水锤消除止回阀	
减压阀	
倒流防止器	
信号阀	
电磁阀	
角阀	
湿式报警阀	平面：
	系统：
水流指示器	
自动排气阀	
减压孔板	
弹簧安全阀	
Y 形过滤器	
真空破坏器	
泄压阀	
比例混合器	
水力警铃	
泡沫罐	平面：
	系统：

名称	给排水平面图与系统图符号
手提式（推车式）灭火器	手提式：
	推车式：
闭式上喷自动喷淋头	平面：
	系统：
闭式下喷自动喷淋头	平面：
	系统：
侧喷式喷头	平面：
	系统：
末端试水装置	
压力开关	
流量开关	
水锤消除器	
室外消火栓	
消防水泵接合器	
压力表	
吸水喇叭口	平面：
	系统：
普通圆形地漏	平面：
	系统：
洗衣机专用地漏	平面：
	系统：

续表

名称	给排水平面图与系统图符号	名称	给排水平面图与系统图符号
侧排地漏		室内明装、半明装、暗装消火栓	
P 形存水弯 / S 形存水弯		室内单口消火栓	平面： 系统：
87 式雨水斗	平面：YD	柔性橡胶接头	
	系统：	偏心异径管	
侧入式雨水斗	平面：YD	同心异径管	
	系统：	液位控制阀	
检查口		法兰短管	
塑料通气帽		波纹管 / 金属软管	
清扫口	平面：	单（双）篦雨水口	单篦： 双篦：
	系统：	刚套管 / 塑料套管	穿管管径 管中心标高
管堵		刚性防水套管	穿管管径 管中心标高
检查井		柔性防水套管	穿管管径 管中心标高
水泵（潜水泵）		两侧防护密闭套管	穿管管径 管中心标高

5.1.4 模型深度要求

常见的给水系统及排水系统 BIM 模型深度要求如表 5-5 所示。

表 5-5 给排水系统 BIM 模型深度要求

系统分类	类型	模型深度要求
给水系统	给水管	绘制主管道，按照系统添加不同的颜色
	给水管管件	绘制主管道上的给水管管件
	阀门	尺寸、形状、位置、添加连接件
	给水末端	形状、位置
	仪表	尺寸、形状、位置、添加连接件
	给水设备	尺寸、形状、位置
排水系统	排水管	绘制主管道，按照系统添加不同的颜色
	排水管管件	绘制主管道上的排水管管件
	阀门	尺寸、形状、位置、添加连接件
	排水末端	尺寸、形状、位置、添加连接件
	排水设备	尺寸、形状、位置

5.2 创建给水系统模型

创建给水系统模型首先需要链接建筑、结构专业 BIM 模型，其次要在项目文件中定义所需的给水系统及管道类型，然后绘制给水横管及立管，创建卫生设备，再通过设备构件连接件与给水管道连接，最后在给水管道上布置管道附件，完成给水系统 BIM 模型。接下来将以专用宿舍楼机电工程项目为案例，详细讲解创建给水系统模型的一般步骤。

5.2.1 建模前准备

建模开始前需要对 CAD 图纸进行拆分及处理。在 Revit 中创建机电安装工程 BIM 模型一般按楼层平面进行创建，需将 CAD 图纸按标高分层链接至当前项目中。

① 启动 AutoCAD 软件，打开“随书文件 \ 第 5 章 \ 专用宿舍楼 - 给排水 _t3.dwg”图纸文件，清理图纸中无效的图元信息，并按层分割图纸。

② 使用样板创建新的给水项目文件。浏览“随书文件 \ 第 5 章 \ 项目样板 -Revit2021- 机电 .rte”样板文件，确认创建类型为“项目”，创建空白项目文件。

③ 链接建筑、结构专业模型文件。浏览至“随书文件 \ 第 5 章 \ 专用宿舍楼 .rvt”将“专用宿舍楼”建筑结构模型链接至当前项目中。

④ 使用“复制监视”工具，复制监视建筑模型标高。完成后切换至南立面视图，在视图中已显示链接模型中的标高。按住键盘“Ctrl”键同时选择当前项目中由项目样板默认生成的 F1 和 F2 两个标高，按键盘“Delete”键将其删除。

【提示】Revit 默认在项目中必须至少带有一个标高图元，要将当前项目中默认标高全部删除，必须同时选中所有标高图元后再删除。

⑤ 为复制出的标高建立对应的楼层平面视图。如图 5-1 所示，在“新建楼层平面”对话框中分别选择建筑 _-1F、1F、2F、屋顶层标高，单击“确定”按钮，即可生成楼层平面视图。

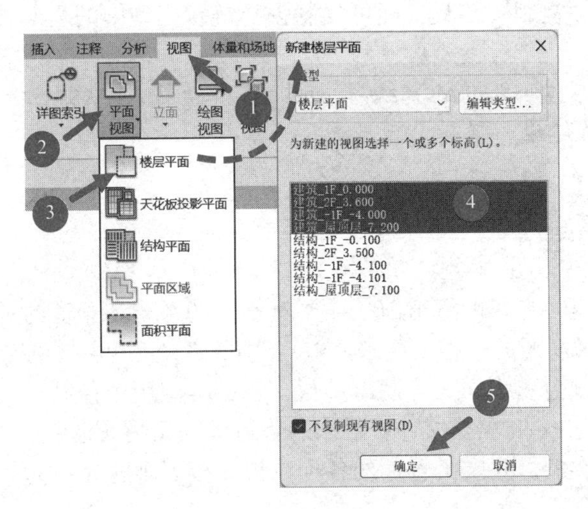

二维码 5-1

图 5-1

【提示】在“新建楼层平面”对话框中勾选底部“不复制现有视图”选项时，已生成的楼层平面视图的标高将不会显示在列表中。

⑥ 修改视图规程及子规程。如图 5-2 所示，展开项目浏览器“机械”类别下的“???”视图类别，可找到上一步骤中创建的楼层平面视图。配合键盘“Ctrl”键选择全部新建的楼层平面视图，修改“属性”面板中“规程”为“卫浴”，修改“子规程”为“P10_ 给排水建模平面图”。

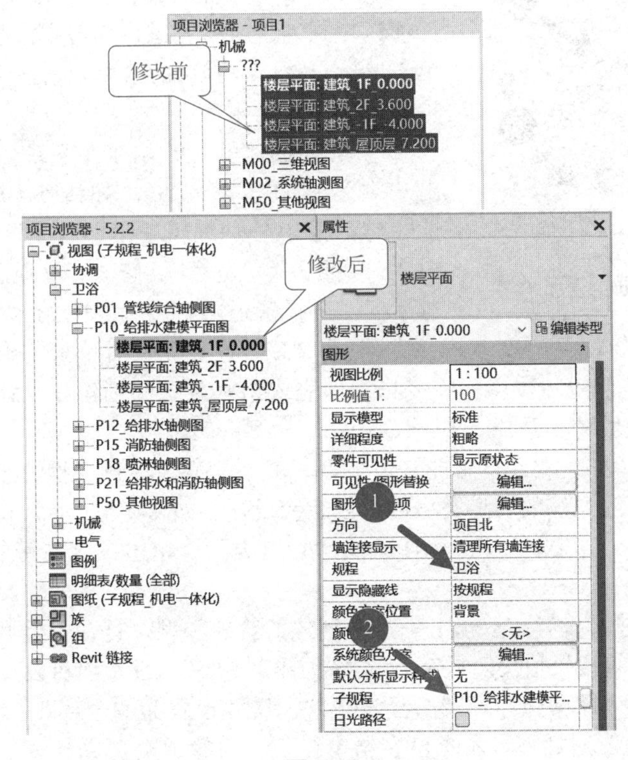

图 5-2

⑦ 复制监视轴网。切换至项目浏览器“卫浴”类别下“P10_给排水建模平面图”类别中的“楼层平面：建筑_1F_0.000”标高楼层平面视图，设置所需轴网的类别和类型。利用选择“工具”面板中的“复制”工具，即可复制创建链接模型中的全部轴网图元，并自动监视其变化。

⑧ 保存当前项目文件，完成本节练习，或打开“随书文件\第 5 章\过程成果\5.2.1.rvt”项目文件查看最终操作结果。

5.2.2 定义给水系统

绘制机电安装工程各专业的管道前，需要对管道的系统和管道的类型进行设置，以满足项目中不同系统对管道材质、规格的要求。Revit 中的系统类型用于控制管道所属的系统分类以及在视图中显示的颜色、线样式等逻辑参数，管道类型用于控制定义管道的管径范围、连接方式等物理参数。当 Revit 项目文件中默认的管道系统无法满足项目建模需求时，可以创建新的系统类型及管道类型，并定义管道的各项设置。接下来将介绍如何创建给水系统类型和管道类型。

项目文件中默认的给排水系统只有卫生设备、家用冷水、家用热水，无法满足建模需求。故需根据已有系统创建新的给排水系统。

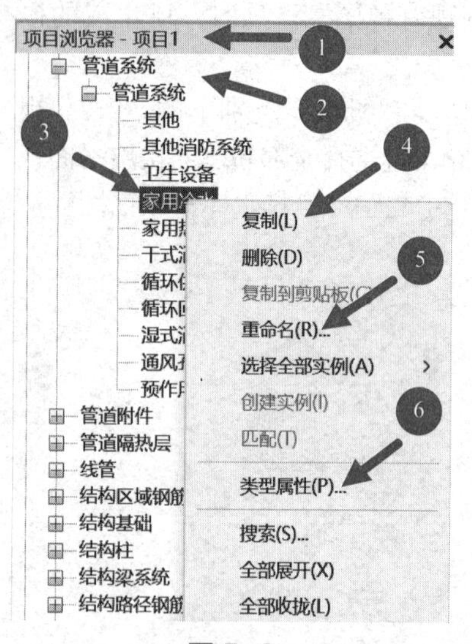

图 5-3

① 系统创建及设置。接上节练习文件，在“项目浏览器”中依次展开“族”→“管道系统”→“管道系统”，如图 5-3 所示，在该列表中显示了当前项目中已定义的所有管道系统类型。以创建给水系统为例，选择“家用冷水”系统，单击鼠标右键，在弹出的菜单中选择“复制”选项，复制创建新的管道系统名称，选择复制的管道系统单击鼠标右键，在弹出的菜单中选择“重命名”选项将其重命名为“P- 给水”。

② 选择创建的“P- 给水”系统，双击鼠标左键，弹出“类型属性”对话框，如图 5-4 所示。在“类型属性”对话框中分别编辑“图形替换”中线图形的“填充图案”“颜色”“宽度”。修改“材质”参数打开“材质”对话框，选择管道的材质为“P- 给水”，最后设置系统的“缩写”为“J”。设置完成后单击“确定”按钮退出“类型属性”对话框。按照上述步骤操作完毕，即完成给水系统的创建和设置，以此类推可创建本项目中所需的其他给排水系统。

③ 和管道系统一样，软件自带的管道类型一般不能满足项目工程的实际需求，故在给排水系统创建后，需对各系统的管道类型进行创建和设置。如图 5-5 所示，依次展开项目浏览器“族”→“管道”→“管道类型”，选择默认的管道类型，单击鼠标右键复制一个管道类型，并重命名为“P-PPR 管”。

④ 管道类型创建及设置。双击上一步中创建的管道类型，打开“类型属性”对话框。如图 5-6 所示，修改“管段”值为“PPR 管 -GB/T 18742-S5”，按本项目设计说明要求将该管道系统的“弯头”等的构件类型都设置为“热熔”，尺寸设置为“全部”。完成后单击“确定”按钮退出“类型属性”对话框。本书已在给定样板中对管道类型进行基本配置，故不赘述相

关内容。按照上述步骤对其他管道类型进行创建设置。

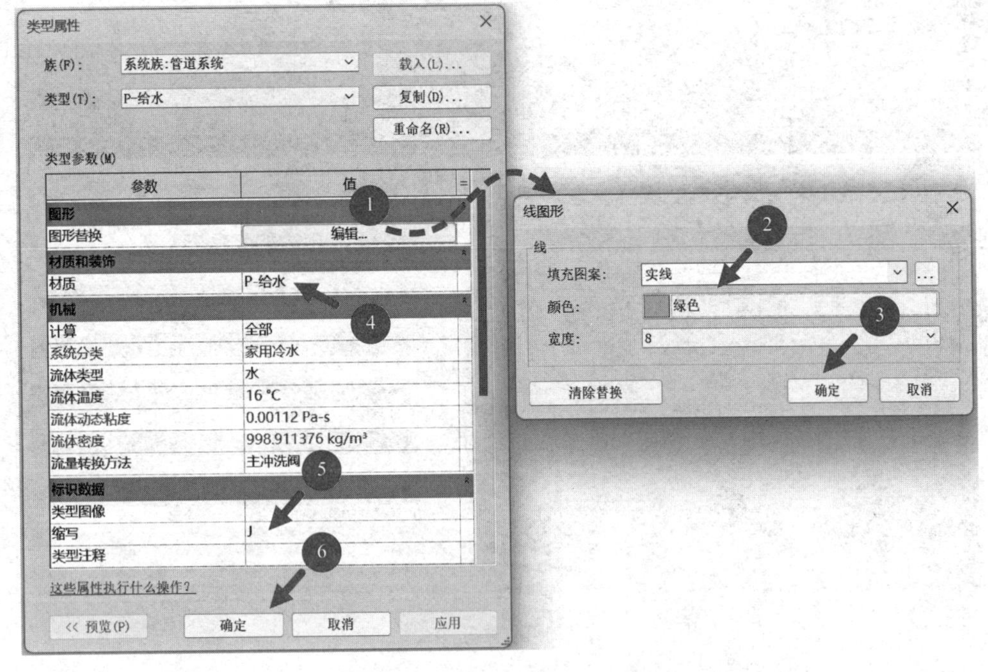

图 5-4

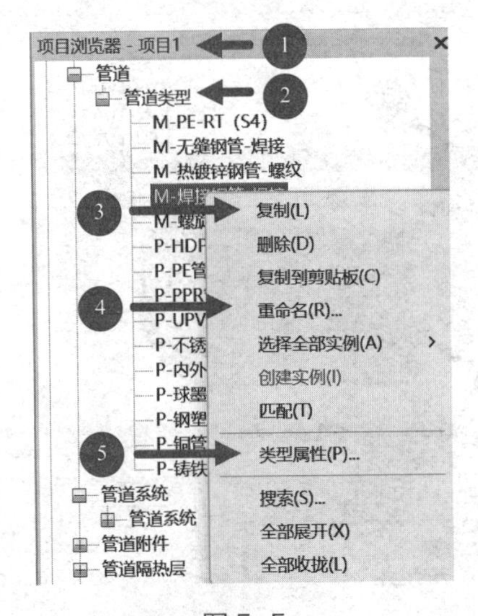

二维码 5-2

图 5-5

在开始绘制管道前，需要先链接每层所需建模的 CAD 图纸作为底图。接下来以链接首层 CAD 图纸为例介绍具体操作。

⑤ 链接 CAD 底图。接上文的练习文件，切换至“楼层平面：建筑 _1F_0.000”标高楼层平面视图。进入对应标高平面视图后，单击“插入”选项卡，链接面板中的“链接 CAD”，弹出“链接 CAD 格式”对话框，选择首层 CAD 图纸，勾选“仅当前视图”,“颜色”设置为“保留”,“图层 / 标高”选择“可见”,“导入单位”选择“毫米”,“定位”选择“自动 - 原点到内部原点”，如图 5-7 所示。完成后点击“打开”按钮，即可链接首层 CAD 图纸。

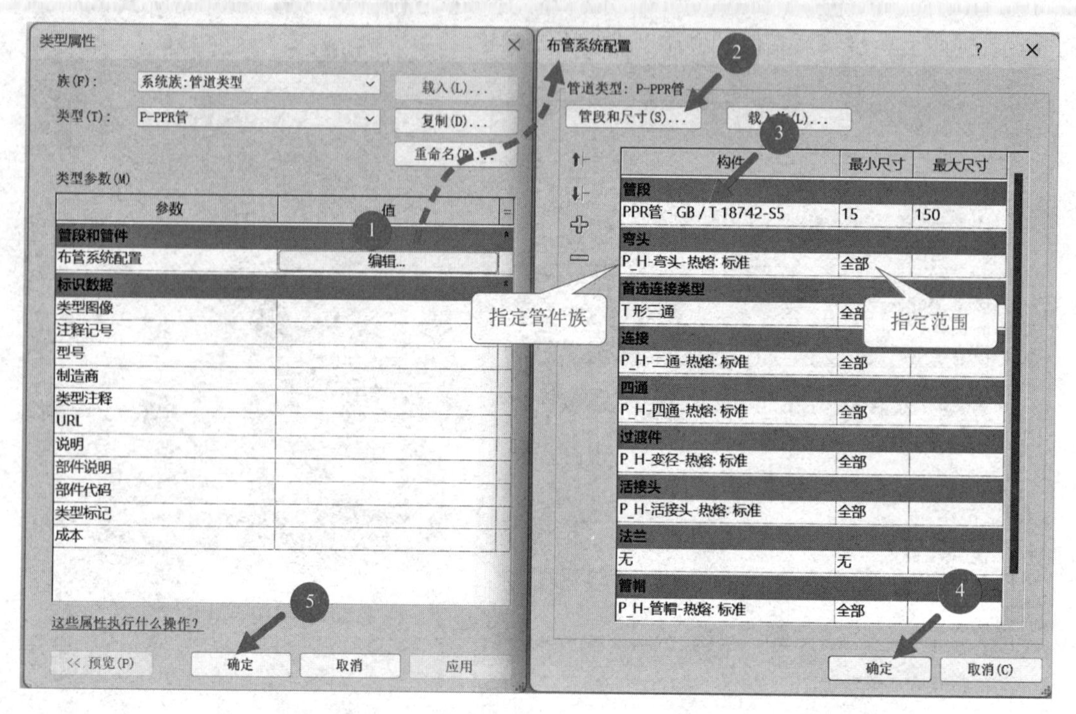

图5-6

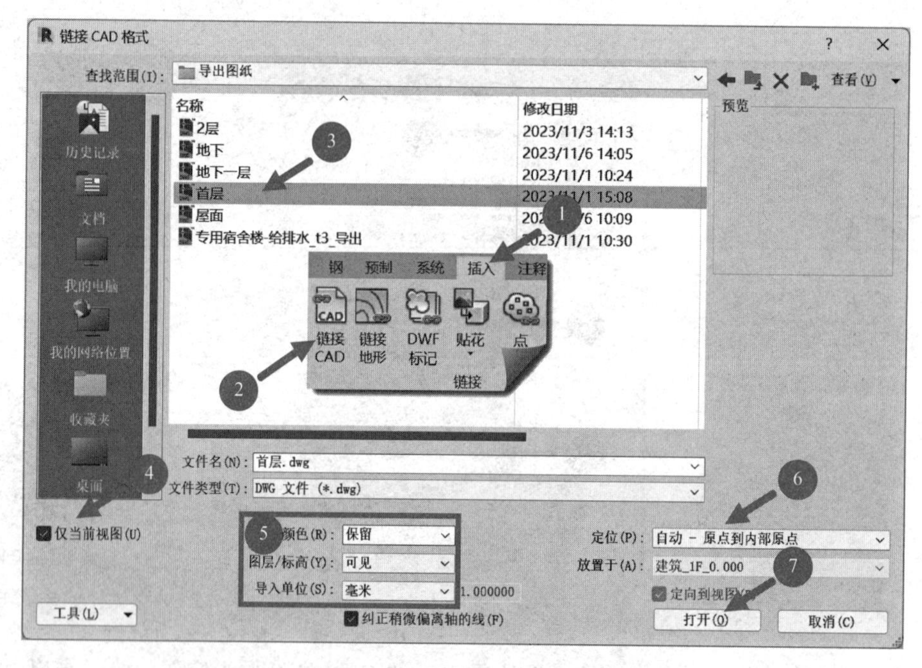

图5-7

⑥ 接下来将链接进来的CAD图纸与视图中的轴网对齐。如图5-8所示，选中所链接的CAD图纸，鼠标单击修改面板中的“解锁”工具解锁CAD图纸，利用“对齐”工具将其与轴网对齐，并将图纸锁定，以免建模过程中被移动。也可单击右下角“选择链接”工具将图纸锁定，完成此操作后将无法选中图纸，如需移动图纸，先将“选择链接”工具打开，再选中图纸进行操作。

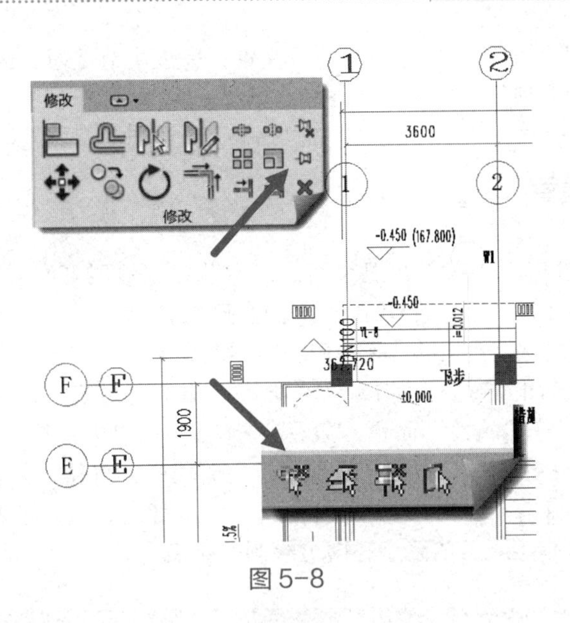

图 5-8

【提示】CAD 图纸链接至 Revit 中后，键盘输入“VV”，如图 5-9 所示，在弹出的“楼层平面：建筑 _1F_0.000 的可见性 / 图形替换”对话框中选择导入的类别，勾选“半色调”复选框，可以以淡显的方式显示底图。

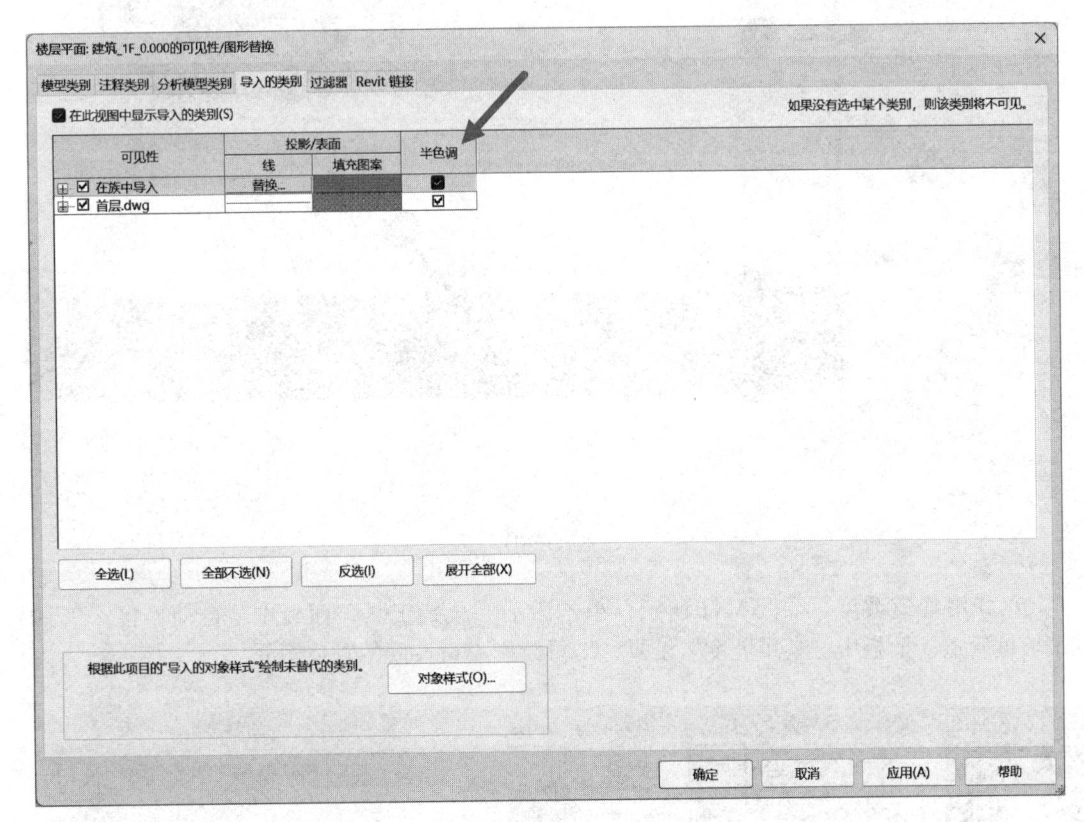

图 5-9

⑦ 此时已将首层 CAD 图纸链接到“楼层平面：建筑 _1F_0.000”平面视图中，其他层图

纸均可按照上述步骤进行链接。保存当前项目文件，完成本节练习，或打开“随书文件 \ 第 5 章 \ 过程成果 \5.2.2.rvt”项目文件查看最终操作结果。

5.2.3 创建给水横管

本项目中给排水管道主要布置在卫生间内，本节以“楼层平面：建筑 _1F_0.000”⑪-⑫轴交Ⓔ - Ⓕ轴的宿舍卫生间为例，介绍给水横管创建的过程。

① 设置给水横管属性。打开上节练习文件，切换至 “楼层平面：建筑 _1F_0.000”，链接一层宿舍卫生间大样图并对齐。如图 5-10 所示，单击“系统”选项卡“卫浴和管道”面板中的“管道”工具，在“属性”面板 “类型选择器”列表中选择“管道类型”为“P-PPR 管”，“系统类型”为“P- 给水”，根据图纸要求选定管段的“直径”为 *DN*20，“中间高程”为 2700mm，设置完成后点击“应用”，在绘图区域中单击管道起点，接着移动鼠标光标延伸管道，然后单击鼠标左键指定管道的终点，即可绘制一条横管。

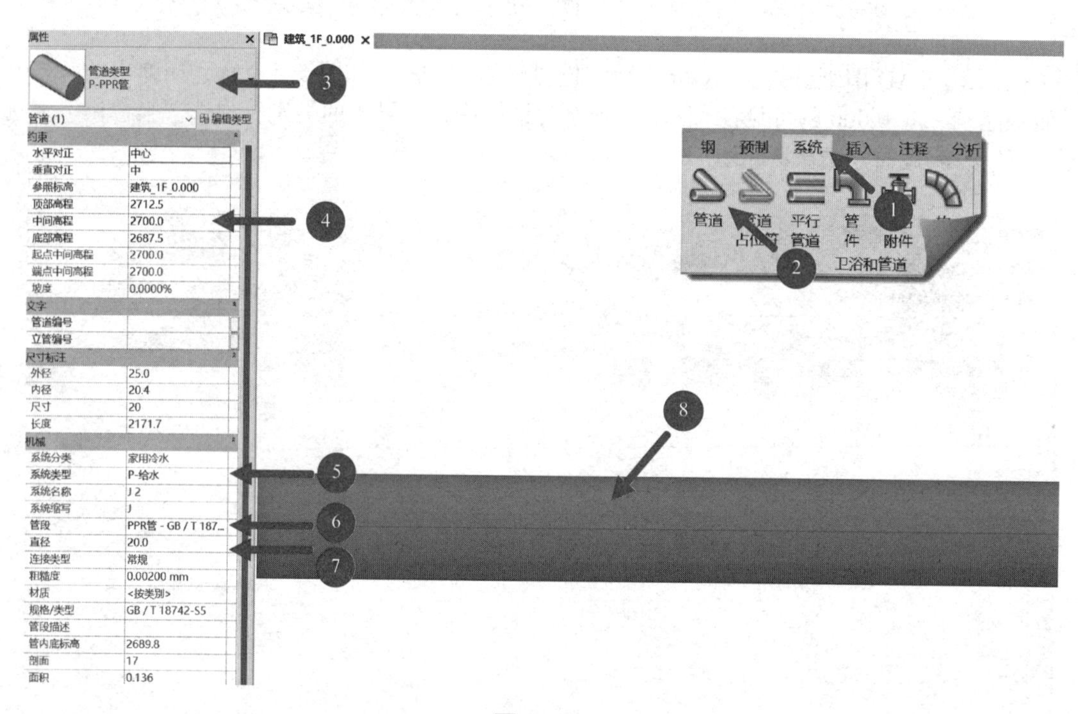

图 5-10

② 禁用管道坡度。如图 5-11 所示，单击激活“放置工具”面板中“自动连接”工具与“带坡度管道”面板中“禁用坡度”工具，即可绘制不带坡度的管道图元。

二维码 5-3

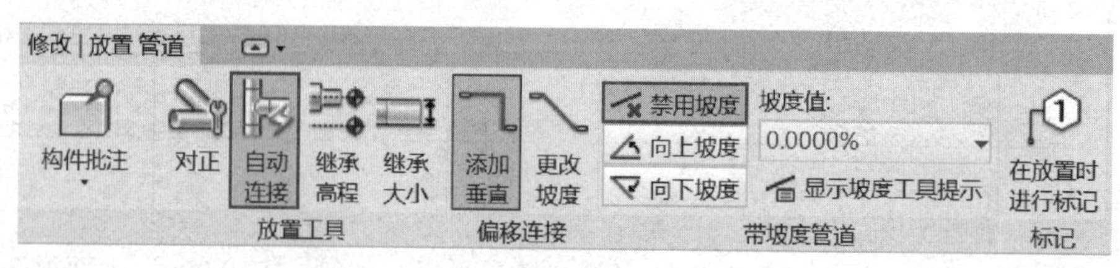

图 5-11

③ 绘制给水管道管线连接。如图 5-12 所示，在管道绘制模式下，移动鼠标光标到已绘制的水管上，当管中心线高亮显示时，在主管中心线单击某位置作为起点，移动鼠标至终点位置再次单击即可完成该段支管的绘制，管线会自动生成三通。

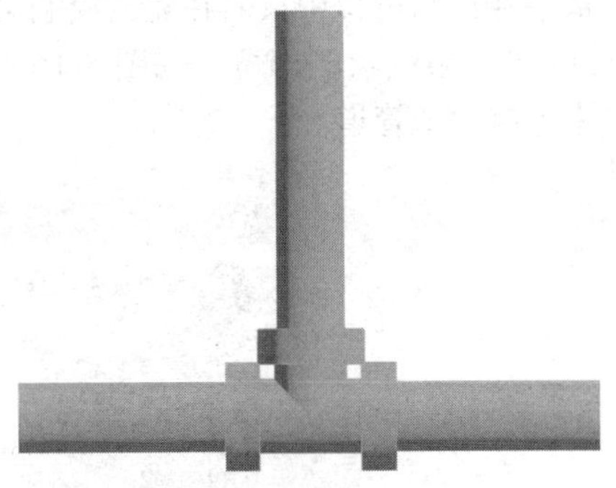

图 5-12

【提示】如果主管与支管不垂直，可能造成管线无法自动连接，出现这种情况需要进行手动连接。如图 5-13 所示，单击“修改”面板中“修剪 / 延伸单个图元”工具，先单击主管作为延伸目标再单击支管，Revit 将自动进行管道连接。除此之外还可以使用“修剪 / 延伸为角”工具修剪成一个角。“修剪 / 延伸为角”工具的快捷键为“TR”。

④ 设置模型显示精细度及样式。如图 5-14 所示，在页面左下角设置模型显示精细度，可根据需要选择“粗略”“中等”“精细”。设置模型显示的样式，可选择“线框”“隐藏线”“着色”“一致的颜色”“真实”。

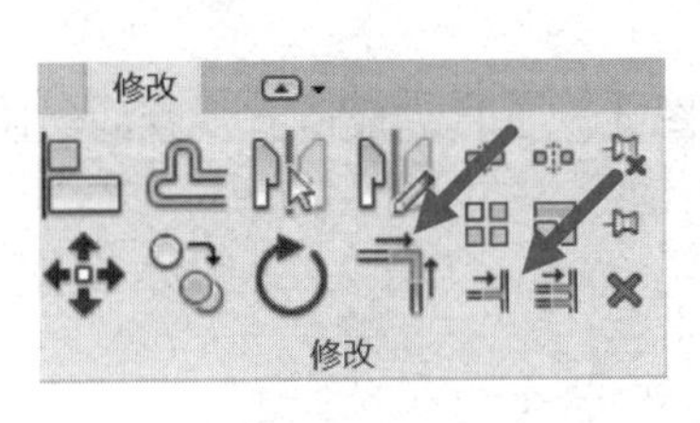

图 5-13

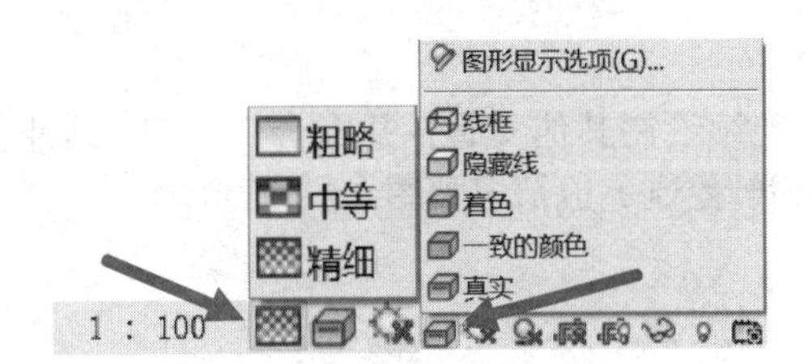

图 5-14

⑤ 查看三维模型。横管绘制完成后，如图 5-15 所示，在快速访问工具栏中，单击“默认三维视图”即可进入三维视图查看绘制情况。

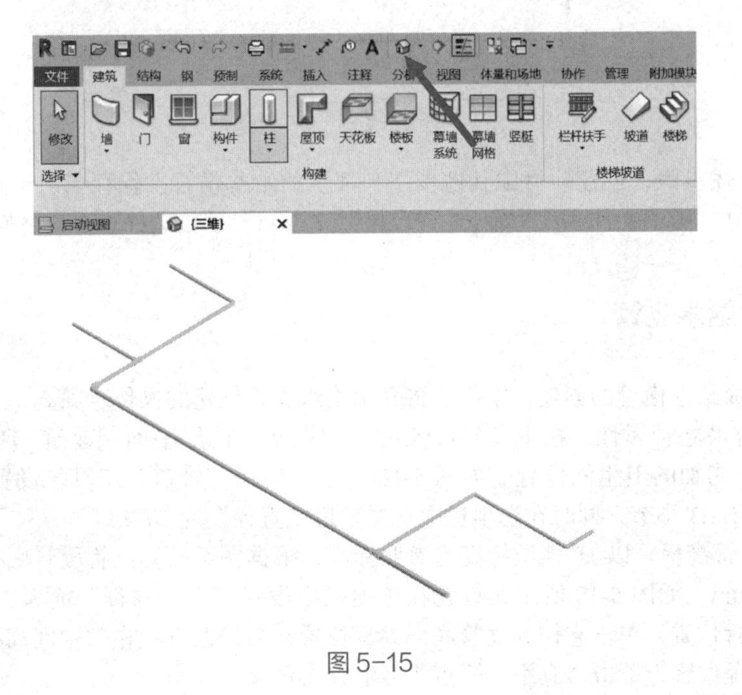

图 5-15

⑥ 连接变径管道。由于卫生间内不同卫生器具的接管公称尺寸不同，常会出现变径管道，在绘制过程中只需在完成绘制第一节 *DN*20 的管径后，在左上角“直径”输入管道的管径 *DN*15 再继续绘制即可。如图 5-16 所示，Revit 会自动生成已在布管系统中配置的过渡连接件来连接两个管道。

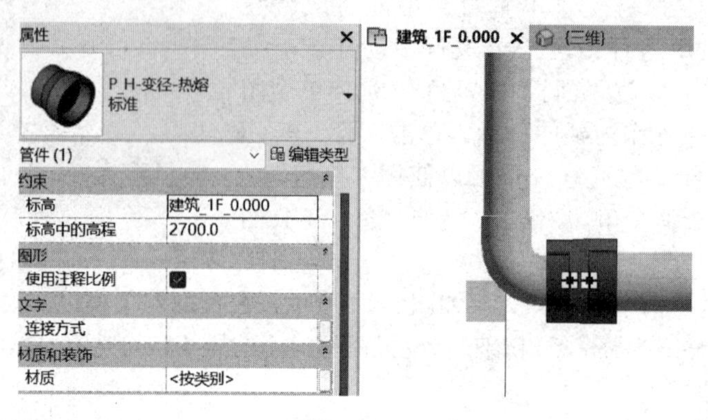

图 5-16

⑦ 继续绘制其他支管，并配合“修剪 / 延伸单个图元”工具完成所有支管的绘制，卫生间给水横管绘制完成情况如图 5-17 所示。

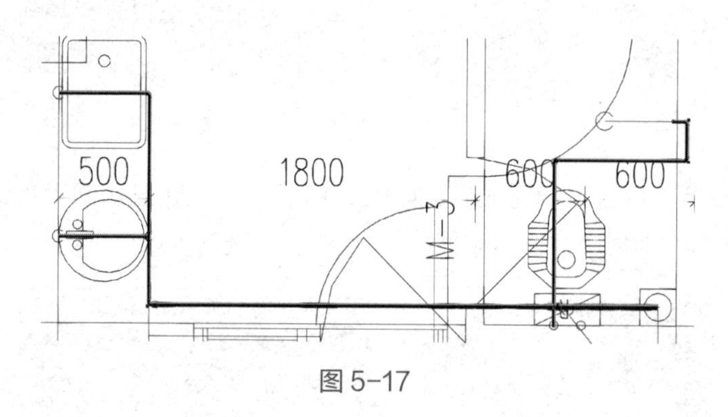

图 5-17

⑧ 按照上述步骤，创建项目中其他楼层和部位的给水横管。保存当前项目文件，完成本节练习，或打开“随书文件 \ 第 5 章 \ 过程成果 \5.2.3.rvt”项目文件查看最终操作结果。

5.2.4 创建给水立管

上节已完成给水横管的创建，本小节将介绍给水立管创建的操作步骤。

① 设置给水立管属性。接上节练习文件，切换至“楼层平面：建筑 _1F_0.000”，放大⑪-⑫ 轴交Ⓔ - Ⓕ轴的卫生间位置。如图 5-18 所示，使用“管道”工具，设置管道“属性”，具体步骤详见 5.2.3 小节，同时在选项栏中选择管道“直径”为 *DN*25。

② 设置立管高程。以 1F 楼层标高为参照标高，根据图纸已知该管段管底标高为 2.700m，顶标高为 6.500m。如图 5-19 所示，首先在选项栏中设置“中间高程”值为 2700，在绘图区域捕捉图中立管位置，单击它作为立管底部高程位置，再修改选项栏“中间高程”值为 6500，即立管顶部高程位置，单击“应用”按钮即可生成该立管。

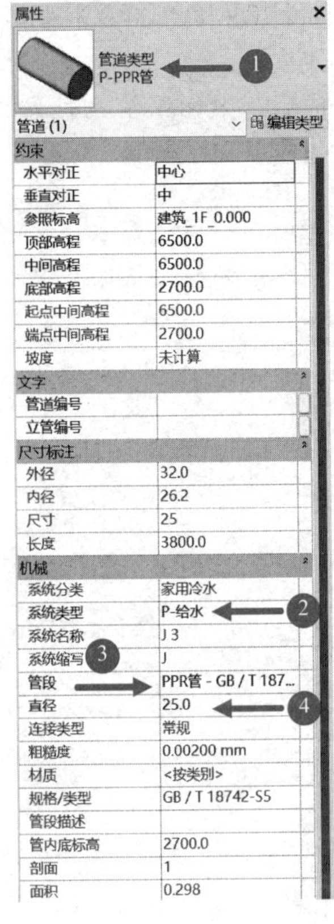

图 5-18

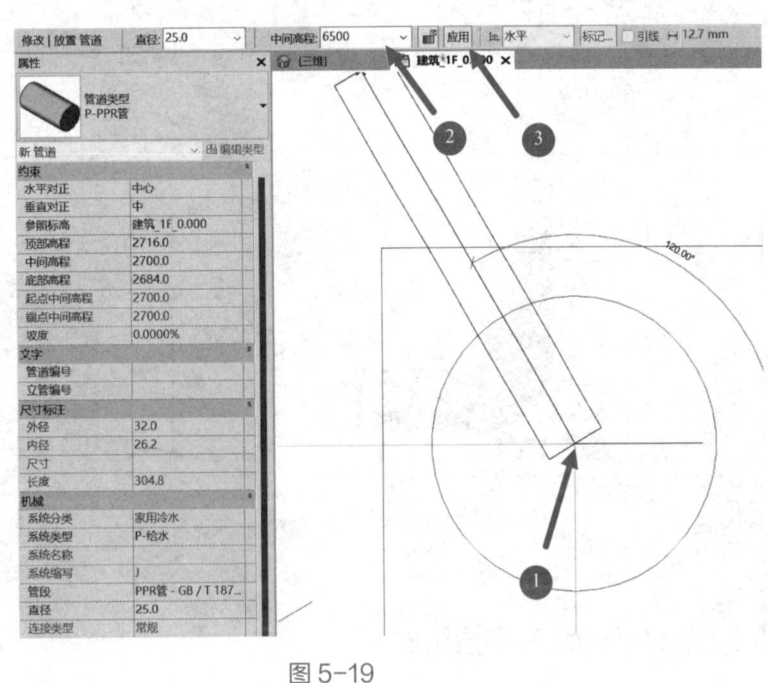

图 5-19

③ 对齐立管和横管。如图 5-20 所示，鼠标左键单击“修改”面板中的“对齐”工具，先捕捉水平管中心线后单击鼠标左键作为对齐基点，再捕捉立管管道中心线，单击鼠标左键，即可使横管和立管管道中心线处于一条直线上。

④ 连接立管和横管。切换至三维视图，如图 5-21 所示，使用“修改”面板中的“修剪 / 延伸单个图元”工具，按顺序分别单击选择立管和横管进行连接，Revit 将自动在管道连接位置生成三通。

二维码 5-4

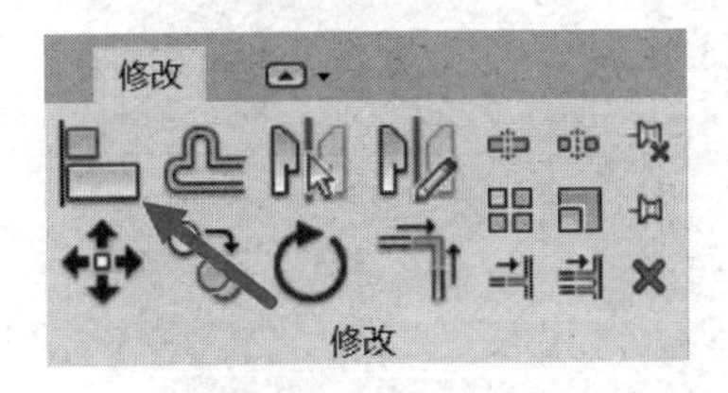

图 5-20

图 5-21

【提示】选择弯头，单击“+”即可将弯头变成三通，同理可以通过单击“-”将三通变成弯头，以便不同管件的变换，如图 5-22 所示。

⑤ 继续绘制图纸中其他楼层和部位的给水立管并连接横管，完成后结果如图 5-23 所示。保存当前项目文件，完成本节练习，或打开“随书文件 \ 第 5 章 \ 过程成果 \5.2.4.rvt”项目文件查看最终操作结果。

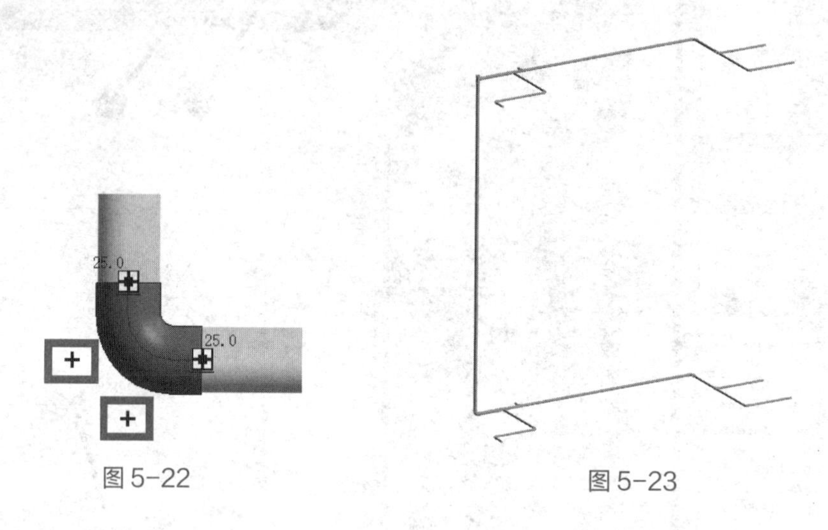

图 5-22　　图 5-23

5.2.5 创建给水设备及末端

给水系统通常通过管道连接至各种末端设备，如洗手盆、洁具、水龙头等，以满足建筑内的用水需求。接下来以创建卫生间洗手盆、蹲便器为例，介绍如何创建给水设备及末端。

① 载入卫生器具族。接上节练习文件，切换至“楼层平面：建筑 _1F_0.000”。如图 5-24 所示，单击“插入”面板中的“载入族”工具，弹出“载入族”对话框，选择“随书文件 \ 第 5 章 \ 族文件 \ 洗手盆 .rfa、蹲便器 .rfa、洗涤池 .rfa”，单击“打开”按钮，载入族构件。

二维码 5-5

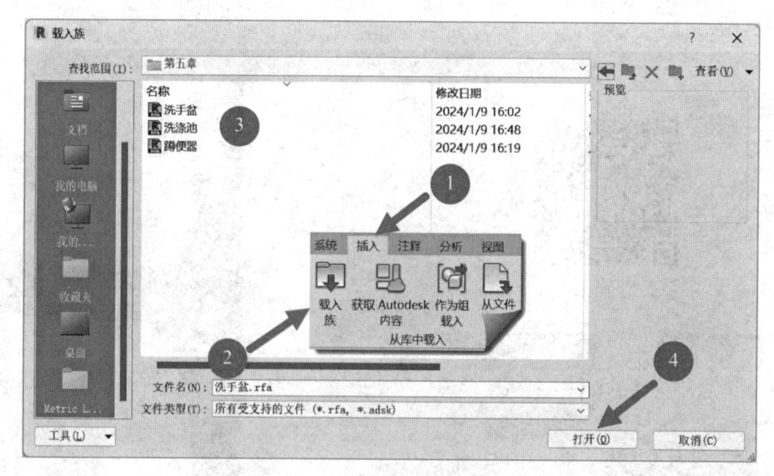

图 5-24

② 放置洗手盆族。如图 5-25 所示，在项目浏览器“族”类别下选择载入的族构件，单击

鼠标左键将其拖至当前视图中，在⑪-⑫轴交Ⓔ-Ⓕ轴处的卫生间对应位置放置，通过按键盘空格键，以90°旋转族放置方向，单击放置族构件。配合使用临时尺寸标注，调整族构件位置。同时修改“属性”面板中“标高中的高程”值为1000，即楼层标高向上偏移1.000m。完成后按两次“Esc”键退出放置卫浴装置操作。

③ 管道与卫生器具连接。如图5-26所示，单击洗手盆左侧管道绘制符号，为该接口创建管道，注意单击该符号默认会创建与该洗手盆族中预设的管道接口尺寸相同的管道。绘制接管，设置管道系统类型为“P-给水”，默认管道直径为15mm。

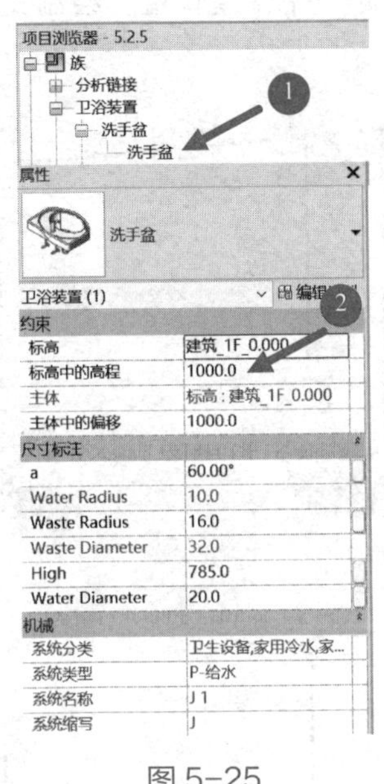

图5-25

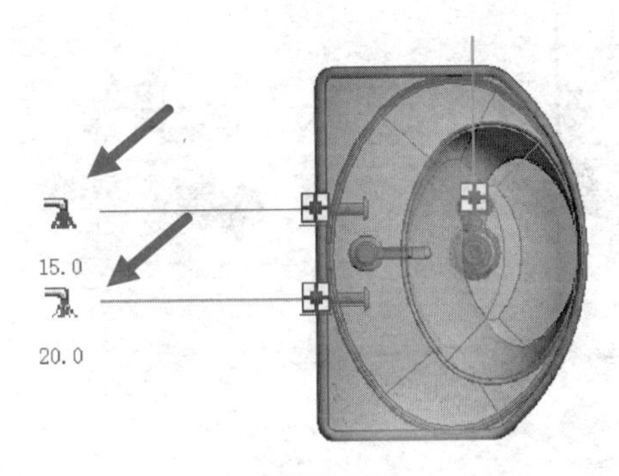

图5-26

④ 绘制出连接器具的管道后，需将此支管连接至主干管上，即在图纸对应位置上绘制立管并连接至标高6.500m处的给水管干管。

⑤ 放置蹲便器族。在项目浏览器“族”类别下选择载入的蹲便器族构件，如图5-27所示。单击鼠标左键拖至当前视图中，调整族位置放置到对应位置上，然后设置标高为楼层标高±0.000。完成后按“Esc”键两次退出放置卫浴装置操作。

【提示】注意，若底图中链接了建筑模型，则器具族可直接放置在平面上，否则需在“放置”面板中选择将器具族“放置在垂直面上”“放置在面上”“放置在工作平面上”，并注意设置标高，如图5-28所示。

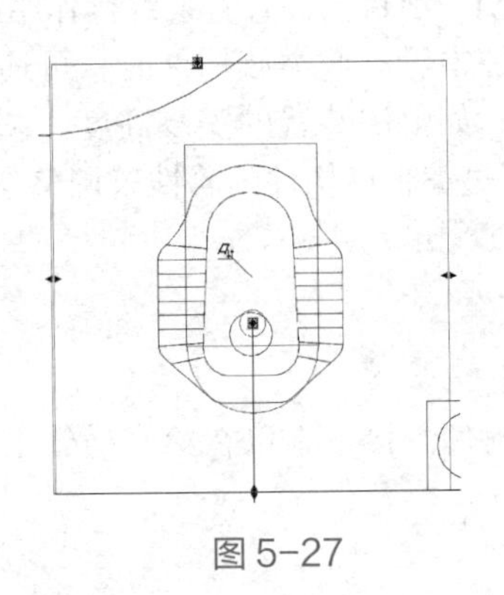

图5-27

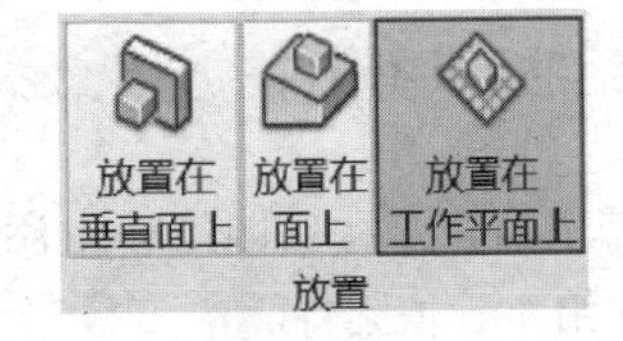

图5-28

⑥ 参照 CAD 图纸中蹲便器位置继续放置蹲便器族构件，直到完成所有卫生器具的放置，如图 5-29 所示。蹲便器族构件放置完成后，将其进水端与给水管道连接，此操作可参照洗手盆管道连接方式。

【提示】注意在进行卫生间等标准房间的绘制时，灵活使用“复制”工具，在绘制完一个标准卫生间后，全选卫生间放置的卫生器具及管道，单击“修改”选项卡“修改”面板中的“复制”工具进行复制，或按“CO”快捷键进行复制。通过此方法可快速创建其他卫生间的给排水模型。

⑦ 按上述方法可以将卫生间洗涤池、淋浴器全部放置，并连接管道，绘制完成结果如图 5-30 所示。

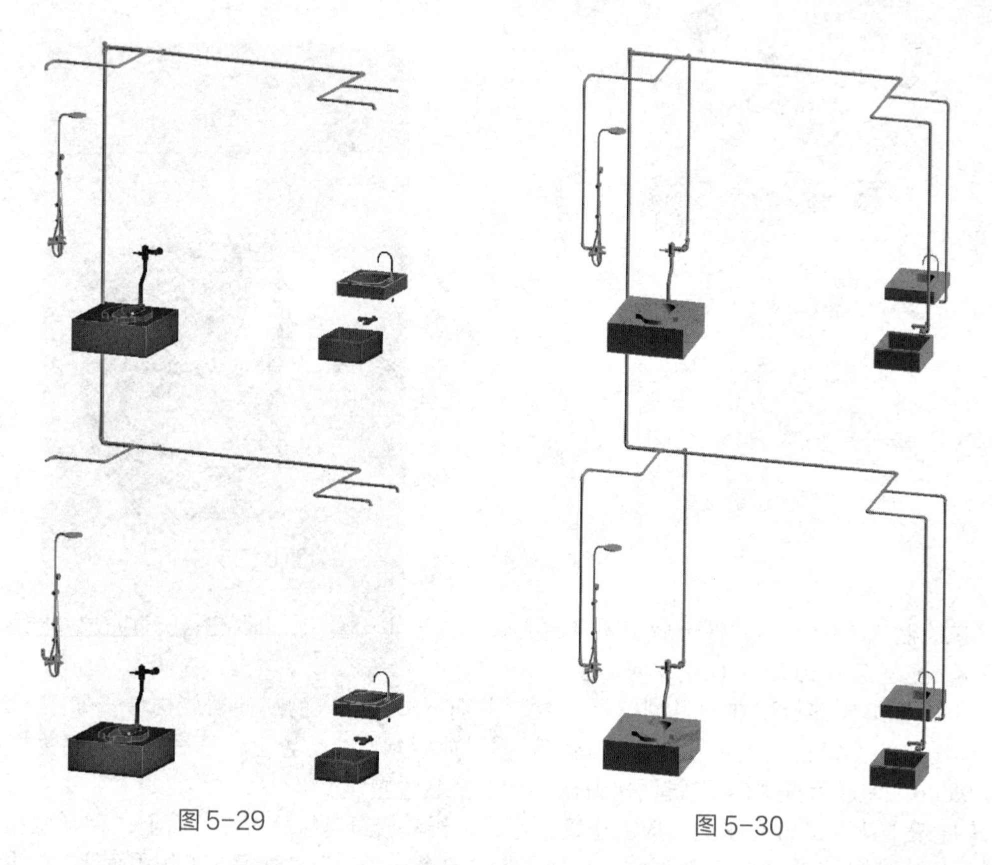

图 5-29　　图 5-30

⑧ 按照上述操作方法创建其他卫生间给水设备及末端，保存当前项目文件，完成本节练习，或打开“随书文件\第 5 章\过程成果\5.2.5.rvt”项目文件查看最终操作结果。

由于卫浴装置属于可载入族，当项目样板文件中没有此类族构件时，可通过载入卫浴设备族到当前项目中进行放置和使用，其各种参数，如卫浴装置的安装高度、图形数量、材质和装饰、系统分类、尺寸、标识数据等，都可以通过编辑族构件的属性来调整参数。

5.2.6 创建给水管道附件

在创建完管道后，需按照图纸要求添加管道附件。接下来以在给水横管上放置截止阀为例介绍如何创建给水管道附件。

① 放置管道附件。接上节练习文件，切换至“楼层平面：建筑 _1F_0.000”。载入“随书文件 \ 第 5 章 \ 族文件 \ 截止阀 .rfa”族文件。如图 5-31 所示，移动鼠标将截止阀族移动至对应管段位置上，当捕捉到管道中心线时 Revit 会自动旋转阀门方向，使之与管线平行，单击放置截止阀图元。完成后按“Esc”键两次退出管路附件放置状态。注意阀门的尺寸规格需与所放置管段的直径一致，否则 Revit 会自动在阀门两端添加过渡件以匹配管道直径。

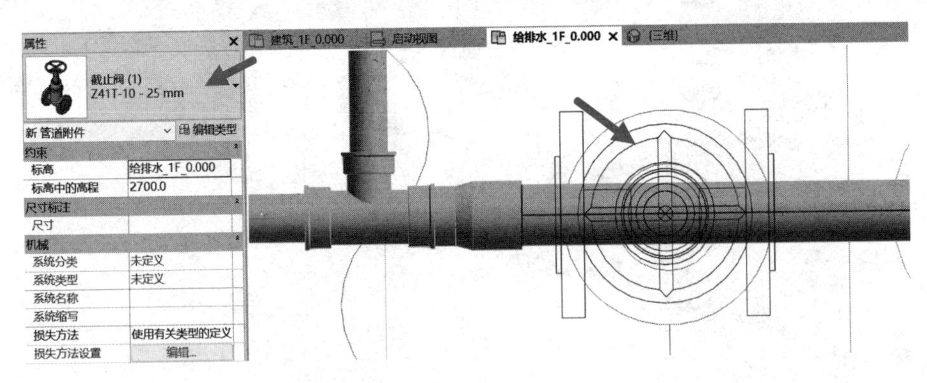

图 5-31

② 调整管道附件。管道附件连接成功如图 5-32 所示，选择该阀门图元，单击图元旁的旋转符号，将沿管道中心线按 90° 旋转阀门。注意“属性”面板中，该阀门会自动继承所在管道的系统分类、系统类型及系统名称的设置。

③ 使用类似的方式，为给水系统添加水表、Y 形过滤器等管道附件，结果如图 5-33 所示。

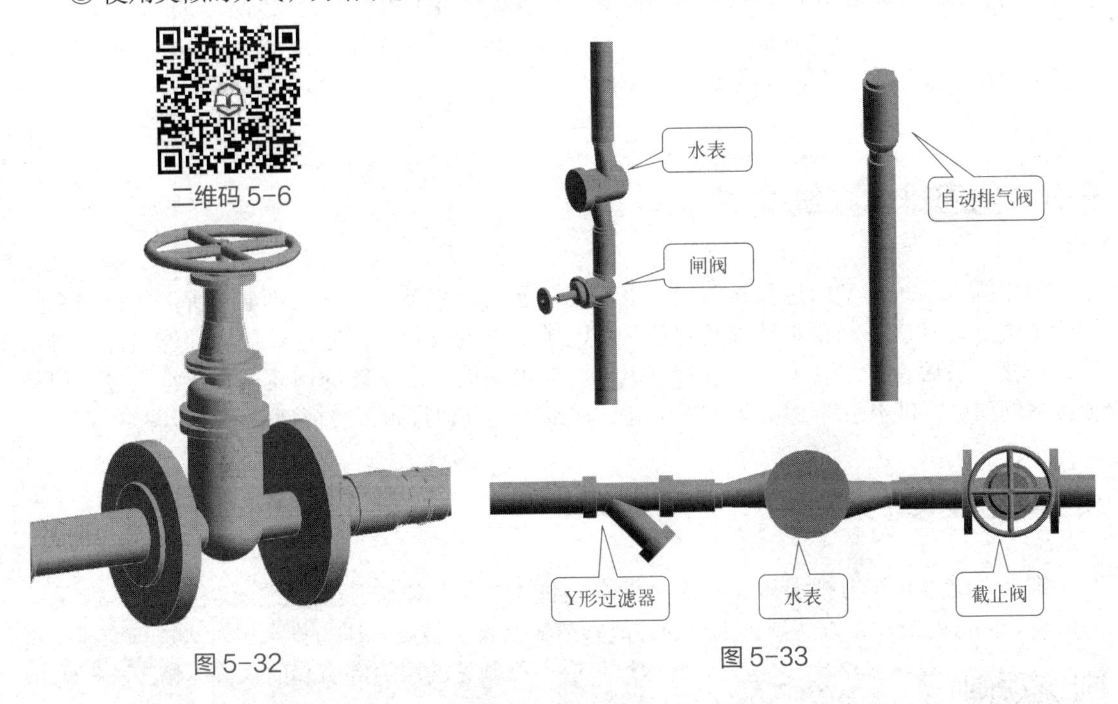

图 5-32

图 5-33

④ 按照上述操作方法继续创建项目中其他楼层和部位的给水管道附件，完成给水系统的创建，如图 5-34 所示。保存当前项目文件，完成本节练习，或打开“随书文件 \ 第 5 章 \ 过程成果 \5.2.6.rvt”项目文件查看最终操作结果。

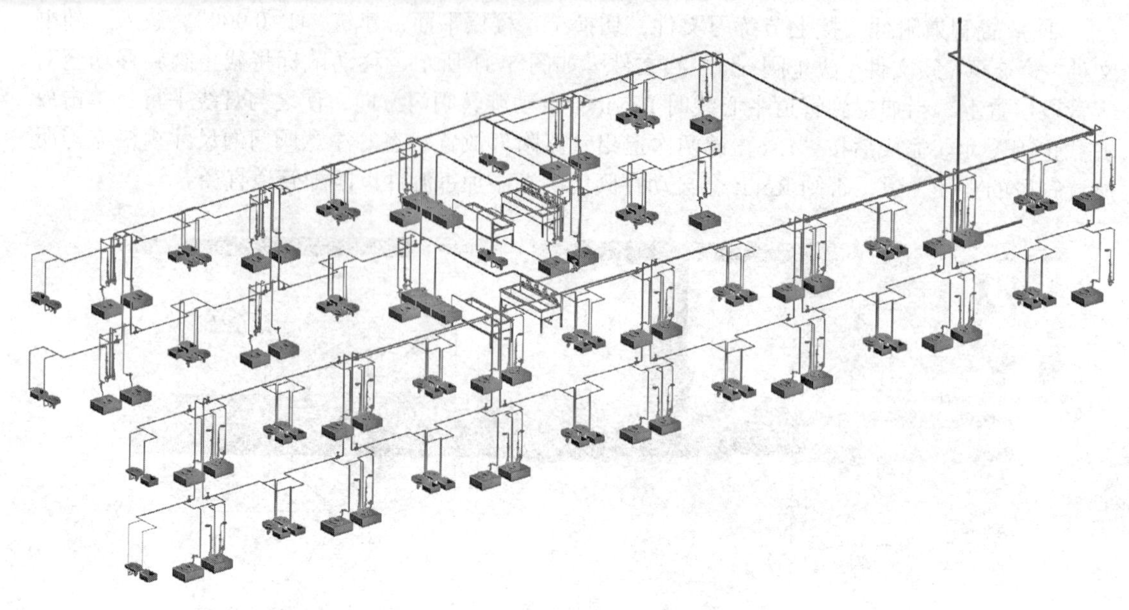

图 5-34

专用宿舍楼案例项目仅两层，市政直供水可满足供水需求，因此案例项目中仅包含一个给水系统。对于其他多层或高层建筑，当市政供水压力无法满足建筑中所有楼层用水点的需求时，给水系统需要根据市政供水压力、建筑内用水点的水压要求以及建筑的高度等因素综合考虑分区供水形式。对于多层或高层建筑，给水系统可采用市政直供给水、低区加压给水、高区加压给水等形式或多种形式相结合。通过合理设置给水系统的供水形式，从而确保建筑中各楼层用水点正常供水，并满足用水需求。

5.3 创建排水系统模型

创建排水系统模型的过程和创建给水系统模型的过程类似。首先要定义所需的排水系统及管道类型，其次绘制排水横管及立管，创建排水末端设备，再通过设备构件连接件与排水管道连接，最后在排水管道上布置管道附件，即可完成排水系统的创建。本节将通过专用宿舍楼案例项目中排水系统 BIM 模型的创建，详细阐述创建排水系统模型的一般步骤。

5.3.1 定义排水系统

排水系统存在压力排水和重力排水两种。重力排水不对水进行增压，仅利用流体所受重力由高处向低处流动，以达到排水目的，故管道需要设置坡度。压力排水需对水进行增压（通过水泵增压），以克服管道过长或不可预见的阻力等引起的水流不畅，故压力排水管道无须设置坡度。

二维码 5-7

排水系统中的管道系统及管道类型的创建步骤和给水系统基本一致，在项目浏览器中复制创建新的管道系统为“P- 污水”，管道类型为“P-UPVC 管”，设置连接方式为粘接等，具体操作可参照 5.2.2 小节中定义给水系统的内容。

5.3.2　创建排水横管

在排水系统中，污水的流动靠重力提供动力，因此排水横管必须有一定的坡度。故绘制排水横管前需进行坡度值设置，接下来以“楼层平面：建筑 _1F_0.000”⑪-⑫ 轴交Ⓔ - Ⓕ轴的卫生间为例，介绍排水横管创建的一般流程。

① 设置排水管道坡度。接上节练习文件，切换至“楼层平面：建筑 _1F_0.000”。如图 5-35 所示，单击“系统”选项卡“卫浴和管道”面板中的“管道”工具，单击“修改 | 放置管道”选项卡，在“带坡度管道”面板中选择“向下坡度”。

【提示】坡度列表中可用坡度值在项目样板中预设。

② 新建坡度值。如图 5-36 所示，单击“系统”选项卡“机械”面板右下方箭头，弹出“机械设置”对话框，选择“管道设置”下的“坡度”选项，单击“新建坡度”按钮，在弹出的“新建坡度”对话框中输入排水管坡度值“2.6”，单击“确定”按钮即可添加 2.6000% 的坡度值。完成后再次单击“确定”按钮退出“机械设置”对话框。

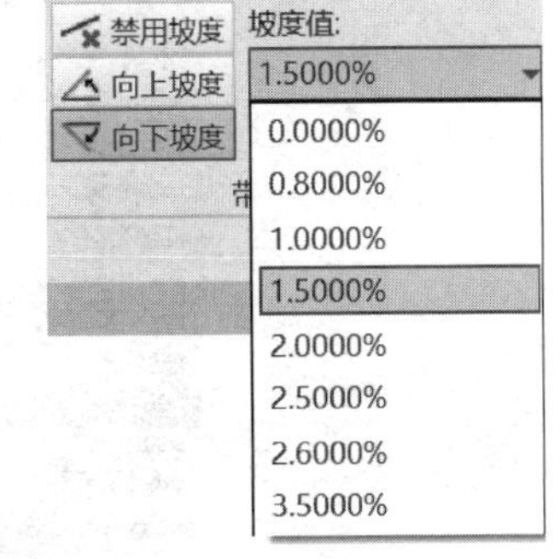

图 5-35

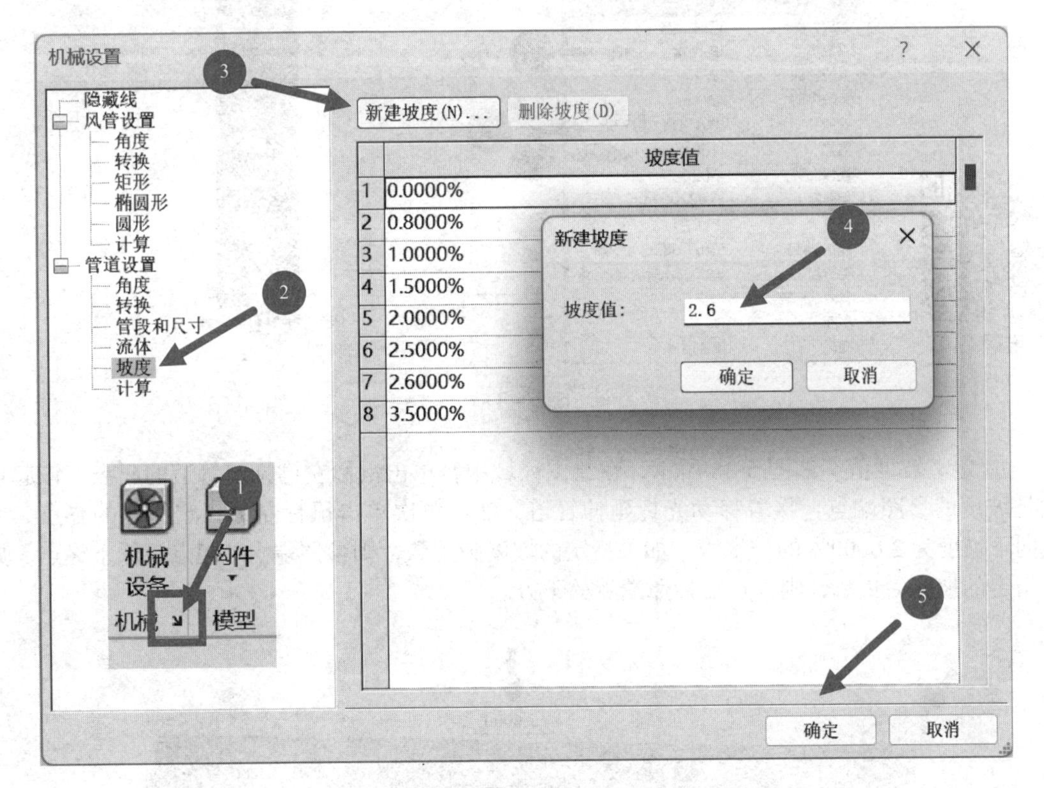

图 5-36

③ 绘制排水管道。如图 5-37 所示，单击“系统”选项卡“卫浴和管道”面板中的“管道”工具，在“属性”面板“类型选择器”列表中选择“管道类型”为“P-UPVC 管”，“系统类型”为“P- 污水”，设置管段“直径”为 *DN*100，“中间高程”为 −750mm，在“修改 | 放置管道”面板中选择“向下坡度”并设置“坡度值”为 2.6000%，单击“应用”按钮，绘制排水横管。

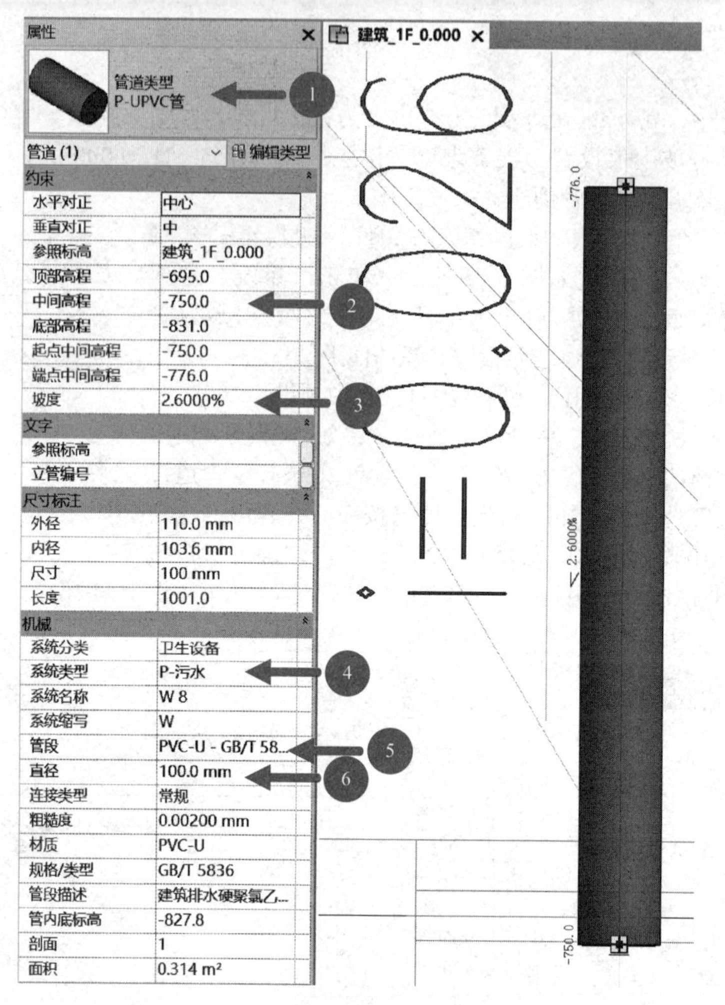

二维码 5-8

图 5-37

④ 定义坡度值。如图 5-38 所示，在绘图区域中，单击鼠标左键指定管道的起点，该起点也是坡度的参照端点，接着移动光标延伸管道，然后再次单击鼠标左键指定管道的终点，生成向下坡度为 2.6000% 的排水管。如果指定的坡度为正数，则参照端点（起点）低于终点。如果指定的坡度为负数，则终点在参照端点的下方。

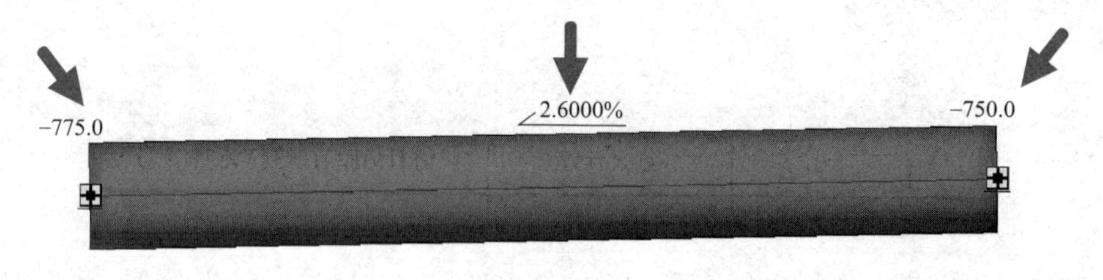

图 5-38

【提示】带坡度的管道绘制完成后，如果需要调整管道的坡度值，选中管道，在管道中间会显示该管道的坡度值临时尺寸标注。单击该坡度值，坡度值变为可编辑状态，如输入坡度 1%，回车确认即可修改坡度，如图 5-39 所示。

⑤ 绘制管道连接。在管道绘制模式下，移动鼠标光标到已绘制水管上，当管中心线高亮显示时，捕捉至主管中心线，单击作为管道起点，移动鼠标至终点位置，再次单击来完成管道绘制，Revit 会自动生成三通并生成坡度向下的排水管线，注意该 Y 形三通的排水水流方向。绘制结果如图 5-40 所示。

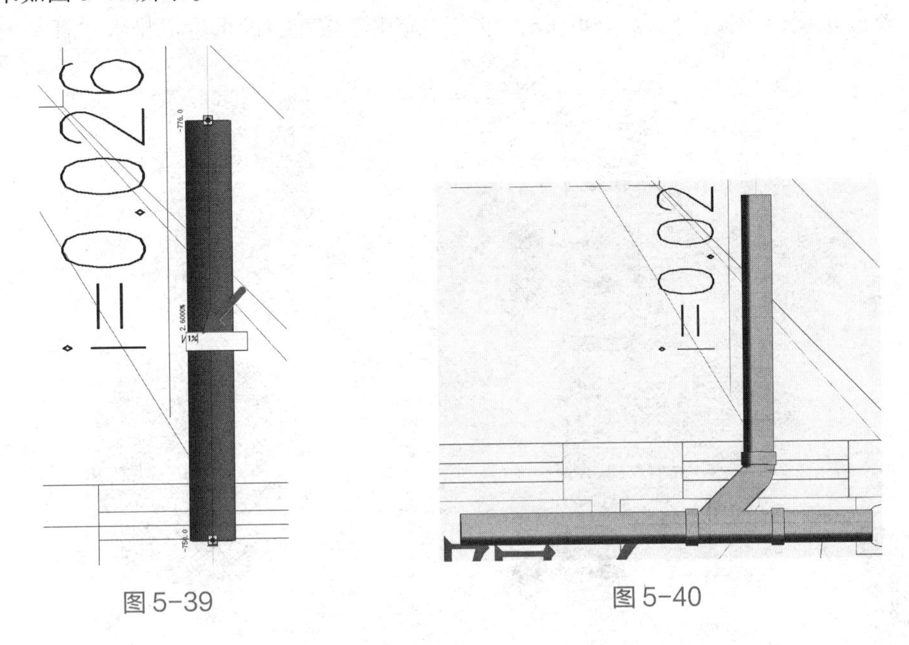

图 5-39　　　　图 5-40

⑥ 设置显示坡度信息。如图 5-41 所示，若在“带坡度管道”面板中勾选“显示坡度工具提示”工具，在绘制坡度管道的同时可以显示当前管道的坡度信息。

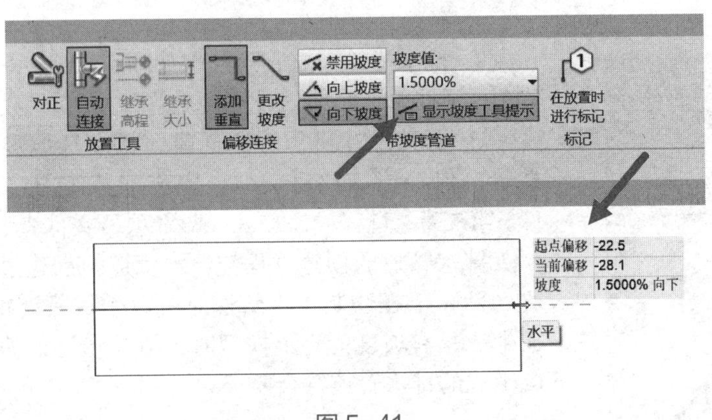

图 5-41

⑦ 可按上述操作方法创建项目中其他楼层和部位的排水横管。保存当前项目文件，完成本节练习，或打开“随书文件 \ 第 5 章 \ 过程成果 \5.3.2.rvt”项目文件查看最终操作结果。

5.3.3　创建排水立管

创建排水立管的操作与创建给水立管的操作基本一致，在创建过程中可参考 5.2.4 小节的操作步骤。与给水立管不同的是，在绘制排水管道时需将管道的“系统类型”修改为对应的排水系统。

① 设置排水立管。接上节练习文件，在项目浏览器中单击进入“楼层平面：建筑_1F_0.000”，放大⑪-⑫轴交Ⓔ-Ⓕ轴的卫生间位置。如图 5-42 所示，根据图纸要求设置管道“属性”，具体步骤详见 5.3.2 小节，同时设置管段“直径”为 *DN*100，“中间高程”为 -750mm。单击选择“修改 | 放置管道”面板中的“禁用坡度”，在 CAD 底图的相应立管位置处单击作为起点，修改选项栏中偏移量为 3000mm，单击“应用”按钮，即可生成排水立管。

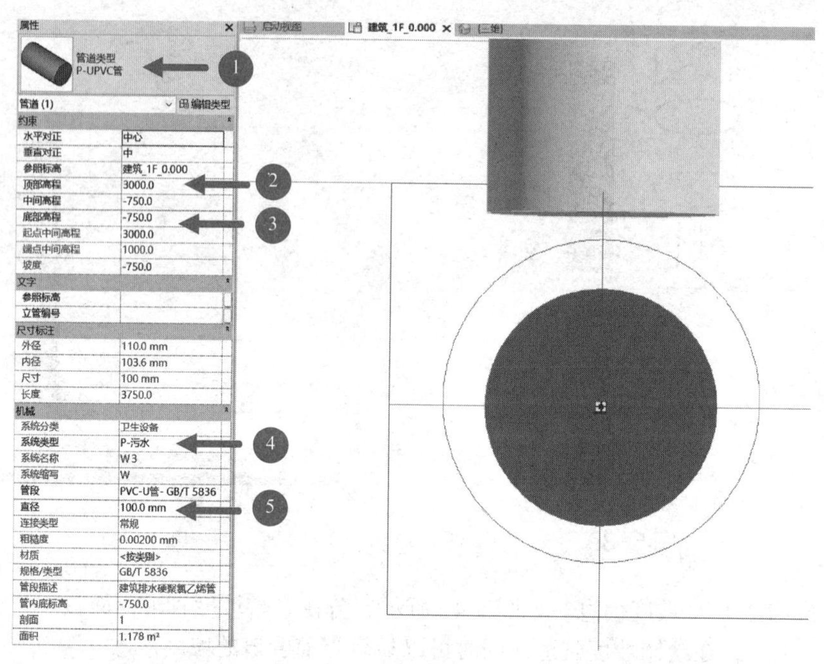

二维码 5-9

图 5-42

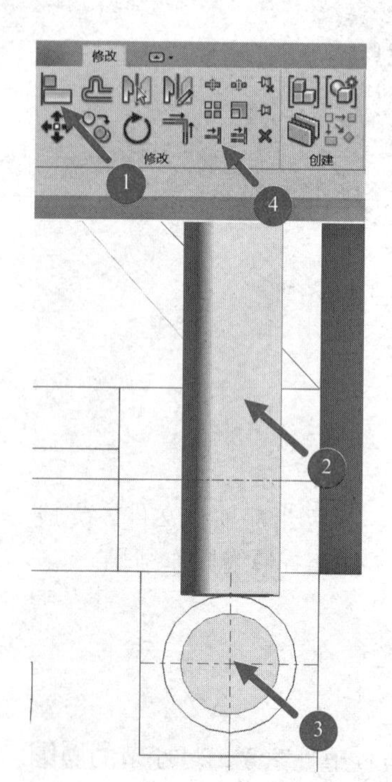

图 5-43

② 排水横管与立管连接。如图 5-43 所示，配合使用对齐、修剪 / 延伸单个图元工具连接立管和横管。

③ 可按上述操作方法创建项目中其他楼层和部位的排水立管。保存当前项目文件，完成本节练习，或打开“随书文件 \ 第 5 章 \ 过程成果 \5.3.3.rvt”项目文件查看最终操作结果。

排水管道的创建过程与给水管道的创建过程非常相似。主要区别在于在绘制排水管道时可以生成具有坡度的管道模型。在生成具有坡度的管道模型时，需注意管道的绘制方向，以确保生成的排水管道符合要求。

5.3.4 创建排水设备及末端

在给排水系统中，卫生器具不仅连接给水管用于供水，同时也连接排水管用于排水。排水设备包括污水泵、排水管道、检查井等，用于将建筑物内产生的废水、污水等排至室外污水处理系统或自然水体中。

以洗脸盆、地漏、潜污泵为例，介绍卫生器具排水末端及排水设备与排水管道连接的操作步骤。

① 绘制卫生器具接管。在 5.2.5 小节中介绍了如何放置洗脸盆及进水端连接给水管，接下来介绍如何将该洗脸盆排水端连接至排水管道。接上节练习文件，切换至“楼层平面：建筑 _1F_0.000”。首先在卫生器具上确定排水管接管处，单击洗手盆左侧管道系统符号，创建排水接口支管为 “P- 污水”系统，管径 *DN*50。若排水点在器具的下方，可在项目浏览器中切换视图至立面视图绘制接管，结果如图 5-44 所示。

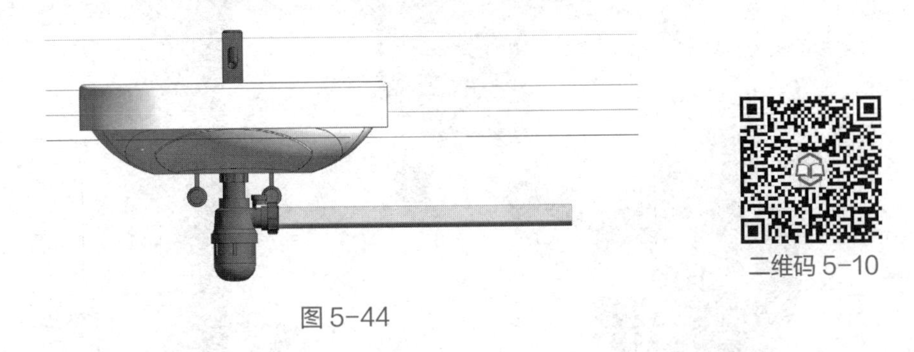

图 5-44

② 设置地漏构件放置平面。选择“地漏”图元后，自动进入“修改 | 放置 构件”选项卡，如图 5-45 所示，在面板中选择“放置在工作平面上”，确认选项栏中的放置平面为“楼层平面：建筑 _1F_0.000”。

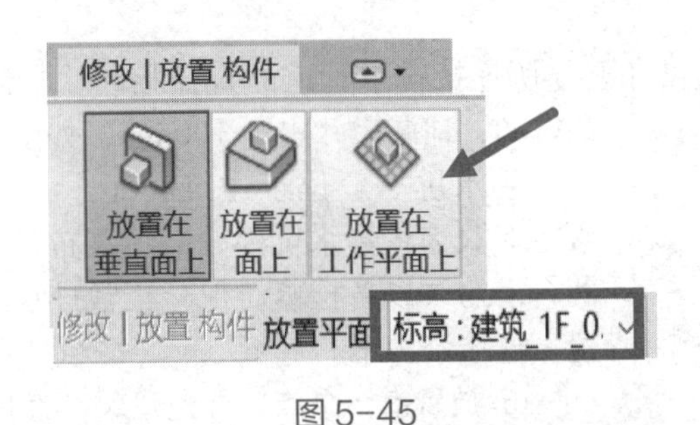

图 5-45

③ 在卫生间图纸中地漏位置单击鼠标左键放置地漏，结果如图 5-46 所示。

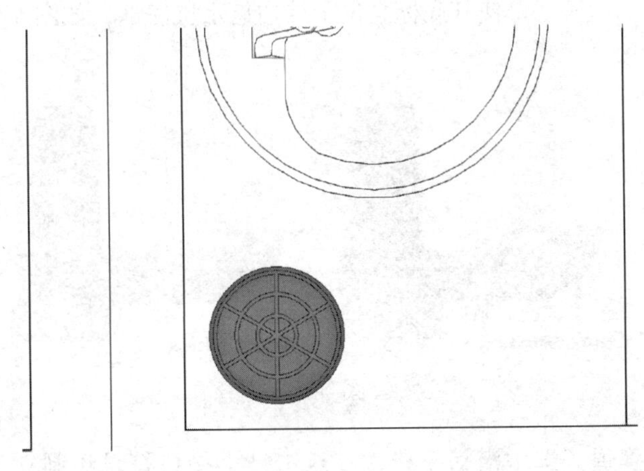

图 5-46

④ 连接地漏与水平排水管。如图 5-47 所示，单击选择上一步中放置的地漏图元，自动进

入“修改 | 管道附件”选项卡，在“布局”面板中选择“连接到”工具，再单击其下方需要连接的排水管，即可自动连接到排水管上，结果如图 5-48 所示。

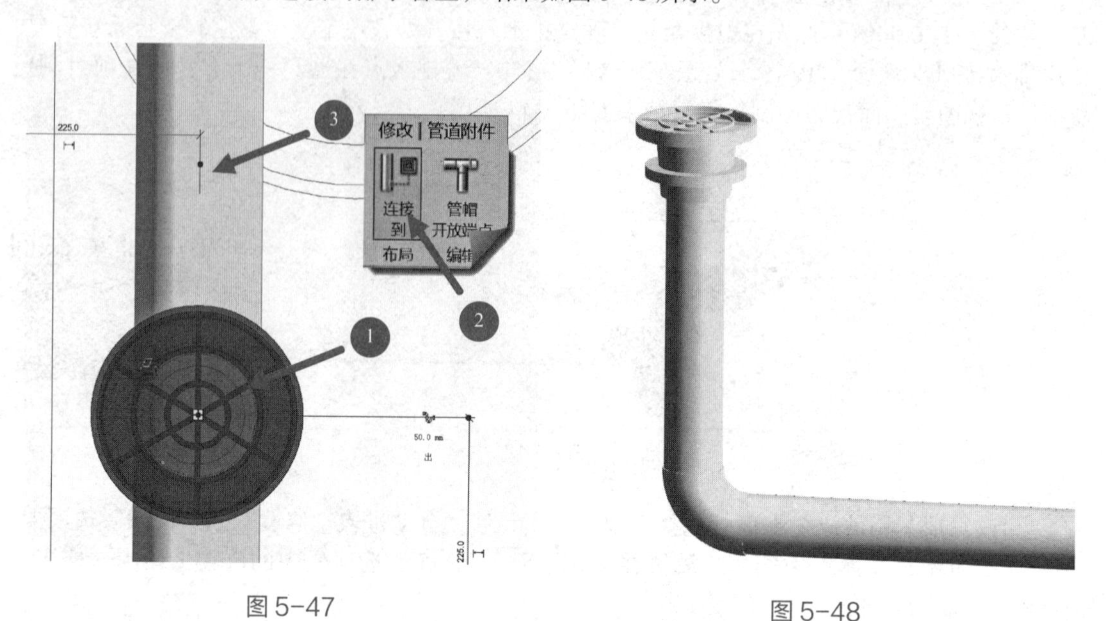

图 5-47　　　　图 5-48

【提示】注意地漏的尺寸要与所连接排水管道的直径相同，本操作连接的排水管尺寸为 *DN*100，地漏尺寸也为 100mm，如图 5-49 所示。

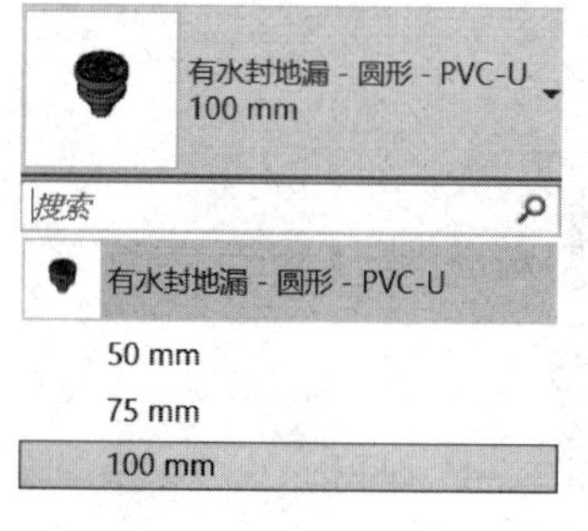

图 5-49

集水坑一般位于建筑底部，由结构专业进行建模。给排水专业只需将集水坑内的潜污泵布置并连接即可，通常会放置两台潜污泵以备检修时保障正常排水工作。接下来介绍如何布置、连接潜污泵。

⑤ 放置潜污泵族。首先载入“随书文件 \ 第 5 章 \ 族文件 \ 地漏 .rfa、潜污泵 .rfa”。使用“机械设备”工具将潜污泵族放置在图纸对应位置，共两台。分别调整潜污泵标高为 -5.600m，使其底标高位于结构集水坑底部，如图 5-50 所示。

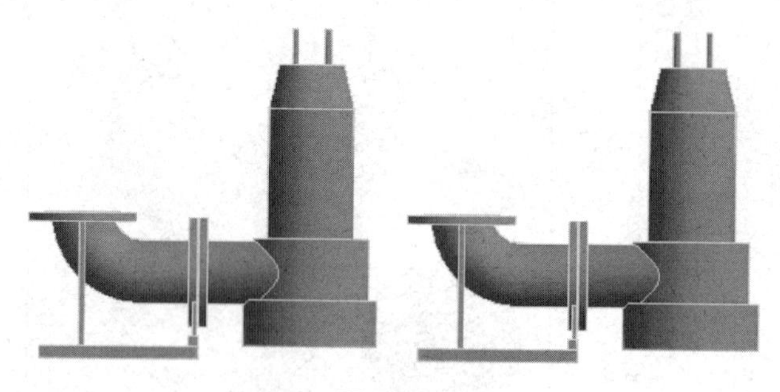

图 5-50

⑥ 潜污泵连接管道。选中潜污泵构件，点击排水接口符号绘制立管，管道系统设置为“P- 压力废水”，管道类型设置为“P- 热镀锌钢管”。在标高 -4.000m 处，将一根立管连接到另一个立管上合并成排水总管，结果如图 5-51 所示。

⑦ 按照上述操作方法，继续创建项目中其他楼层和部位的排水设备及末端，绘制完成结果如图 5-52 所示。保存本项目文件，完成本节练习，或打开“随书文件\第 5 章\过程成果\5.3.4.rvt”项目文件查看最终操作结果。

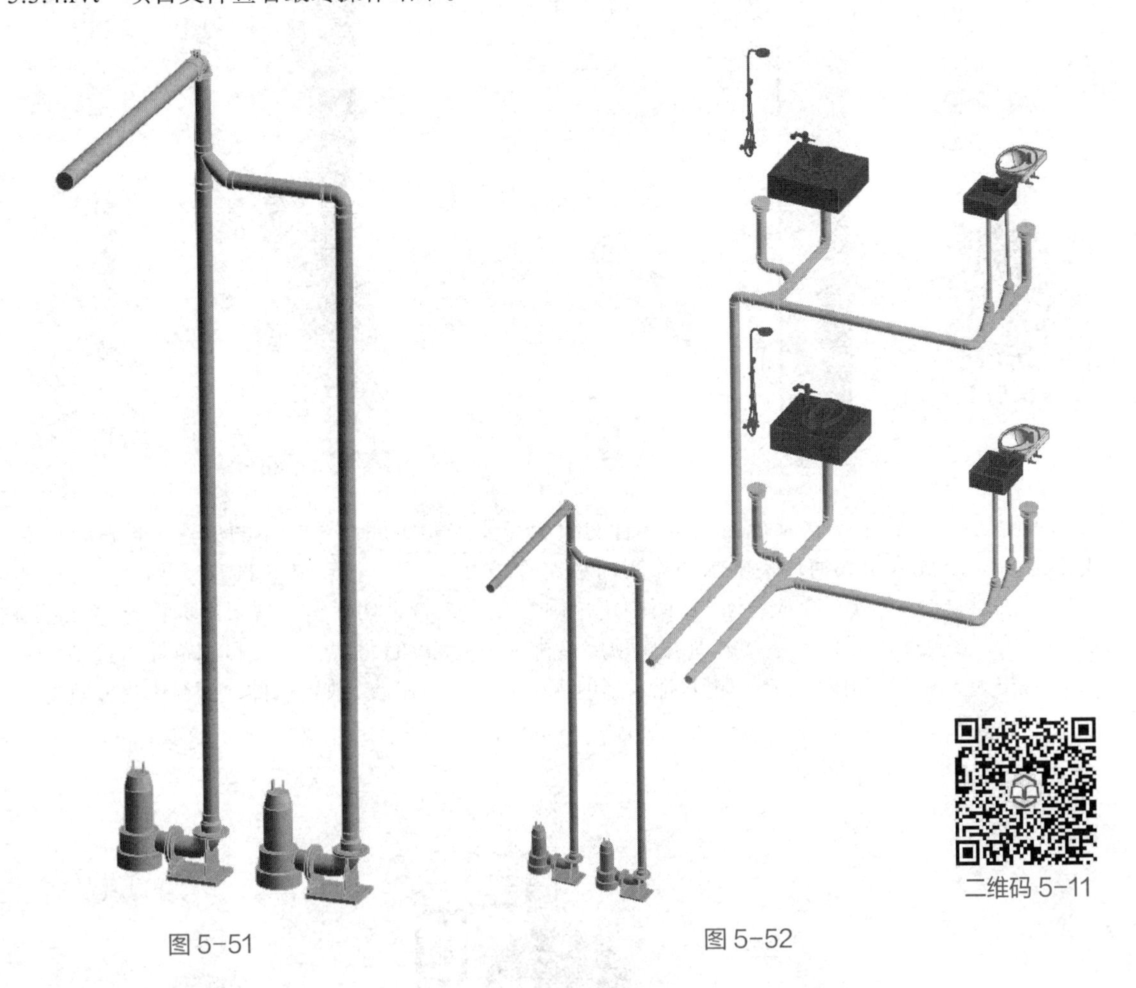

图 5-51　　图 5-52　　二维码 5-11

5.3.5　创建排水管道附件

排水系统中通常包括通气帽、检查口、雨水斗等管道附件。在排水管道建立完成后，需按照图纸要求放置管道附件，接下来以在污水立管上放置通气帽、检查口及在雨水斗连接雨水立管为例进行介绍。

① 放置通气帽。打开上节练习文件，切换至“立面：北 _ 给排水”，首先载入“随书文件\第 5 章\族文件\通气帽 .rfa、雨水斗 .rfa”族。将连接通气帽的立管绘制到屋顶层向上偏移 2000mm，再将通气帽放置在对应立管上，注意附件的尺寸一定要与所放置管段的直径一致，即若放置到 100mm 直径的排水管上，则通气帽的公称直径也需为 100mm，放置过程如图 5-53 所示。附件的系统类型会自动继承排水系统。

② 放置检查口。在排水管道上放置检查口的操作和放置通气帽的操作基本一致，按照上述类似的方法为排水系统放置检查口，结果如图 5-54 所示。

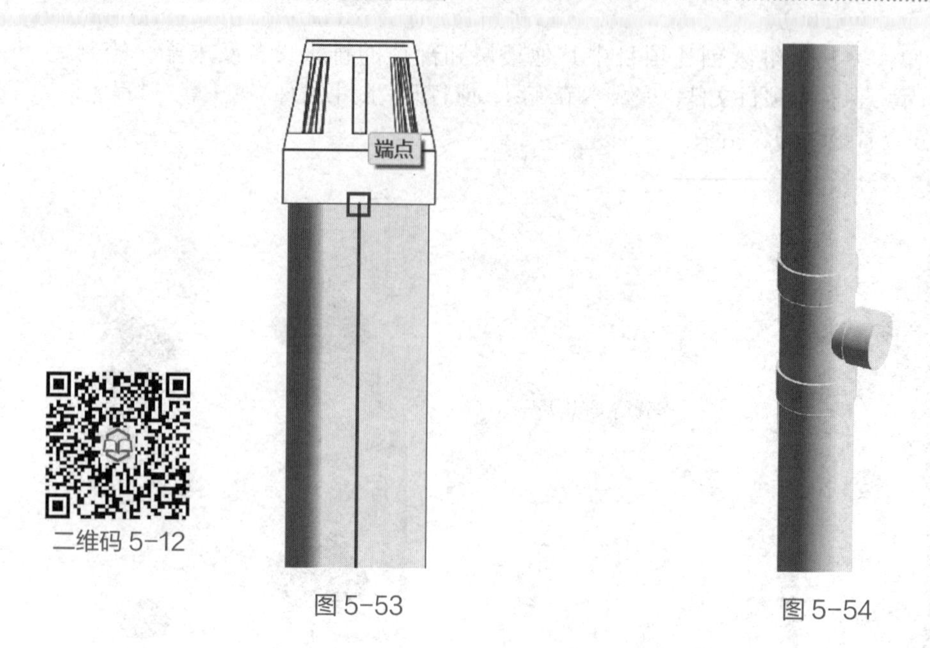

图 5-53

图 5-54

雨水系统也属于排水系统，雨水立管的绘制需要先确定屋面雨水斗的位置，再进行立管连接绘制。下面介绍如何连接雨水斗绘制雨水立管。

③ 放置雨水斗族。首先在 CAD 图中定位雨水斗的位置，切换至“楼层平面：建筑 _ 屋顶层 _7.200”楼层平面视图，链接并对齐屋顶层给排水平面 DWG 图纸。在项目浏览器中选中已载入的规格为 *DN*100 的雨水斗族，将其拖入当前视图中，在“修改 | 放置构件”面板中将放置方式改为“放置在工作平面上”，在 ⑪ 轴左侧偏移 200mm、Ⓕ轴向下偏移 200mm 位置放置 YL-5 的雨水斗，结果如图 5-55 所示。

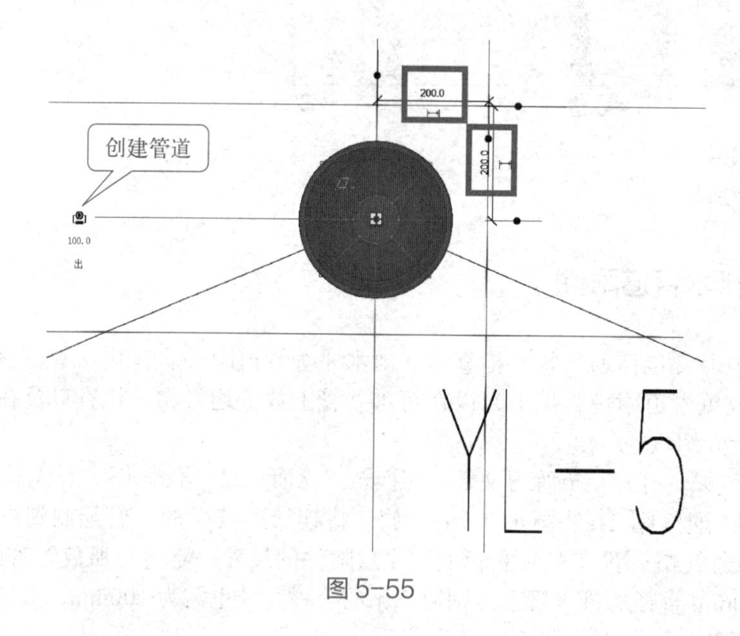

图 5-55

④ 绘制雨水斗立管。单击雨水斗图元左侧的“创建管道”符号，确定管道类型为“P- 热镀锌钢管”、管道直径为 *DN*100 和立管底部的偏移量为 0.000，如图 5-56 所示，单击“应用”按钮即可生成立管。在属性面板中修改立管的系统类型为“P- 雨水”。

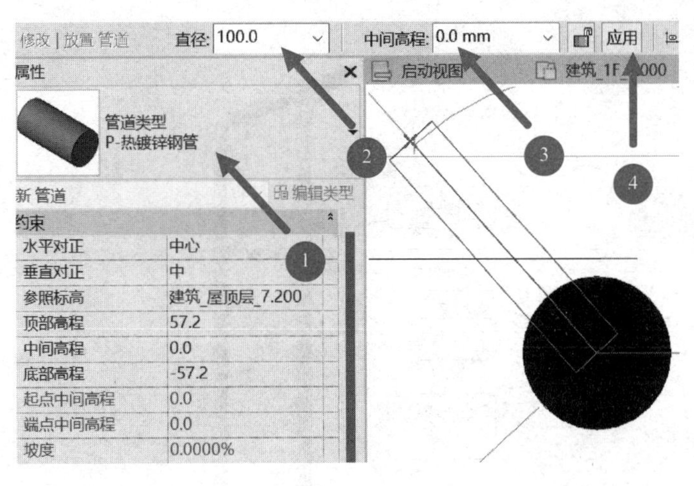

图 5-56

⑤ 按照上述操作步骤创建项目中其他楼层和部位的排水管道附件，完成绘制后保存项目。此时已完成案例中给水系统和排水系统的创建，保存当前项目文件，完成本节练习，或打开“随书文件 \ 第 5 章 \ 过程成果 \5.3.5.rvt”项目文件查看最终操作结果，专用宿舍楼给排水系统 BIM 模型全部绘制完成效果如图 5-57 所示。

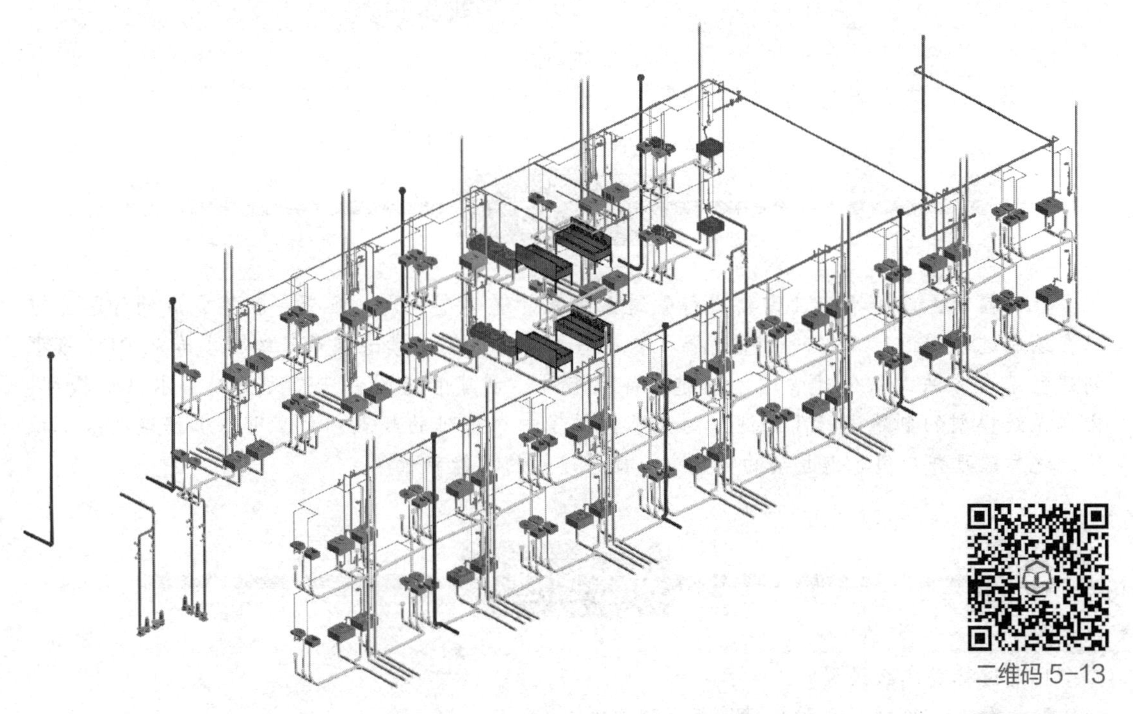

图 5-57

管道附件主要包含了阀门、水表等。在创建完管道系统后，应检查模型是否绘制了所有管道附件，以确保建模的准确性和完整性。添加管道附件的绘制方法在一定程度上存在相似之处，可结合 5.2.6 小节及本小节内容灵活运用。例如，潜污泵排出管放置附件后的结果如图 5-58 所示，大家可自行练习、操作。

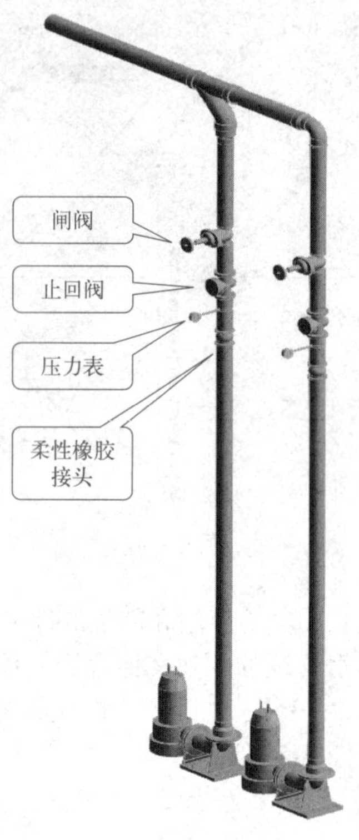

图 5-58

小 结

在建模前，给排水专业需要进行管道系统及管道类型的定义配置，配置完成的管道才可以在绘制过程中进行正确的管线连接。本章基于项目案例向读者演示了给排水专业 BIM 模型创建的基本方法，从创建管道、创建设备及末端、创建管道附件三个方面对给水系统模型、排水系统模型的创建进行了阐述，为大家提供了一个基础的起点。大家可以根据这些基本操作，逐步练习并应用于更复杂的项目中，提升建模的技能和效率。

练习题

1. 管道标高怎么设置？
2. 立管怎么绘制？立管与横管怎么连接？
3. 设备末端怎么创建？管道怎么连接？

第6章 消防专业 BIM 建模

知识目标

- 了解消防系统的作用

能力目标

- 掌握消火栓给水系统 BIM 建模的方法
- 掌握自动喷淋给水系统 BIM 建模的方法
- 掌握消防泵房 BIM 建模的方法

素质拓展

北京中信大厦，又名“中国尊”。在中国尊的建设过程中，超高层的消防安全问题一直是世界难题。传统高层施工都采用临时消防管道，大楼竣工时，便会拆除临时消防管道，改建正式消防管道，而就在这个转换期间，整个大楼处于完全没有保护系统的状态，发生火灾后果十分严重。项目采用 BIM 技术，在施工前创建消防系统管道，提前发现问题。最终，本项目机电安装单位中建三局创造性地提出了“临永结合消防系统”解决方案，即把永久消防设施连同大楼一起搭建。临永结合消防系统让中国尊施工过程中任何高度、任何地方的水压和水量都能达到设计要求，保障了大厦的消防安全。

6.1 消防专业基础知识

火是人类赖以生存的重要基础。同样火也是一把双刃剑，合理使用火能造福人类，不当使用火会给人类带来巨大的灾难。因此，在使用火的同时一定要注意对火的控制，就是对火的科学管理。无数事实证明，只要人们有较强的消防安全意识，自觉遵守和执行消防法律、法规以及国家消防技术标准，大多数火灾是可以预防的。“防消结合”，是指同火灾作斗争的两个基本手段——预防火灾和扑救火灾必须有机地结合起来，即在做好防火工作的同时，要大力加强消防队伍的建设，积极做好各项灭火准备，一旦发生火灾，能迅速、有效地灭火和抢救，最大限度地减少火灾所造成的人身伤亡和物质损失。

“消防”作为一门专门学科，正伴随着现代科学技术的发展进入到高科技综合学科的行列，是现代建筑中的重要内容。建筑机电安装工程中，消防专业分为火灾自动报警系统以及消防联动系统两部分。其中，消防联动系统包括建筑防排烟系统、消火栓给水系统、自动喷淋给水系统、防火装置系统等。本章将以专用宿舍楼案例项目中的消火栓给水系统、自动喷淋给水系统为例介绍消防专业 BIM 建模。

6.1.1 专业简介

专用宿舍楼案例项目中消防给水专业分为消火栓给水系统以及自动喷淋给水系统。系统内主要包括消防机房、消防水池、消防管道、阀门附件、末端设备等。消防机房内主要放置消防水泵，它是整个消防系统的动力来源；消防水池内存储消防用水，为消防系统提供水源；消防管道是水流的载体，负责输送水流到建筑内部各个区域；阀门附件是水流的控制装置，控制水流的大小、方向等；末端设备是水流的输出装置，负责将水流输出到着火点。

6.1.2 常用规范

在建筑工程设计和施工中消防水专业常用的现行规范见表 6-1。

表 6-1 建筑工程设计和施工中消防水专业常用现行规范

规范分类	规范名称	规范号
设计规范	《建筑设计防火规范》	GB 50016—2014
	《自动喷水灭火系统设计规范》	GB 50084—2017
	《人民防空工程设计防火规范》	GB 50098—2009
	《室内消火栓》	GB 3445—2018
	《气体灭火系统设计规范》	GB 50370—2005
	《固定消防炮灭火系统设计规范》	GB 50338—2003
	《火灾报警控制器》	GB 4717—2005
	《建筑灭火器配置设计规范》	GB 50140—2005
	《水电工程设计防火规范》	GB 50872—2014
	《干粉灭火系统设计规范》	GB 50347—2004
	《消防联动控制系统》	GB 16806—2006

续表

规范分类	规范名称	规范号
施工规范	《人员密集场所消防安全管理》	GB /T 40248—2021
	《细水雾灭火系统技术规范》	GB 50898—2013
	《阻燃和耐火电线电缆或光缆通则》	GB /T 19666—2019
	《消防应急照明和疏散指示系统技术标准》	GB 51309—2018
	《自动跟踪定位射流灭火系统》	GB 25204—2010

6.1.3 图纸构成

消防给水图纸主要包括图纸目录、设计说明、设备材料表、平面图、系统图、大样图等。图纸会详细说明项目的基础概况，设计开始之前需仔细阅读。消防给水专业的图纸构成与给排水专业类似，可参见本书 5.1.3 小节，在此不再赘述。

6.1.4 模型深度要求

常见的消防系统 BIM 模型深度要求如表 6-2 所示。

表 6-2　消防系统 BIM 模型深度要求

系统分类	类型	模型深度要求
消防系统	消防管	绘制主管道，按照系统添加不同的颜色
	消防水管管件	绘制主管道上的消防水管管件
	阀门	尺寸、形状、位置、添加连接件
	消防末端	形状、位置
	仪表	尺寸、形状、位置、添加连接件
	消防设备	尺寸、形状、位置

6.2 创建喷淋系统

6.2.1 定义喷淋系统

二维码 6-1

定义喷淋管道与定义给排水管道类似，需要先配置管道类型，专用宿舍楼案例项目中已经配置好了管道，可以直接进行绘制，关于管道的配置方法可参考第五章给水管道的配置，在此不再赘述。

由于消火栓管道是压力管道，故管道类型使用镀锌钢管，系统类型使用“F- 自动喷水”，弯头、三通、四通的管道配置如图 6-1 所示。

布管系统配置

管道类型：H-镀锌钢管

管段和尺寸(S)... 载入族(L)...

构件	最小尺寸	最大尺寸
管段		
焊接钢管 - GB/T 3091-普通	15	300
弯头		
P_H-弯头-螺纹: 标准	15	300
首选连接类型		
T 形三通	全部	
连接		
P_H-三通-螺纹: 标准	15	300
四通		
P_H-四通-螺纹: 标准	15	100
P_H-四通-法兰: 标准	125	300
过渡件		
P_H-变径-螺纹: 标准	15	300
P_H-变径-法兰: 标准	125	300
活接头		
P_H-活接头-螺纹: 标准	15	100
P_H-活接头-法兰: 标准	125	300
法兰		
无	无	
管帽		

确定 取消(C)

图 6-1

6.2.2 创建喷淋横管

使用链接的方式，在视图中链接了专用宿舍楼消防专业 CAD 图纸。接下来进行喷淋系统管道的绘制。

① 设置喷淋管属性。单击“系统”选项卡“卫浴和管道”面板中的“管道”工具，在“属性”面板“类型选择器”列表中选择“管道类型”为“H- 镀锌钢管”，“系统类型”为“F- 自动喷水”，根据图纸要求选定管段的“直径”为 *DN*150，“中间高程”为 2800mm，如图 6-2 所示，设置完成后点击“应用”，在绘图区域中单击管道起点，接着移动鼠标光标延伸管道，然后再次单击鼠标左键指定管道的终点，即可绘制一条横管。

② 禁用管道坡度。如图 6-3 所示，单击激活“放置工具”面板中“自动连接”工具与“带坡度管道”面板中“禁用坡度”工具，即可绘制不带坡度的管道图元。

③ 绘制喷淋主干管。沿着② - Ⓓ轴附近楼梯间位置点击第一点，出楼梯间位置点击第二点，到走廊位置点击第三点，继续向右沿走道方向点击第四点，沿着走廊到⑦ - Ⓓ轴位置点击第五点，继续绘制，修改管道“直径”为“100mm”，继续向右绘制，按照 CAD 底图中喷淋管的尺寸继续绘制，如图 6-4 所示。

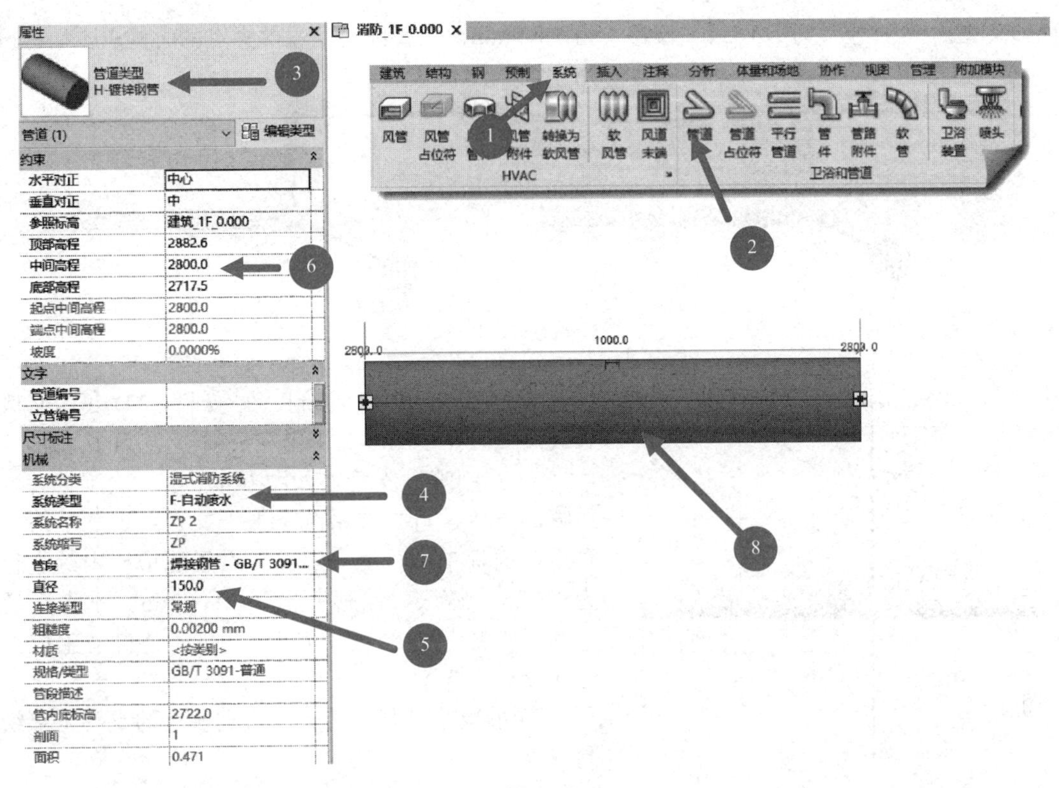

图 6-2

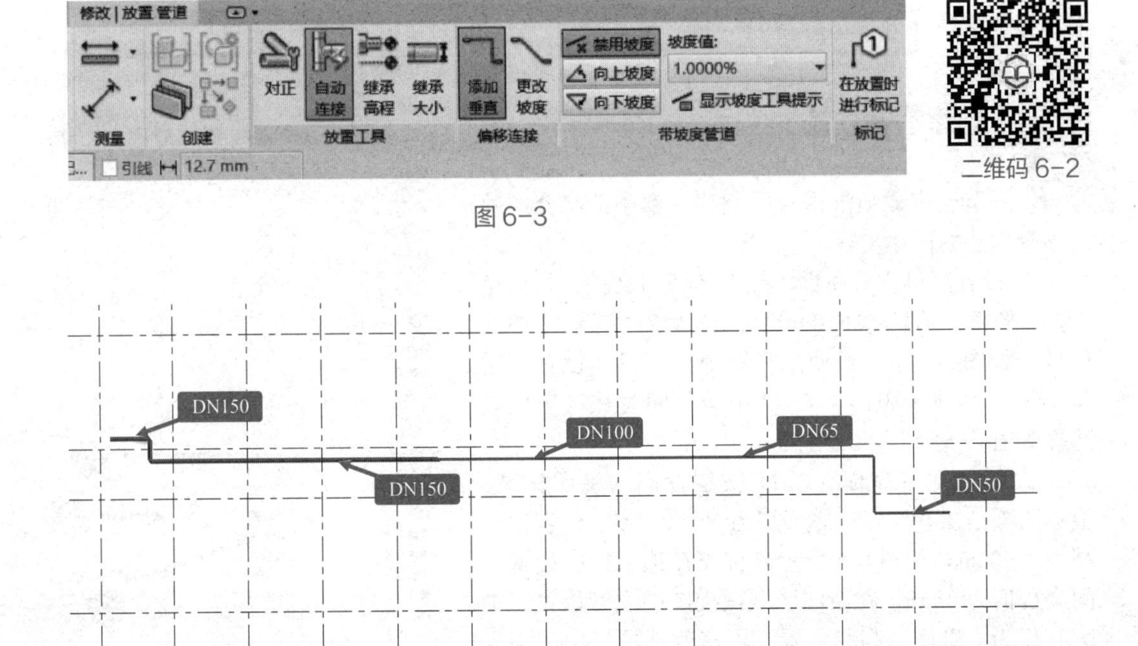

二维码 6-2

图 6-3

图 6-4

④ 如图 6-5 所示，点中弯头，出现左侧加号，Revit 自动生成三通，选择“管道”工具，

确定选项栏中“直径”为 *DN*65，“偏移”为 2800mm，在管件出现管件夹点的时候点击鼠标。

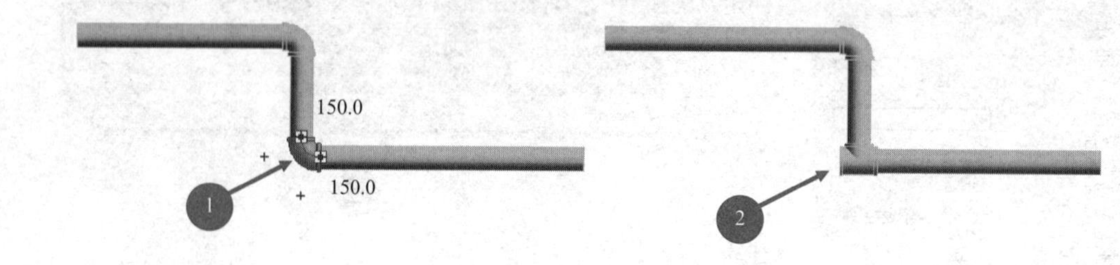

图 6-5

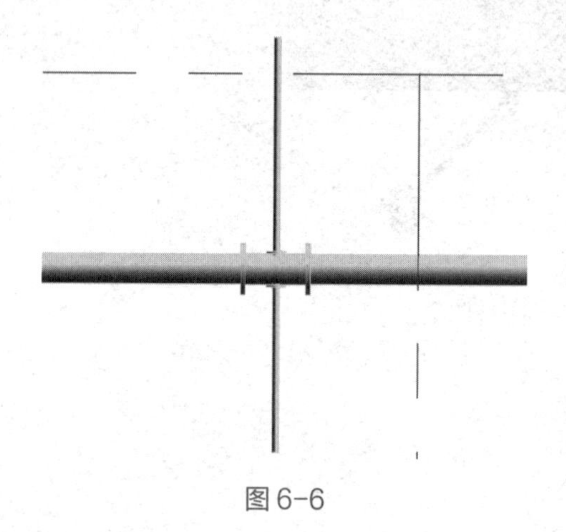

图 6-6

⑤ 沿着走廊向左绘制，并按照 CAD 底图修改管线尺寸。在走廊尽头单击完成喷淋主管的绘制。

⑥ 绘制喷淋支管。如图 6-6 所示，绘制宿舍内的喷淋支管，选择“系统”上下文选项卡“卫浴和管道”面板中“管道”工具，设置选项栏中的直径为 *DN*25，确认“偏移”值为 2800mm，垂直走道方向开始绘制，经过主管时，Revit 会自动生成四通连接。

⑦ 继续绘制其他支管，直到所有的支管全部绘制完成。

⑧ 按照上述步骤，创建项目中其他楼层和部位的喷淋横管。保存当前项目文件，完成本节练习，或打开“随书文件 \ 第 6 章 \6.2.2.rvt”项目文件查看最终操作结果。

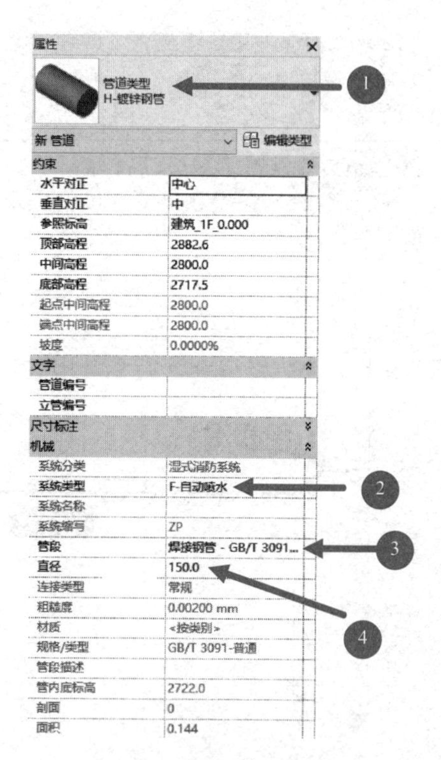

图 6-7

6.2.3 创建喷淋立管

上一节已完成喷淋横管的创建，本小节将介绍喷淋立管创建的操作步骤。

① 设置喷淋立管属性。接上节练习文件，切换至“楼层平面：消防 _1F_0.000”，放大② - Ⓓ轴楼梯间位置。如图 6-7 所示，使用“管道”工具，设置管道“属性”，具体步骤详见 6.2.2 小节，同时在选项栏中选择管道“直径”为 *DN*150。

② 设置立管高程。以 1F 楼层标高为参照标高，根据图纸已知本层建筑底标高为 ±0.000m，建筑顶标高为 3.600m。如图 6-8 所示，首先在选项栏中设置中间高程值为 0mm，在绘图区域捕捉图中立管位置，单击其作为立管底部高程位置，再修改选项栏中间高程值为 3600mm，即立管顶部高程位置，单击“应用”按钮即可生成该立管。

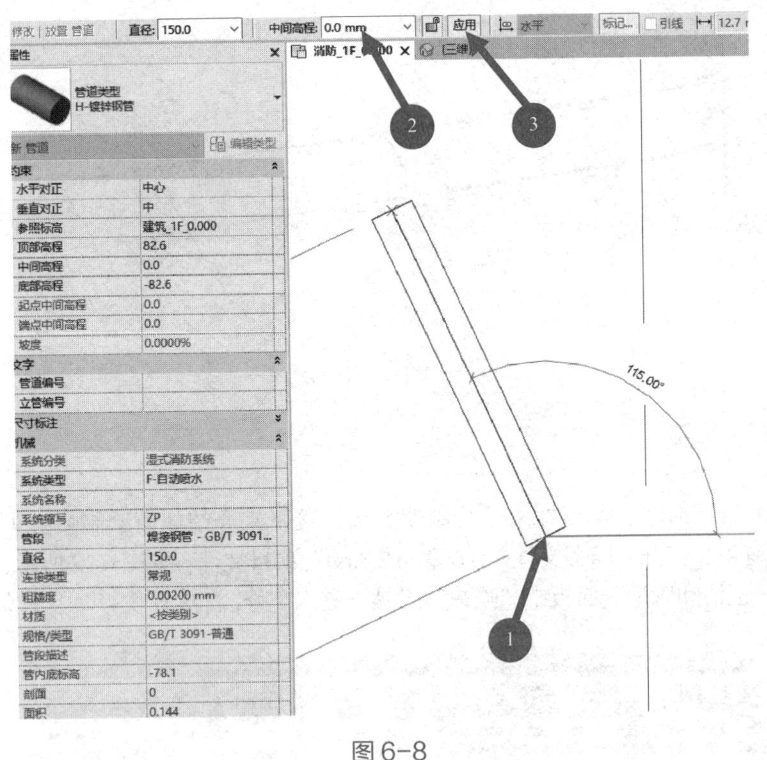

图 6-8

③ 对齐立管和横管。如图 6-9 所示，鼠标左键单击“修改”面板中的“对齐”工具，再选择水平管中心线，单击鼠标左键，然后选择立管管道中心线，再单击鼠标左键，即可使横管和立管管道中心线处于一条直线上。

④ 连接立管和横管。切换至三维视图，如图 6-10 所示，使用“修改”面板中的“修剪 / 延伸单个图元”工具，分别选择立管和水平管道进行连接，并自动生成三通。

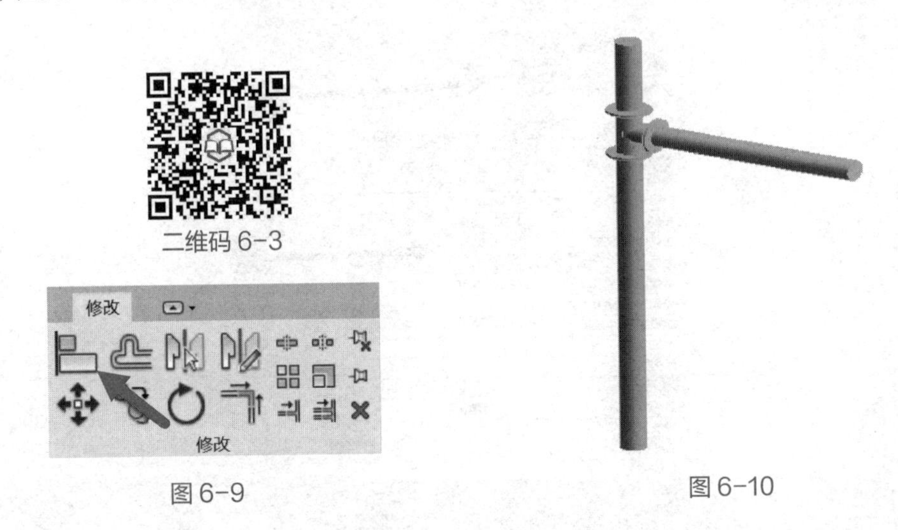

图 6-9　　图 6-10

⑤ 继续绘制图纸中其他楼层和部位的喷淋立管并连接横管，完成结果如图 6-11 所示。保存当前项目文件，完成本节练习，或打开“随书文件 \ 第 6 章 \6.2.3.rvt”项目文件查看最终操作结果。

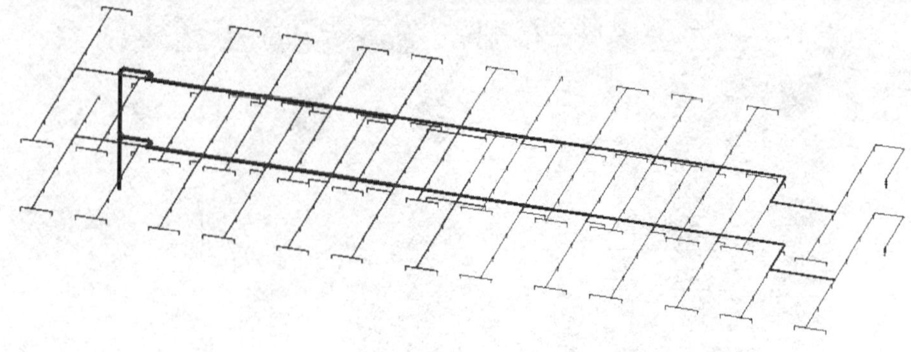

图 6-11

6.2.4 创建喷淋头

在绘制喷淋管的时候，需要在末端绘制喷淋头，接下来介绍如何绘制喷淋头。

① 接上节练习，打开“随书文件\第 6 章\6.2.3.rvt”项目文件。如图 6-12 所示，点击“系统”上下文选项卡“卫浴和管道”面板中“喷头”工具，进入“修改 | 放置喷头”上下文选项卡。

二维码 6-4

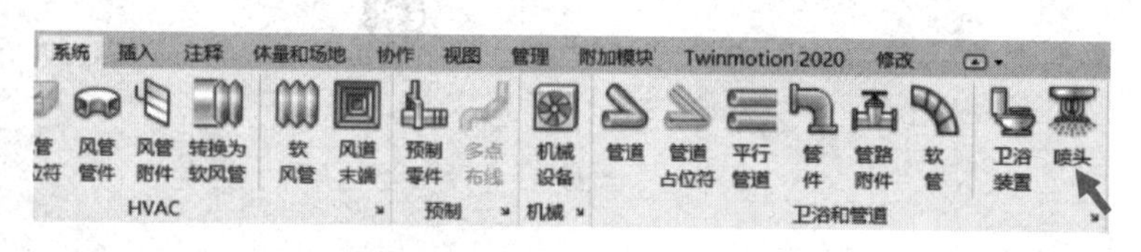

图 6-12

【提示】喷头的默认快捷键是“SK”。

② 如图 6-13 所示，在“属性”面板中选择“P- 下垂型喷头 DN20”，修改“偏移”值为 2600，适当放大走道位置，在喷淋管道末端点击放置喷淋头。

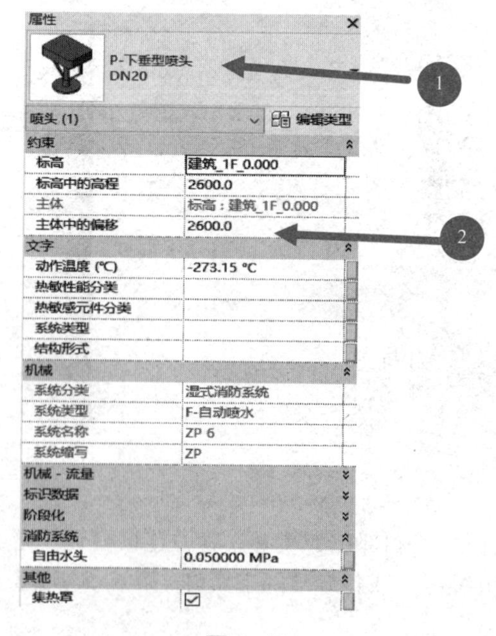

图 6-13

③ 继续放置喷淋头，直到放完整层，如图 6-14 所示。

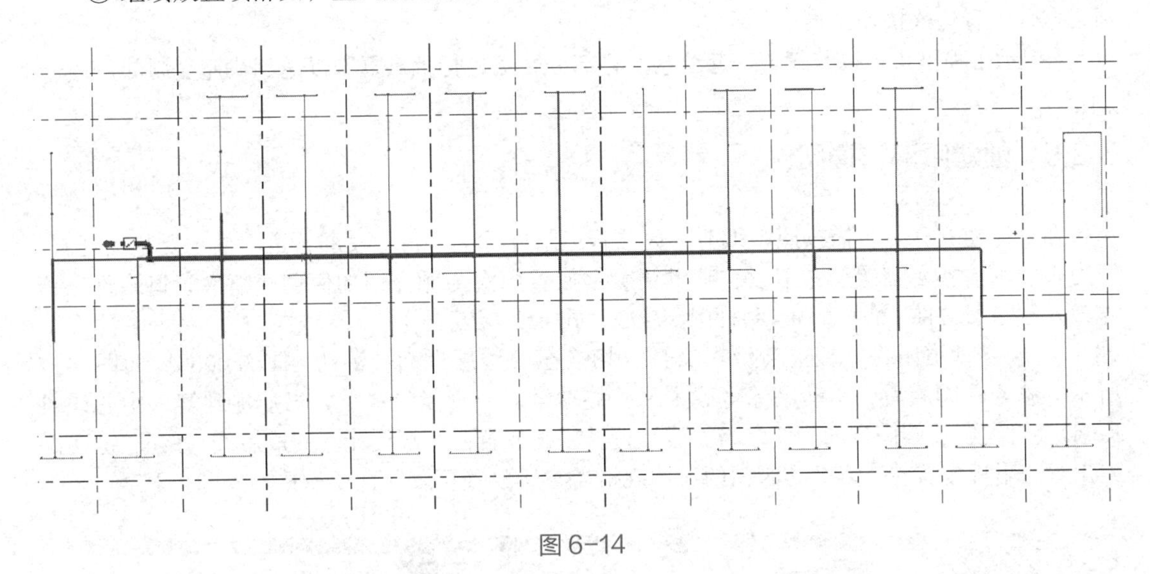

图 6-14

④ 接下来连接喷淋头与喷淋末端支管。如图 6-15 所示，点中喷淋头，在弹出的“修改 | 喷头”上下文选项卡“布局”面板中选择“连接到”，选择喷淋管末端，Revit 会以 *DN*20 的立管自动连接喷淋头和喷淋管末端支管。

图 6-15

⑤ 继续绘制，直到所有喷淋头与喷淋管道全部连接完毕，结果如图 6-16 所示。

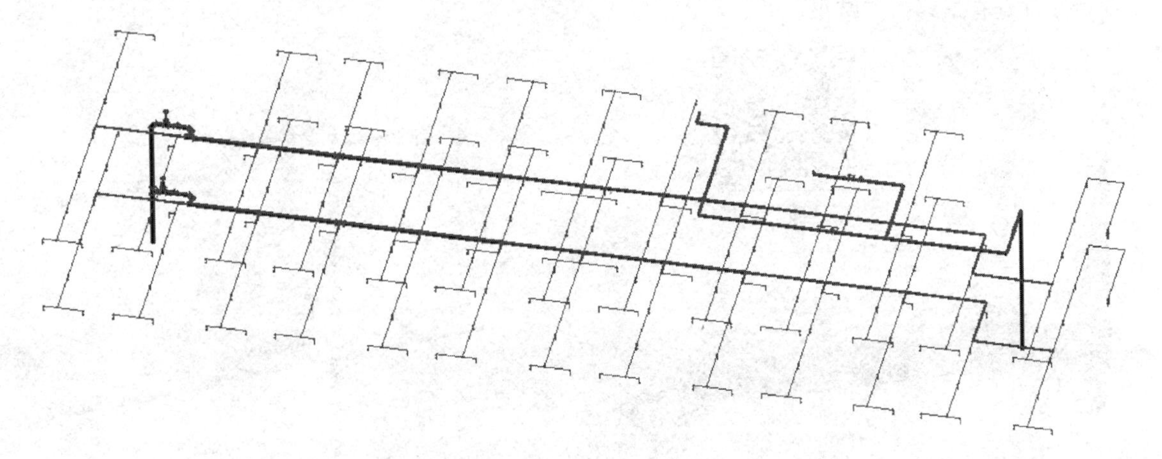

图 6-16

⑥ 至此完成喷淋头的所有绘制，保存项目文件，或打开“随书文件 \ 第 6 章 \6.2.4.rvt”项目文件查看最终操作结果。

【提示】喷淋头可以与管道一起绘制并将部分管道进行批量复制以达到快速复制的目的。

6.2.5 创建喷淋管道附件

在管道建立完后，需按照图纸要求放置管道附件。本项目中喷淋管道附件主要包括闸阀、压力表、水流指示器等。本节以在喷淋横管上放置闸阀为例介绍如何创建喷淋管道附件，首先载入“随书文件 \ 第 6 章 \P- 明杆闸阀 - 法兰式 .rfa”族。

① 放置管道附件。接上节练习文件，切换至“楼层平面：消防 _1F_0.000”。如图 6-17 所示，载入闸阀族后，移动鼠标将截止阀族移动至对应管段位置上，当捕捉到管道中心线时 Revit 会自动旋转阀门方向，使之与管线平行，单击放置截止阀图元。完成后按“Esc”键两次退出管路附件放置状态。注意阀门的尺寸规格需与所放置管段的直径一致。

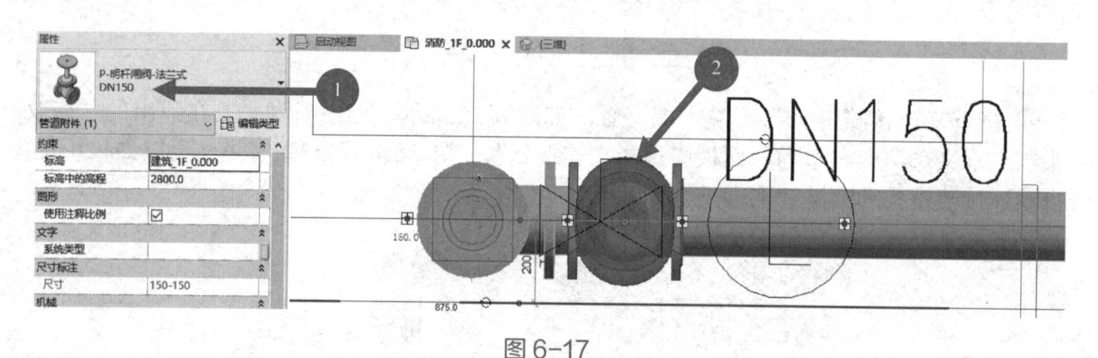

图 6-17

② 调整管道附件。管道附件连接成功结果如图 6-18 所示，选择该阀门图元，单击图元附近放置符号 ，将以管道中心线为轴按 90° 旋转阀门。注意在“属性”面板中，该阀门会自动继承所在管道的系统分类、系统类型及系统名称的设置。

③ 按照上述操作方法创建项目中其他楼层和部位的喷淋管道附件，完成喷淋系统的创建，如图 6-19 所示。保存当前项目文件，完成本节练习，或打开“随书文件 \ 第 6 章 \6.2.5.rvt”项目文件查看最终操作结果。

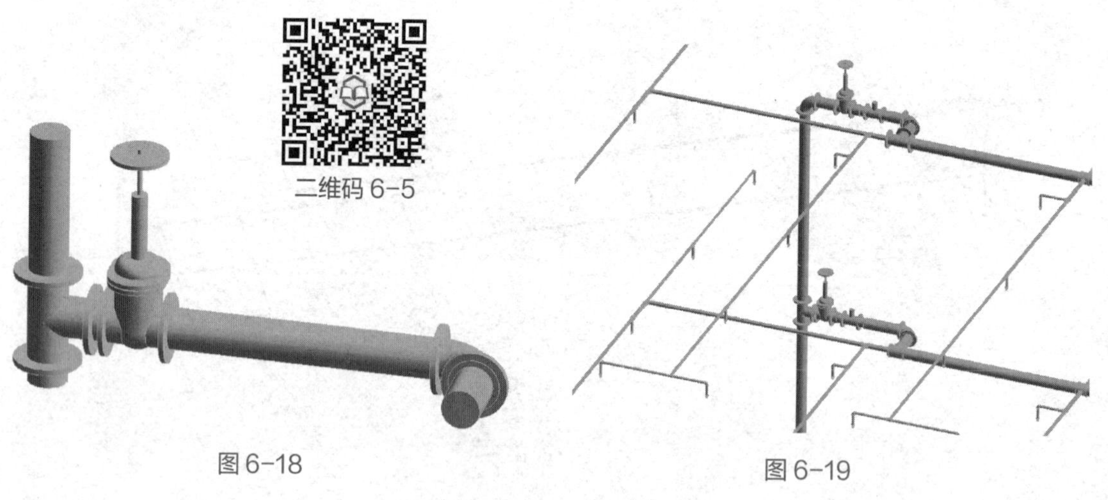

二维码 6-5

图 6-18

图 6-19

6.3　创建消火栓系统

6.3.1　定义消火栓系统

定义消火栓管道与定义给排水管道类似，需要先配置管道类型，专用宿舍楼案例项目中已经配置好了管道，可以直接进行绘制，关于管道的配置方法可参考第五章给水管道的配置，在此不再赘述。

由于消火栓管道是压力管道，故管道类型使用镀锌钢管，系统类型使用“F- 室内消火栓”，弯头、三通、四通的管道配置如图 6-20 所示。

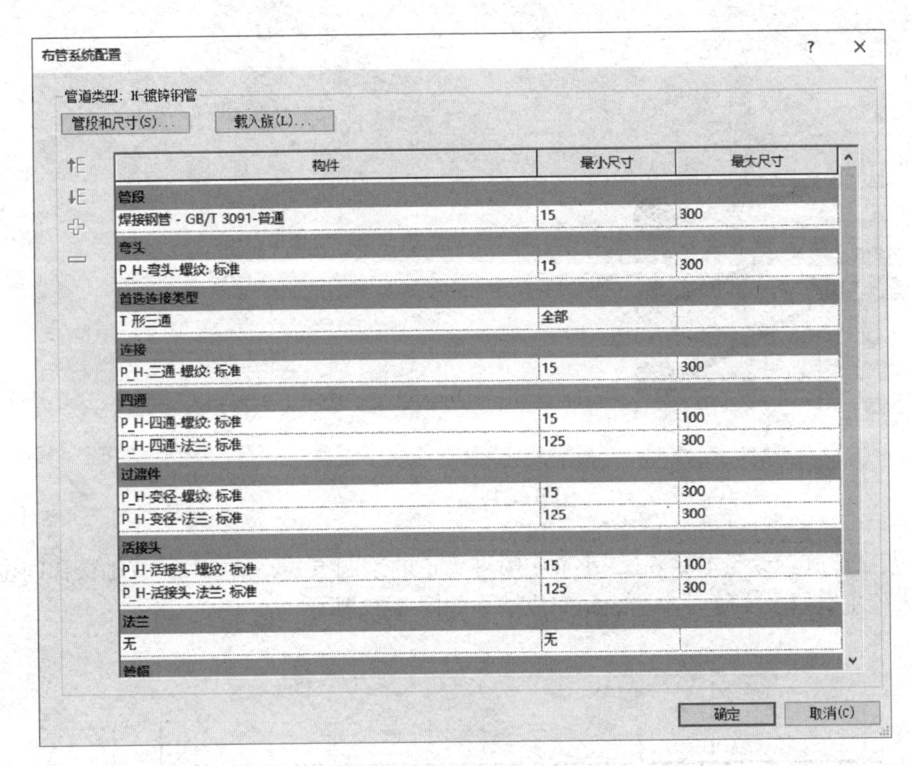

图 6-20

二维码 6-6

6.3.2　创建消火栓横管

在上节参照第五章的配置，已链接了 CAD 图纸，接下来进行消火栓系统管道的绘制。

① 设置消火栓管属性。接上节练习文件，打开“消防 _2F_3.600”视图，单击“系统”选项卡“卫浴和管道”面板中的“管道”工具，在“属性”面板“类型选择器”列表中选择“管道类型”为“H- 镀锌钢管”，“系统类型”为“F- 室内消火栓”，根据图纸要求选定管段的“直径”为 *DN*100，“中间高程”为 2800mm，如图 6-21 所示，设置完成后点击“应用”，在绘图区域中单击管道起点，接着移动鼠标光标延伸管道，然后再次单击鼠标左键指定管道的终点，即可绘制一条横管。

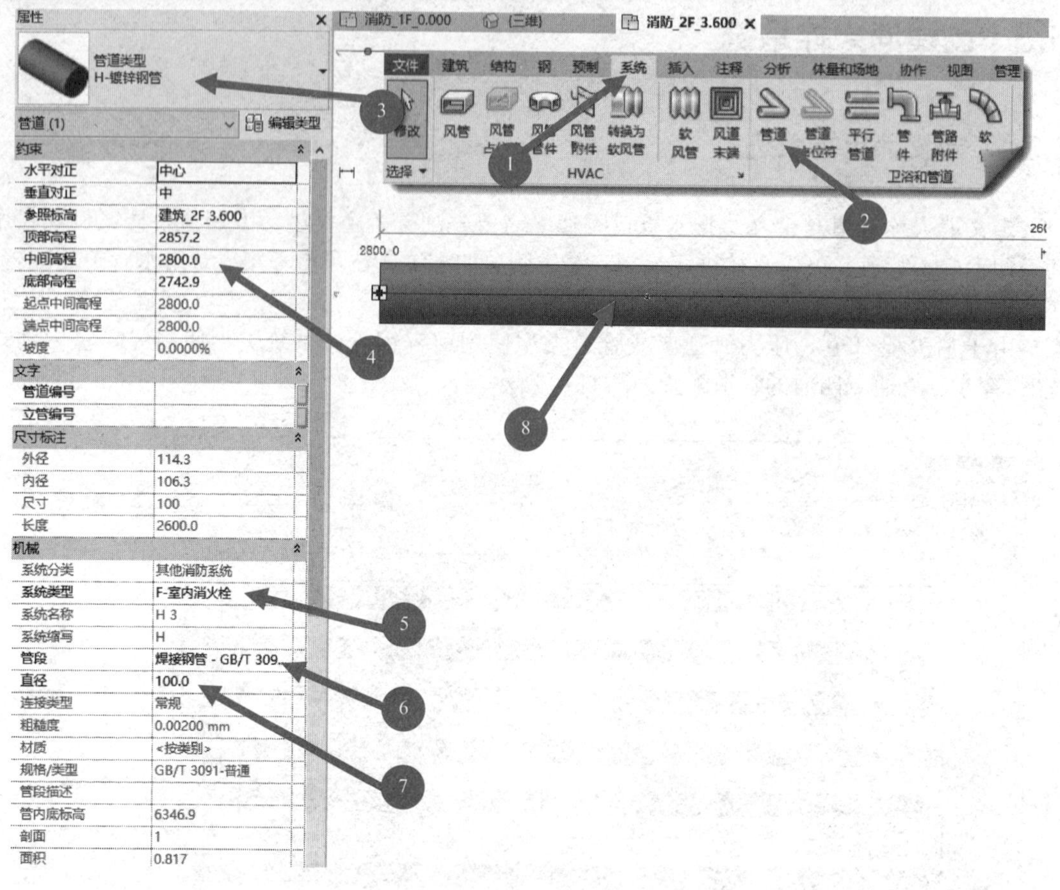

图 6-21

② 绘制消火栓管道。参照本章 6.2.2 小节中喷淋管道的绘制方式，沿着③ - Ⓓ轴楼梯间位置往右绘制消火栓主管以及支管。本层绘制完成结果如图 6-22 所示。

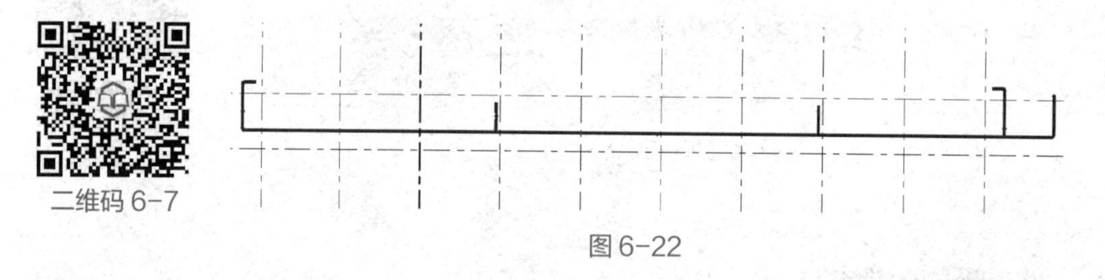

图 6-22

③ 按照上述步骤，创建项目中其他楼层和部位的消火栓横管。保存当前项目文件，完成本节练习，或打开“随书文件 \ 第 6 章 \6.3.2.rvt”项目文件查看最终操作结果。

6.3.3 创建消火栓立管

消火栓立管绘制方式与喷淋立管绘制方式类似，具体操作步骤详见本章“6.2.3　创建喷淋立管”，绘制完成结果如图 6-23 所示，或打开“随书文件 \ 第 6 章 \6.3.3.rvt”项目文件查看最终操作结果。

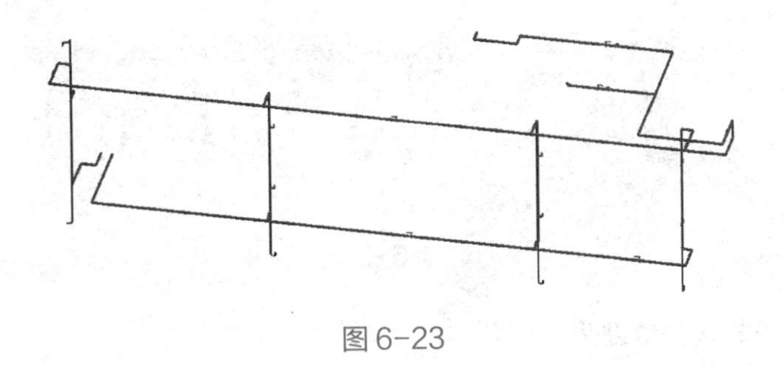

二维码 6-8

图 6-23

6.3.4 创建消火栓箱

在绘制消防系统时，与创建卫浴装置类似，需要创建消防系统中的机械设备。接下来将学习如何布置消火栓箱。

① 接上节练习，右键单击“消防 _2F/3.600”楼层平面视图，单击“系统”选项卡“机械”面板中“机械设备”工具，进入“修改 | 放置机械设备”上下文选项卡。

【提示】“机械设备”的默认快捷键是“ME”。

② 确认“属性”面板中选择的族类型是“室内消火栓箱 _ 底面进水 _1000×700×240_ 带卷盘”，设置偏移量为 900mm，即消火栓箱距离地面 900mm，点击应用，如图 6-24 所示。

③ 将鼠标移动到绘图区，适当放大③ - Ⓓ轴右侧楼梯间外墙位置，配合键盘空格键调整箱体方向，直到调整到正确方向单击鼠标左键，放置箱体，如图 6-25 所示。

二维码 6-9

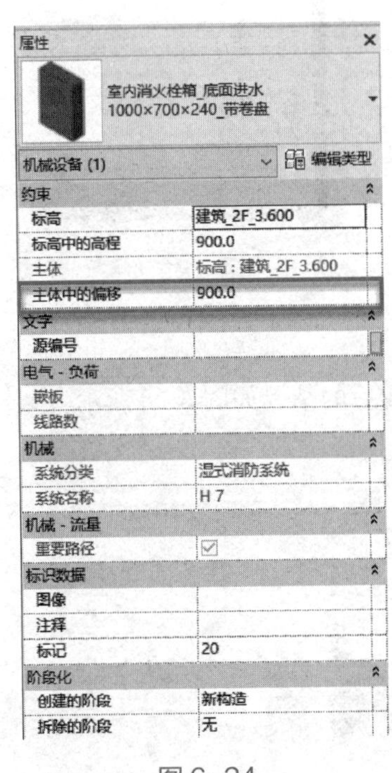

图 6-24

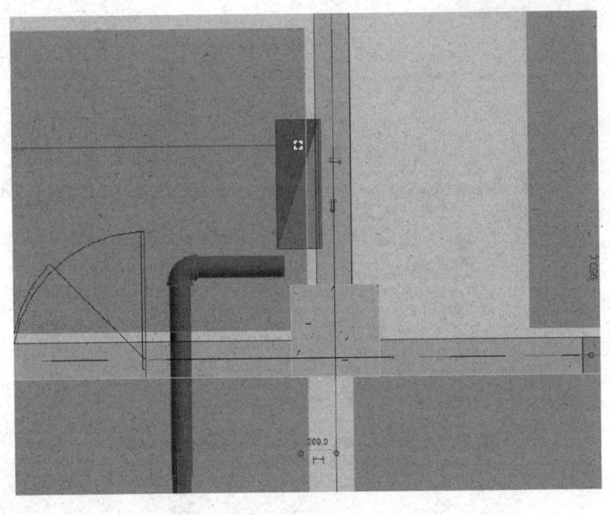

图 6-25

④ 切换到三维视图，使用“视图”上下文选项卡“窗口”面板中“平铺视图”工具，将三维视图与二维视图进行平铺，如图 6-26 所示。

图 6-26

【提示】平铺的默认快捷键为“WT”。

⑤ 激活平面视图窗口，选中已经绘制好的消火栓箱，通过比对三维视图，可以看到消火栓箱的门开启方向放反，可通过方向 翻转到正确的方向，如图 6-27 所示。

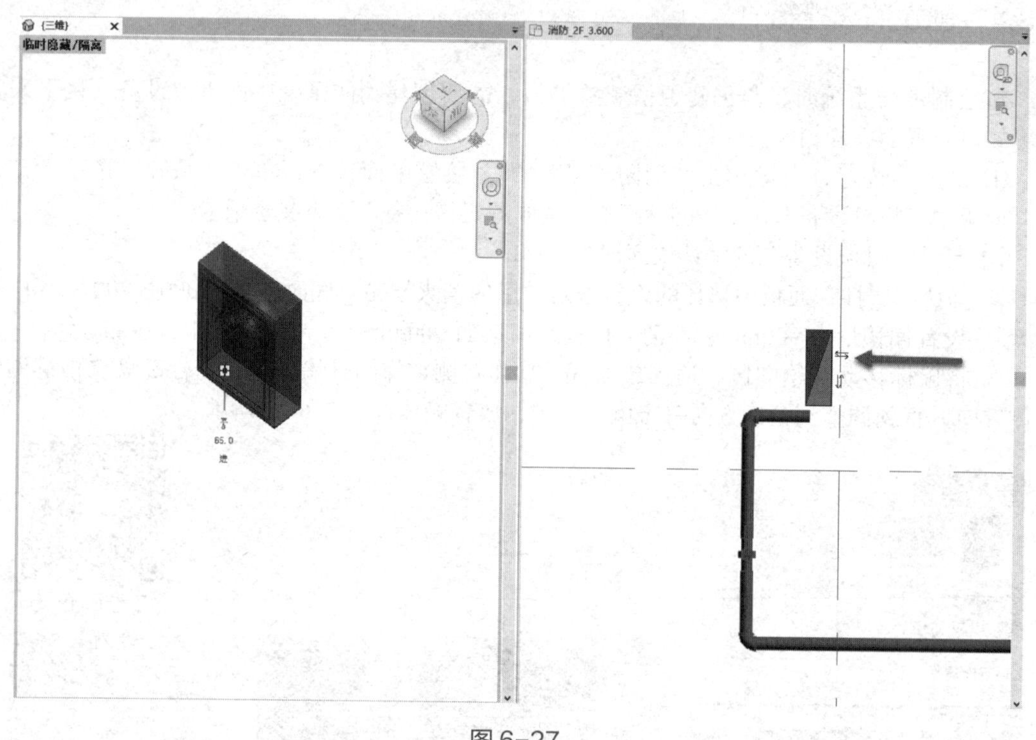

图 6-27

⑥ 重复上述步骤，布置其他位置及楼层的消火栓箱，完成后的结果如图 6-28 所示。

图 6-28

⑦ 将消火栓箱与管线连接。点击消火栓箱，其下端接口处将显示管道连接标记。单击管道接口信息位置，Revit 自动进入“修改 | 放置 管道”上下文选项卡，并以所选择的消火栓箱接口位置为起点绘制管道。在“修改 | 放置 管道”上下文选项卡“放置工具”面板中，激活“自动连接”“继承高程”和“继承大小”选项，即所创建的管道与消火栓箱中定义的接口大小相同，管道起点标高与接口标高一致，激活后，工具以深蓝色显示，如图 6-29 所示。移动鼠标至消防立管位置，当捕捉到消防立管中心时，点击鼠标，确定管道放置的终点。Revit 将在消火栓箱与所选择立管间生成水平管道，并自动生成相应弯头、三通管件，如图 6-30 所示。

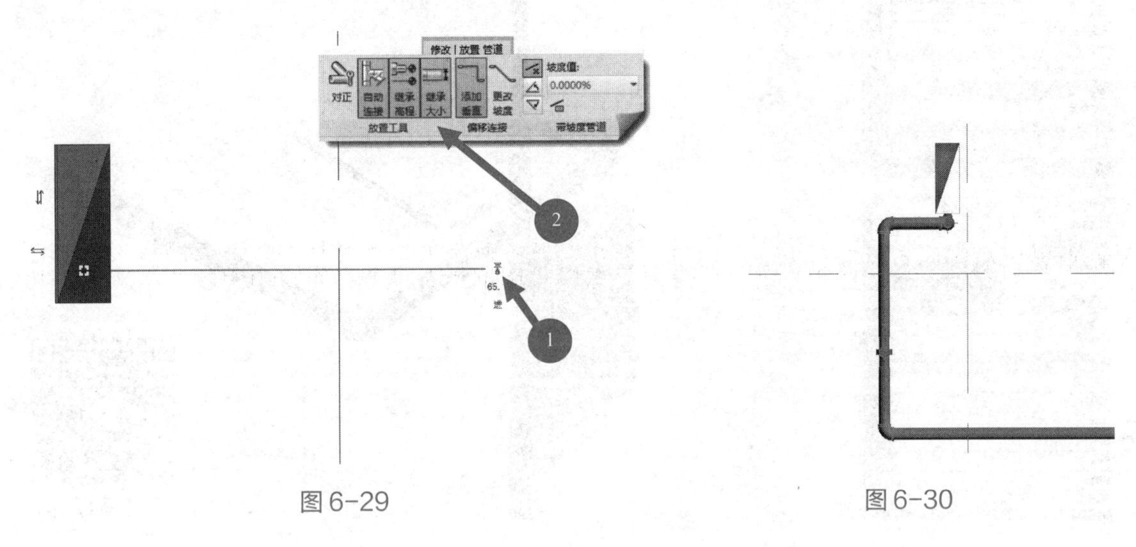

图 6-29　　图 6-30

⑧ 继续连接其他消火栓箱，连接后的结果如图 6-31 所示，保存该项目文件，或打开“随书文件 \ 第 6 章 \6.3.4.rvt”项目文件查看最终操作结果。

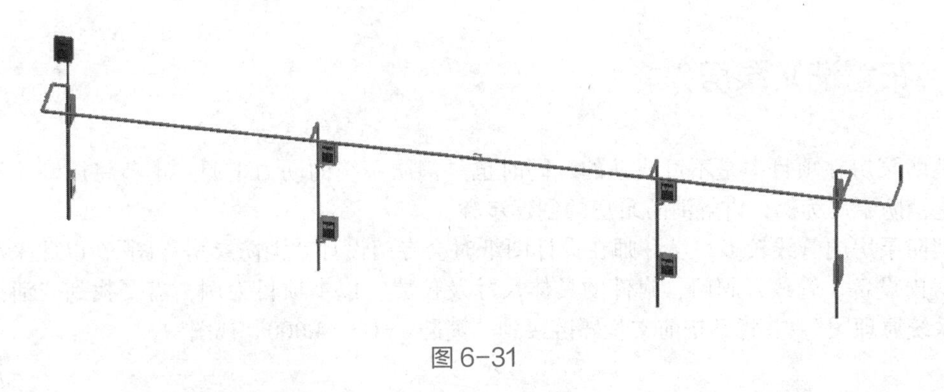

图 6-31

消火栓箱在布置的时候需要注意其布置的方向，目前不同项目样板中的消火栓箱族有基于面放置、基于墙放置，或是在平面中直接放置等类型。本项目样板自带的消火栓箱的族可以直接在平面中放置。在放置一些倾斜的消火栓箱的时候可借助倾斜的墙体或者参照平面放置。

6.3.5 创建消火栓管道附件

在管道建立完成后，需按照图纸要求放置管道附件。本项目中消火栓管道附件主要包括闸阀、蝶阀、止回阀等。消火栓管道附件放置方式与喷淋管道附件放置方式类似，本节不再赘述。放置后，如图 6-32 所示，保存该项目文件，或打开“随书文件 \ 第 6 章 \6.3.5.rvt”项目文件查看最终操作结果。

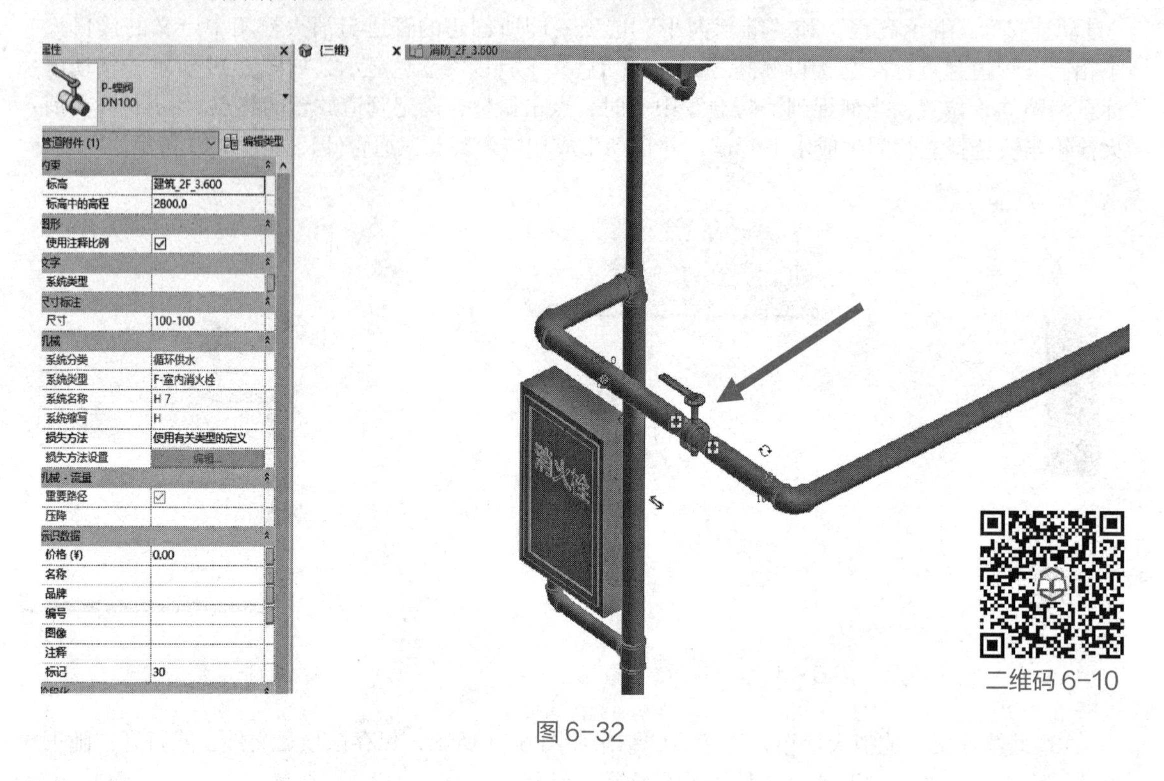

图 6-32

6.4 布置消防泵房

消防泵房在项目中是不可或缺的，同时也是消防系统的动力来源。本节将以专用宿舍楼地下室消防泵房为例，讲解消防泵房的创建步骤。

消防泵房内管线较多，设计师在设计图纸时会专门设计“消防泵房详图”，以此来准确表达泵房内设备、管线、阀门、附件的具体尺寸及位置。以本项目为例，需要找到“消火栓泵供水系统原理图”，并将其按前文步骤链接到“消防 _-1F_-4.000”视图中。

6.4.1 创建泵房设备

样例项目消防泵房位于地下室，共有 2 台喷淋泵、2 台消防泵，以及消防警铃等配套设备。创建消防泵房，一般先从创建消防泵房中的水泵设备开始。

① 设置消防水泵属性。打开“消防 _-1F_-4.000”视图，单击“系统”选项卡“机械设备”工具，在“属性”面板 “类型选择器”列表中选择“设备类型”为“P- 离心消防泵 - 立式 - 单级 -XBD 系列”，“偏移”为“0.0”，如图 6-33 所示，设置完成后，在绘图区域中单击设备位置中心，即可放置一个消防水泵。

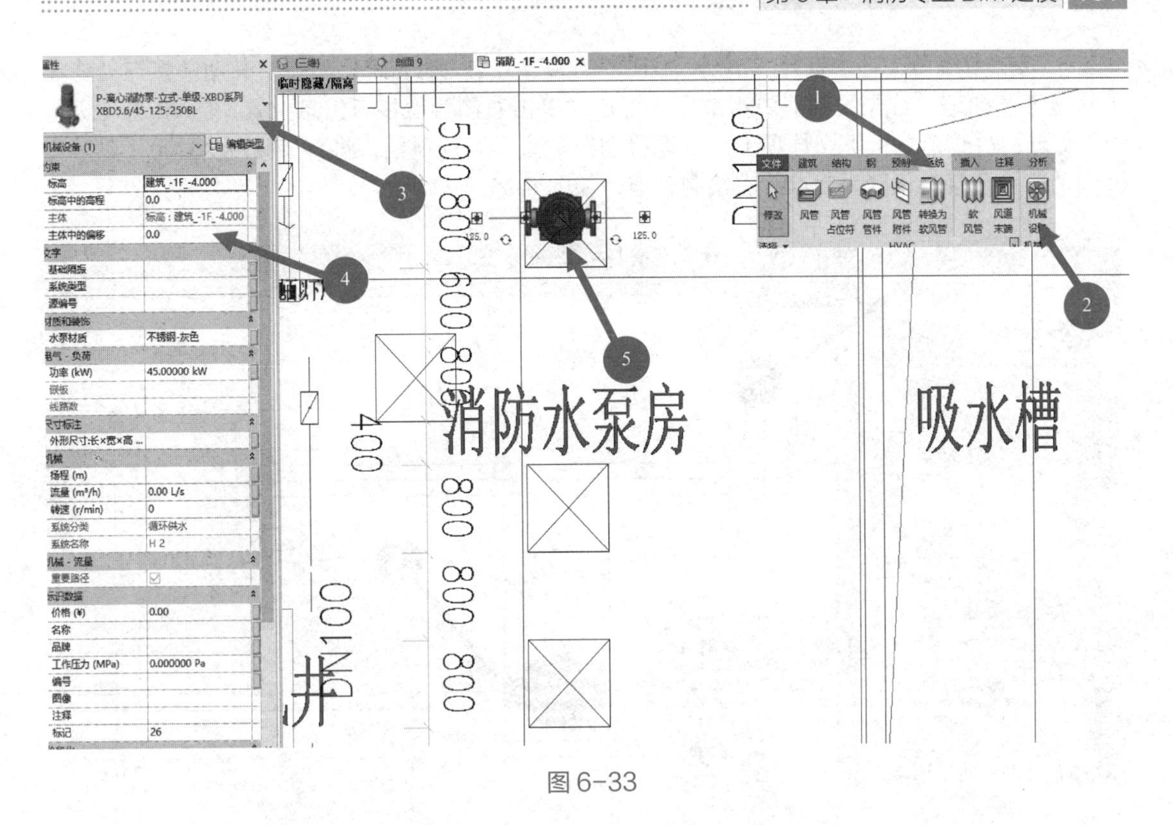

图 6-33

② 按上述方式依次放置消防泵房内剩余消防水泵，放置后，如图 6-34 所示，保存该项目文件，或打开“随书文件 \ 第 6 章 \6.4.1.rvt”项目文件查看最终操作结果。

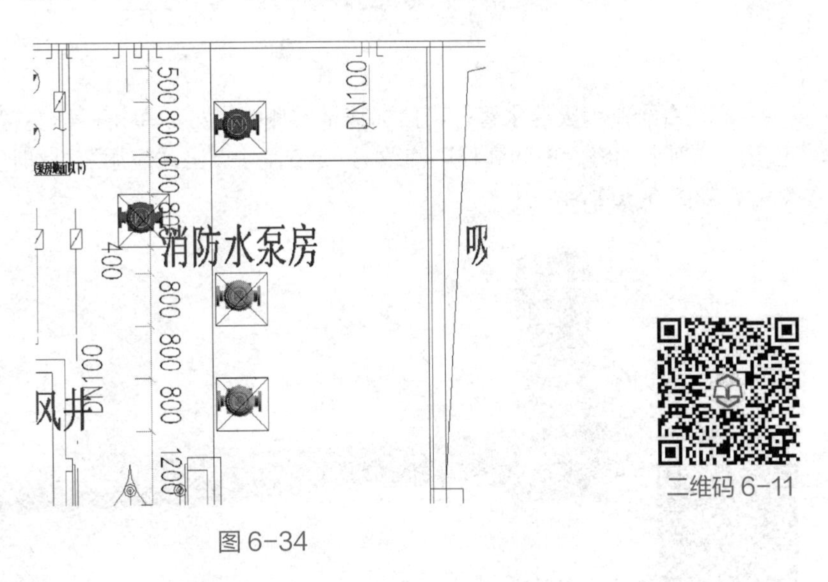

图 6-34

二维码 6-11

6.4.2　创建消防水管

消防泵房内连接消防水泵的消防水管分为消火栓水管以及喷淋水管两种，本小节将以消火栓水管为例讲解消防水管的创建步骤。

① 接上节练习文件，打开“消防_-1F_-4.000”视图，点击消防水泵，其两端接口处将显示管道连接标记。首先绘制消防水泵出水管道。单击右侧管道接口信息位置，Revit 自动进入“修改 | 放置 管道”上下文选项卡，鼠标移动至“直径”选项栏，将直径修改为 200，以所选择的消防水泵接口位置为起点往右绘制管道，如图 6-35 所示。

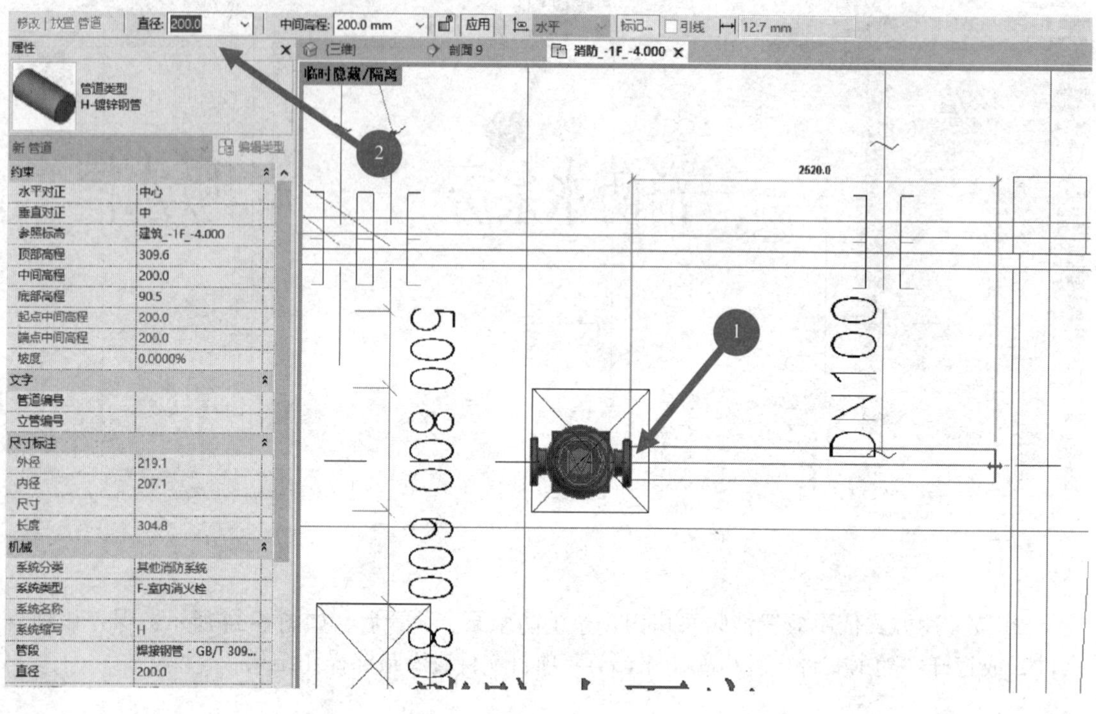

图 6-35

② 往右绘制消火栓水管，当鼠标移至右侧终点处，单击鼠标左键，在“修改|放置 管道”上下文选项卡中将“中间高程”修改为 -500，并点击“应用”，此时管道将会出现一个向下的翻弯，如图 6-36 所示。

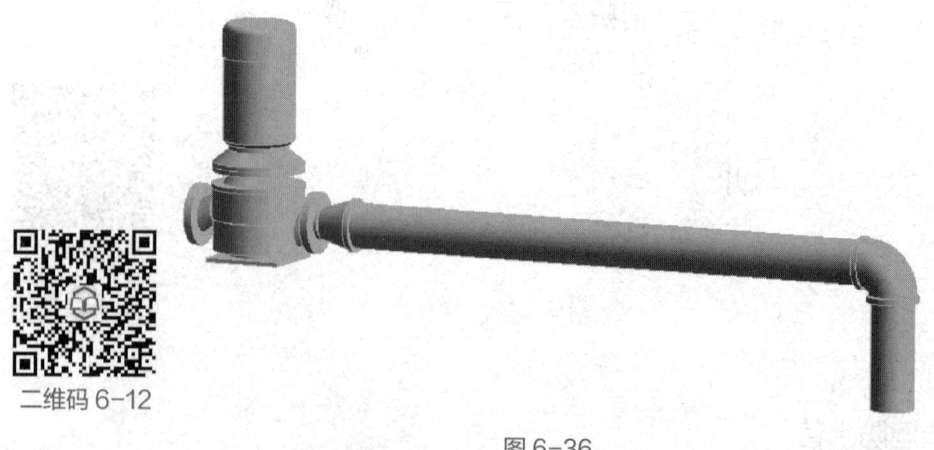

二维码 6-12

图 6-36

③ 再次选择消防水泵，单击左侧管道接口信息位置，Revit 自动进入“修改 | 放置 管道”上下文选项卡，在选项栏中修改“直径”值为 200，继续向左绘制消火栓水管，并结合 CAD

平面图及剖面图中管道的位置修改绘制的路径及标高，完成水泵进水管道，结果如图 6-37 所示。

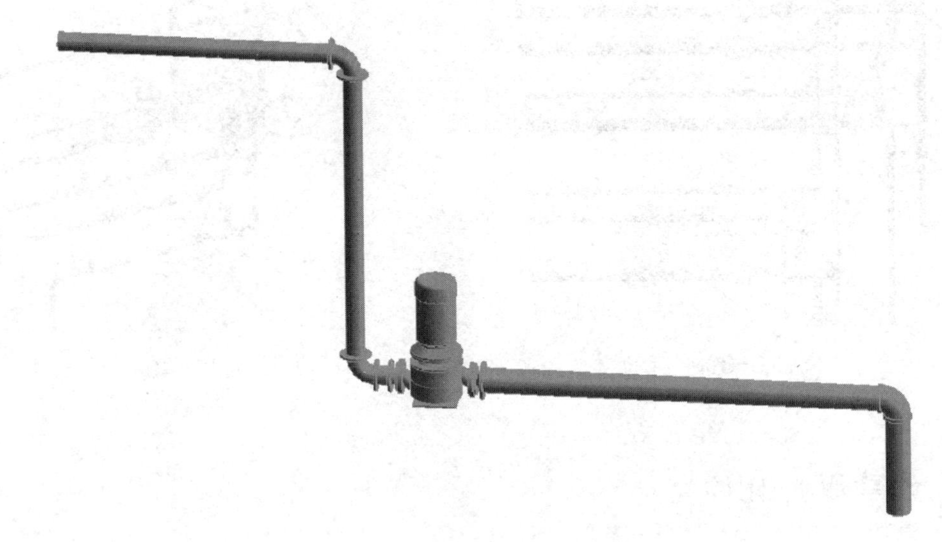

图 6-37

【提示】消防泵房管线较多，在绘制消防泵房之前，需结合平面图、剖面图、系统图尽量理解系统工作的作用及原理，本书为 Revit 实操书籍，在工程理解上不过多赘述。

④ 按上述步骤继续绘制其余消防水泵的消防水管，在管道绘制过程中，配合“修改 | 管道”选项卡中“修剪 | 延伸为角”以及“修剪 | 延伸单个图元”命令，按照图纸表达的设计要求，将管道以弯头或三通的方式连接。完成后结果如图 6-38 所示。

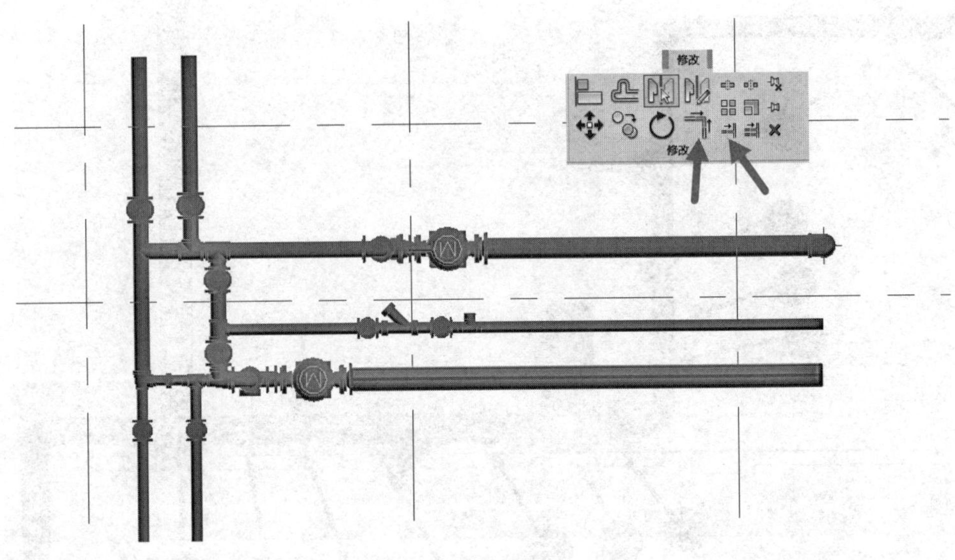

图 6-38

⑤ 使用类似的方式绘制喷淋系统所连接水泵的管线。绘制完成后，如图 6-39 所示，对应的三维模型如图 6-40 所示，保存该项目文件，或打开“随书文件 \ 第 6 章 \6.4.2.rvt”项目文件查看最终操作结果。

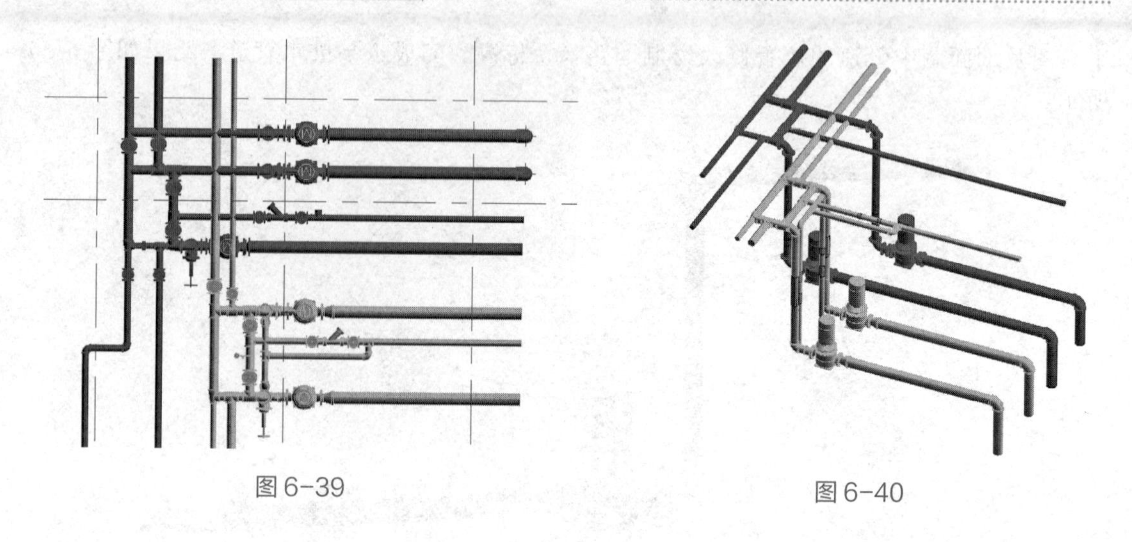

图 6-39　　图 6-40

6.4.3　创建阀门、附件

消防泵房内放置阀门、附件的操作步骤与本章放置喷淋管、消火栓管阀门、附件的操作步骤相同，软件操作步骤不再重复赘述。但由于消防泵房内阀门、附件众多，主要包括闸阀、止回阀、压力表、Y 形过滤器、喇叭吸水口等。本小节将介绍连接水泵的阀门、附件种类及作用，如图 6-41 所示。

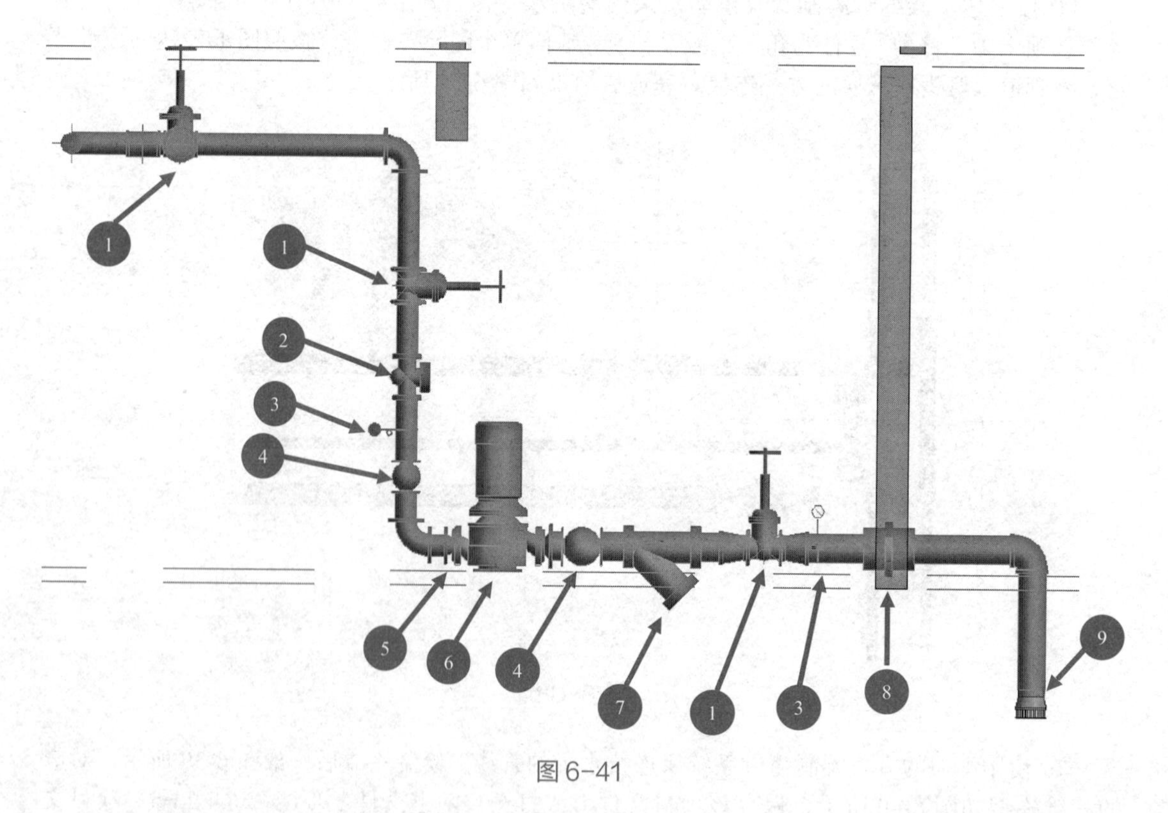

图 6-41

图 6-41 中编号①～⑨的阀门、附件的名称、作用如表 6-3 所示。

表 6-3　消防泵房内各构件名称与作用

编号	阀门、附件名称	作用
①	闸阀	水流的开启、关闭装置
②	止回阀	控制水流单向流动的装置
③	压力表	测量水流压力的仪表
④	可曲挠橡胶接头	防止因水泵震动破坏管道的柔性接头
⑤	变径接头	两段不同管径管段的接头
⑥	水泵	系统的动力装置，为水流提供动力
⑦	Y 形过滤器	过滤杂质，防止杂质进入水泵
⑧	柔性防水套管	管道穿剪力墙的防护装置
⑨	喇叭吸水口	吸水装置

阀门、附件放置完成后，如图 6-42 所示，至此，消防泵房内所有构件绘制完成。保存该项目文件，或打开“随书文件 \ 第 6 章 \6.4.3.rvt”项目文件查看最终操作结果。

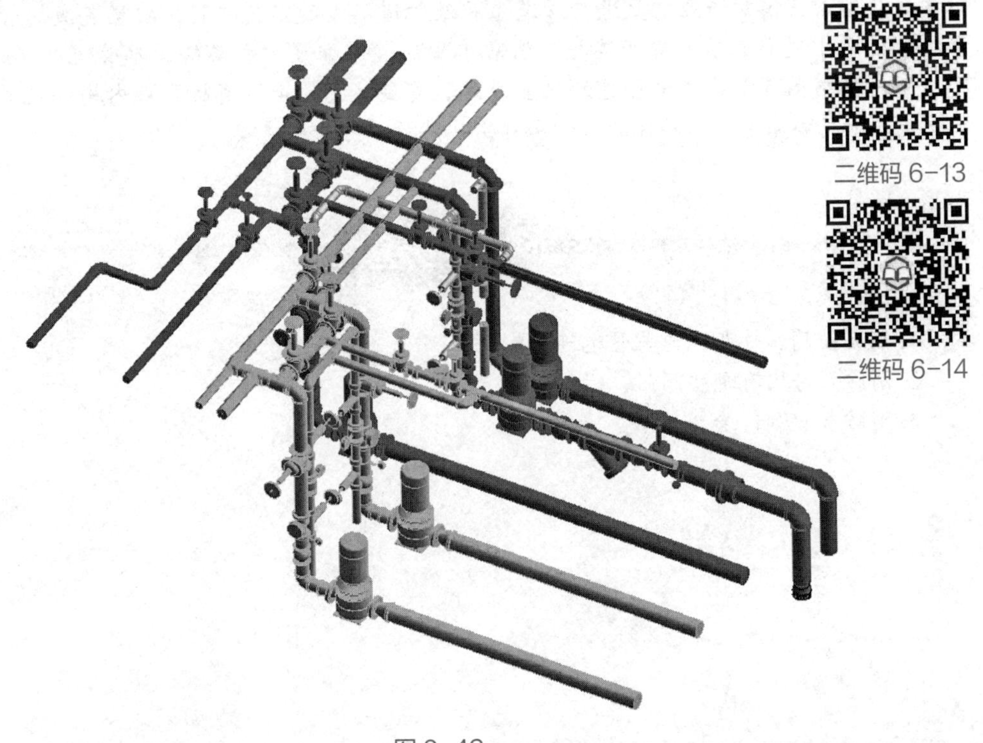

图 6-42

至此，专用宿舍楼所有消防系统的构件均已绘制完成，效果如图 6-43 所示，保存当前项目文件，完成本节练习，或打开“随书文件 \ 第 6 章 \ 第 6 章 .rvt”项目文件查看最终操作结果。

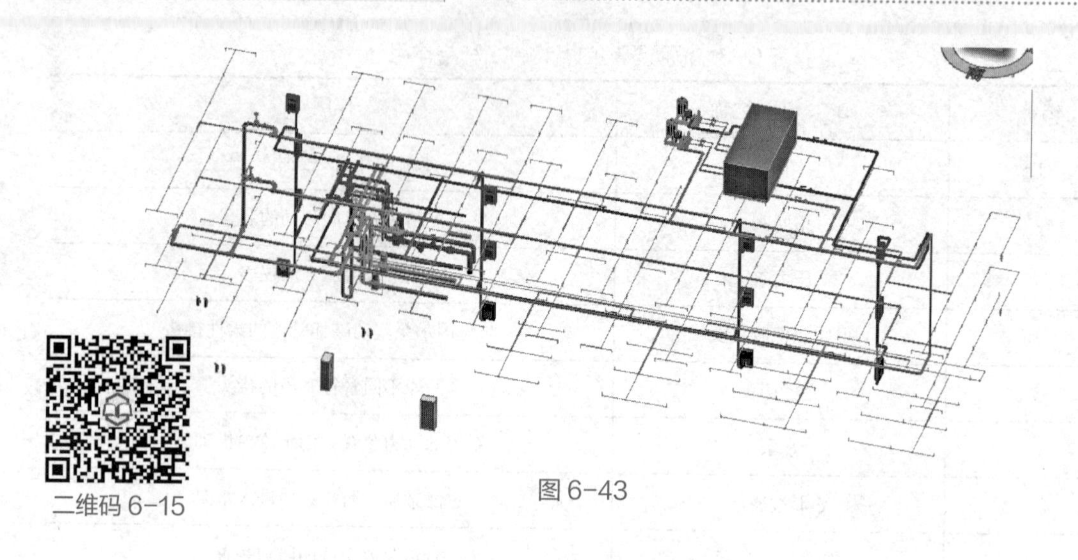

二维码 6-15

图 6-43

小 结

消防系统是机电安装工程重要的组成部分，一般包含消火栓和喷淋两大系统。在创建消防系统模型前，消防专业需要进行管道系统及管道类型的定义配置，配置完成的管道才可以在绘制过程中进行正确的管线连接。消防水管的管道配置方式与给排水管道配置方式类似，可以参考本书第 5 章给排水管道的配置方式。需要注意的是，消防泵房内构件较多，在建模前，需全面了解泵房内各构件的名称和作用，然后方可开始建模。

练习题

1. 消火栓箱、喷头如何与管道连接?
2. 消防泵房内有哪些阀门、附件?
3. 消防立管如何绘制?

第7章

采暖专业 BIM 建模

知识目标

- 了解采暖专业在建筑工程设计中的工作内容
- 理解采暖专业图纸构成
- 了解采暖专业 BIM 建模基本内容
- 掌握采暖系统模型深度要求

能力目标

- 能够掌握采暖系统建模的基本步骤
- 能够掌握 Revit 中采暖系统的建模内容和建模方法

素质拓展

伟大的时代，诞生伟大的工程。成都天府国际机场是国家“十三五”规划中的新建民用运输机场项目，是“一带一路”重要国际门户枢纽，是支撑四川乃至西部地区开发开放的新动力源，亦是成渝地区双城经济圈国家战略的重要支撑。一期工程估算总投资超 750 亿元，2016 年 5 月 7 日正式开工建设。历时 5 年，于 2021 年 6 月 27 日开航投运。

成都天府国际机场将“人文、智慧、绿色、低碳”的建设理念贯彻得淋漓尽致。项目按照绿色建筑最高标准设计、建造，办公区和辅助设施工程均获得了国家绿色建筑三星（最高级）设计标识的认证，绿色、低碳的理念贯穿在整个建设过程中。通过在航站楼地下安装性能更强大、舒适性更高的大型“地暖设备”——地板辐射系统（冷、暖两用型），实现了夏季制冷、冬季供暖的目标，减少了能量的损失。地板辐射系统区域温度分布均匀，由下至上的辐射方式更符合人体生理特性，静音又静心，这让旅客的体验有了质的飞跃。

7.1 采暖专业基础知识

采暖技术的发展有着悠久的历史。从远古时期人类聚集在火堆周围取暖，到古罗马的地暖系统，再到中世纪的壁炉采暖，以及近现代的蒸汽采暖系统和热水采暖系统，采暖方式随着科技的进步而不断发展。图 7-1 为现代采暖系统示意图。现如今，采暖方式更加多样化，包括地暖、电采暖、空气源热泵等，满足了不同需求。

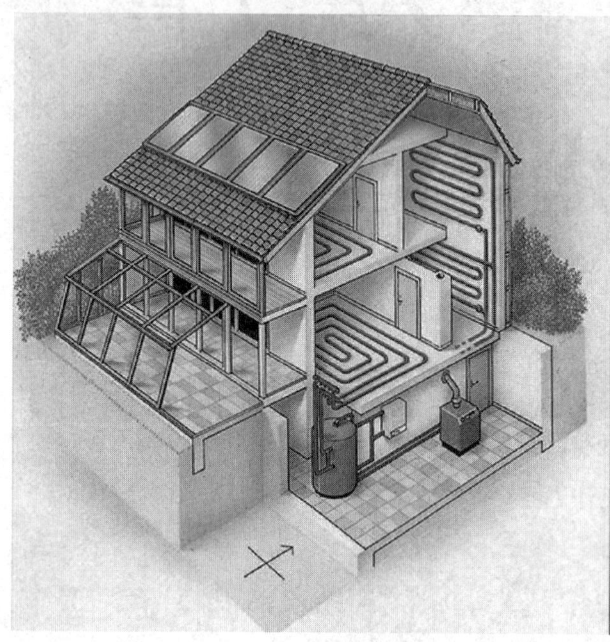

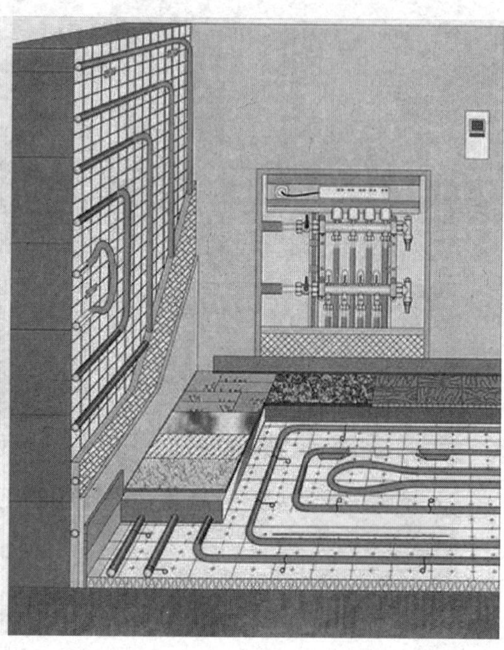

图 7-1

二维码 7-1

采暖行业在现代社会中有着重要的地位和作用。随着经济的发展和居民生活水平的提高，采暖需求持续增长，行业规模不断扩大。采暖行业的发展对推动国民经济发展、提高能源利用效率、改善居民生活条件、促进环保产业具有重要意义。

未来，随着科技的进步和环保意识的提高，采暖行业将面临更多的挑战和机遇。高效能源利用、个性化供暖需求、清洁能源供暖、远程监控和服务以及智能化供暖系统等将成为行业发展趋势。

7.1.1 专业简介

采暖是指通过各种方式将室内空间加热，使其保持温暖和舒适的过程。采暖系统主要由热源、供热管道、散热设备组成。图 7-2 为常见的地暖系统安装示意图，具体展示了这些组件的配置和连接。采暖也称供暖，属于暖通专业的一部分。根据建筑的不同用途和区域的不同气候条件，将供暖温度分为三个级别：舒适、健康和经济。

图 7-2

二维码 7-2

采暖系统可按不同的方式进行分类，以下是一些常见的分类方式：

（1）按供热范围分类

① 局部采暖系统：热源、热网、散热器三部分在构造上合在一起的采暖系统，如火炉采暖、简易散热器采暖、煤气采暖和电热采暖。

② 集中采暖系统：热源和散热器分别设置，用热网相连接，由热源向各个房间或建筑物供给热量的采暖系统。

③ 区域采暖系统：以区域性锅炉房作为热源，供一个区域的许多建筑物采暖的采暖系统。

（2）按热媒种类分类

① 热水采暖系统：以热水为热媒的采暖系统，主要应用于民用建筑。

② 蒸汽采暖系统：以水蒸气为热媒的采暖系统，主要应用于工业建筑。

③ 热风采暖系统：以热空气为热媒的采暖系统，主要应用于大型工业车间。

（3）按散热设备的散热方式分类

① 对流采暖系统：依靠对流换热来加热房间内的空气，如散热器采暖系统。

② 辐射采暖系统：通过辐射散热板或地面等物体向房间辐射热量，如水地暖、电地暖等。

（4）按供回水的方式分类

① 上供下回式系统：热水从锅炉引出后，先供到楼上各用户，然后再回至楼下锅炉的系统。

② 上供上回式系统：热水从锅炉引出后，同时供到楼上各用户，再沿回水管同时回到锅炉的系统。

③ 下供下回式系统：热水从锅炉引出后，先供到楼下各用户，然后再回至锅炉的系统。

④ 中供式系统：热水从锅炉引出后，先供到某一中间层用户，然后再回至锅炉的系统。

（5）按散热器的连接方式分类

① 垂直式系统：散热器沿建筑物外墙垂直方向布置的系统。

② 水平式系统：散热器沿外墙在水平方向布置的系统。

（6）按连接散热器的管道数量分类

① 单管系统：热媒在管道系统中始终沿一个方向流动的系统，如单管串联系统、单管并

联系统等。

② 双管系统：热水通过两根管道分别供应到散热器的系统，如双管上供下回式系统、双管下供下回式系统等。

7.1.2 常用规范

采暖专业常用设计及施工现行规范见表 7-1。

表 7-1 采暖专业常用设计及施工现行规范

规范分类	规范名称	规范号
设计规范	《建筑环境通用规范》	GB 55016—2021
	《公共建筑节能设计标准》	GB 50189—2015
	《民用建筑供暖通风与空气调节设计规范》	GB 50736—2012
	《工业建筑供暖通风与空气调节设计规范》	GB 50019—2015
	《建筑节能与可再生能源利用通用规范》	GB 55015—2021
	《燃气采暖热水炉》	GB 25034—2020
	《家用燃气快速热水器和燃气采暖热水炉能效限定值及能效等级》	GB 20665—2015
	《建筑供暖通风空调净化设备 计量单位及符号》	GB/T 16732—2023
	《供暖、通风、空调、净化设备术语》	GB/T 16803—2018
	《中小学校采暖教室微小气候卫生要求》	GB/T 17225—2017
	《建筑采暖用钢制散热器配件通用技术条件》	GB/T 32835—2016
	《采暖空调用自力式流量控制阀》	GB/T 29735—2013
	《钢制采暖散热器》	GB/T 29039—2012
	《采暖空调系统水质》	GB/T 29044—2012
	《采暖与空调系统水力平衡阀》	GB/T 28636—2012
	《建筑物围护结构传热系数及采暖供热量检测方法》	GB/T 23483—2009
	《铸铁供暖散热器》	GB/T 19913—2018
	《供暖与空调系统节能调试方法》	GB/T 35972—2018
	《复合型供暖散热器》	GB/T 34017—2017
	《供暖散热器散热量测定方法》	GB/T 13754—2017
	《节能量测量和验证技术要求 居住建筑供暖项目》	GB/T 31345—2014
	《暖通空调制图标准》	GB/T 50114—2010
	《供热工程制图标准》	CJJ/T 78—2010

续表

规范分类	规范名称	规范号
施工规范	《辐射供暖供冷技术规程》	JGJ 142—2012
	《预制轻薄型热水辐射供暖板》	GB/T 29045—2012
	《地采暖用实木地板技术要求》	GB/T 35913—2018

7.1.3 图纸构成

采暖专业图纸主要包括图纸目录，设计、施工说明，设备材料表，平面图，系统图及详图等。常见的图幅及比例可参考表7-2。图纸主要内容见表7-3。图例见表7-4。

表7-2 采暖专业图纸图幅及比例

图纸名称	图幅	比例
图纸目录	A3	—
设计、施工说明，图例	A3	—
设备材料表	A3	—
平面图	A3	1 ∶ 150
系统图	A3	1 ∶ 150
详图	A3	1 ∶ 50

表7-3 采暖专业图纸主要内容

编号	图纸名称	图纸主要内容
1	图纸目录	包含采暖专业所有图纸的图纸名称、图号、版次、规格，方便查询及抽调图纸
2	设计、施工说明	包括采暖设计、施工依据、工程概况、设计内容和范围、室内外设计参数、各系统管道及保温层的材料、系统工作压力及施工安装要求等
3	图例	反映采暖专业各种构件在图纸中的表达形式
4	设备材料表	包括此工程中采暖专业各个设备的名称、性能参数、数量等情况
5	平面图	建筑各层的采暖设备及功能管道的平面布置
6	系统图	表达整个系统的逻辑组成及各层平面图之间的上下关系，一般可表达平面图不能清楚表达的部分
7	详图	平面图、系统图中局部构造因比例限制难以表达清楚时所给出的详图

表 7-4 采暖专业常用图例

序号	名称	图例	序号	名称	图例
1	采暖供水管	—— NG ——	10	过滤器	
2	采暖回水管	---- NH ----	11	热量计量表	R
3	固定支架		12	采暖供水立管	NG1
4	温控阀		13	采暖回水立管	NH1
5	闸阀		14	伸缩缝	
6	截止阀（球阀）		15	地暖回水管	
7	自动排气阀		16	地暖供水管	
8	球形锁闭阀		17	分集水器	
9	平衡阀		18	柔性防水套管	

7.1.4 模型深度要求

采暖系统施工图模型深度要求见表 7-5。

表 7-5 采暖系统模型深度要求

系统分类	类型	模型深度要求
采暖系统	管道	绘制主管道，按照系统添加不同的颜色
	管件	绘制主管道上的水管管件
	阀门	尺寸、形状、位置、添加连接件
	仪表	尺寸、形状、位置、添加连接件
	设备	尺寸、形状、位置

采暖行业在现代社会中具有举足轻重的地位。它不仅影响到居民的生活质量，还对国家的经济发展、能源利用和环境保护有着深远的影响。面对未来的发展趋势，采暖行业将不断创新，以更高效、更环保和更智能的技术满足社会的需求。在实际应用中，根据不同需求选择合适的采暖系统和设计方案，遵循相关规范和标准，确保采暖系统的安全性、可靠性和经济性，是每一位采暖行业人员需要关注的重点。

7.2　创建采暖系统模型

创建采暖系统模型首先需要定义采暖供水和回水管道系统，其次创建供回水管道（或盘管），在管道上布置附件，最后添加并连接散热器或分集水器。

7.2.1　模型创建准备

（1）新建项目

在空白项目中创建采暖专业的模型时，采用链接方式链接建筑、结构及其他机电工程专业的 BIM 模型，创建样板文件。本项目已经创建好了相关的样板文件，本小节内容基于已创建的样板文件进行操作。启动 Revit，单击“文件”列表中的“新建”子菜单的“项目”命令，弹出“新建项目”对话框，单击“浏览”，在“选择样板”对话框中，按路径“随书文件 \ 第 7 章 \ 项目样板 .rte”找到文件“项目样板”，确认创建类型为“项目”，单击“确定”按钮创建项目文件，如图 7-3 所示。

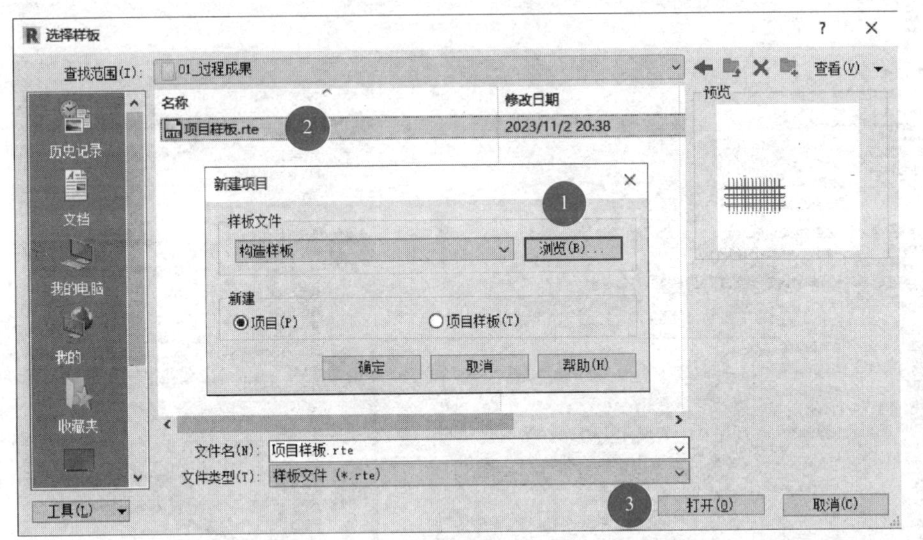

二维码 7-3

图 7-3

（2）修改浏览器组织

添加相应楼层平面视图后，如图 7-4 所示，单击“项目浏览器”中“视图（全部）”工具，单击右键，在选择框中选择“浏览器组织”，在弹出的“浏览器组织”对话框中，选择“子规程 _ 暖通”，点击“确定”按钮。

（3）复制所需楼层平面

如图 7-5 所示，在“项目浏览器”选项卡内“协调”规程中“建筑 _-1F_-4.000”上单击鼠标右键，在弹出的右键菜单中单击“复制视图”下的“带细节复制”按钮，并修改该视图的“属性”选项卡中的参数：“详细程度”修改为“精细”；“规程”修改为“机械”；“子规程”修改为“H16_ 采暖建模平面图”；“视图范围”中“顶部”修改为“标高之上（建筑 _1F_0.000）”；“偏移”修改为“0”；“视图名称”修改为“采暖 _-1F_-4.000”。以同样的方式复制出另外两个视图：“采暖 _1F_0.000”与“采暖 _2F_3.600”。

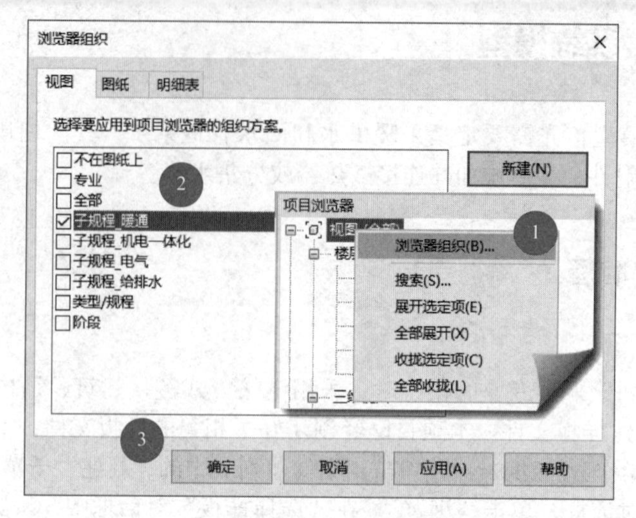

图 7-4

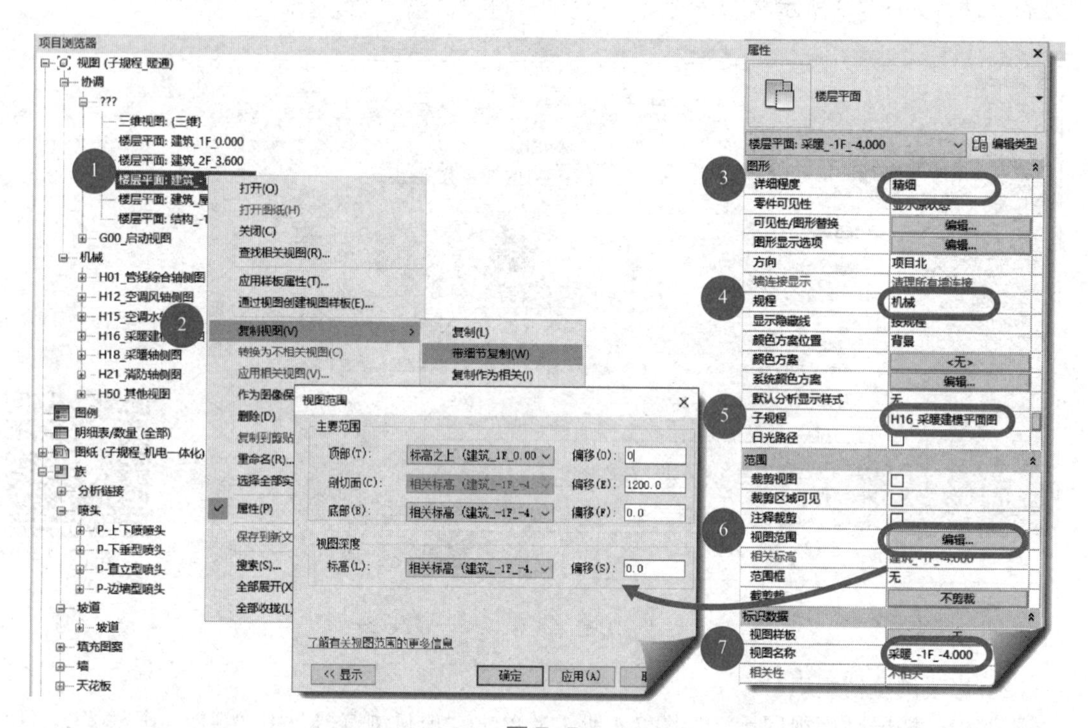

图 7-5

（4）创建管道系统及设置参数

在进行采暖建模之前，系统的创建及相关参数的设置是关键操作。如图 7-6 所示，在“项目浏览器”的“族”选项中，找到管道系统，选中“循环供水”（右键单击），在选择框中单击“复制”，将新增加的管道系统命名为“H- 采暖热水供水”，将“类型参数”中材质修改为“H- 采暖热水供水”，“流体类型”设置为“水”，“流体温度”设置为“43℃”，“缩写”设置为“NG”。用同样的方式，复制“循环回水”创建出“H- 采暖热水回水”。（注：样板中已设置，可直接使用。）

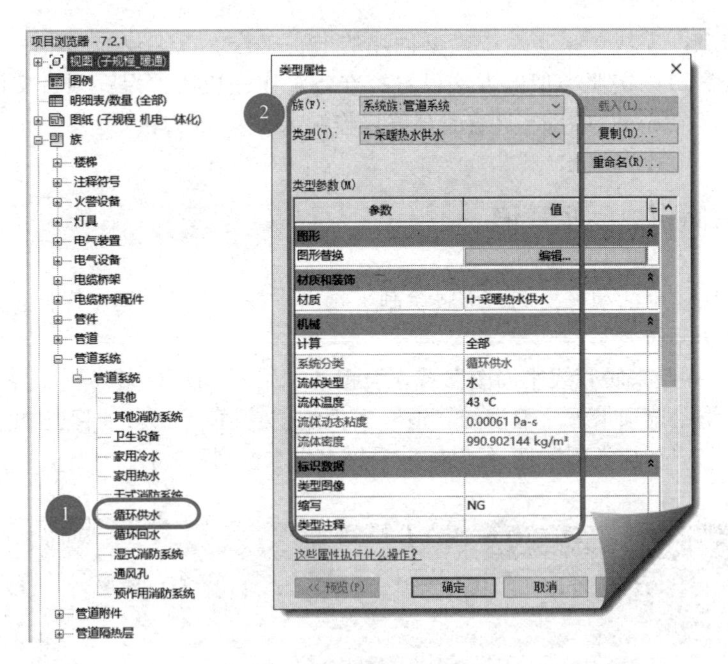

图 7-6

（5）创建管道类型及设置参数

在“项目浏览器”的“族”选项中，找到“管道”，选择已有管道类型，右键单击，在选择框中单击“复制”，将新增加的管道类型命名为“H- 内外热浸镀锌钢管”。选中“H- 内外热浸镀锌钢管”，双击鼠标左键，根据设计说明对“布管系统配置”及“标识数据”进行设置，如图 7-7 所示。（注：样板中已设置，可直接使用。）

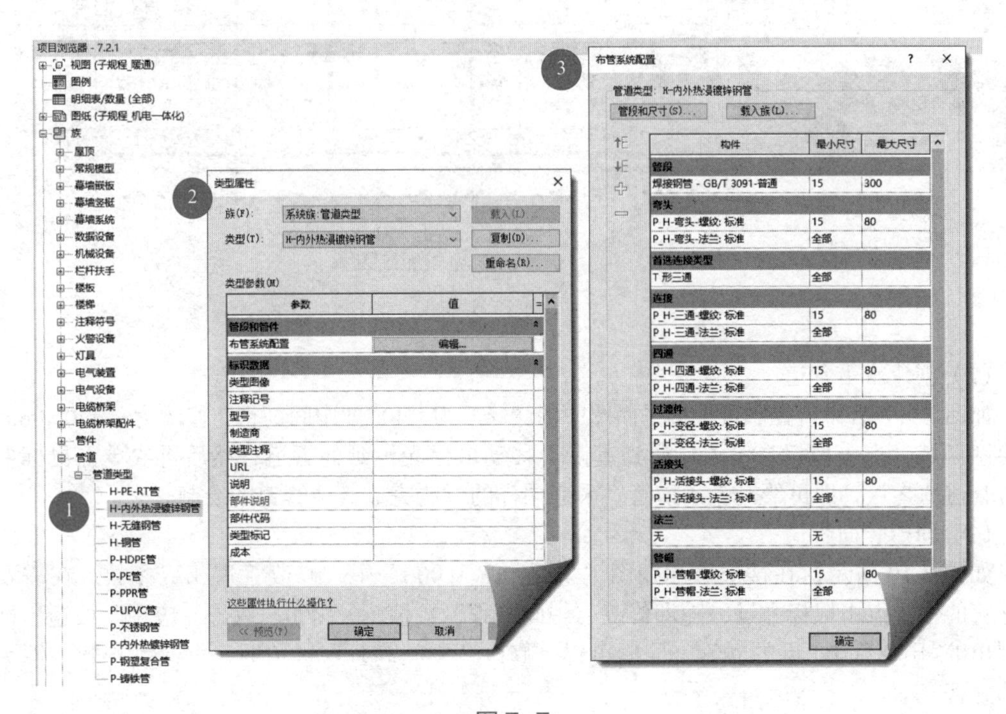

图 7-7

通过上述步骤，完成了采暖系统模型创建的准备工作。以上仅为其中一个参数的操作方式示例，其余参数可以按照类似的方法设置。准备工作完成后，保存项目文件，或打开“随书文件 \ 第 7 章 \7.2.1.rvt”项目文件查看最终操作结果。

二维码 7-4

7.2.2 绘制采暖供、回水管道

本小节以一层休闲活动室为例，讲解绘制采暖水平管、立管的基本操作。

（1）选择管道系统及类型

将 CAD 图“一层采暖管线平面图”载入至视图“采暖 _1F_0.000”中，参照 CAD 图绘制模型。单击“系统”选项卡下“卫浴与管道”面板的“管道”工具，“管道类型”选择“H- 内外热浸镀锌钢管”，“系统类型”选择“H- 采暖热水供水”（图 7-8）。

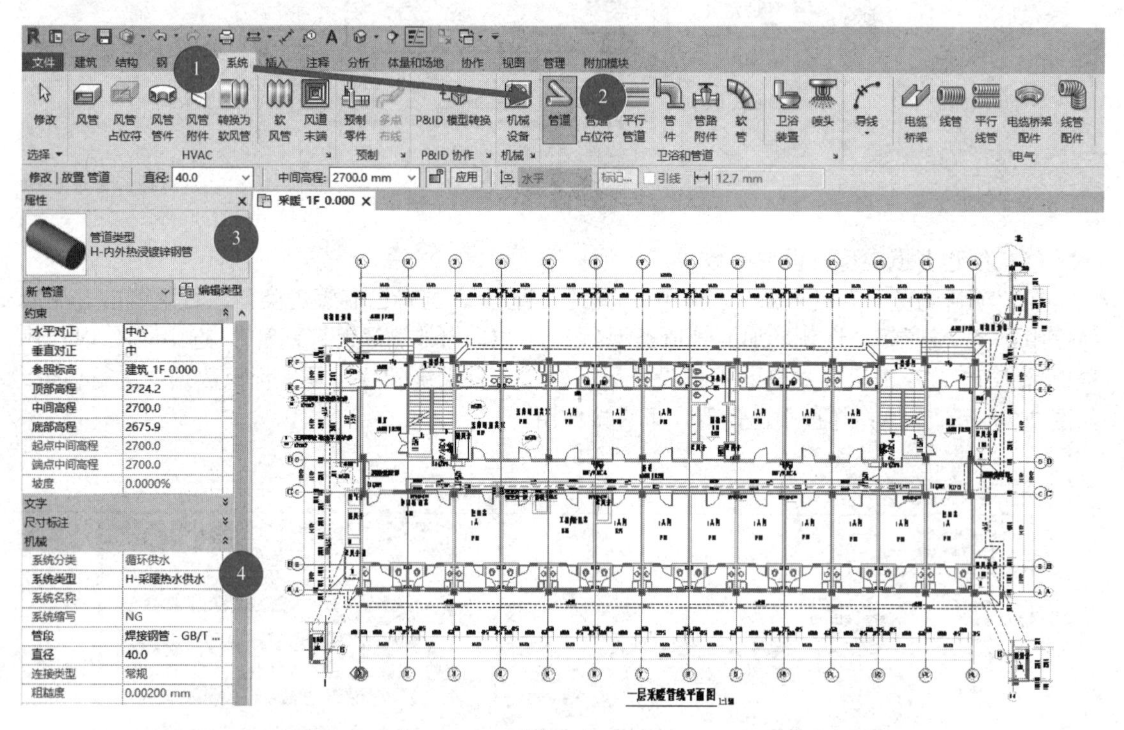

图 7-8

（2）创建水平管道

如图 7-9 所示，“直径”可根据平面图中标注修改为“40”，“中间高程”修改为“2700.0mm”，在绘图区域，点击鼠标左键绘制管道起点，移动鼠标光标延伸管道，然后再次单击鼠标左键点击管道的终点，即可绘制一条横管。采用同样的方法完成其他管道的绘制。

（3）创建竖向管道

如图 7-10 所示，在楼层平面视图“采暖 _1F_0.000”中，修改管道相应参数，在需要绘制立管的位置点击鼠标左键，随即修改“中间高程”数值为 -1000，双击“应用”按钮，即可绘制出 F1 层通往 B1 层的立管。同理可得，修改“中间高程”数值时，修改为正数，即为向上的立管。

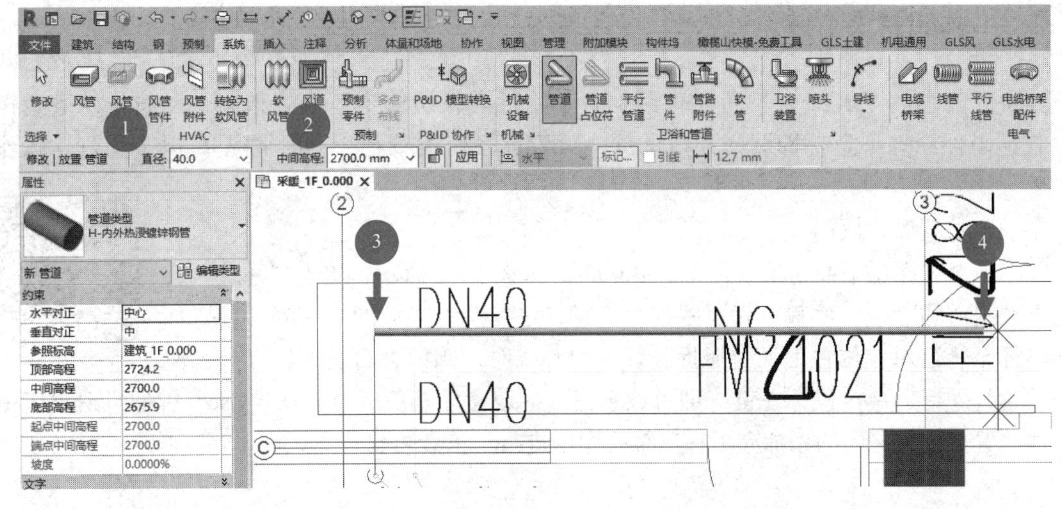

图 7-9

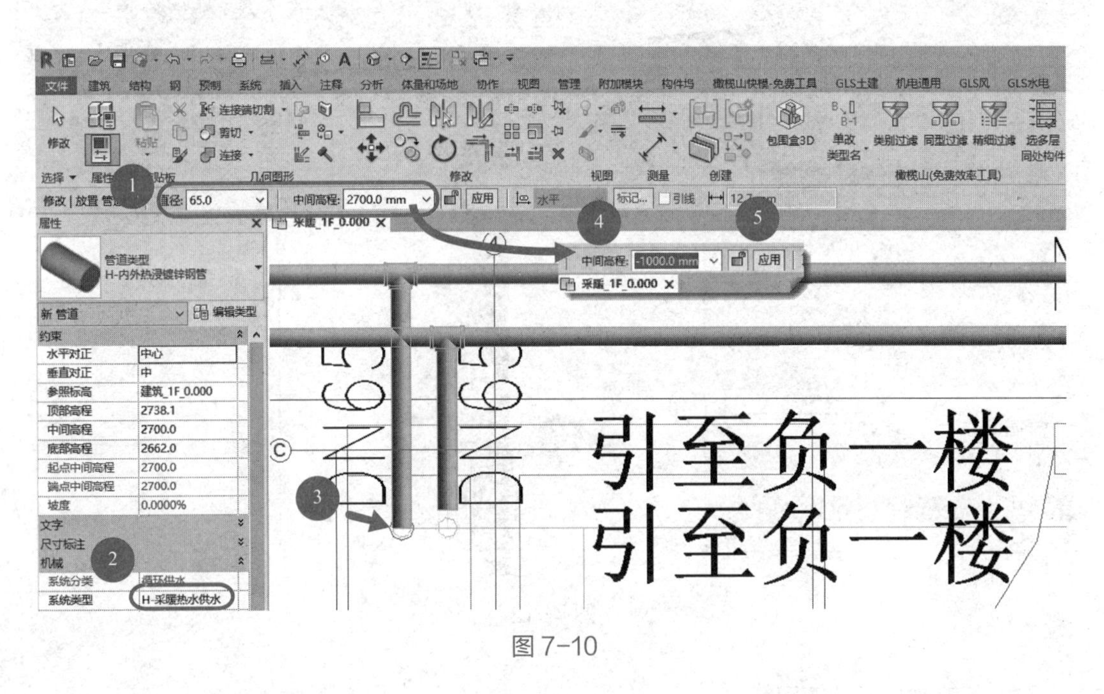

图 7-10

最终的效果如图 7-11 所示，或打开“随书文件 \ 第 7 章 \7.2.2.rvt”项目文件查看最终操作结果。

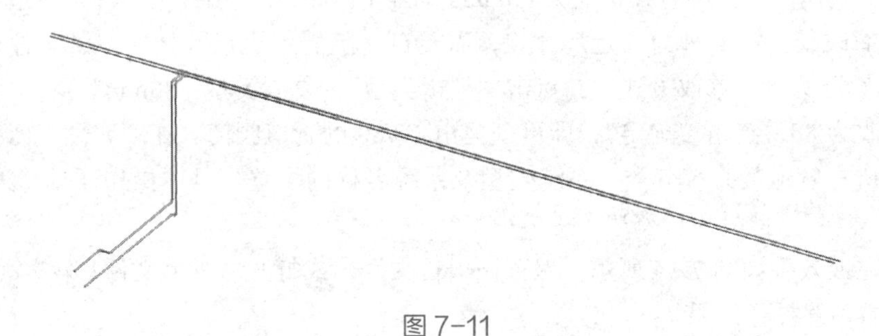

图 7-11

7.2.3 添加管道附件

打开随书的 7.2.2.rvt 项目文件添加管道附件。采暖管道添加管道附件与给排水管道添加管道附件原理一致，即载入相应的族→放置族→修改管径（根据情况）。以下为具体操作步骤。

（1）放置管道阀门

切换至“楼层平面：采暖 _−1F_−4.000”，如图 7-12 所示，单击“系统”选项卡“卫浴和管道”面板“管道附件”工具，选择图例对应的管道附件族，移动鼠标至管道对应位置上，当捕捉到管道中心线时，阀门会自动调转方向，使之与管线平行，单击鼠标左键，即可放置完成。放置完毕后，按两次“Esc”键即可退出管道附件放置命令。阀门的添加亦可在三维视图中进行，读者可自行尝试。

二维码 7-5

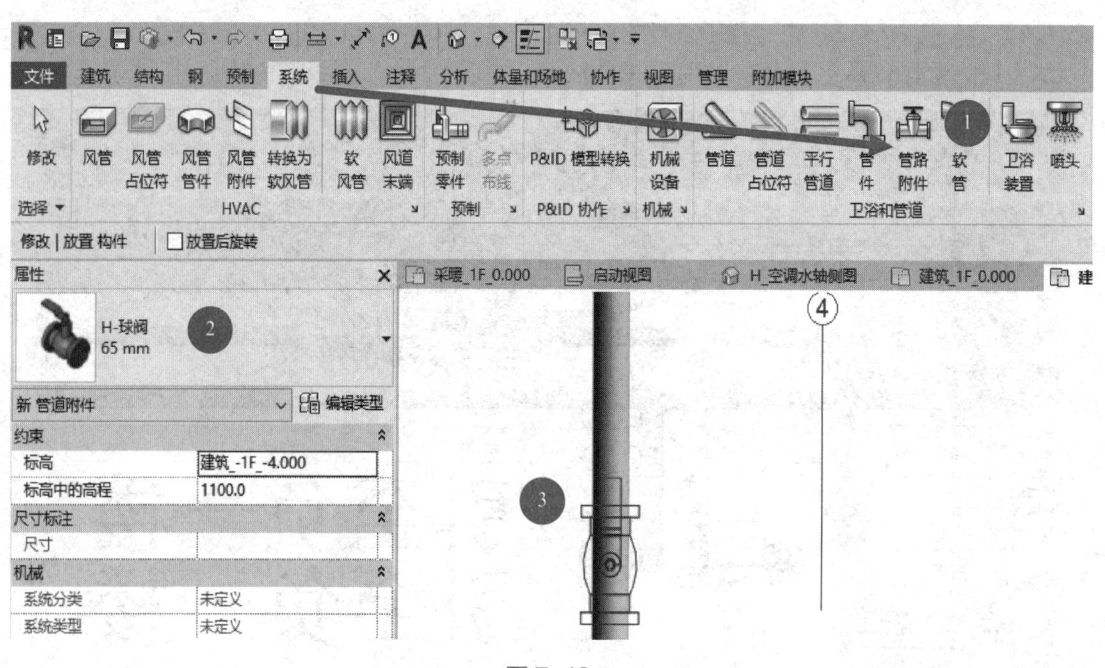

图 7-12

（2）修改阀门尺寸匹配管段

注意阀门的尺寸一定要与所放置管段的直径一致。例如，若阀门需安装在直径为 65mm 的给水管上，则阀门的公称直径也应为 65mm。而阀门有两种类型：第一种是自适应族，会随着管道尺寸而改变；第二种为固定尺寸族，需要自行随着管道尺寸修改。第二种情况，以样板中“H- 球阀”为例，修改方式为：点击“编辑类型”，复制类型“80mm”，将类型参数“公称直径”修改为 80，点击“确定”，即可创建出 *DN*80 的管道阀门。在“属性”面板中，阀门会自动继承所在管道的系统分类、系统类型及系统名称的设置。具体操作详见“第 5 章 给排水专业 BIM 建模”，此处不再赘述（图 7-13）。

本小节完成效果如图 7-14 所示。保存该项目文件，或打开“随书文件 \ 第 7 章 \7.2.3.rvt”项目文件查看最终操作结果。

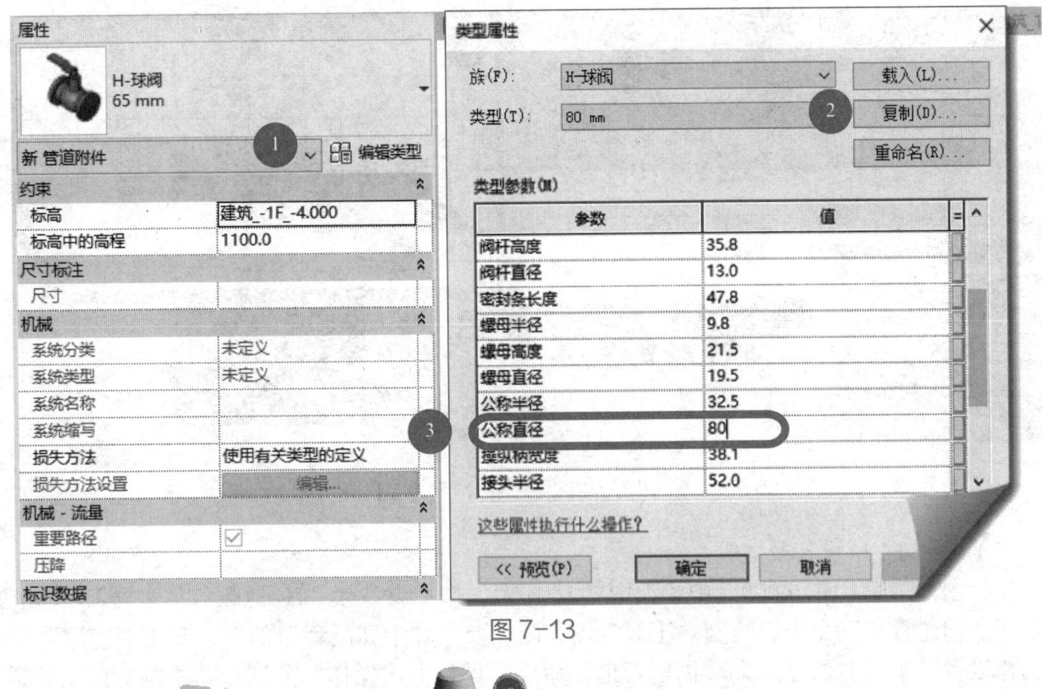

图 7-13

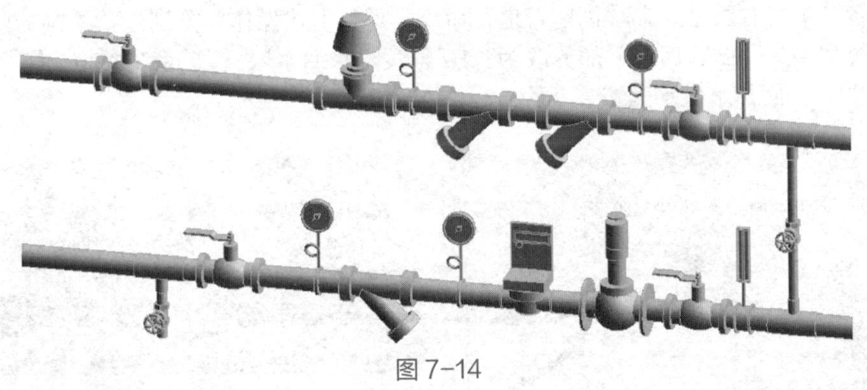
图 7-14

7.2.4 放置设备族

在本小节中，将基于 7.2.3 小节的项目文件添加设备族并与主管进行连接。具体操作步骤如下。

（1）载入相应的族

打开 Revit 项目文件，单击“插入”选项卡，在“从库中载入”面板中选择“载入族”按钮。找到族文件“H- 地暖分集水器”，选择并加载到项目中。将 CAD 图“一层采暖平面图”载入至视图“采暖 _1F_0.000”中，CAD 图“二层采暖平面图”载入至视图“采暖 _2F_3.600”中，参照 CAD 图绘制模型。

（2）放置族

切换至需要放置设备族分集水器的平面视图。单击“系统”选项卡，单击“机械设备”工具，找到设备族“H- 地暖分集水器”，在图中指定位置点击左键即可将其放至模型中。如图 7-15 所示，选择设备族“H- 地暖分集水器”，点击“修改”面板下“镜像 - 绘制轴”，取消勾选“复制”，在视图中绘制一条临时轴线，翻转构件至相反的方向。注意调整设备族的放置位置。选择设备族，在“属性”面板中将“标高中的高程”的值修改为“-50”。

二维码 7-6

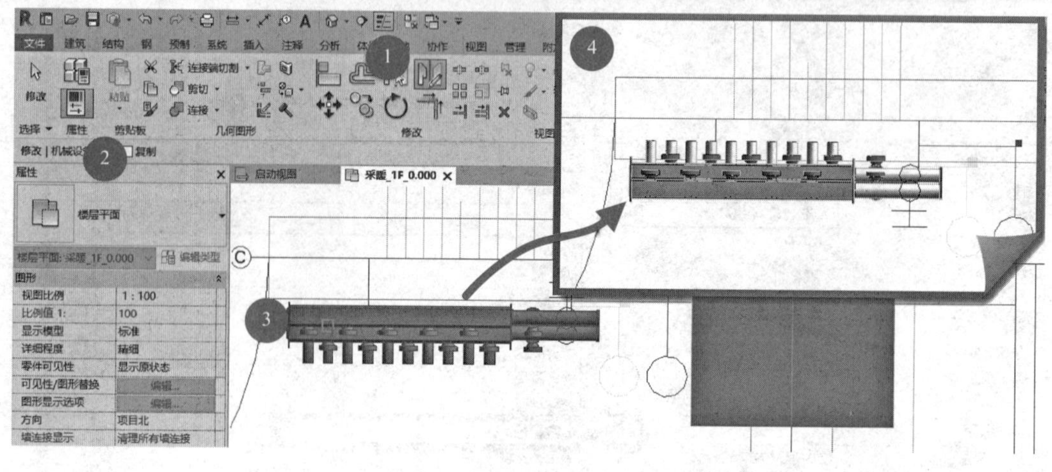

图 7-15

（3）绘制 F1 层设备及立管

在视图“采暖 _1F_0.000”中，如图 7-16 所示，选择设备族“H- 地暖分集水器”，单击设备右侧“创建管道”命令，绘制一小截管道，随即修改“中间高程”的值，双击“应用”；再次选择设备，单击右侧另一个“创建管道”命令，重复上述操作。分别选择绘制的两条管道，将管道系统类型为“循环回水”的修改为“H- 采暖热水回水”，管道系统类型为“循环供水”的修改为“H- 采暖热水供水”。

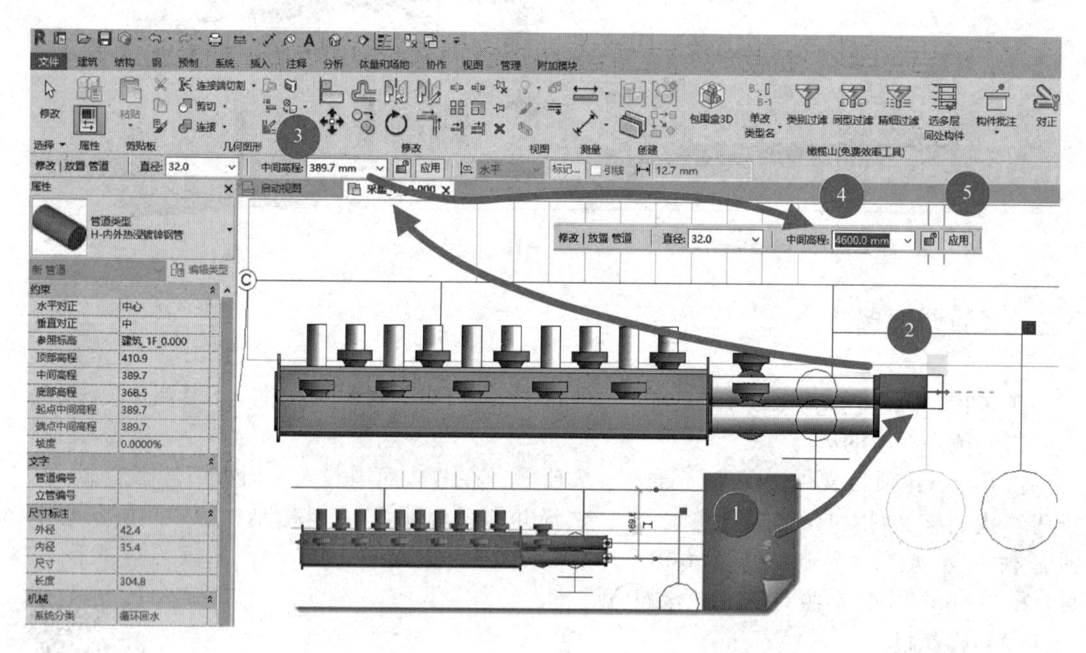

图 7-16

（4）绘制 F1 层支管

如图 7-17 所示，在楼层平面视图“采暖 _1F_0.000”中，选择“管道”命令，将“直径”修改为“40”，“中间高程”修改为“2700.0mm”，“管道类型”为“H- 内外热浸镀锌钢管”，“系统类型”为“H- 采暖热水回水”，在左侧立管中心的位置点击鼠标左键，向北侧延伸，点击左键绘制管道；按一下键盘“ESC”键，其他参数保持不变，将“系统类型”修改为“H- 采暖热水供水”，在右侧立管中心的位置点击鼠标左键，向北侧延伸，点击左键绘制管道。

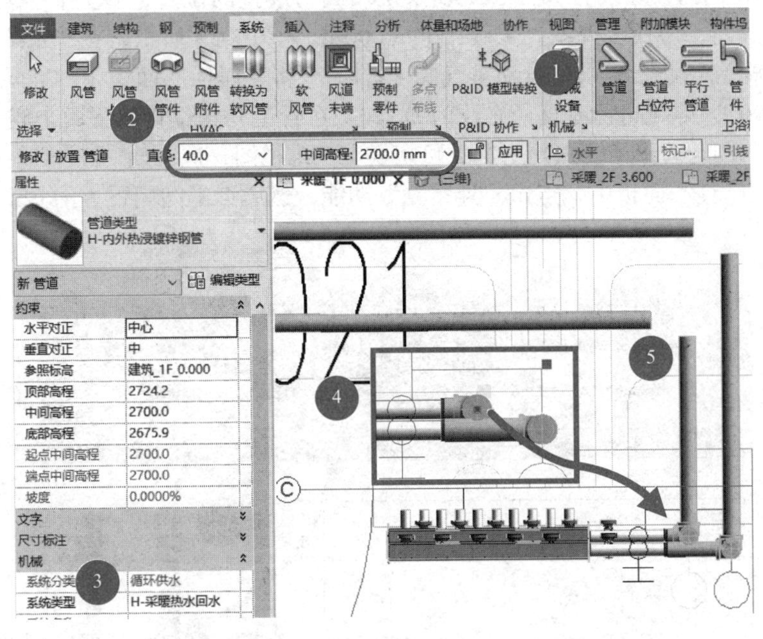

图 7-17

（5）绘制 F2 层设备及管道

如图 7-18 所示，在视图“采暖 _1F_0.000”中，选择设备族及两个横管，点击“修改 | 选择多个”面板中“复制到剪贴板”命令，在“粘贴”的下拉面板中选择“与选定的标高对齐”，最后在弹出的“选择标高”对话框中，选择“建筑 _2F_3.600”，点击“确定”。在三维视图中，使用“修改”面板下的“修剪 / 延伸单个图元”命令，将 F2 层支管与立管连接到一起。

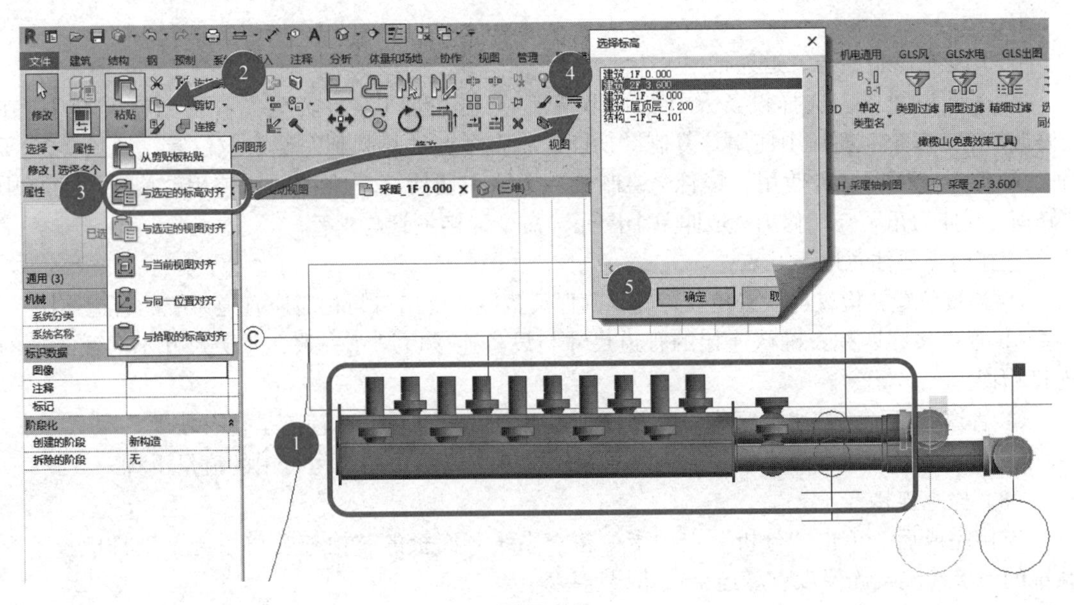

图 7-18

（6）放置立管阀门

在立管上放置的阀门有两种放置方式：第一种，放置族“H- 闸阀 - 螺纹”，切换至三维视图，选择族“H- 闸阀 - 螺纹”，对照 CAD 系统图阀门放置的位置，在立管上点击放置即可；第二种为末端阀门，切换至视图“采暖 _2F_3.600”，如图 7-19 所示，在“系统”面板中选择“管路附件”命令，找到族“H- 自动排气阀 - 立管”，将“属性”面板中“标高中的高程”的值修改为“1000”，排气阀管道直径修改为 *DN*20，在管道立管位置放置两个族“H- 自动排气阀 - 立管”，若阀门与管道未连接至一起，可切换至三维视图，选中族“H- 自动排气阀 - 立管”，在“修改 | 管道附件”面板中，点击“连接到”功能，然后点击阀门下方的立管，即可连接末端族与管道。

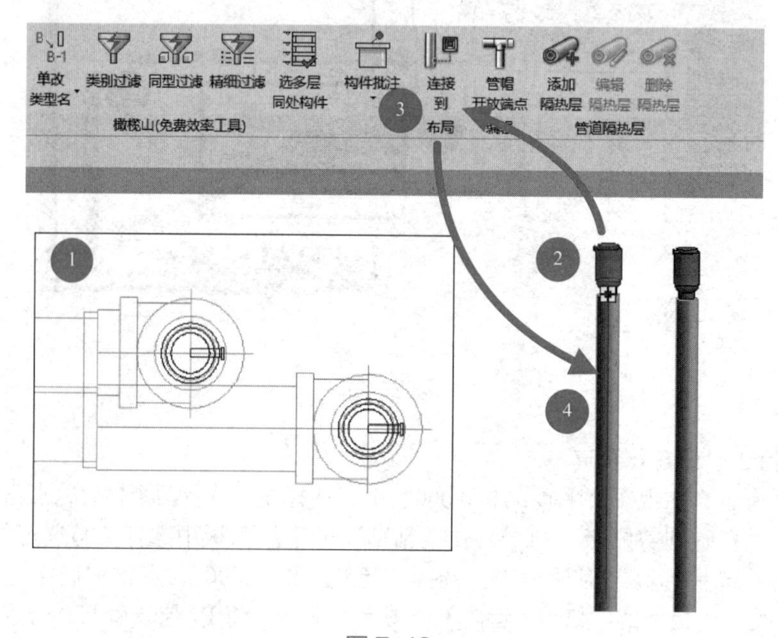

图 7-19

（7）复制设备族与管道连接

在三维视图中，选择设备及连接的立管、横管、阀门，切换至“采暖 _1F_0.000”，在“修改 | 选择多个”面板中使用“复制”功能，将多个构件复制到左侧对应位置，如图 7-20 所示，设备方向相反，可使用“镜像 - 绘制轴”命令。切换至三维视图，使用“修改”面板中“修剪 / 延伸为角”与“修剪 / 延伸单个图元”命令连接主管与支管。

连接时需要注意以下几点：

① 连接位置：检查连接点是否正确，确保设备族的进出口与相对应管道系统的管道连接。

② 管道尺寸匹配：确认连接的管道尺寸与设备连接口尺寸一致，避免尺寸不匹配导致的连接错误。

③ 管道坡度：连接水平管道时，需仔细观察图纸，查看水平管道是否有坡度。

④ 避免交叉：确保供水管道和回水管道不交叉，以避免系统运行中的流量干扰。

（8）检查连接

连接完成后，单击“分析”选项卡“检查系统”面板的“检查管道系统”工具检查整个系统的连接情况，确保没有漏连接或错误连接。

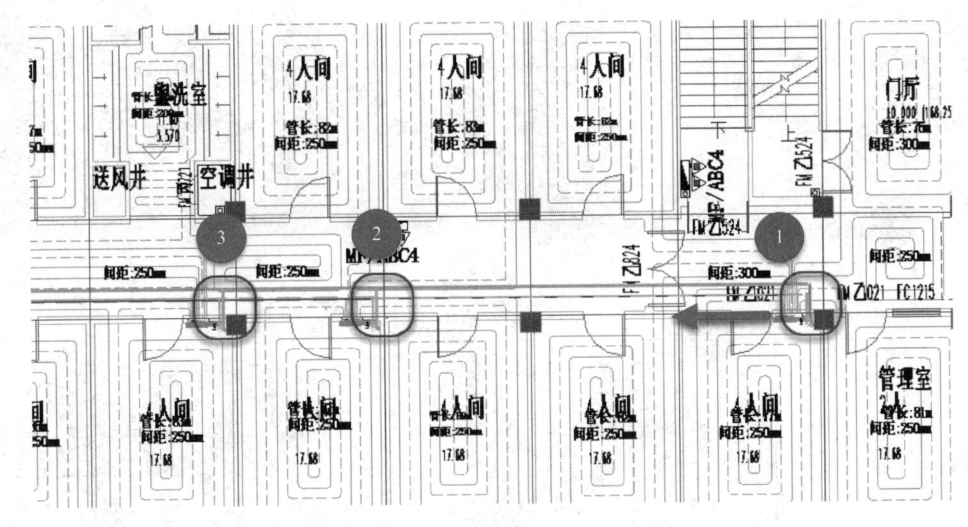

图 7-20

完成上述步骤后，保存项目文件，本系统完成效果如图 7-21 所示，或打开“随书文件\第 7 章\7.2.4.rvt”项目文件查看最终操作结果。

二维码 7-7

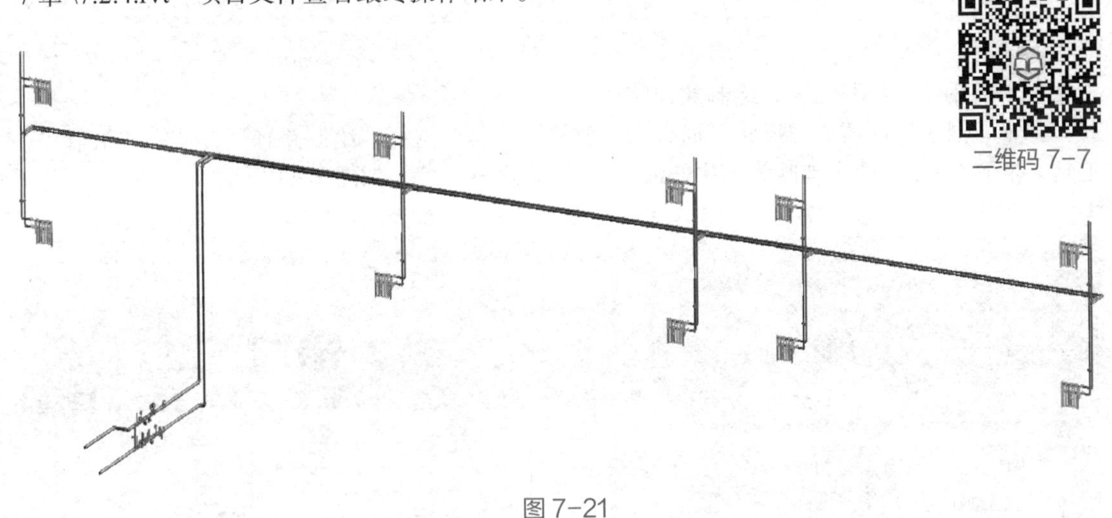

图 7-21

7.2.5　创建地暖盘管

由于 Autodesk Revit 中没有专门创建“地暖盘管”的命令，可以根据不同的应用场景，采用管道创建、内建模型、电气线管等不同的绘制方式。本书以“内建模型”的方式创建地暖盘管。

（1）使用“内建模型”创建地暖盘管

切换至“建筑 _1F_0.000”平面视图，导入相应的图纸后，单击“建筑”选项卡下“构建”面板中的“构件”下拉菜单，点击“内建模型”按钮，在“族类别和族参数”菜单中选择“专用设备”，点击“确定”，在弹出的对话框中，填写名称为“地暖”，点击“确定”，如图 7-22 所示。

二维码 7-8

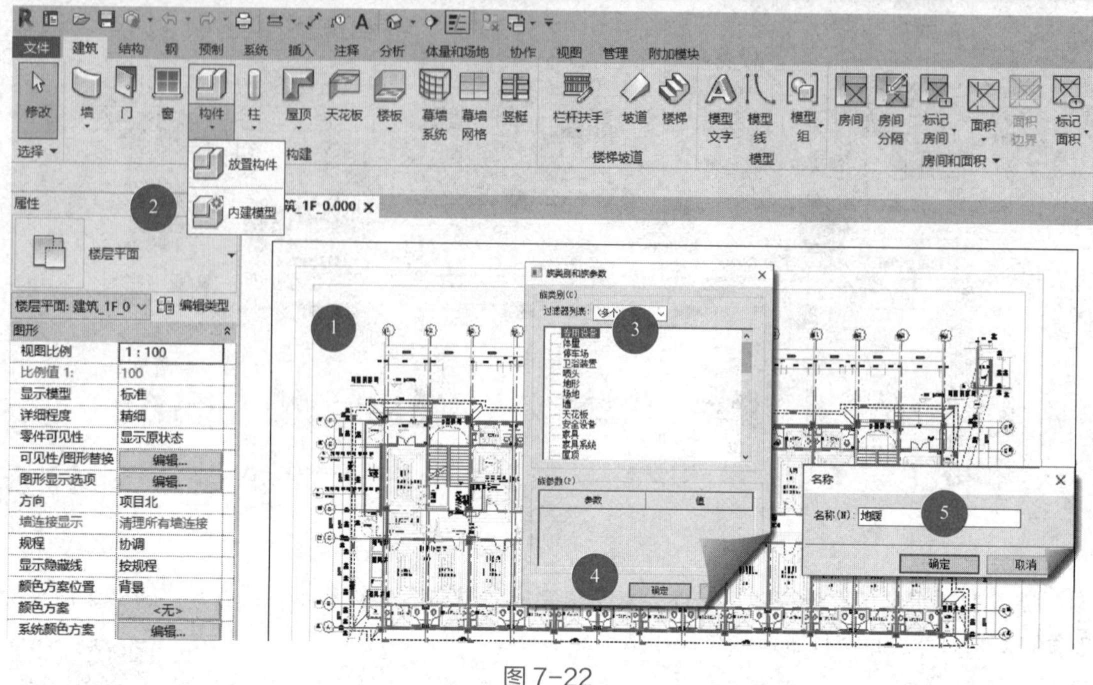

图 7-22

（2）使用“放样”命令，绘制放样路径

单击“创建”选项卡“形状”面板的“放样”工具，选择“绘制路径”并使用“拾取线”工具，拾取 CAD 底图中地暖管道中心线，完成后点击“√”，如图 7-23 所示。

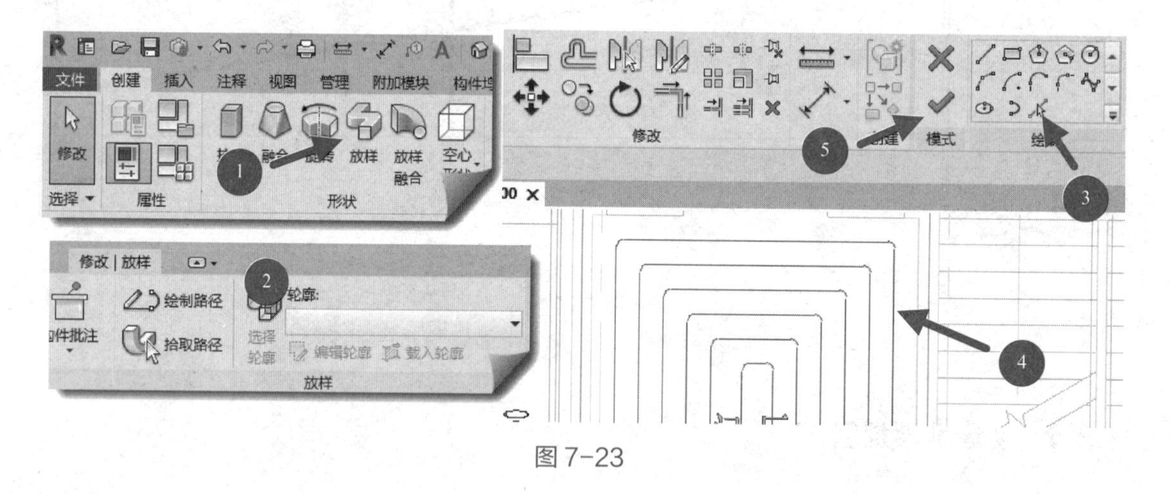

图 7-23

（3）绘制放样轮廓

如图 7-24 所示，单击“编辑轮廓”按钮，在跳出的“转到视图”菜单选择“立面：北_暖通”视图，并单击“打开视图”按钮，切换到北立面视图。选择“绘制”面板的“圆形”命令，在参照平面中心向下偏移 50mm 的位置绘制圆形，半径为 10mm，单击“√”完成轮廓创建，再单击“√”完成放样的创建，再单击“√”完成模型的创建。

其余的地暖盘管也采用相同方法创建，最终完成效果如图 7-25 所示。

至此，已完成采暖系统的创建，完成后的效果如图 7-26 所示，可打开“随书文件\第 7 章\7.2.5.rvt”项目文件查看最终操作结果。

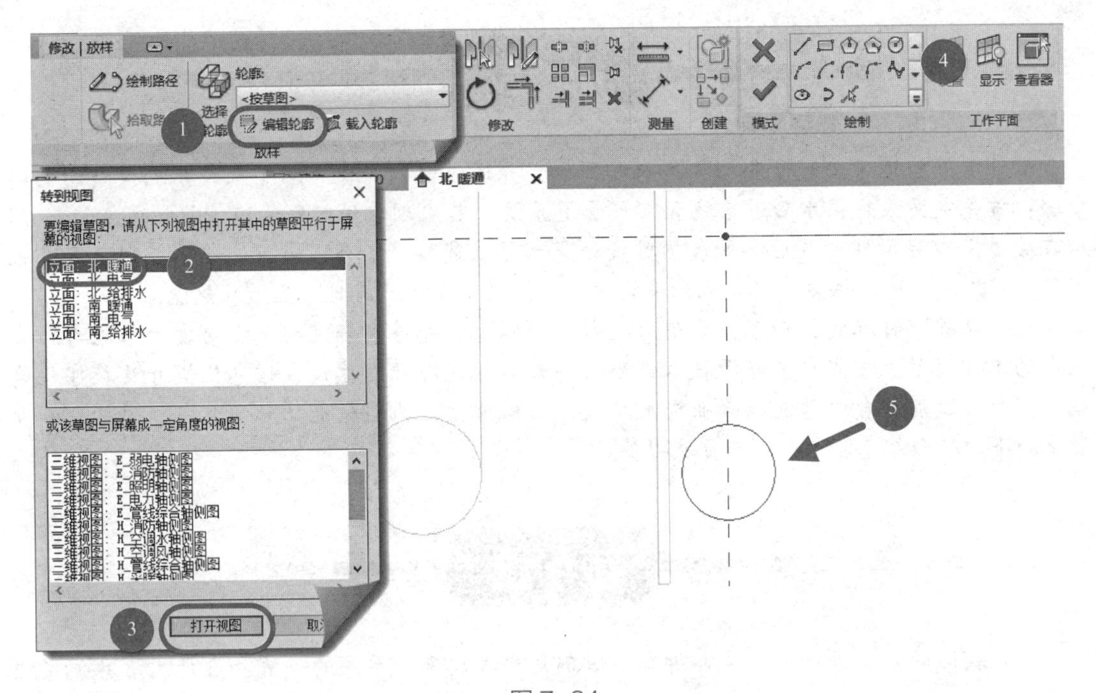

图 7-24

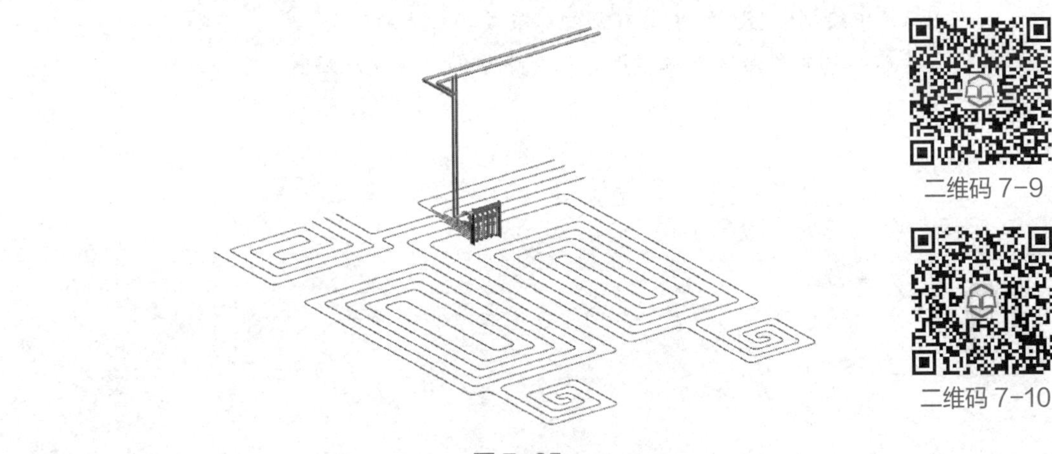

二维码 7-9

二维码 7-10

图 7-25

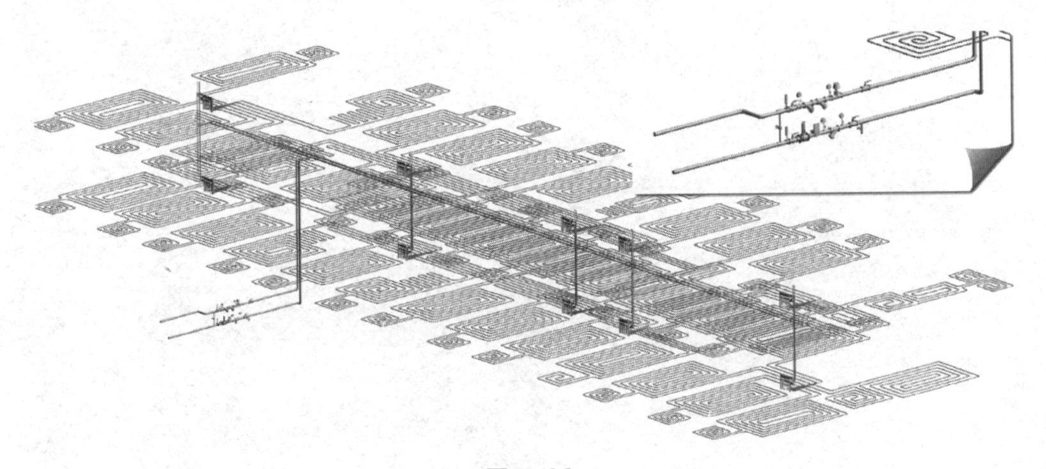

图 7-26

小 结

本章重点梳理了采暖专业的相关基础知识，并通过实例具体介绍了采暖系统模型的创建步骤：首先定义采暖供水管道系统和回水管道系统，其次创建供回水管道（或地暖盘管），然后在管道上布置附件，最后添加散热器或分集水器并连接。如今，城市采暖系统则更多是采用集中式热源，通过供热管道等基础设施向用户提供用于生产或日常生活的热能。

在“双碳”目标的推动下，希望通过本章的学习，能够在一定程度上启发大家思考，在未来的工作岗位上重点聚焦能源技术创新、综合智慧能源开发建设、信息化提升及数字化转型，以科技赋能综合智慧能源产业提质增效，以新质生产力引领能源转型升级，为构建新发展格局下的综合智慧能源新生态贡献力量。

练习题

1. 在我国的建筑设计中，是否所有区域都需要考虑采暖系统的安装和设计？请具体说明原因。

2. 在Revit中绘制采暖系统主要有哪些环节或操作步骤？

3. 结合现阶段国内外采暖发展情况，思考未来的采暖发展趋势。

第8章 通风防排烟及空调专业BIM建模

知识目标

- 熟悉通风防排烟及空调专业各系统的设计内容、常用规范及功能作用
- 掌握通风防排烟及空调专业 BIM 模型的深度要求
- 掌握通风防排烟及空调专业的 BIM 建模内容及方法

能力目标

- 能够正确识别通风防排烟及空调专业各系统构件并理解设计意图
- 能够根据工程图纸创建通风防排烟及空调专业各系统 BIM 模型

素质拓展

通风防排烟及空调专业为建筑空间提供品质良好的室内空气，打造健康舒适的生产生活环境，同时在火灾发生时，为人员提供安全疏散空间，减少生命财产损失。通过对通风防排烟及空调专业的学习，培养对室内环境和健康舒适度的重视，提高在紧急情况下的决策应变能力，同时关注能源效率与碳排放问题，树立可持续发展的理念。

在工程项目实施过程中，利用 BIM 技术进行协同设计与系统优化，增强系统思维和提升综合设计能力，同时应树立严谨负责的职业态度，增强责任感。

新中国成立以来，随着改革开放政策的实施，我国暖通行业得到长足发展，实现了从暖通基础设施建设到世界领先的智能化、绿色化“中国制造”技术跨越式发展，不断追求技术创新与生态平衡，为全球生态治理、生态安全、人与自然和谐共处作出了积极贡献。暖通行业发展历程如下。

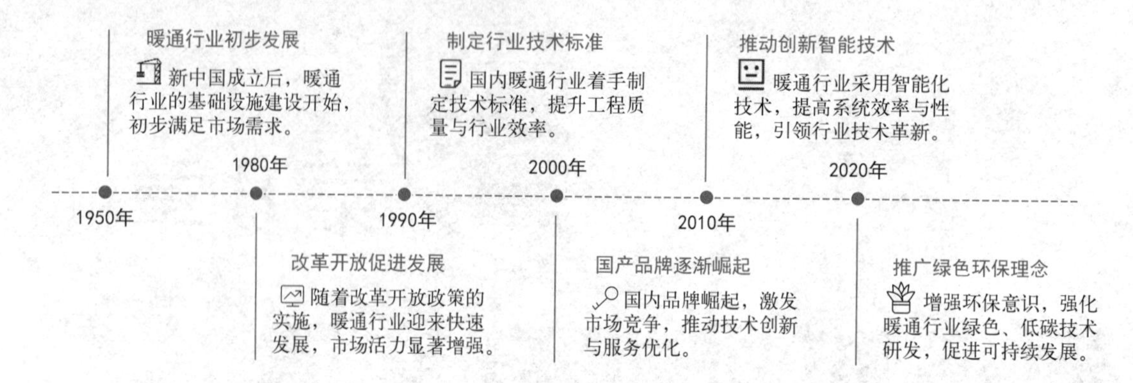

8.1 通风防排烟及空调专业简介

通风防排烟及空调专业属于暖通专业的一部分，而暖通专业是机电专业的一个分类。暖通包括采暖、通风、空气调节三个方面，统称为暖通空调。暖通空调为创造适宜的生活或工作条件，用人工方式将室内空气质量、温湿度或洁净度等保持在一定状态，以满足卫生标准和生产工艺的要求。

通风防排烟及空调系统主要包括以下系统：通风系统、防排烟系统、空气调节系统。

（1）通风系统　通风系统为保持室内空气环境满足卫生标准和生产工艺的要求，把室内被污染的空气直接或经净化后排至室外，同时将室外新鲜空气或经净化后的空气补充进来。常见通风系统包括自然通风、机械通风。

（2）防排烟系统　建筑防排烟系统用于控制建筑物发生火灾时的烟气的流动，为人们的安全疏散和消防扑救创造有利条件。它分为防烟系统和排烟系统：防烟系统是采用机械加压送风方式或自然通风方式，防止烟气进入疏散通道的系统；排烟系统是采用机械排烟方式或自然通风方式，将烟气排至建筑物外的系统。

（3）空气调节系统　空气调节系统（简称空调系统）是对房间或空间内的温度、湿度、洁净度和空气流动速度进行调节的建筑环境控制系统，系统由冷热源设备、冷热介质输配系统、空调末端设备及自动控制系统组成。

8.1.1 常用规范

通风防排烟及空调专业现行设计及施工规范如表 8-1 所示。

表 8-1　通风防排烟及空调专业常用现行设计及施工规范

规范分类	规范名称	规范号
设计规范	《建筑设计防火规范》（2018 年版）	GB 50016—2014
	《建筑防烟排烟系统技术标准》	GB 51251—2017

续表

规范分类	规范名称	规范号
设计规范	《公共建筑节能设计标准》	GB 50189—2015
	《消防设施通用规范》	GB 55036—2022
	《民用建筑通用规范》	GB 55031—2022
	《民用建筑供暖通风与空气调节设计规范》	GB 50736—2012
	《建筑机电工程抗震设计规范》	GB 50981—2014
	《建筑与市政工程抗震通用规范》	GB 55002—2021
	《建筑节能与可再生能源利用通用规范》	GB 55015—2021
	《建筑环境通用规范》	GB 55016—2021
	《民用建筑设计统一标准》	GB 50352—2019
	《通风机能效限定值及能效等级》	GB 19761—2020
	《房间空气调节器能效限定值及能效等级》	GB 21455—2019
	《宿舍、旅馆建筑项目规范》	GB 55025—2022
施工规范	《多联机空调系统工程技术规程》	JGJ 174—2010
	《通风与空调工程施工质量验收规范》	GB 50243—2016
	《通风与空调工程施工规范》	GB 50738—2011
	《通风管道技术规程》	JGJ/T 141—2017

8.1.2 图纸构成

通风防排烟及空调专业图纸主要包括图纸目录，设计、施工说明，设备材料表，平面图，系统图及大样图等。图纸常见的图幅及比例可参考表 8-2。图纸主要内容如表 8-3 所示。

表 8-2 通风防排烟及空调专业图纸常见的图幅及比例

图纸名称	图幅	比例
图纸目录	A3	—
设计、施工说明，图例	A3	—
设备材料表	A3	—
平面图	A3	1 ∶ 150
系统图	A3	1 ∶ 150
大样图	A3	1 ∶ 50

表 8-3 通风防排烟及空调专业图纸主要内容

编号	图纸名称	图纸主要内容
1	图纸目录	包含暖通专业所有图纸的图纸名称、图号、版次、规格，方便查询及抽调图纸
2	设计、施工说明	包括暖通设计、施工依据，工程概况，设计内容和范围，室内外设计参数，各系统管道及保温层的材料，系统工作压力及施工安装要求等
3	图例	反映暖通专业各种构件在图纸中的表达形式
4	设备材料表	包括此工程中暖通专业各个设备的名称、性能参数、数量等
5	平面图	展示建筑各层的暖通设备及功能管道的平面布置
6	系统图	表达整个系统的逻辑组成及各层平面图之间的上下关系，一般可表达平面图不能清楚表达的部分
7	大样图	平面图、系统图中局部构造因比例限制难以表达清楚时所给出的详图

图例如表 8-4 所示。

表 8-4 空调系统图例

序号	名称	图例	序号	名称	图例
1	空调室外机	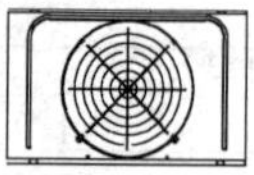	9	单层防雨百叶回风口	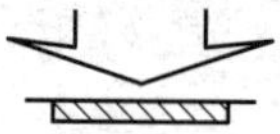
2	空调室内机	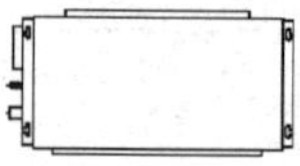	10	双层百叶送风口	
3	新风室内机	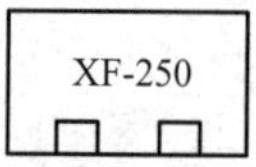 XF-250	11	单层百叶送风口	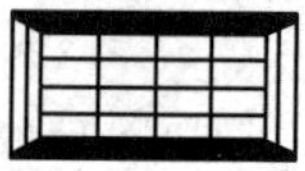
4	新风室外机	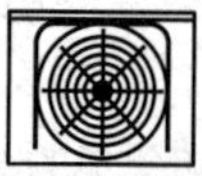	12	单层活动百叶回风口	
5	消音器	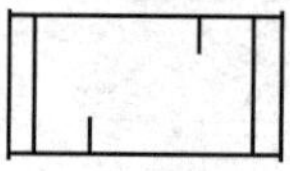	13	冷媒管	
6	分歧管		14	冷媒立管	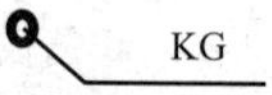 KG
7	风管	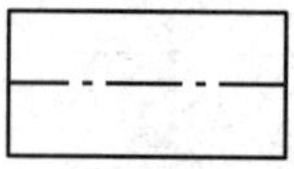	15	新风立管	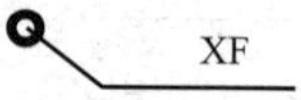 XF
8	新风阀门		16	冷凝水管	

设备表以空调系统为例，如表 8-5 所示。

表 8-5　空调系统常用设备表

序号	名称	参数	单位	数量
1	室内机	制冷量：3.6kW；制热量：4.0kW；额定电流：0.33A；额定功率：0.072kW；最大静压：30Pa； 机体尺寸：700mm×450mm×210mm；标准风量：540m^3/h；噪声值（dB）：36/28/24	台	43
2	室外机	制冷量：61.5kW；制热量：69kW；额定制冷功率：17.77kW/h；额定制热功率：17.01kW/h； 机体尺寸：1340mm×1635mm×790mm；质量：348kg；噪声值（dB）：62	台	2
3	室内新风机组	制冷量：25kW；制热量：16kW；标准风量：2500m^3/h；机外余压：220Pa；功率：0.9kW	台	2
4	室外新风机组	制冷量：25.2kW；制热量：27kW；额定制冷功率：5.41kW；额定制热功率：5.79kW；机体尺寸：990mm×1635mm×790mm；质量：227kg	台	2
5	消声器	ZP100 型消声器，L=1000mm	台	2
6	单层防雨百叶回风口	800mm×320mm，带 10 目镀锌钢丝防虫网	个	2
7	双层活动百叶送风口	400mm×400mm	个	43
8	双层百叶送风口	150mm×150mm	个	43
9	单层活动百叶回风口	600mm×600mm	个	43

8.1.3　模型深度要求

通风防排烟及空调系统施工图模型深度要求如表 8-6 所示。

表 8-6　通风防排烟及空调系统施工图模型深度要求

系统分类	类型	模型深度要求
风系统	风管	绘制主风管，按照系统添加不同的颜色
	风管管件	绘制主风管上的风管管件
	阀门	尺寸、形状、位置、添加连接件
	风道末端	示意，无尺寸与标高要求
	机械设备	尺寸、形状、位置
水系统	水管（含冷媒管）	绘制主管道，按照系统添加不同的颜色
	水管管件（含分歧管）	绘制主管道上的水管管件
	阀门	尺寸、形状、位置、添加连接件
	仪表	尺寸、形状、位置、添加连接件
	设备	尺寸、形状、位置

8.2 创建通风防排烟系统模型

创建通风防排烟系统模型首先需要定义本系统内的所有子系统，各楼层子系统具体部位如表8-7所示，其次创建机械设备，再通过机械设备端部连接件创建风管，最后在风管上布置末端及附件。

表8-7 专用宿舍楼项目机电工程通风防排烟系统分布情况

楼层	子系统	部位
地下一层	送风系统	柴油发电机房、消防水泵房、配电房
	排风系统	柴油发电机房、消防水泵房、配电房
	排烟系统	走道
一层	排风系统	卫生间
	排烟系统	走道
	加压送风系统	走道中部
二层	排风系统	卫生间
屋顶层	排烟系统	排烟机房
	加压送风系统	送风机房

8.2.1 模型创建准备

一般来说，需要在空白的项目中创建暖通空调专业的模型，并采用链接的方式链接建筑、结构专业及其他机电工程专业的BIM模型。启动Revit，单击“项目”列表中的“新建”按钮，弹出“新建项目”对话框，单击“浏览”按钮选择“随书文件\第8章\项目样板.rte”，确认创建类型为“项目”，单击“打开”按钮创建空白项目文件，如图8-1所示。

项目文件创建之后需要结合项目标高创建楼层平面视图，该样板中已内置了项目的完整标高信息。在“视图”面板中单击“平面视图”按钮弹出“新建楼层平面”对话框，全选所有标高后点击“确定”，如图8-2所示。保存该项目文件，或打开“随书文件\第8章\8.2.1.rvt”项目文件查看最终操作结果。

8.2.2 定义通风防排烟系统

二维码8-1

接上节练习继续对项目中防排烟系统及类型进行创建及设置。

（1）系统创建及设置

8.2.1小节项目文件中默认的风管系统只有回风、送风、排风，无法满足绘图需求，故需根据已有的风管系统创建新的风管系统。

在“项目浏览器”中选择“族”并单击“+”符号展开下拉菜单，选择“风管系统”，可以查看项目中的风管系统。

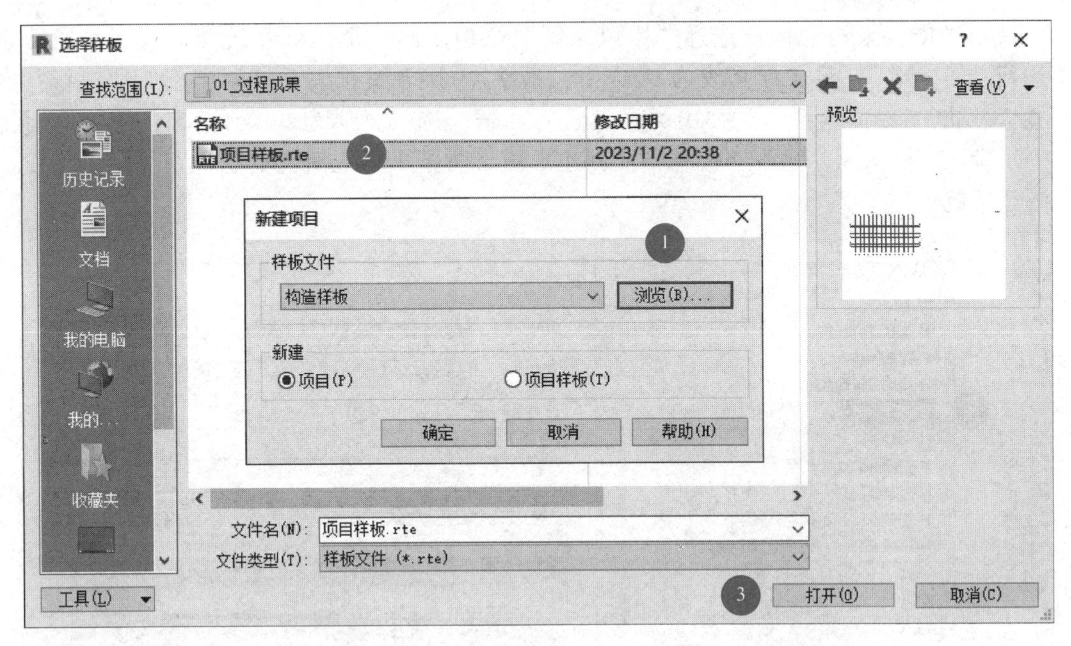

图 8-1

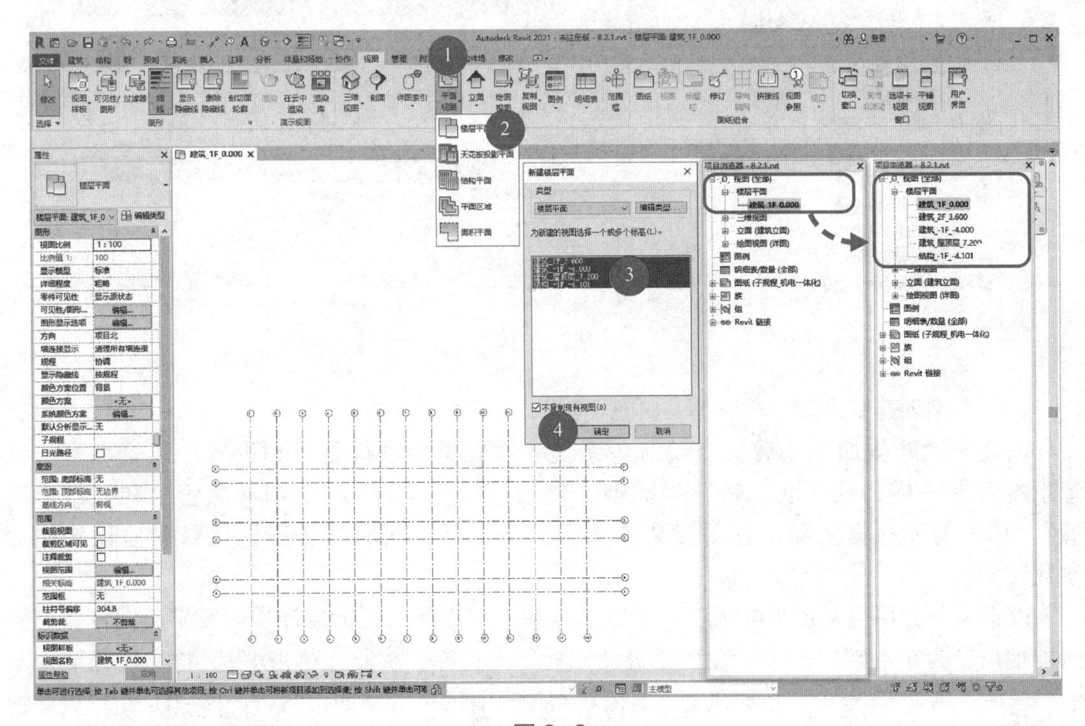

图 8-2

基于已有的“回风、排风和送风”三个系统创建新的风管系统，所有风管系统创建后都隶属于这三个风管系统中的一种，例如，属于“送风”分类下的风管系统类型有加压送风系统、空调送风系统、空调新风系统、送风兼消防补风系统、消防补风系统等，排烟系统、排风系统、排风兼排烟系统可使用“排风”系统分类。

以创建排风系统为例，选择“排风系统”类型复制一个风管系统，对复制的风管系统进行“重命名”，将名称修改为“H- 排风系统”，接着对排风系统的类型属性进行基本设置，双击“H- 排风系统”弹出类型属性对话框，选择材质为“H- 排风”，添加缩写为“PF”即可，如图 8-3 所示。以此类推创建本项目防排烟系统所需的送风、排烟、加压送风等子系统。

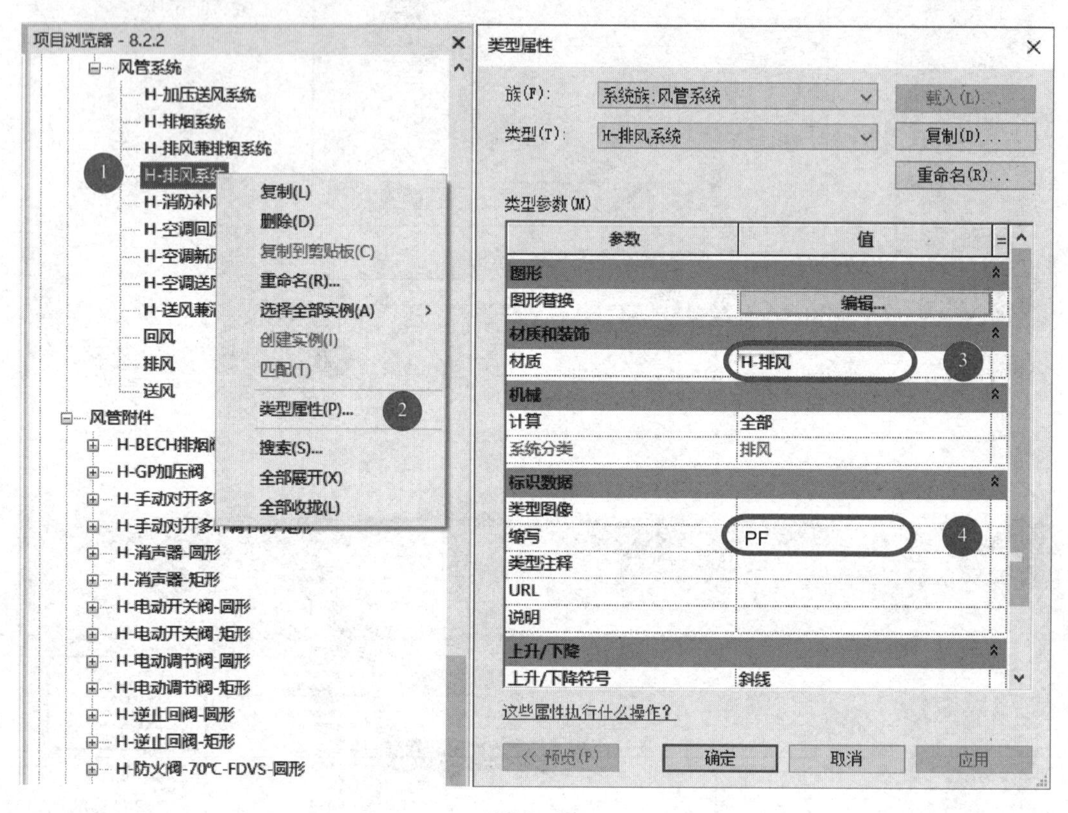

图 8-3

（2）类型创建及设置

创建通风防排烟系统后，需要对各系统的风管类型进行创建和设置。风管类型与风管系统情况一样，软件会自带三种类型，包括“圆形风管”“椭圆形风管”和“矩形风管”，用户需要根据实际工程项目要求选择风管类型，同时结合不同风管材质设置相关参数。

以本项目专用宿舍楼机电工程一层走道排烟系统为例，通过设计说明及平面图可以了解到排烟风管为矩形镀锌钢板。在“项目浏览器”中选择“族”并单击“+”符号展开下拉菜单，选择“风管”，双击“矩形风管”查看项目中已有的风管类型；然后选择“H- 矩形镀锌钢板”，单击鼠标右键复制一个类型，并重命名为“排烟系统 - 矩形镀锌钢板”，此操作步骤与风管系统创建基本一致；最后双击此系统类型对“布管系统配置”及“标识数据”进行设置，如图 8-4 所示。本书已在给定样板中对布管系统进行基本配置，故不赘述相关内容。按照上述步骤对其他风管类型进行创建、设置。保存该项目文件，或打开“随书文件\第 8 章\8.2.2.rvt”项目文件查看最终操作结果。

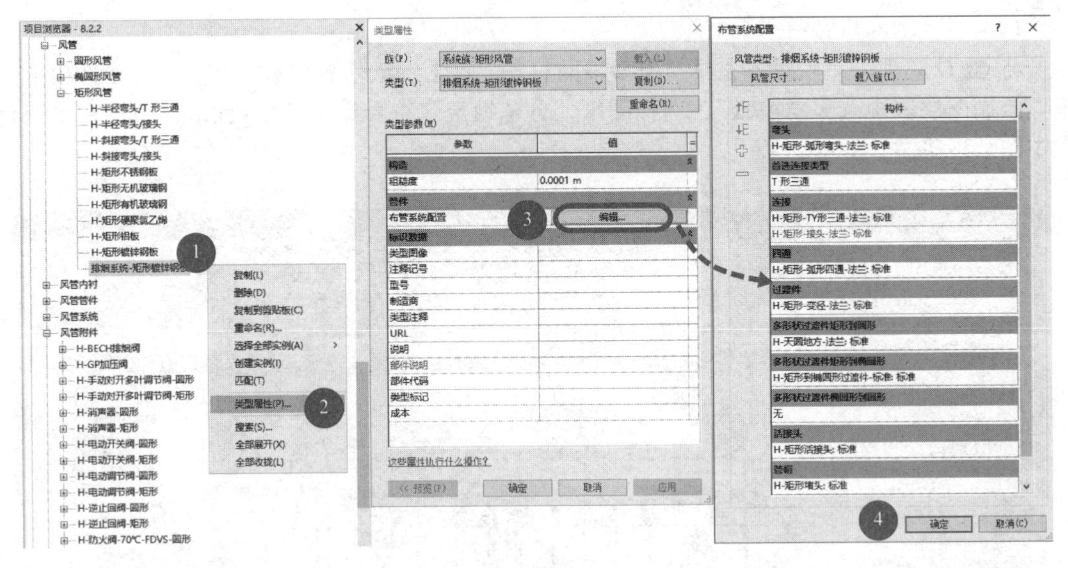

图 8-4

8.2.3　创建卫生间排风系统

二维码 8-2

本项目卫生间排风系统存在换气扇，其创建步骤为机械设备→风管→风管附件。在本节中以一层通风平面图为例介绍具体操作。

（1）导入平面图

打开 8.2.2 小节的项目文件，切换至“建筑 _1F_0.000”平面视图，选择“插入”选项卡“导入”面板下的“导入 CAD”命令，如图 8-5 所示，在“导入 CAD 格式”对话框中选择“1F 通风 _t3”，“文件类型”按默认选择，勾选“仅当前视图”一栏，“颜色”选择“保留”，“图层 / 标高”选择“全部”，“导入单位”选择“毫米”，“定位”选择“自动 - 原点到内部原点”，完成后选择“打开”。

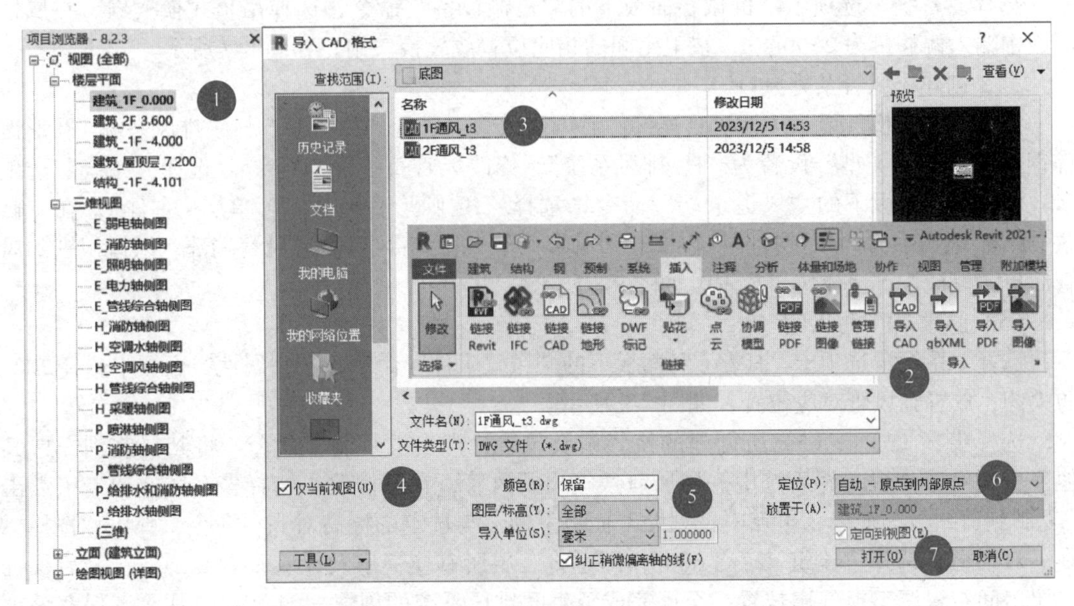

图 8-5

（2）对齐轴网与底图

将 CAD 解锁，使用对齐工具与模型轴网对齐，点击图纸任意位置，在“属性”选项卡面板“绘制图层”中选择“前景”，选择图纸上方“锁定”符号锁定 CAD 图纸，防止在绘制过程中图纸移动，如图 8-6 所示。

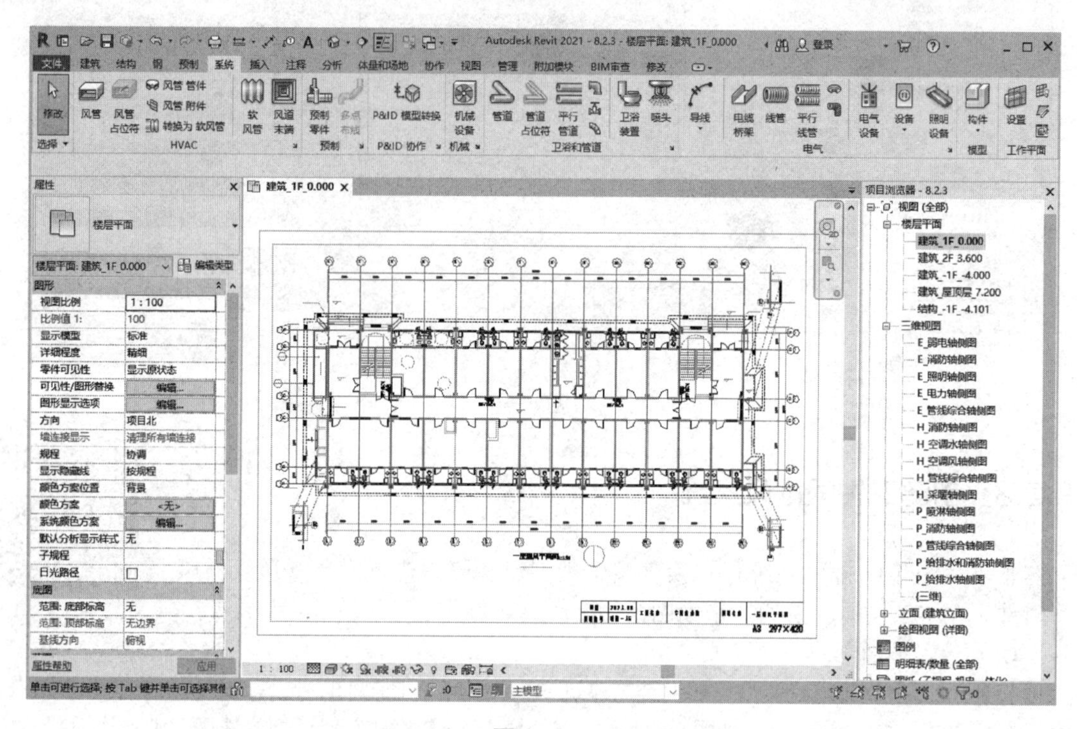

图 8-6

（3）创建换气扇

选择“系统”选项卡“机械”面板下的“机械设备”命令，选择吊顶式换气扇，在属性面板中输入偏移量为 2500mm，在卫生间的相应位置放置换气扇，如图 8-7 所示。

（4）创建排风管及排风口

点击放置的换气扇，选择风管连接件后创建风管，风管“类型”选择“排风系统 - 圆形镀锌钢板”，“系统类型”设置为“H- 排风系统”，修改风管直径为 100mm。选择“系统”选项卡“HVAC”面板下的“风道末端”命令，选择“H- 圆形百叶风口 - 单层 - 主体”，在“修改 | 放置 风口装置”中选择“风口安装到风管上”，然后将风口靠近风管端部，风口识别到风管后单击鼠标左键完成风口放置，如图 8-8 所示。

（5）创建 70℃防火阀

选择“系统”选项卡“HVAC”面板下的“风管附件”命令，在“属性”面板中选择 70℃防火阀，放置到风管对应位置，如图 8-9 所示。

选择步骤（3）～（5）所创建的换气扇及风管，点击“复制”命令，将其复制到一层其他卫生间对应位置，然后选中一层所有换气扇及风管，在“修改 | 选择多个”选项卡中点击“复制到剪贴板”命令，再点击“粘贴”面板下的“与选定的标高对齐”命令，弹出“选择标高”对话框，选择“建筑 _2F_3.600”，即可将一层所有换气扇及风管复制到二层，最后根据二层房间布置调整换气扇位置，至此完成卫生间排风系统的创建，如图 8-10 所示。保存该项目文件，或打开“随书文件 \ 第 8 章 \8.2.3.rvt”项目文件查看最终操作结果。

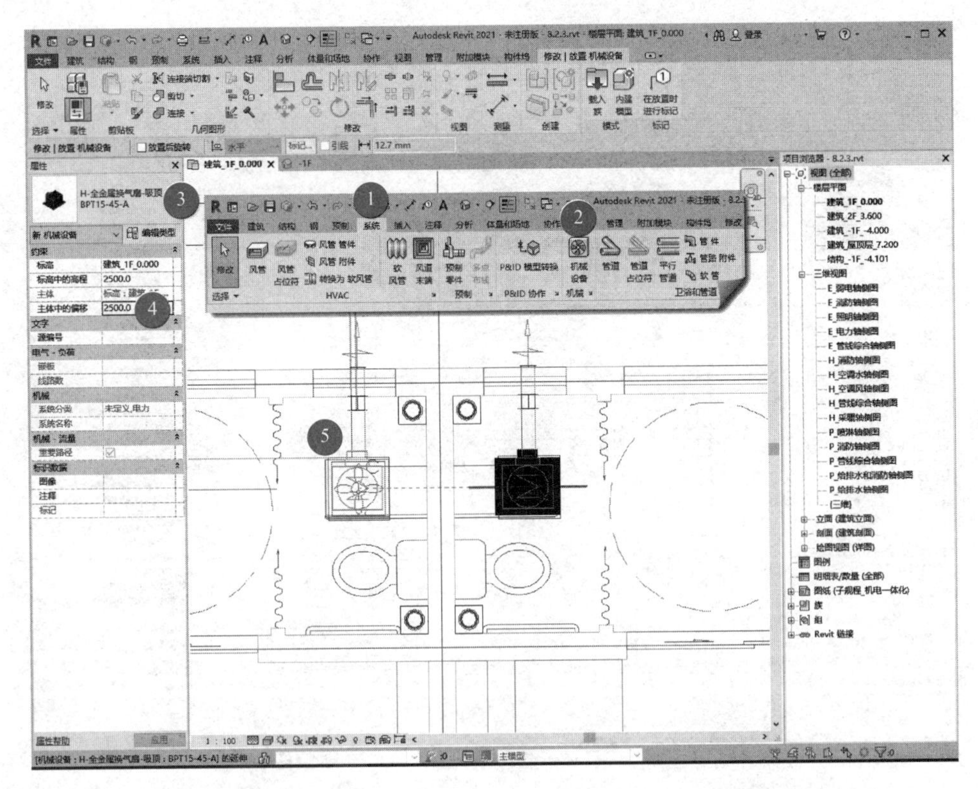
Autodesk Revit 2021
H-全金属换气扇-吸顶
BPT15-45-A
1
2
3
4
5
HVAC
建筑_1F_0.000

图 8-7

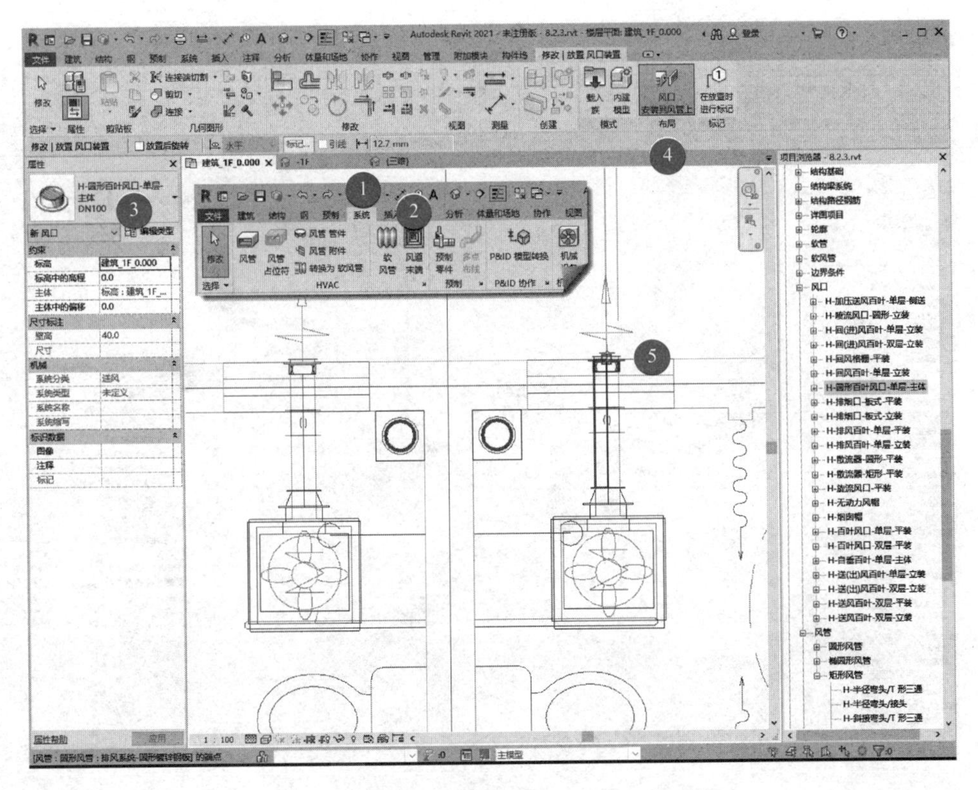
Autodesk Revit 2021
H-圆形百叶风口-单层-主体
DN100
1
2
3
4
5
HVAC
建筑_1F_0.000

图 8-8

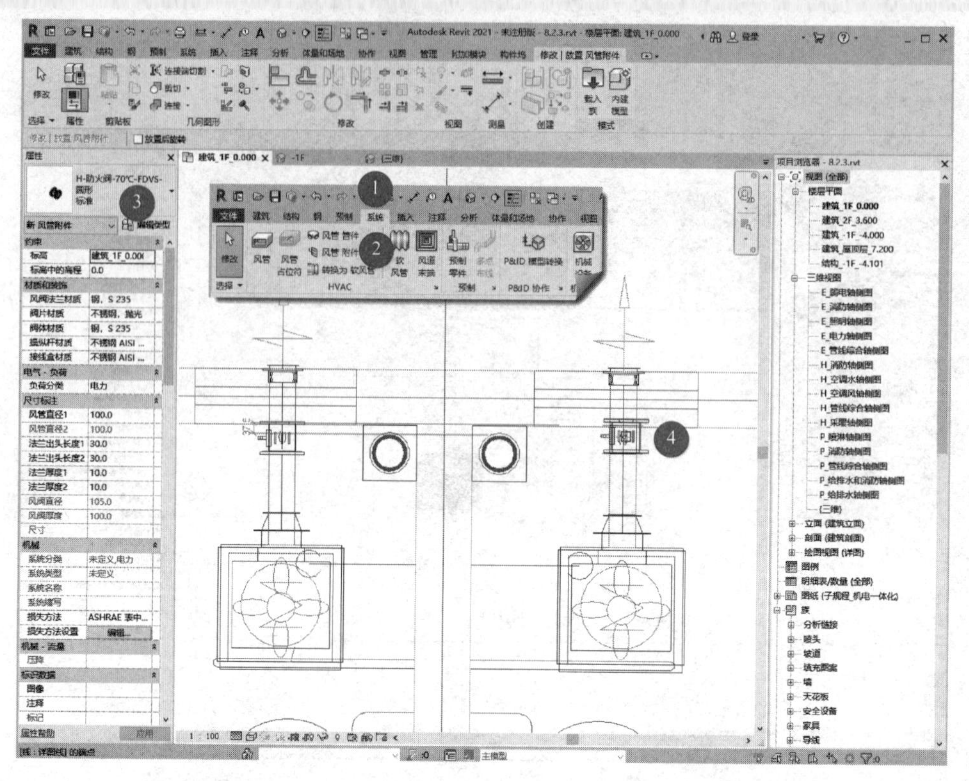
Autodesk Revit 2021
项目浏览器 - 8.2.3.rvt
1
2
3
4

图 8-9

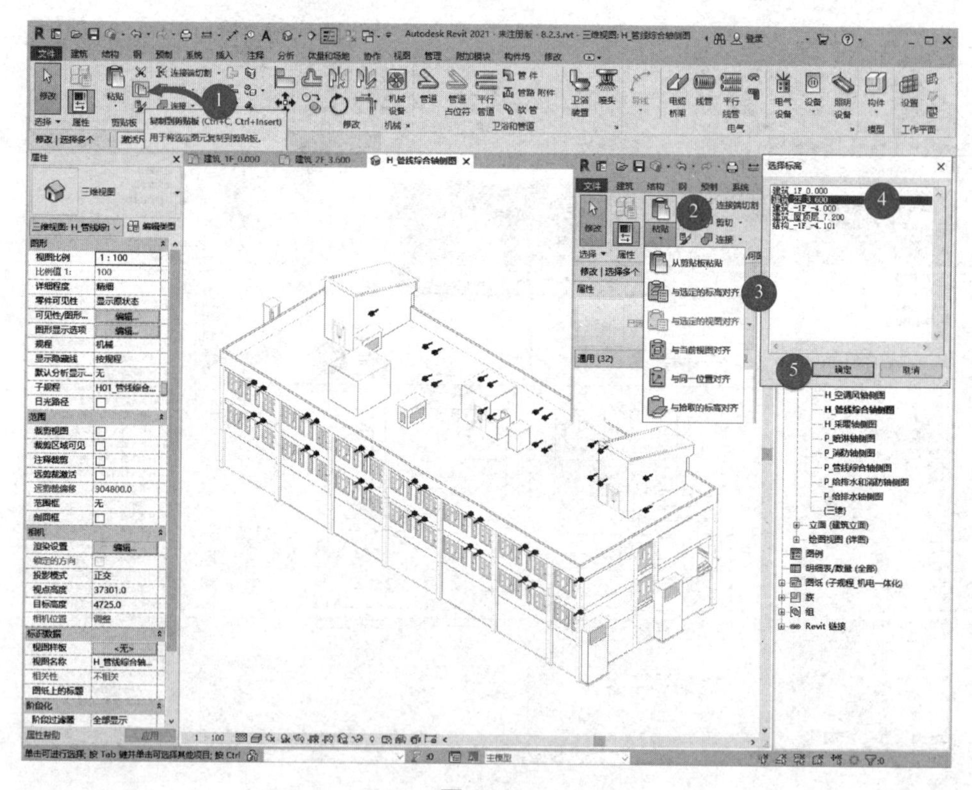
Autodesk Revit 2021
选择标高
与选定的标高对齐
确定
取消
1
2
3
4
5

图 8-10

8.2.4　创建设备房排风系统

本项目设置排风系统的设备房集中于地下一层，包括消防水泵房、柴油发电机房、配电房。

在本小节中以柴油发电机房排风系统为例介绍具体创建操作。其创建步骤一般为：排风井立管→机械设备→设备两端附件→风管→风管上其他附件及风道末端。

二维码 8-3

（1）导入及对齐平面图

接 8.2.3 小节的项目文件，切换至“建筑 _-1F_-4.000”楼层平面再进行图纸导入，此步骤已在 8.2.3 小节详细介绍过，可按照其操作执行。

（2）创建排风井立管

选择“系统”选项卡“HVAC”面板下的“风管”命令，选择风管类型为“排风系统 - 矩形镀锌钢板”，风管的水平对正为“中心”，垂直对正为“中”，风管的系统类型为“H- 排风系统”，设置风管宽度为 1900mm，高度为 700mm，中间高程为 0.0mm，点击向上风管中心处确认风管位置，修改中间高程为 7500.0mm，点击“应用”按钮，绘制向上风管立管，如图 8-11 所示。

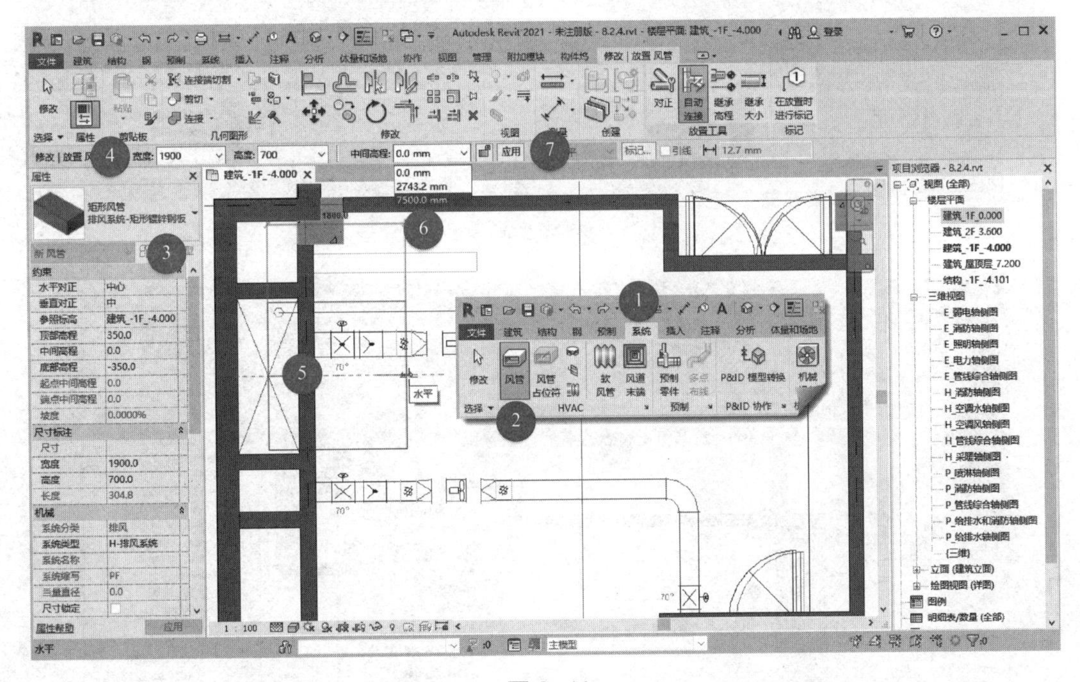

图 8-11

（3）创建风机及软接头

以储油间排风系统为例，选择“系统”选项卡“机械”面板下的“机械设备”命令，选择“防爆风机 BSWFNO2.5”，在属性面板中输入偏移量为 3000mm，在平面图相应位置放置风机。选择“系统”选项卡“HVAC”面板下的“风管附件”命令，选择“H- 风管软接头 - 圆形 - 标准”，将软接头靠近风机端部，识别到风机后单击鼠标左键完成软接头放置，如图 8-12 所示。

（4）创建风管

点击风管软接头，选择风管连接件后创建风管，风管类型选择“排风系统 - 矩形镀锌钢板”，“系统类型”设置为“H- 排风系统”，风管尺寸设置为 250×250。创建储油间竖向风管，点击水平风管，捕捉风管中心连接件，单击鼠标右键在弹出的对话框中选择“绘制风管”，修改中间高程为 300mm，双击“应用”按钮，绘制向下风管立管，如图 8-13 所示。图 8-14 为创建前后对比。

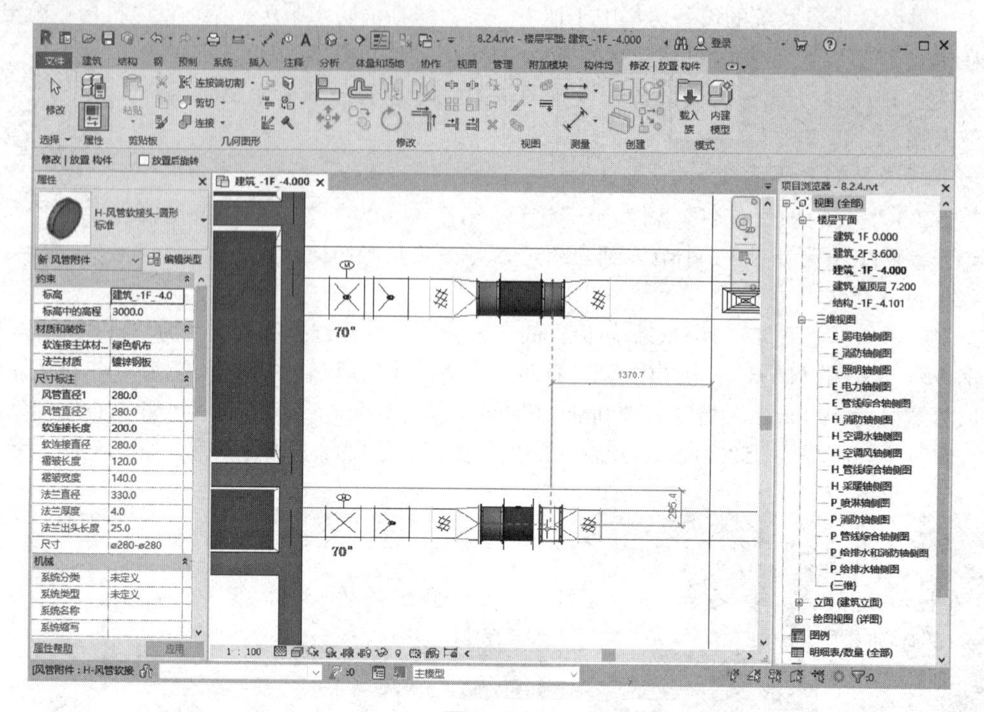

图 8-12

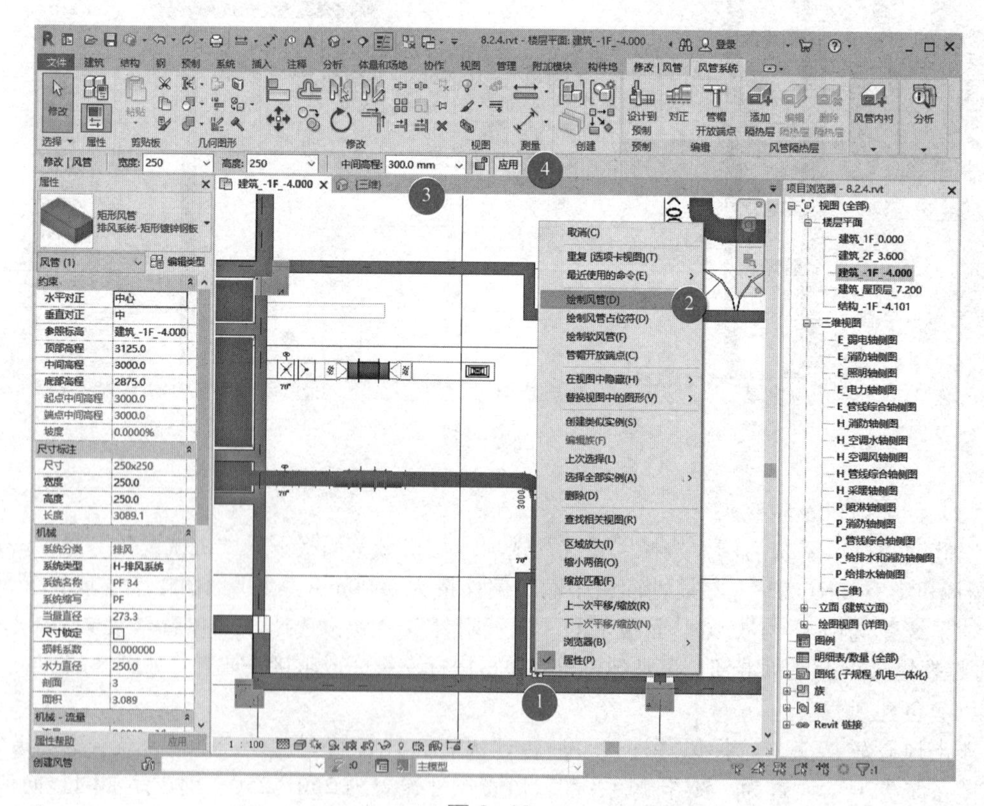

图 8-13

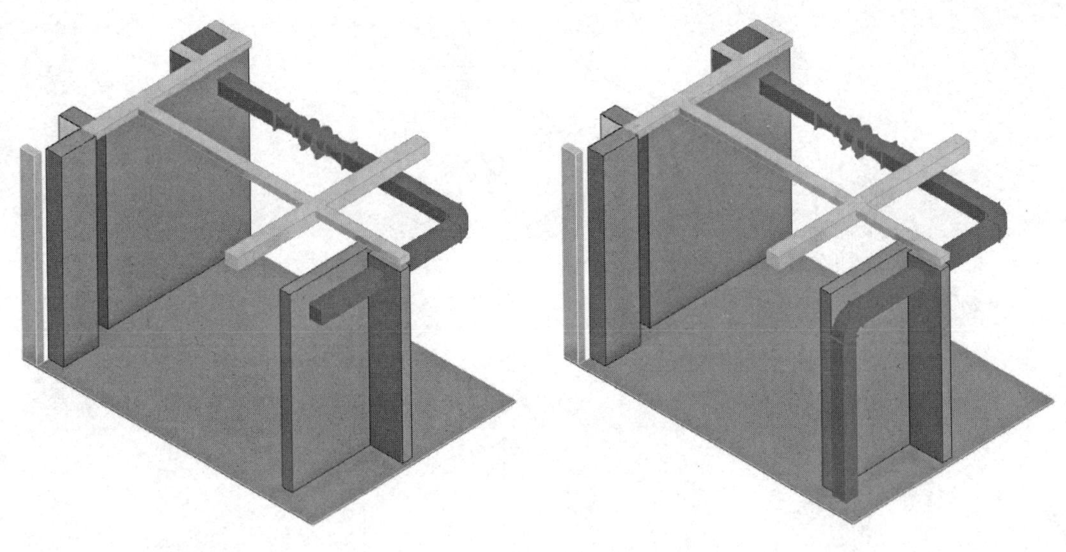

图 8-14

（5）创建风口及附件

水平方向风口创建与 8.2.3 小节步骤（4）“创建排风管及排风口”操作一致，可参照执行。垂直方向风口创建与水平方向不同，需要借助三维视图。首先切换至三维视图，删除水平与竖向风管连接的弯头，选择“系统”选项卡“HVAC”面板下的“风道末端”命令，选择“H-百叶风口 - 单层 - 平装 200×200”，调整偏移量为 400mm，在“修改 | 放置 风口装置”中选择“风口安装到风管上”；然后将风口靠近竖向风管的放置面，风口识别到风管后单击鼠标左键完成风口放置，检查偏移量是否正确，具体完成效果如图 8-15 所示；最后用“TR”命令将水平、竖向风管连接。创建 70℃防火阀及止回阀可参考 8.2.3 小节步骤（5）“创建 70℃防火阀”执行，完成效果如图 8-16 所示。

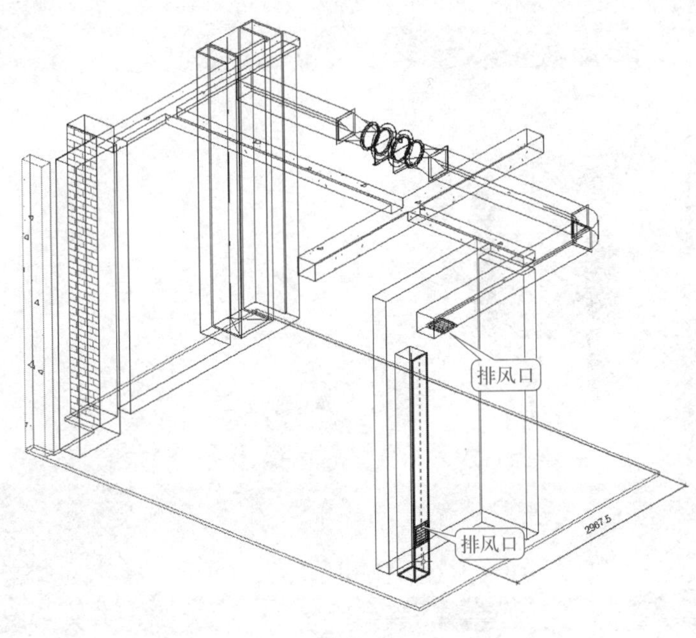

图 8-15

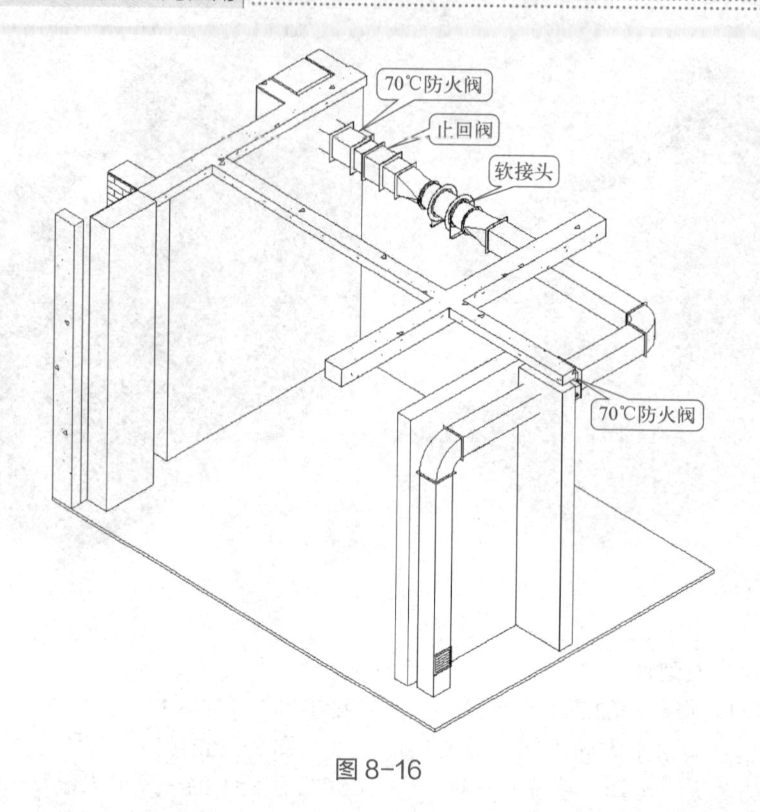

图 8-16

按照上述操作方法创建其他设备房排风系统，保存该项目文件，或打开“随书文件\第 8 章\8.2.4.rvt”项目文件查看最终操作结果，完成效果如图 8-17 所示。

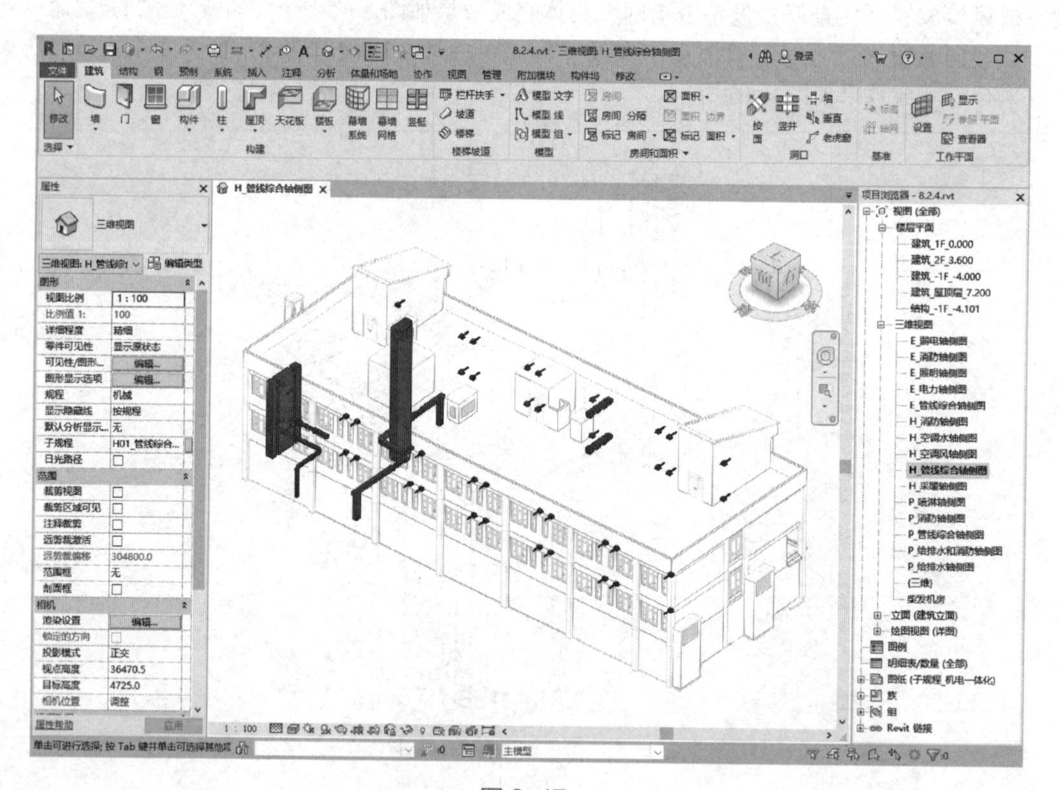

图 8-17

8.2.5 创建送风系统

本项目设置的送风系统主要有两个类型：一是设备房送风，二是走道加压送风。设备房送风设置于地下一层的消防水泵房、柴油发电机房、配电房；走道加压送风设置于一层，机房布置在屋顶。

在本小节中以柴油发电机房送风和一层走道加压送风为例介绍具体操作，其他机房操作步骤与 8.2.4 小节创建设备房排风系统操作步骤一致，可参考执行。

柴油发电机房送风采用直接在竖向风道上开口接电动风口的方式，其创建步骤一般为：送风井立管→送风水平管→风道末端。

（1）导入及对齐平面图

打开 8.2.4 小节的项目文件，切换至“建筑 _-1F_-4.000”楼层平面，通过“VV”命令（可见性 / 图形替换）关掉 8.2.4 小节导入的图纸，再进行图纸导入，此步骤已在 8.2.3 小节详细介绍过，可按照其操作执行。

（2）创建送风井立管

此步骤已在 8.2.4 小节步骤（2）中详细介绍过，可按照其操作执行。

（3）创建水平风管及风口

选择“系统”选项卡“HVAC”面板下的“风管”命令，选择风管类型为“送风系统 - 矩形镀锌钢板”，风管的水平对正为“中心”，垂直对正为“中”，风管的系统类型为“H- 送风系统”，设置风管宽度为 1600mm，高度为 2000mm，中心高程为 1300mm，按图纸路由创建风管。选择“风道末端”，类型选择“电动多叶送风口 1600×2000”，放置在风管上即可，同理创建柴油发电机房储油间送风系统，如图 8-18 所示。

二维码 8-4

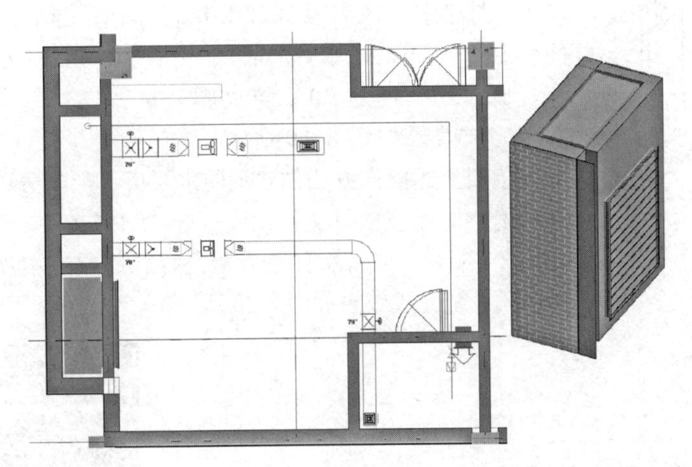

图 8-18

针对一层走道加压送风采用屋顶风机为走道提供正压，通过竖向风道传递至末端风口的方式，其创建步骤一般为：机械设备及两端附件→送风管→风道末端及其他附件。操作步骤可参考 8.2.4 小节创建设备房排风系统的步骤（3）和本节创建柴油发电机房送风系统的步骤。

（1）导入及对齐平面图

接上文项目文件，在“建筑 _1F_0.000”“建筑 _ 屋顶层 _7.200”两个楼层平面中创建一层走道加压送风系统，图纸导入参考 8.2.3 小节操作执行。

（2）创建风机及软接头

切换至“建筑 _ 屋顶层 _7.200”楼层平面，选择“系统”选项卡“机械”面板下的“机械设备”命令，选择“H- 斜流风机 -GXF 型送风风机 NO.6A”，在属性面板中输入偏移量为560，在平面图相应位置放置风机。选择“系统”选项卡“HVAC”面板下的“风管附件”命令，选择“H- 风管软接头 - 圆形 - 标准”，将软接头靠近风机端部，识别到风机后单击鼠标左键完成软接头放置。

（3）创建水平及竖向风管

通过软接头创建风机两端水平风管，点击风管软接头，选择风管连接件后创建风管，风管“类型”选择“加压送风系统 - 矩形镀锌钢板”，“系统类型”设置为“H- 加压送风系统”，风管尺寸设置为 800mm×320mm。创建竖向风管，切换至“建筑 _1F_0.000”楼层平面，选择“系统”选项卡“HVAC”面板下的“风管”命令，选择风管类型为“加压送风系统 - 矩形镀锌钢板”，风管的水平对正为“中心”，垂直对正为“中”，风管的系统类型为“H- 加压送风系统”，设置风管宽度为 1000mm，高度为 600mm，底部高程为 300mm。点击向上风管中心处确认风管位置，修改中间高程为 8200mm，点击“应用”按钮，绘制向上风管立管。

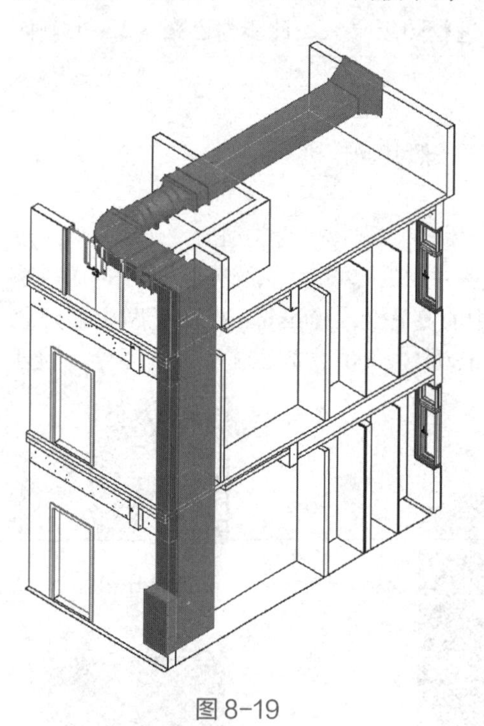

图 8-19

（4）创建风口及附件

本系统末端包括屋顶 800mm×1000mm 防雨百叶风口、一层走道 600mm×1200mm 百叶风口，可参考本小节创建设备房送风系统步骤（3）“创建水平风管及风口”执行操作；风管附件包括 70℃防火阀及止回阀，可参考 8.2.3 小节步骤（5）“创建 70℃防火阀”执行操作，本系统完成效果如图 8-19 所示。

按照上述操作方法创建消防水泵房、配电房送风系统，保存该项目文件，或打开“随书文件 \ 第 8 章 \8.2.5.rvt”项目文件查看最终操作结果。本项目送风系统完成效果如图 8-20 所示。

8.2.6 创建排烟系统

二维码 8-5

本项目排烟系统主要服务于地下一层走道及一层走道，机房布置在地下一层及屋顶。在本小节中以地下一层走道排烟系统为例介绍具体操作。

（1）导入及对齐平面图

打开 8.2.5 小节的项目文件，切换至“建筑 _−1F_−4.000”楼层平面，通过“VV”命令（可见性 / 图形替换）关掉 8.2.5 小节导入的图纸，再进行图纸导入，此步骤已在 8.2.3 小节详细介绍过，可按照其操作执行。

（2）创建风机及软接头

选择“系统”选项卡“机械”面板下的“机械设备”命令，选择“H- 高温排烟轴流风

机 -HTF- Ⅰ型排烟风机 HTF-1-5.5”，在属性面板中输入偏移量为 3000mm，在平面图相应位置放置风机。选择“系统”选项卡“HVAC”面板下的“风管附件”命令，选择“H- 风管软接头 - 圆形 - 标准”，将软接头靠近风机端部，识别到风机后单击鼠标左键完成软接头放置。

（3）创建水平及竖向风管

通过软接头创建风机两端水平风管，点击风管软接头，选择风管连接件后创建风管，风管“类型”选择“排烟系统 - 矩形镀锌钢板”，“系统类型”设置为“H- 排烟系统”，风管尺寸设置为 1000mm×320mm 及 800mm×400mm。创建竖向风管，选择“系统”选项卡“HVAC”面板下的“风管”命令，选择风管类型为“排烟系统 - 矩形镀锌钢板”，风管的水平对正为“中心”，垂直对正为“中”，风管的系统类型为“H- 排烟系统”，设置风管宽度为 1900mm，高度为 700mm，底部高程为 2700mm。点击向上风管中心处确认风管位置，修改中间高程为 5500mm，点击“应用”按钮，绘制向上风管立管。

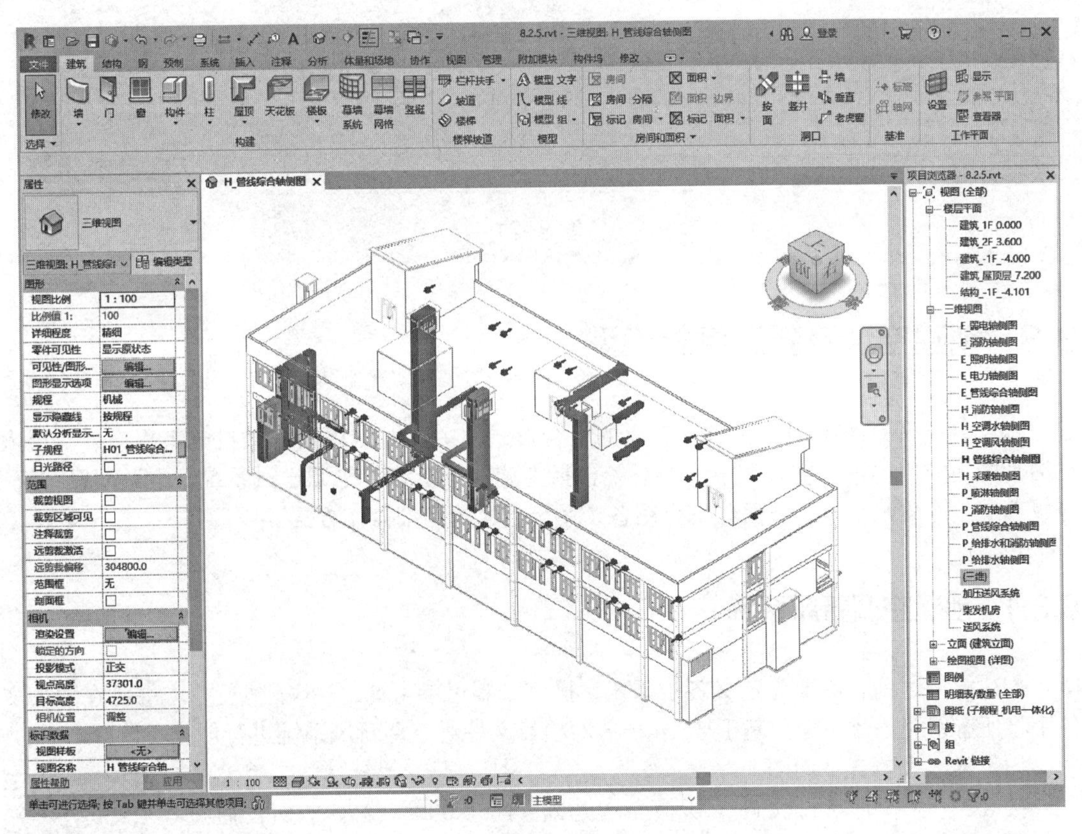

图 8-20

（4）创建风口及附件

本系统包括 4 个 800mm×600mm 单层百叶风口、2 个 280℃防火阀及 1 个止回阀。风口创建可参考 8.2.5 小节步骤执行操作；防火阀和止回阀创建可参考 8.2.3 小节步骤（5）“创建 70℃防火阀”执行操作。

按照上述操作方法创建一层排烟系统，保存该项目文件，或打开“随书文件\第 8 章\8.2.6.rvt”项目文件查看最终操作结果。本项目排烟系统完成效果如图 8-21 所示。

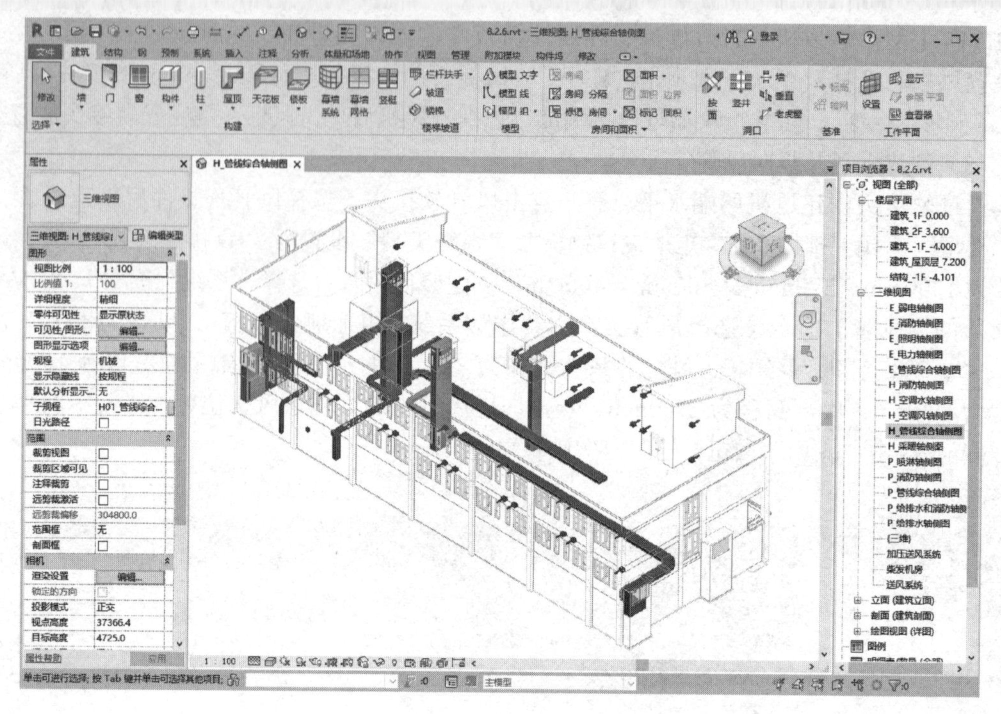

图 8-21

8.3 创建空调及新风系统模型

本项目空调系统采用多联机 + 新风的组合形式，主要对专用宿舍楼机电工程一、二层人员活动的功能房间进行空气调节，子系统包括空调新风系统、空调送风系统、空调回风系统、冷媒系统、冷凝水系统。下面分别介绍各子系统创建的详细操作方法。

8.3.1 创建空调新风系统

创建模型之前，需要先定义各子系统，操作步骤可参考 8.2.2 小节执行，本书已在随书文件中将所有系统创建完毕。基于 8.2.6 小节的项目文件对空调新风系统进行创建及设置。

（1）导入及对齐平面图

二维码 8-6

接 8.2.6 小节的项目文件，切换至“建筑 _1F_0.000”楼层平面，通过“VV”命令（可见性 / 图形替换）关掉 8.2.3 小节导入的图纸，再进行图纸导入，此步骤已在 8.2.3 小节详细介绍过，可按照其操作执行。

（2）创建新风机及矩形软接头

选择“系统”选项卡“机械”面板下的“机械设备”命令，选择“H- 新风换气机 1XF-250”，在属性面板中输入偏移量为 2580mm，在平面图相应位置放置新风机。选择“系统”选项卡“HVAC”面板下的“风管附件”命令，选择“H- 风管软接头 - 矩形风管软接”，将软接头靠近新风机端部，识别到新风机后单击鼠标左键完成软接头放置。

（3）创建新风管

通过软接头创建新风机两端风管，点击风管软接头，选择风管连接件后创建风管，风管

“类型”选择“空调新风系统 - 矩形镀锌钢板”，“系统类型”设置为“H- 空调新风系统”。按照图纸所示风管尺寸沿新风管路由创建送风段风管，再通过“TR”连接命令将所有风管连接，并调整与图纸形式不一致的管件，如将“T 形三通”变为“Y 形三通”。对于中心半径不匹配的管件，进入族文件调整中心半径。完成效果如图 8-22 所示。

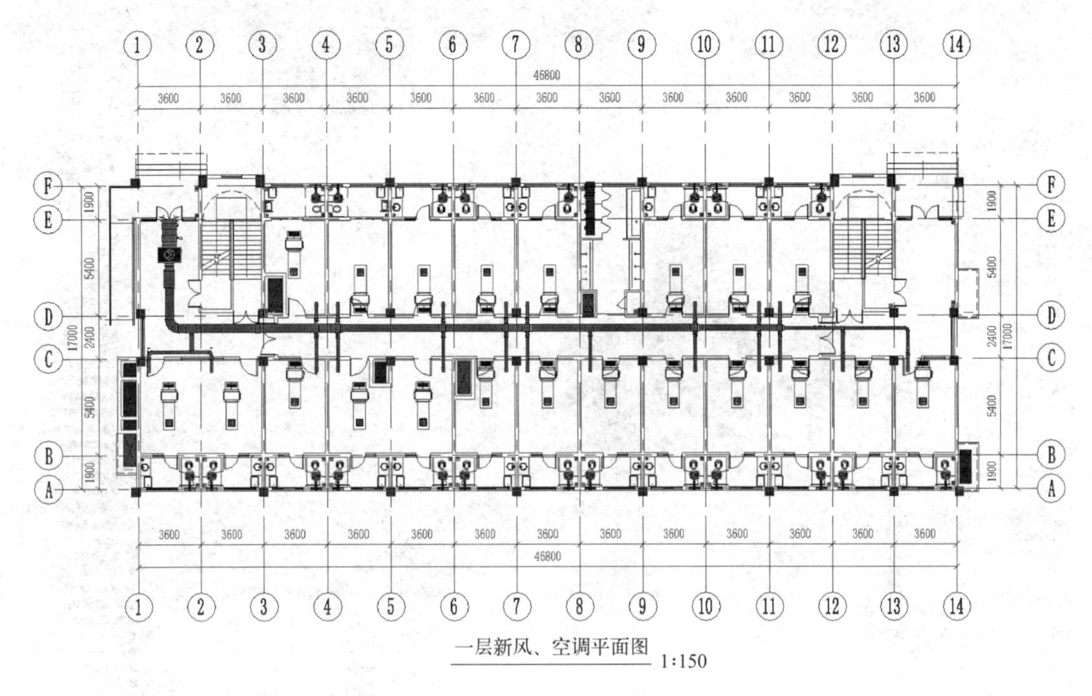

图 8-22

（4）创建新风管附件

本项目新风管附件包括进风口、送风口、70℃防火阀、对开多叶调节阀、消声器。选择“系统”选项卡“HVAC”面板下的“风管附件”命令，逐一对上述附件按照图纸位置进行放置，其中送风口需先绘制连接立管，再放置风口。完成效果如图 8-23 所示。

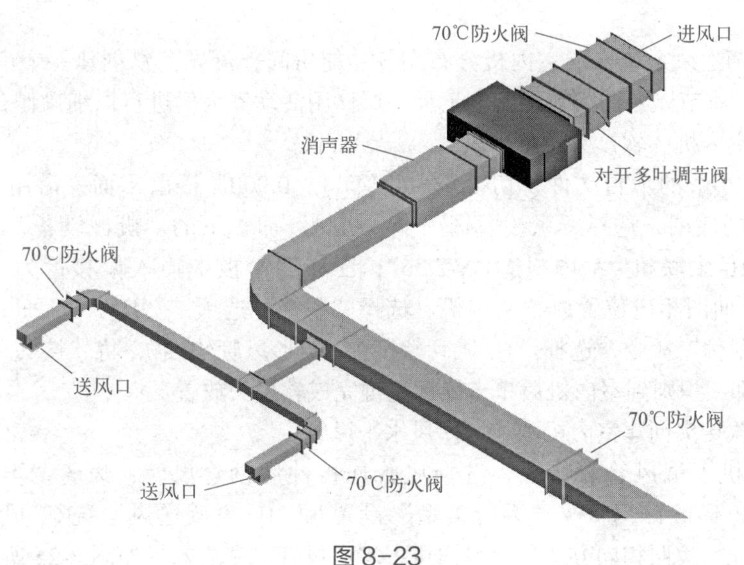

图 8-23

按照上述操作方法创建二层空调新风系统，保存该项目文件，或打开“随书文件\第 8 章\8.3.1.rvt”项目文件查看最终操作结果。本项目空调新风系统完成效果如图 8-24 所示。

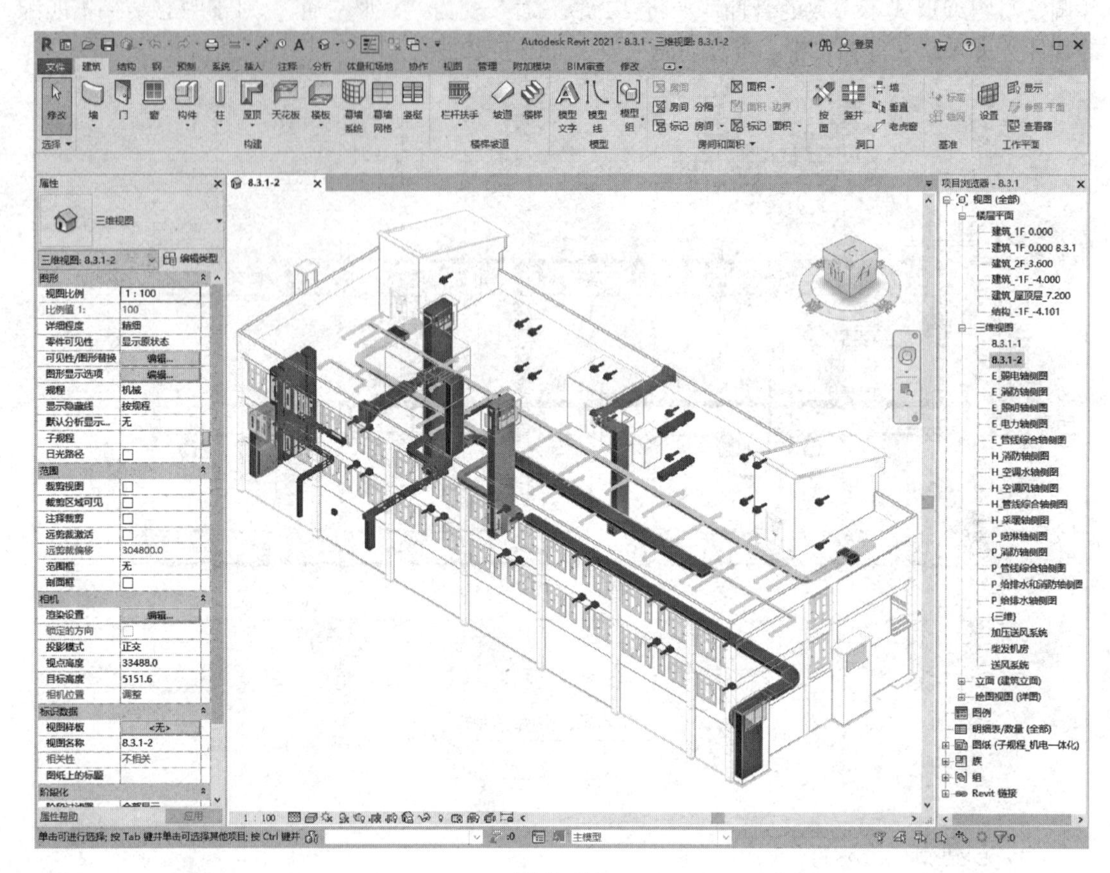

图 8-24

8.3.2 创建空调送风系统

本项目空调送风系统末端室内机分布在各功能房间，可先完整创建一个房间后复制到其他房间及楼层。本节以专用宿舍楼机电工程一层休闲活动室为例进行详细操作介绍。

（1）创建室内机、软接头及水平风管

打开 8.3.1 小节的项目文件，切换至“建筑 _1F_0.000”楼层平面，沿用 8.3.1 小节空调新风系统导入的底图，选择“系统”选项卡“机械”面板下的“机械设备”命令，选择“H- 多联机 - 室内机 MDV-D36”，在属性面板中输入偏移量为 2870mm，在平面图相应位置放置室内机。选择“系统”选项卡“HVAC”面板下的“风管附件”命令，选择“H- 风管软接头 - 矩形风管软接”，将软接头靠近室内机端部，识别到室内机后单击鼠标左键完成软接头放置。

二维码 8-7

（2）通过软接头创建室内机两端送回风水平风管

点击室内机下端风管软接头，选择风管连接件后创建风管，风管“类型”选择“空调送风系统 - 矩形镀锌钢板”，“系统类型”设置为“H- 空调送风系统”，风管尺寸设置为 750mm×110mm。按照相同方法创建室内机上端回风管。完成效果如图 8-25 所示。

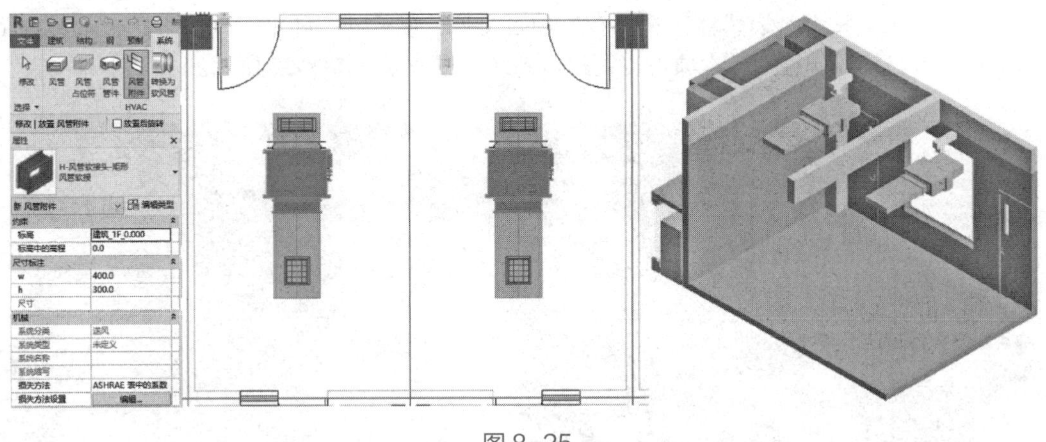

图 8-25

（3）创建竖向风管及风口

创建竖向风管，以空调送风系统为例，选择“系统”选项卡“HVAC”面板下的“风管”命令，选择风管类型为“空调送风系统 - 矩形镀锌钢板”，风管的水平对正为“中心”，垂直对正为“中”，风管的系统类型为“H- 空调送风系统”，设置风管宽度为 400mm，高度为 400mm，底部高程为 2640mm。点击向上风管中心处确认风管位置，修改中间高程为 3011mm，点击“应用”按钮，绘制向上风管立管。

本系统包括 1 个送风口（400mm×400mm）、1 个回风口（600mm×200mm）。以送风口为例介绍操作步骤：选择“系统”选项卡“HVAC”面板下的“风道末端”命令，选择“H- 百叶风口 - 双层 - 平装 400×400”；设置高程为 0mm；在“修改 | 放置 风口装置”中选择“风口安装到风管上”；切换至可以看到风管底面端部的三维视图，然后将风口靠近风管底面，风口识别到风管后单击鼠标左键完成风口放置，如图 8-26 所示。

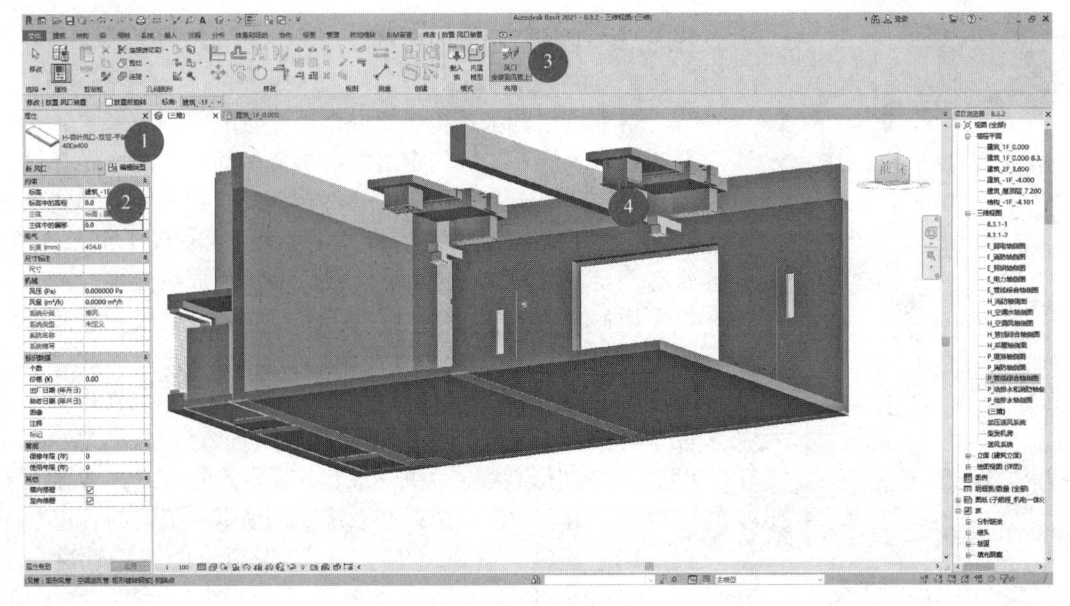

图 8-26

按照上述操作方法创建回风口，待完整创建一个室内机系统后可复制到其他功能房间，若存在差异可适当按图纸表述修改，保存该项目文件，或打开“随书文件\第 8 章\8.3.2.rvt”项目文件查看最终操作结果。本项目空调送风系统完成效果如图 8-27 所示。

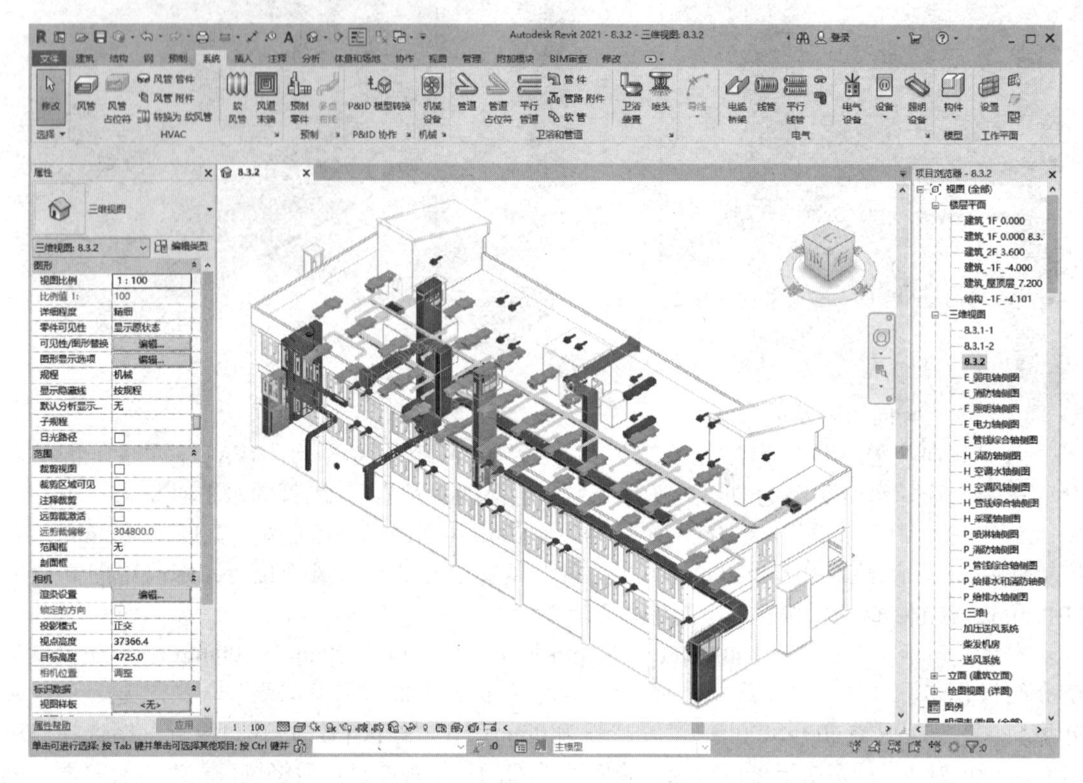

图 8-27

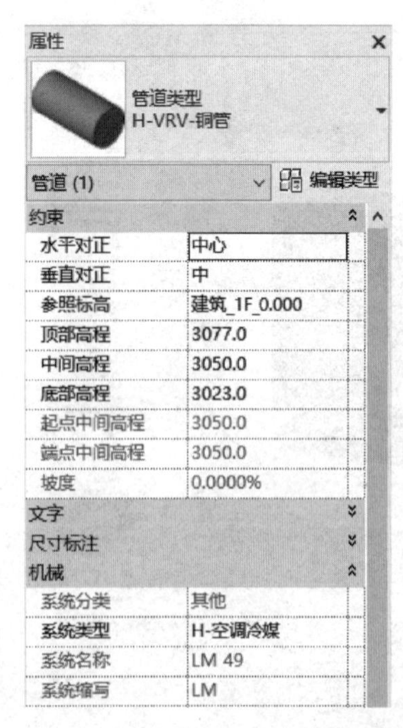

图 8-28

8.3.3 创建空调水系统

本项目空调水系统包括空调冷媒管、空调冷凝水管，主要布置在一层、二层的走道和各功能房间。空调冷媒管材质特殊，工艺要求高，所用的管件与常规管件不同，其创建方法与常规管道也有一定差异；空调冷凝水管属于重力管道，带有一定坡度，在管道创建完成后需进行放坡处理。本小节以专用宿舍楼机电工程一层为例介绍空调冷媒管和空调冷凝水管的创建方法。

① 创建空调冷媒管及室外机。打开 8.3.2 小节的项目文件，切换至“建筑_1F_0.000”楼层平面，通过“VV”命令（可见性 / 图形替换）关掉 8.3.1 小节导入的图纸，再导入一层冷媒管道平面图，选择“系统”选项卡“卫浴与管道”面板下的“管道”命令，在“属性”选项板中选择管道类型为“H-VRV- 铜管”，管道水平对正为“中心”，垂直对正为“中”，管道系统类型为“H- 空调冷媒”，如图 8-28 所示。

② 将鼠标移至图纸空调井处创建立管，在“选项栏”输

入管道的直径为 50.0mm，中间高程为 3050.0mm；捕捉至空调冷媒管立管中心处点击鼠标左键，修改选项卡中的中间高程为 7200.0mm；点击选项卡中的“应用”按钮，完成立管创建，如图 8-29 所示。

图 8-29

【提示】图纸中空调冷媒管尺寸标注表达的是冷媒管气管和液管直径。图 8-30 为工程实际冷媒管的示意图，由于软件中无法同时绘制类似的两根管道，故采用两者管径求和的方式进行空间占位。在创建模型时将注释的两个尺寸相加后取与国标公称直径最接近的值作为空调冷媒管的直径。例如：ϕ31.8/19.1 相加为 ϕ50.9，取 *DN*50 直径。

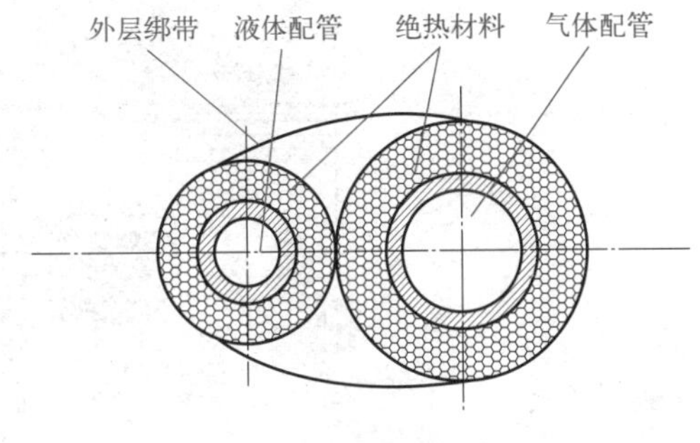

图 8-30

③ 选择“管道” 命令，修改选项卡中的直径为 50mm，偏移量为 3050mm，捕捉立管中心为管道起点，开始创建冷媒管水平管道，在遇到分歧管时断开连接，继续创建下一段管道，如图 8-31 所示。

④ 选择“管件”命令，在“属性”选项板中选择“H- 多联机分歧管”，分歧管尺寸需根据所连接的三段管道尺寸进行匹配选择。例如，本项目从管井出来的主管尺寸为 ϕ50.9，支管尺寸为 ϕ34.9、ϕ31.7，选择分歧管规格为“DN50.9-DN34.9-DN31.8”，“中间高程”设置为 3050mm，将鼠标移动至主管位置，使用空格键进行方向调整，对齐后单击鼠标左键完成放置，如图 8-32 所示。

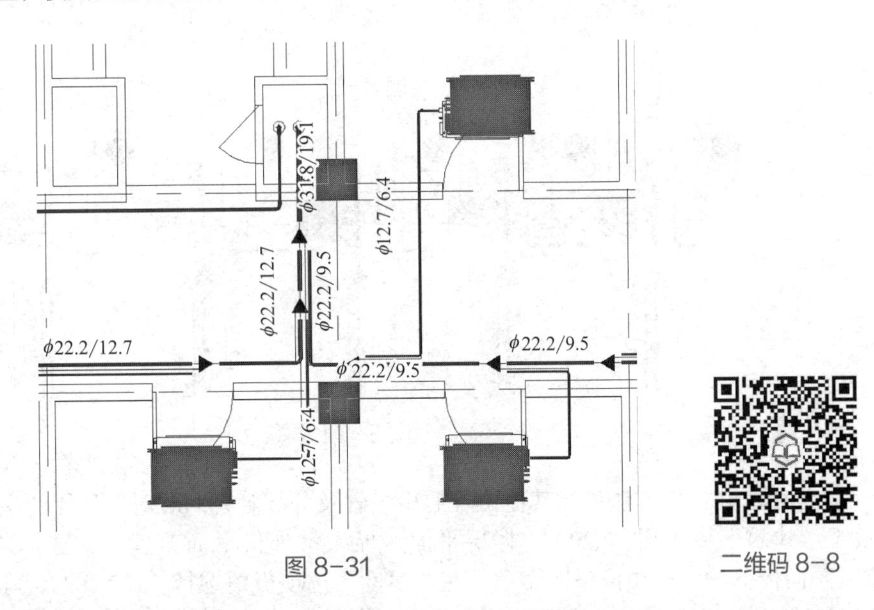

图 8-31

二维码 8-8

⑤ 若支管方向与图纸不匹配，可通过旋转命令进行调整，单击鼠标左键选中分歧管后，点击视图中分歧管旁边的旋转按钮，直至旋转到与图纸匹配，如图 8-33 所示。

⑥ 将分歧管与管道对齐后使用“拖拽”命令进行连接。选中冷媒管，将鼠标移动至冷媒管上端，识别管道后弹出“拖拽”字样，按住鼠标左键同时移动鼠标至分歧管下端，识别到

分歧管端部后松开鼠标完成连接；同理将分歧管另一端与冷媒管进行连接，如图 8-34 所示。

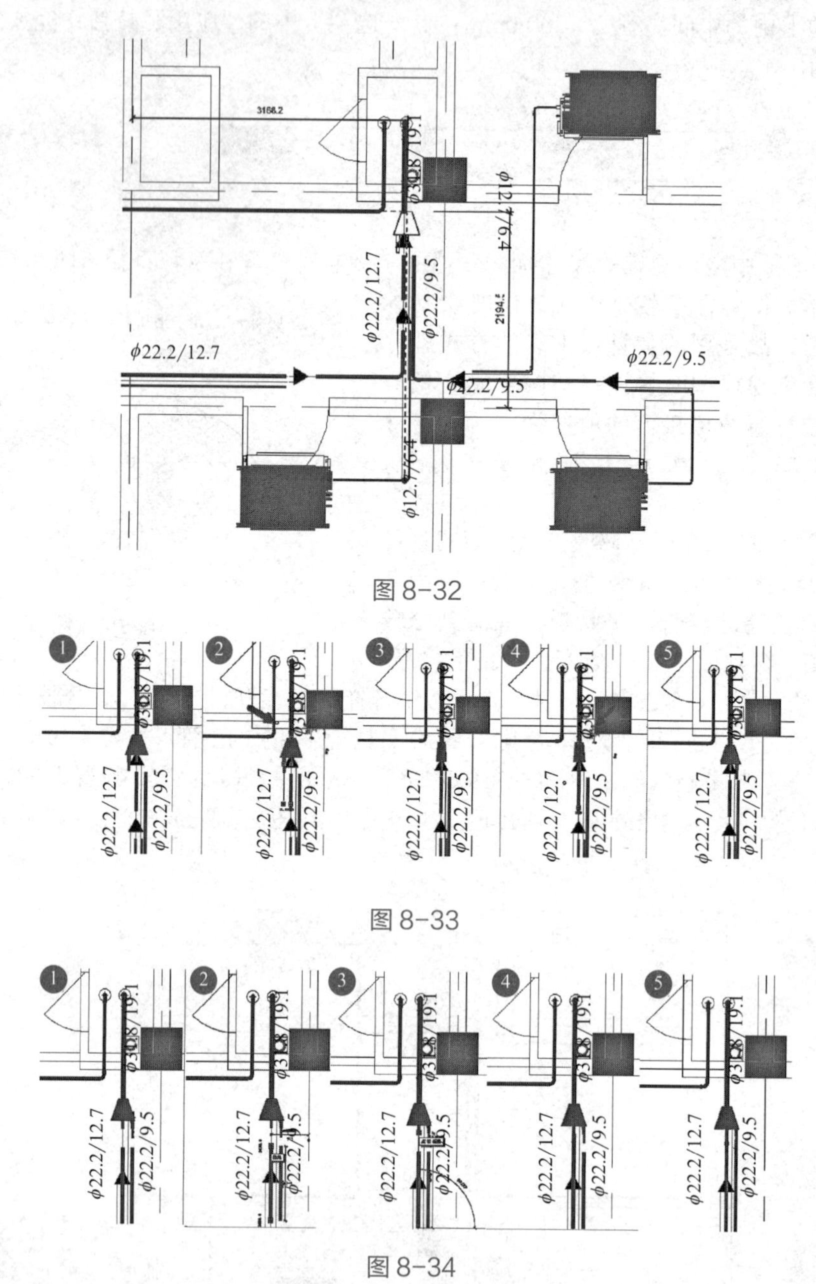

图 8-32

图 8-33

图 8-34

⑦ 按照上述操作方法创建其他位置的冷媒管及分歧管，同时对屋顶层的室外机进行创建。切换至“建筑 _ 屋顶层 _7.200” 楼层平面，导入室外机平面布置图，选择“系统”选项卡“机械”面板下的“机械设备”命令，在“属性”选项板中选择“H-VRV 空调 - 室外机 MDV-615”和“H- 室外机 MDV-252W/D2SN1”，“标高中的高程”设置为 0mm，移动鼠标至图纸相应位置点击鼠标左键完成放置，并将空调井内的 4 根立管与室外机相连。本项目空调冷媒系统完成效果如图 8-35 所示。

⑧ 创建空调冷凝水管。空调冷凝水管属于重力管道，带有一定坡度，可先完整绘制管道后再进行统一放坡处理，下面以专用宿舍楼一层冷凝水系统为例进行介绍。

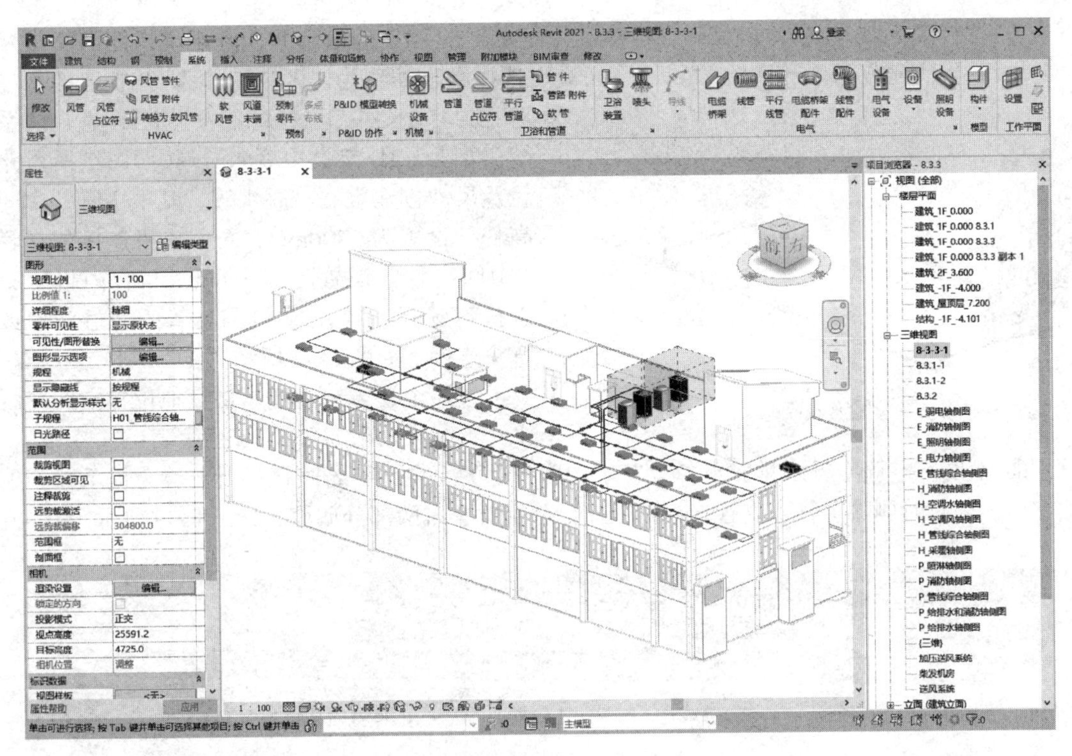

图 8-35

本项目冷凝水管坡度为 0.5%，点击“管理” 选项卡“MEP 设置”下方的“机械设置”命令，进入“机械设置”对话框，选择“坡度”选项，点击“新建坡度”命令按钮，新建坡度值 0.5%，如图 8-36 所示。

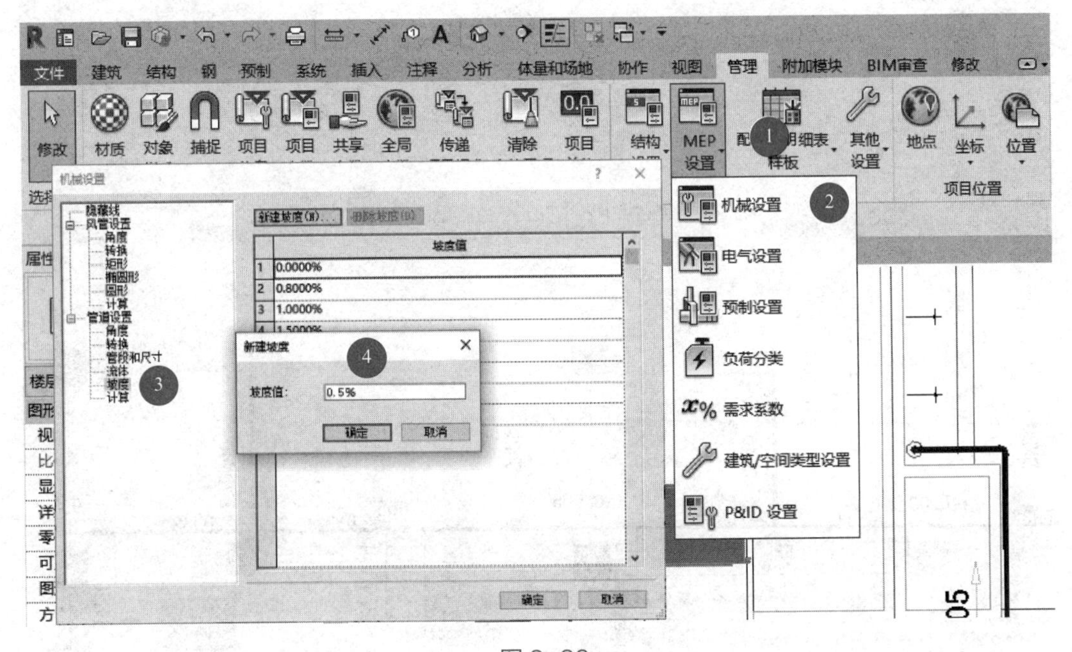

图 8-36

⑨ 选择“系统”选项卡“卫浴与管道”面板下的“管道”命令，激活“属性”面板及“修改 | 放置管道”选项卡，在“属性”面板中选择管道类型为“P-PVC-C 管”，管道的水平对止为“中心”，垂直对正为“中”，管道的系统类型为“H- 空调冷凝水”。按照图纸所示路径及尺寸创建空调冷凝水管，其中主管“中间高程”设置为 2700mm，与室内机连接的支管“中间高程”设置为 2893mm（与室内机冷凝水接口标高一致），主管与支管间通过三通或弯头连接，如图 8-37 所示。

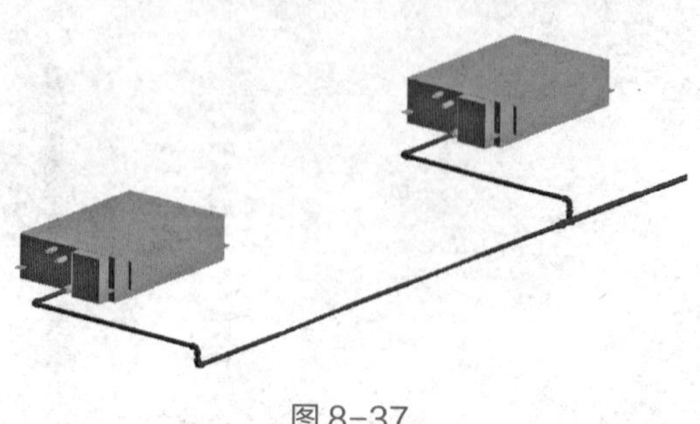

图 8-37

按照上述方法创建本层其他位置空调冷凝水管，完成效果如图 8-38 所示。

⑩ 本项目空调冷凝水排放点位设置于走廊中部的卫生间，若直接进行放坡会提示警告无法完成，需暂时删除主管、支管连接的三通，分别对左右两部分放坡，如图 8-39 所示。

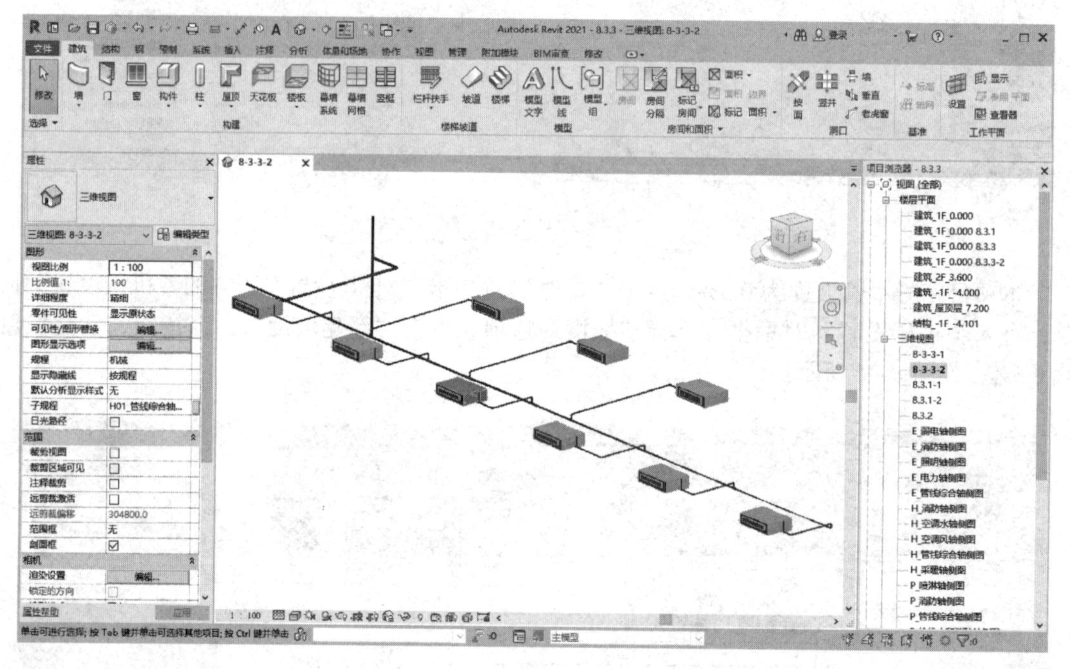

图 8-38

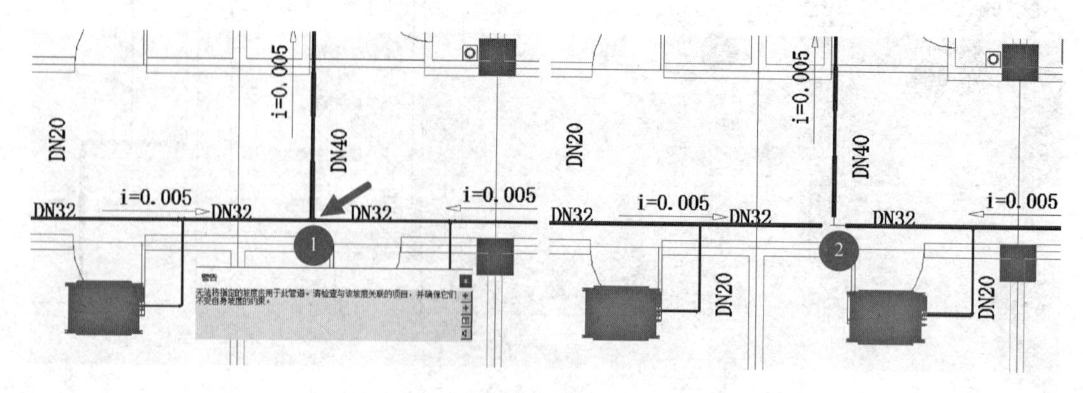

图 8-39

⑪ 以一层走廊右侧为例进行放坡操作介绍，使用“Tab”键选中所用管道，选中后会出现高亮效果，此时单击鼠标左键，在弹出的“修改 | 选择多个”选项卡中选择“放坡”按钮，弹出坡度编辑器对话框，选择坡度为 0.5%，单击完成，如图 8-40 所示。

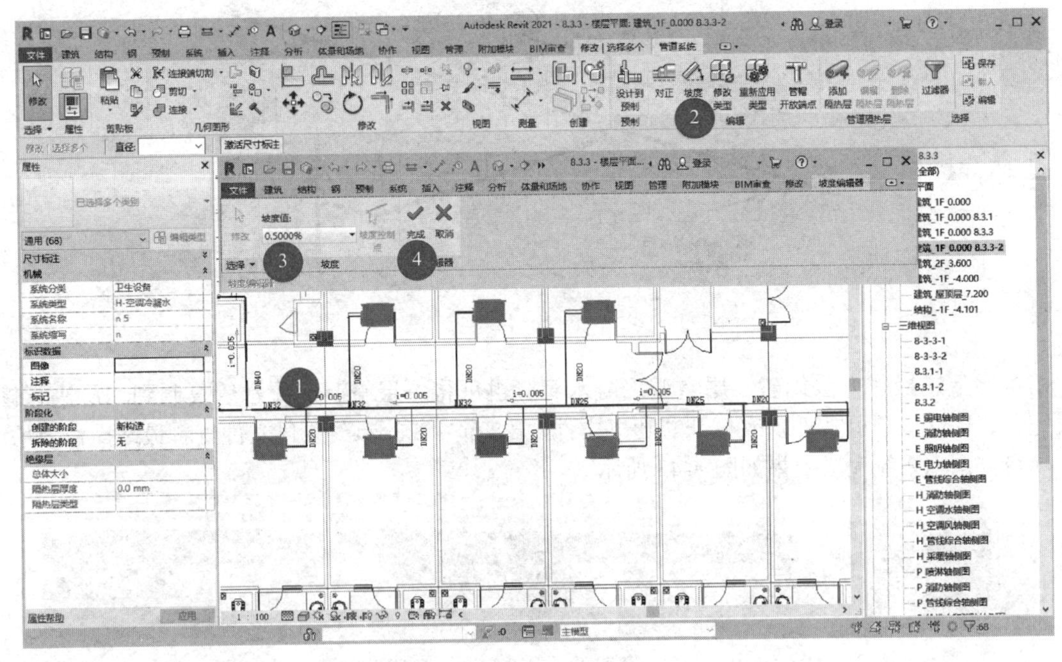

图 8-40

⑫ 同理对左侧空调冷凝水支管及主管进行放坡处理，完成后检查坡度是否正确，若不正确可单击管道编辑坡度，如图 8-41 所示。

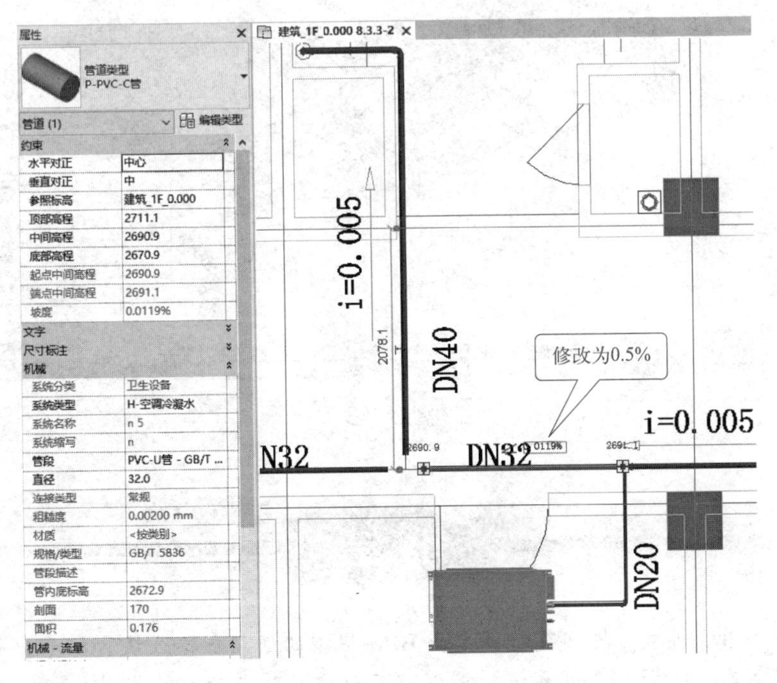

图 8-41

⑬ 坡度修正完成后将两侧支管连接，主管需适当降低标高（100 ～ 200mm）后与支管连接，完成效果如图 8-42 所示。

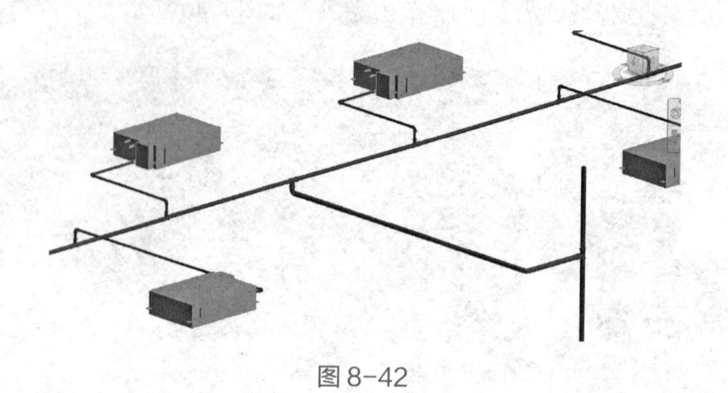

图 8-42

按照上述操作方法创建二层空调冷凝水管，也可将一层空调冷凝水管复制到二层进行修改完善，保存该项目文件，或打开“随书文件\第 8 章\8.3.3.rvt”项目文件查看最终操作结果。本项目空调水系统完成效果如图 8-43 所示。

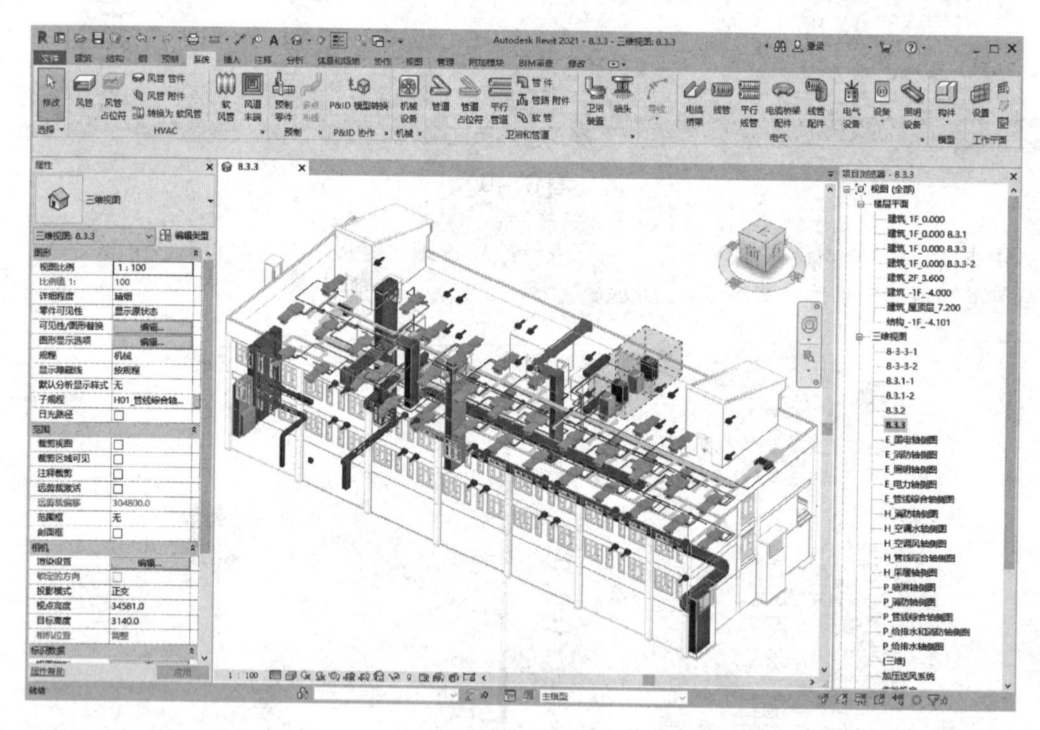

图 8-43

小 结

本章主要介绍了通风防排烟及空调专业 BIM 模型的通用创建方法，从专业简介、通风防排烟系统模型创建、空调及新风系统模型创建三个方面对本专业的基础知识、建模过程进行详细阐述。本章最后一节介绍的空调冷凝水管放坡通常会在项目深化设计完成后执行，若在建模时放坡可能会导致后续修改编辑操作无法完成，影响项目设计效率，大家可结合实际工程项目情况进行模型创建及深化。

练习题

1. 通风防排烟及空调专业主要包含哪些子系统？各子系统包含哪些构件？
2. 结合本书教学资源对本章各系统进行创建。

第9章 电气专业 BIM 建模

知识目标

- 了解电气专业在建筑工程设计中的工作内容
- 理解电气专业图纸构成和建模要求
- 理解 Revit 中电力系统和开关系统的概念

能力目标

- 能够掌握 Revit 中电缆桥架的建模方法
- 能够掌握 Revit 中用电设备的建模方法

素质拓展

中国电力工业的发展史，是一部艰难创业史，是中国工业发展的缩影。从 1882 年中国电力工业诞生到 1949 年新中国成立，中国电力工业伴随着战争缓慢成长，历尽艰辛。新中国成立后，随着社会主义制度的建立和完善，电力工业逐渐恢复，并走上快速发展的道路。特别是改革开放以后，电力工业以市场化为基本取向的体制改革，取得了世界罕见的发展，扭转了长期的缺电局面，基本满足了日益增长的经济发展和社会生活的需求。

我国从 20 世纪 80 年代起，开始对特高压交流输电技术进行初步研究。1981 年 12 月，我国第一条 500kV 超高压输电线路——河南平顶山至湖北武昌输变电工程竣工，标志着中国输变电技术取得新的突破，推开了我国输电电压由高压走向超高压、特高压时代的大门。2017 年度国家科学技术进步奖特等奖“特高压 ±800kV 直流输电工程”项目攻克了特高压直流外绝缘、过电压、电磁环境、系统控制等一系列世界性难题，创造了 7 项世界第一，获得 114 项发明专利，构建起完整的特高压直流输电技术体系，确立了我国在世界特高压直流领域的引领地位。

中国电力行业发展历程如下。

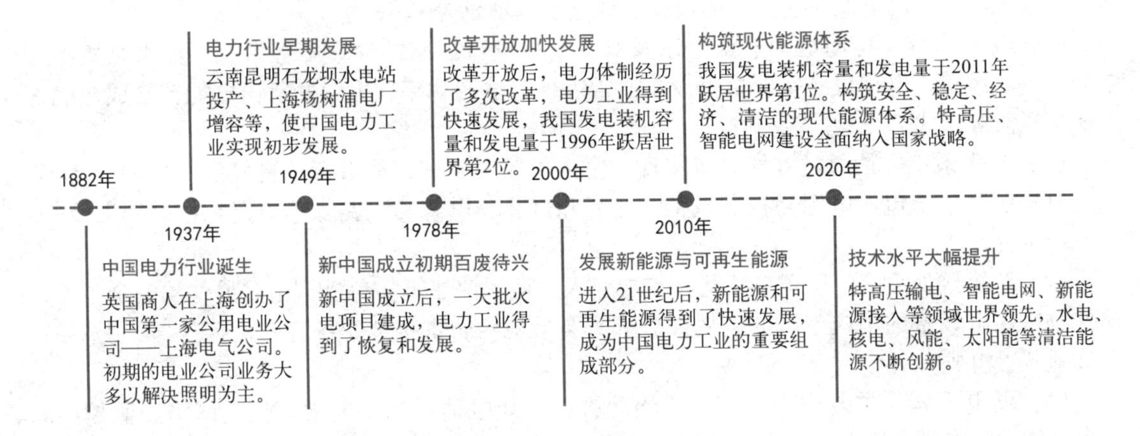

9.1 电气专业基础知识

电气全称是建筑电气工程，作为机电专业的一个分类，它涉及电能（强电）和电信号（弱电）在建筑物中的输送、分配及应用，是以电能、电气设备、电气技术以及工程技术为手段，创造、维持与改善建筑环境来实现建筑的某些功能的一门学科。在机电安装工程中，电气专业与其他专业领域（如主体结构工程、通风与空调工程和建筑给水排水及供暖工程等）紧密合作，确保建筑物的各个系统协调运行，同时满足建筑设计的要求和功能，为建筑物提供了安全、可靠、高效的电力供应和电气设备支持。

9.1.1 专业简介

电气专业根据电能转换特点可分为变配电系统和用电系统，各系统包含内容如图 9-1 所示。根据电能的特性可分为强电系统和弱电系统，各系统包含内容如图 9-2 所示。

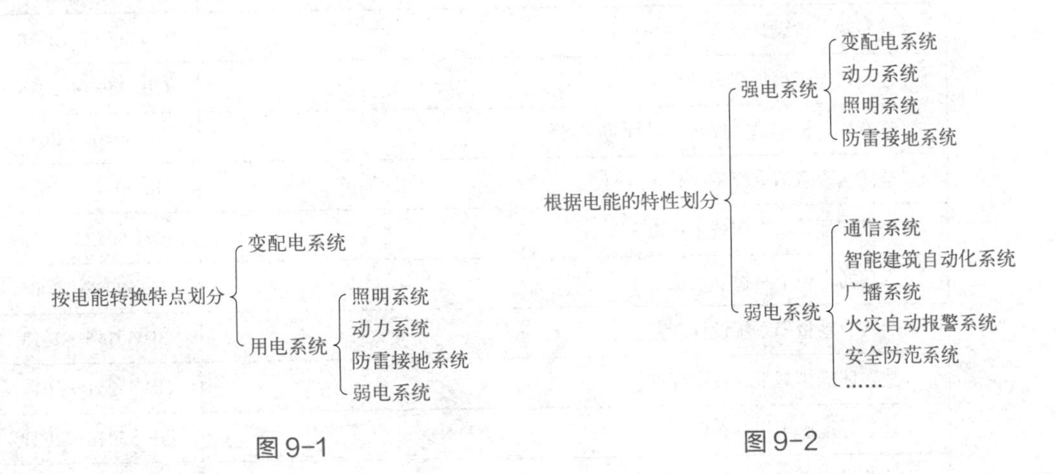

图 9-1

图 9-2

（1）变配电系统　是指为建筑物提供电能的系统，主要包括变电系统、配电系统和终端用电设备。其中变电系统包括电源接入点、变压器和发电机等，配电系统包括高压配电和低压配电系统，终端用电设备包括照明设备、插座、电动机等。

（2）动力系统　是向电动机配电以及对电动机进行控制的动力配置系统，如水泵机组、空调设备、风机、电梯设备等。这类设备通常表现为输送功率较大，并且由电能转换成热能、光能、风能等形式。

（3）照明系统　是通过电气设备实现的室内外照明系统，能够营造良好的工作和生活环境。电气照明系统包括电源和控制设备、光源和灯具、电缆和线路、感应器和控制器以及安全保护装置。

（4）防雷接地系统　防雷装置能将雷电引入大地，使建筑物免遭雷击。另外从安全考虑，建筑物内用电设备的不应带电的金属部分都需要接地。防雷接地系统通常由接闪器、引下线和接地装置组成。

（5）弱电系统　主要用于电信号传输等方面，如电话通信、电视广播、网络、监控等。弱电系统的特点是电流较小，电压较低，传输距离较短，安全性要求较高。

9.1.2 常用规范

在电气专业设计和施工时，各项参数、指标应满足建筑工程标准和规范的要求，表 9-1 中列举了电气专业常用的设计、施工和验收规范，在创建电气专业 BIM 模型时，也应满足这些规范的要求。

表 9-1　电气专业常用现行设计、施工与验收规范

规范分类	规范名称	规范号
设计规范	《低压配电设计规范》	GB 50054—2011
	《供配电系统设计规范》	GB 50052—2009
	《通用用电设备配电设计规范》	GB 50055—2011
	《电力工程电缆设计标准》	GB 50217—2018
	《建筑物防雷设计规范》	GB 50057—2010
	《建筑机电工程抗震设计规范》	GB 50981—2014
	《汽车库、修车库、停车场设计防火规范》	GB 50067—2014
	《消防给水及消火栓系统技术规范》	GB 50974—2014
	《公共广播系统工程技术标准》	GB/T 50526—2021
	《人民防空地下室设计规范》	GB 50038—2005
	《火灾自动报警系统设计规范》	GB 50116—2013
	《建筑防烟排烟系统技术标准》	GB 51251—2017
	《建筑环境通用规范》	GB 55016—2021
	《消防设施通用规范》	GB 55036—2022

续表

规范分类	规范名称	规范号
施工与验收规范	《建筑电气工程施工质量验收规范》	GB 50303—2015
	《电气装置安装工程　电缆线路施工及验收标准》	GB 50168—2018
	《电气装置安装工程　低压电器施工及验收规范》	GB 50254—2014
	《电气装置安装工程　接地装置施工及验收规范》	GB 50169—2016
	《建筑电气照明装置施工与验收规范》	GB 50617—2010
	《电气装置安装工程　电力变流设备施工及验收规范》	GB 50255—2014
	《电气装置安装工程　爆炸和火灾危险环境电气装置施工及验收规范》	GB 50257—2014
	《电气装置安装工程　盘、柜及二次回路接线施工及验收规范》	GB 50171—2012
	《电气装置安装工程　母线装置施工及验收规范》	GB 50149—2010
	《电气装置安装工程　电力变压器、油浸电抗器、互感器施工及验收规范》	GB 50148—2010
	《电气装置安装工程　高压电器施工及验收规范》	GB 50147—2010
	《智能建筑工程质量验收规范》	GB 50339—2013
	《智能建筑工程施工规范》	GB 50606—2010

9.1.3　图纸构成

电气专业的图纸构成主要包括图纸目录、设计说明、设备材料表、平面图、系统图及大样图等，本书涉及图纸的图幅及比例可参考表9-2。图纸主要内容如表9-3所示。

表9-2　案例项目图纸图幅及比例

图纸名称	图幅	比例
图纸目录	A3	—
电气设计说明	A3	—
设备材料表	A3	—
平面图	A3	1∶150
系统图	A3	1∶150
大样图	A3	1∶150

表9-3　电气专业图纸主要内容

编号	图纸名称	图纸主要内容
1	图纸目录	包含电气专业所有图纸的名称、图号、版次、规格，方便查询及抽调图纸
2	电气设计说明	包括项目概况、电气设计依据、设计内容和范围及施工安装要求等

续表

编号	图纸名称	图纸主要内容
3	图例	电气专业各要素在图纸中的基本表达形式
4	设备材料表	包括此项目中电气专业各个设备的名称、性能参数、数量等情况
5	平面图	用于描述项目中电气设备、装置和线路的平面布置，一般在建筑平面图的基础上绘制而来
6	系统图	用于描述电气系统的组成、工作原理和设备之间的连接关系，以便于更好地理解电气系统的整体结构和运行方式
7	大样图	平面图、系统图中局部构造因比例限制难以表达清楚时所给出的详图

电气系统图例说明如表 9-4 所示。

表 9-4　电气系统图例说明

序号	名称	图例	序号	名称	图例
1	配电箱	EPS	10	安全出口标识	EXIT
2	开关		11	吸顶灯	C
3	格栅 LED 灯		12	风机	M ~
4	单管 LED 灯		13	风机盘管	+ −
5	双管 LED 灯		14	局部等电位连接板	LEB
6	嵌入式筒灯		15	总等电位连接板	MEB
7	插座		16	感烟探测器	
8	疏散指示灯		17	感温探测器	
9	声光报警器		18	扬声器	

9.1.4　模型深度要求

电气专业模型主要涉及变配电系统、动力系统、照明系统、弱电系统的建模，其模型深度要求一般如表 9-5 所示。

表9-5 电气专业模型深度要求

系统分类	类型	模型深度要求
变配电系统	电缆桥架	尺寸、类型、定位
	配电柜	尺寸、外观、类型、定位、类型参数
	变压器	尺寸、外观、类型、定位、类型参数
	母线	尺寸、类型、定位等
动力系统	水泵	尺寸、外观、类型、定位、电气连接件、管道连接件
	风机	尺寸、外观、类型、定位、电气连接件、风管连接件
	风机盘管	尺寸、外观、类型、定位、电气连接件、风管连接件、管道连接件
	发电机	尺寸、外观、类型、定位、电气连接件
照明系统	灯具	外观、类型、定位、电气连接件
	插座	外观、类型、定位、电气连接件
	开关	外观、类型、定位、电气连接件
弱电系统	模块	外观、类型、定位、电气连接件
	广播	外观、类型、定位、电气连接件
	传感器	外观、类型、定位、电气连接件
	视频监控设备	外观、类型、定位、电气连接件

9.2 绘制电缆桥架

在专用宿舍楼项目中，电气专业包括照明、动力、火灾自动报警等，所有系统均通过电缆实现连接和控制，而电缆通常通过电缆桥架及线管进行布置。电缆桥架，也称为电缆梯架或电缆托架，是一种用于支撑、保护和管理电缆、电线的结构。它通常由金属、塑料或其他耐用材料制成，用于在建筑物内部、工业设施以及其他场所中安装电缆，以确保电缆布线的安全性、整洁性和可靠性。电缆桥架是电缆布线系统中至关重要的组成部分，也是机电安装工程中创建电气专业模型的重点之一。

绘制电气专业BIM模型首先需要根据桥架用途的不同定义桥架类型，然后在导入的电气图纸基础上创建电缆桥架模型，其次创建电气设备，最终完成电气系统创建。

9.2.1 模型创建准备

与前述章节中介绍的给排水专业模型、暖通专业模型创建类似，首先需要基于项目样板创建空白项目，并在新创建的项目中链接建筑结构模型、导入图纸和创建电气专业相关构件，根据设计要求定义好电缆桥架类型。

① 使用“随书文件\第9章\项目样板.rte”样板文件创建新项目，配合使用“链接”工

具，使用“自动 - 原点到原点”的方式链接“随书文件 \ 第 9 章 \ 建筑模型 .rvt”项目文件。

② 切换至“南 - 电气”视图，该视图中显示了当前项目中依据项目样板自带的标高以及链接模型文件中的标高，检查机电样板中自带的 ±0.000 标高与链接模型的建筑标高是否一致，删除样板中自带的 F2 楼层标高。

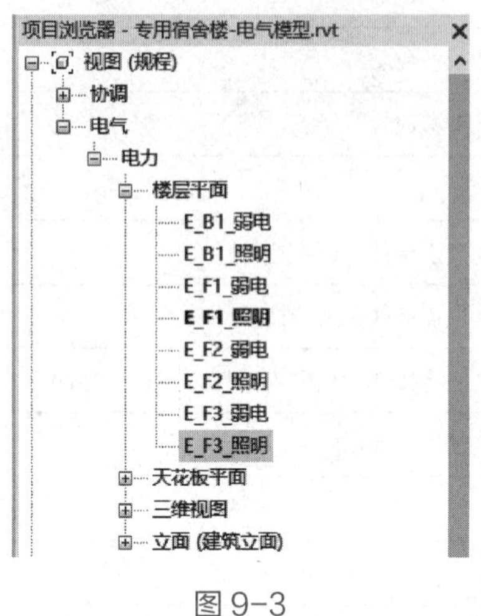

图 9-3

③ 使用“复制 / 监视”工具中的“选择链接”选项，移动鼠标至链接建筑模型任意标高，单击选择该链接文件进入“复制 / 监视”状态，采用“复制”工具，勾选选项栏“多个”选项，依次单击选择 -1F、2F、3F、4F 标高，完成后单击“完成”按钮，创建电气模型标高。

④ 使用“楼层平面”工具创建楼层平面视图“E_F1_照明”和“E_F1_弱电”，并为 B1、F2、F3 标高创建相同的视图，结果如图 9-3 所示。

⑤ 切换至“E_F1_照明”平面视图，使用“复制 / 监视”工具中的“选择链接”选项，移动鼠标至链接建筑模型任意轴网位置，单击选择该链接文件，进入“复制 / 监视”状态，采用“复制 / 监视”命令创建电气模型轴网。

接下来将在各视图中导入已有电气设计图纸，以便于参照完成电缆桥架的创建。

⑥ 切换至“E_F1_照明”平面视图，选择“插入”选项卡“导入”面板下的“导入 CAD”命令，打开“导入 CAD 格式”对话框，如图 9-4 所示。在“导入 CAD 格式”对话框中浏览至“随书文件 \ 第 9 章 \ 电气图纸”，选择“1 层照明平面图”，“文件类型”按默认选择，勾选左下角处“仅当前视图”一栏，“颜色”选择“保留”，“图层 / 标高”选择“全部”，“导入单位”选择“毫米”，“定位”选择“自动 - 原点到内部原点”选项，其他参数默认，单击“打开”按钮导入该图纸。

二维码 9-1

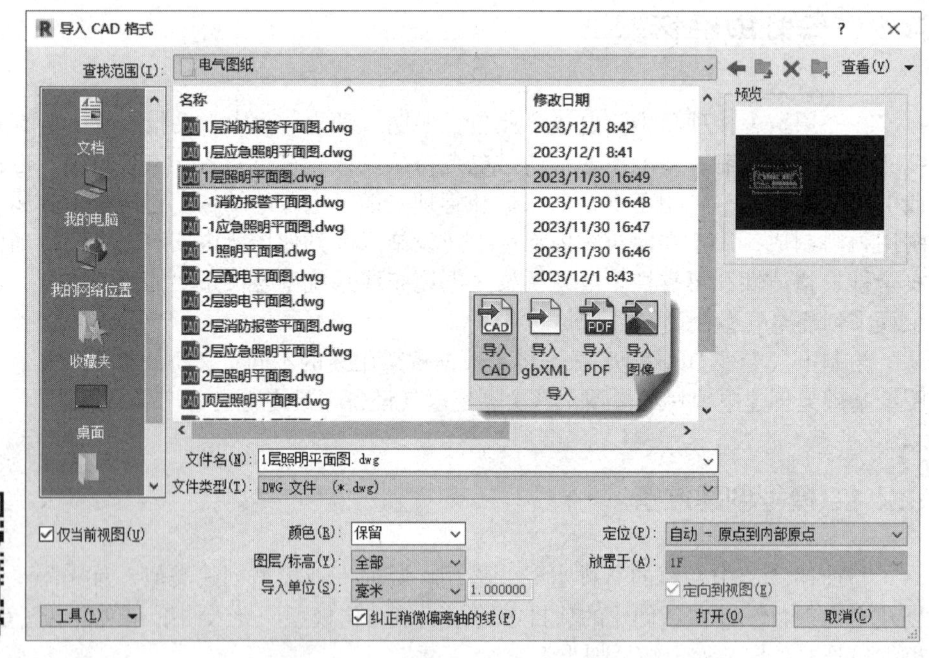

图 9-4

⑦ 检查图纸轴网与项目轴网是否对齐。若不对齐，使用“对齐”工具，将图纸Ⓐ轴线、①轴线对齐至项目中Ⓐ轴、①轴位置。对齐完成后，为防止误修改图纸的基准位置，单击如图 9-5 所示“修改”选项卡“锁定”工具锁定图纸位置。

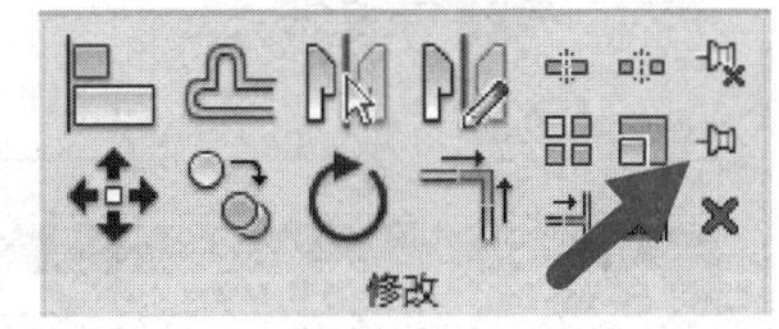

图 9-5

⑧ 切换至“E_F1_ 弱电”楼层平面视图，重复上述操作步骤，导入“1 层弱电平面图 .dwg”图纸文件。

⑨ 使用相同的方式导入 B1、F2、F3 的照明及弱电图纸。完成后，保存该项目文件，或打开“随书文件 \ 第 9 章 \9.2.1.rvt”项目文件查看最终操作结果。

Revit 提供了链接 CAD 与导入 CAD 两种不同的工具。“链接 CAD”工具采用外部链接的方式将 CAD 图纸显示在当前项目视图中，当图纸源文件内容被修改时，修改后的 CAD 图纸可以同步到项目中；而“导入 CAD”工具则将图纸嵌入当前项目中，成为当前项目对象的一部分，不能随 CAD 图纸的更新而更新。此外，拷贝通过“链接 CAD”制作的 Revit 模型时，需连同存放 CAD 源文件的文件夹一同拷贝，否则在打开项目时会链接丢失。

9.2.2　定义桥架类型

实际工程中，电缆桥架的类型包括“槽式电缆桥架”“梯式电缆桥架”“网格电缆桥架”“托盘式电缆桥架”“母线槽”等，如图 9-6 所示。

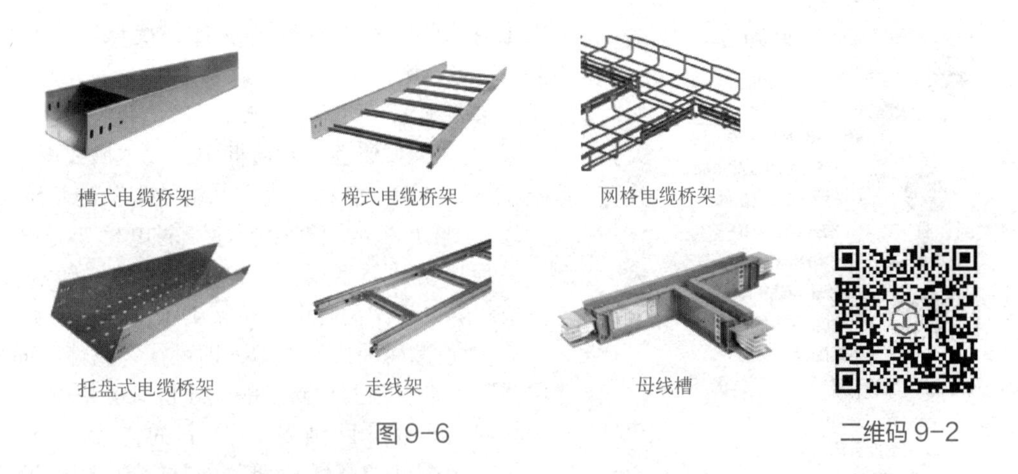

图 9-6

二维码 9-2

Revit 中提供了两种不同的电缆桥架系统族，分别为“带配件的电缆桥架”和“无配件的电缆桥架”。“无配件的电缆桥架”适用于设计中不明显区分配件的情况，“带配件的电缆桥架”在类型属性中的“管件”参数比“无配件的电缆桥架”多了“T 形三通”和“交叉线”（即四通）等桥架构件的定义，见图 9-7、图 9-8。

展开“项目浏览器”面板“族”→“电缆桥架”→“带配件的电缆桥架 / 无配件的电缆桥架”对象。“带配件的电缆桥架”的类型包含“实体底部电缆桥架”“梯级式电缆桥架”和“槽式电缆桥架”，“无配件的电缆桥架”类型包含“单轨电缆桥架”和“钢丝网电缆桥架”，如图 9-9 所示。在专用宿舍楼项目中，电气专业主要包含的电缆桥架类型有强电桥架、弱电桥架。显然，系统默认的电缆桥架类型不满足模型绘制需要，因此需要对电缆桥架类型进行创建及设置。

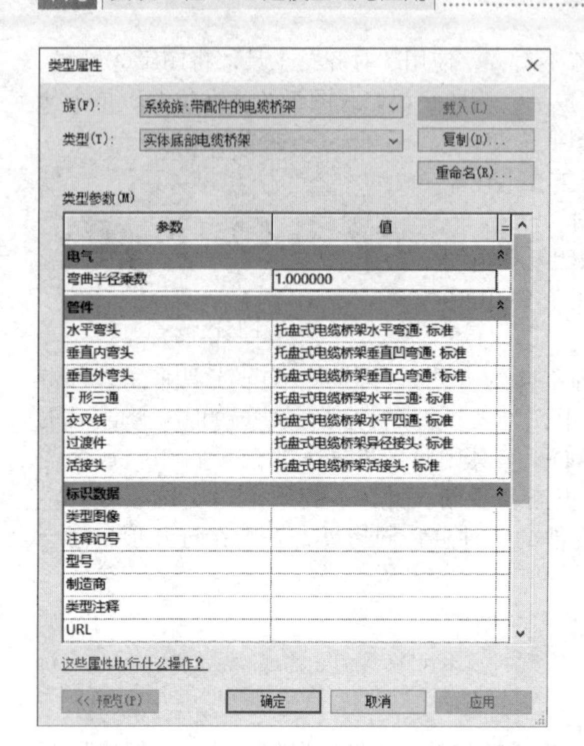

图 9-7

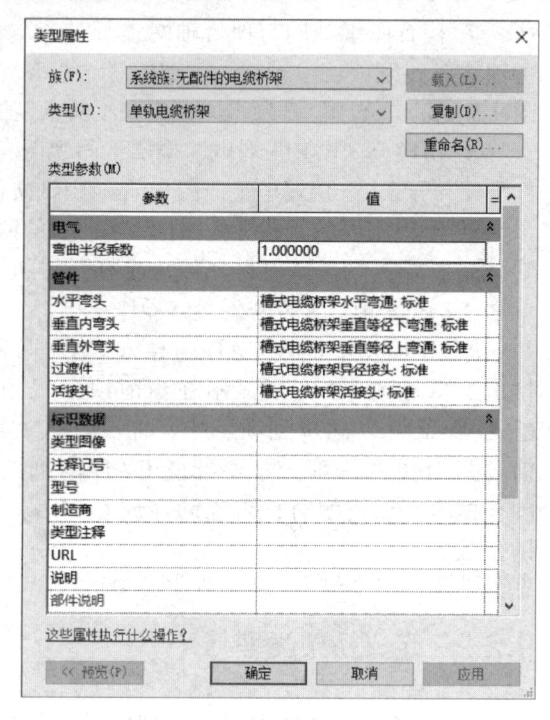

图 9-8

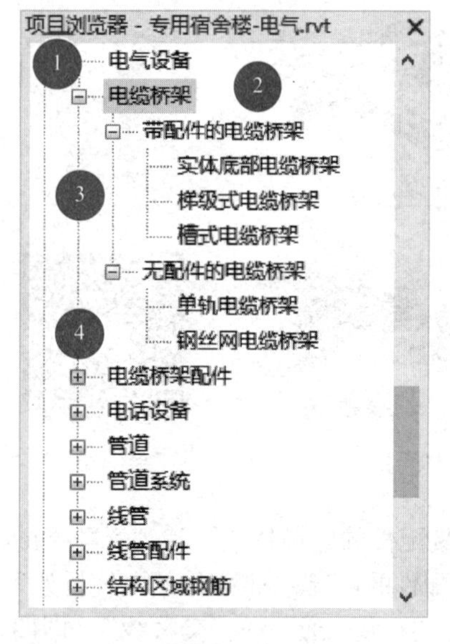

图 9-9

① 打开 9.2.1 小节练习文件。选择“系统”选项卡“电气”面板中的“电缆桥架”命令，在“属性”面板中选择“编辑类型”打开“类型属性”对话框。

② 在“类型属性”对话框中，以“槽式电缆桥架”为基础，复制新建“名称”为“强电桥架”的新桥架类型。

③ 按照上一步骤继续创建“弱电桥架”电缆桥架类型。最后单击“类型属性”对话框下的“确定”，完成强电桥架和弱电桥架两种电缆桥架类型的创建，见图 9-10。

④ 创建完两种桥架类型，即可在“属性”面板“类型选择器”中查看到两种新建的电缆桥架类型。

⑤ 打开“项目浏览器”中的“族”→“电缆桥架”→“带配件的电缆桥架”，同样会出现这两种新建的电缆桥架类型。

⑥ 除了在“属性”面板中的“编辑类型”对话框中新建电缆桥架类型，也可以在“项目浏览器”中直接添加和修改桥架类型。例如，新建一个“消防桥架”类型：选择已有的电缆桥架类型，单击右键，在弹出的菜单栏中选择“复制”，将其重命名为“消防桥架”，如图 9-11 步骤①～②所示。

⑦ 在“项目浏览器”中右键单击电缆桥架类型，在弹出的菜单栏中选择“类型属性”，同样可以打开“类型属性”对话框。在“类型属性”对话框中，可以对电缆桥架的“电气”“管件”“标识数据”等参数进行添加或修改，如图 9-11 中步骤③所示。至此完成新建电缆桥架类型的操作。

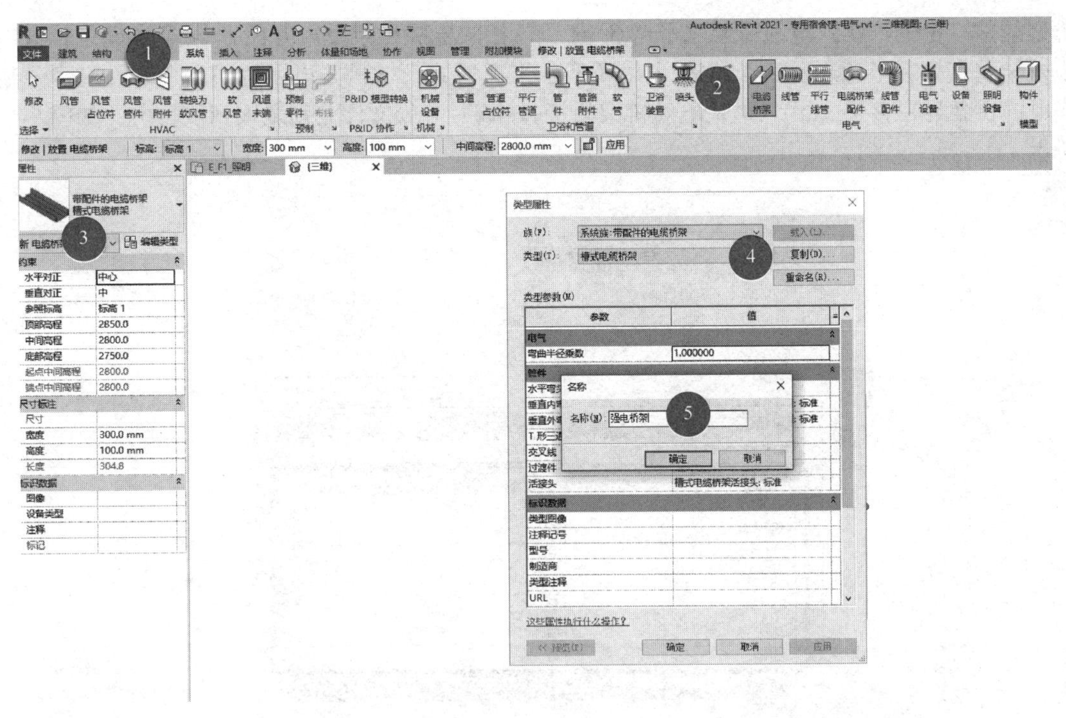

图 9-10

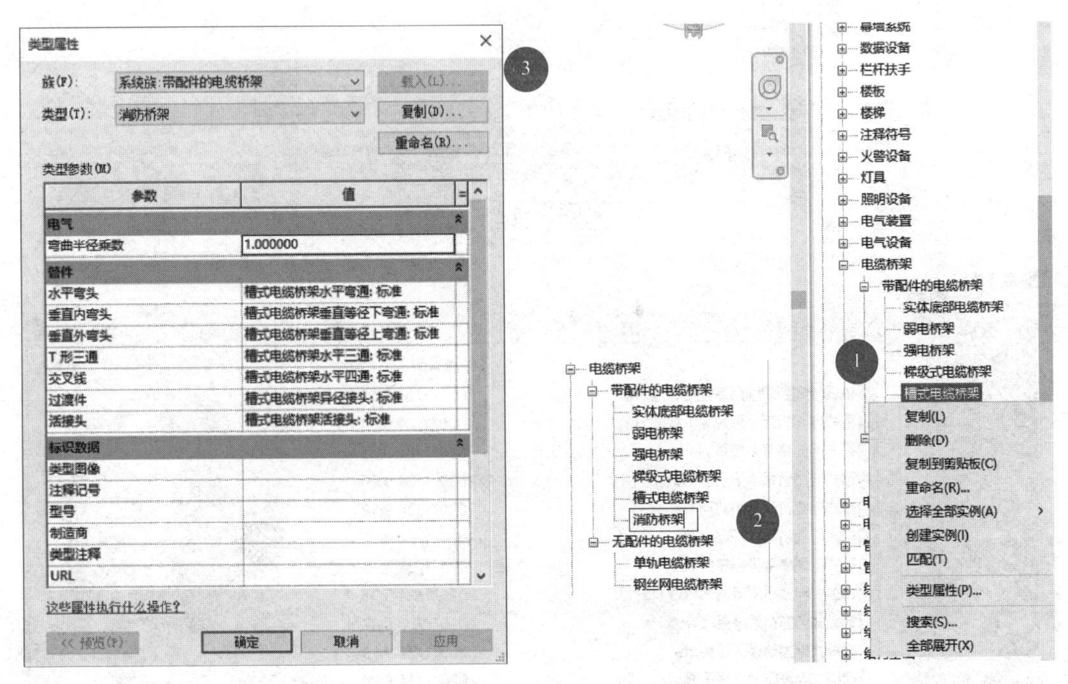

图 9-11

有时电缆桥架“类型属性”对话框中“管件”类参数值均为“无”，如图 9-12 所示，这是因为项目样板中没有载入电缆桥架配件族，这就需要手动载入。

⑧ 单击“系统”选项卡“电气”面板中“电缆桥架配件”工具，在“修改 | 放置 电缆桥架配件”上下文选项卡“模式”面板中选择“载入族”，将“随书文件 \ 第 9 章 \ 族文件 \ 电缆

桥架配件”中的“槽式电缆桥架水平弯通 .rfa”“槽式电缆桥架垂直等径下弯通 .rfa”“槽式电缆桥架垂直等径上弯通 .rfa”“槽式电缆桥架水平三通 rfa”“槽式电缆桥架水平四通 rfa”“槽式电缆桥架异径接头 .rfa”“槽式电缆桥架活接头 .rfa”等族文件分别载入到项目中，如图 9-13 所示。

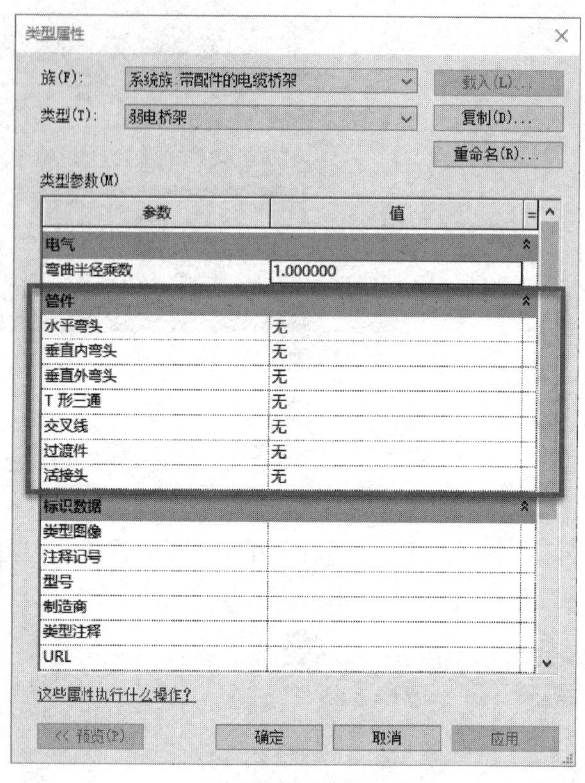

图 9-12

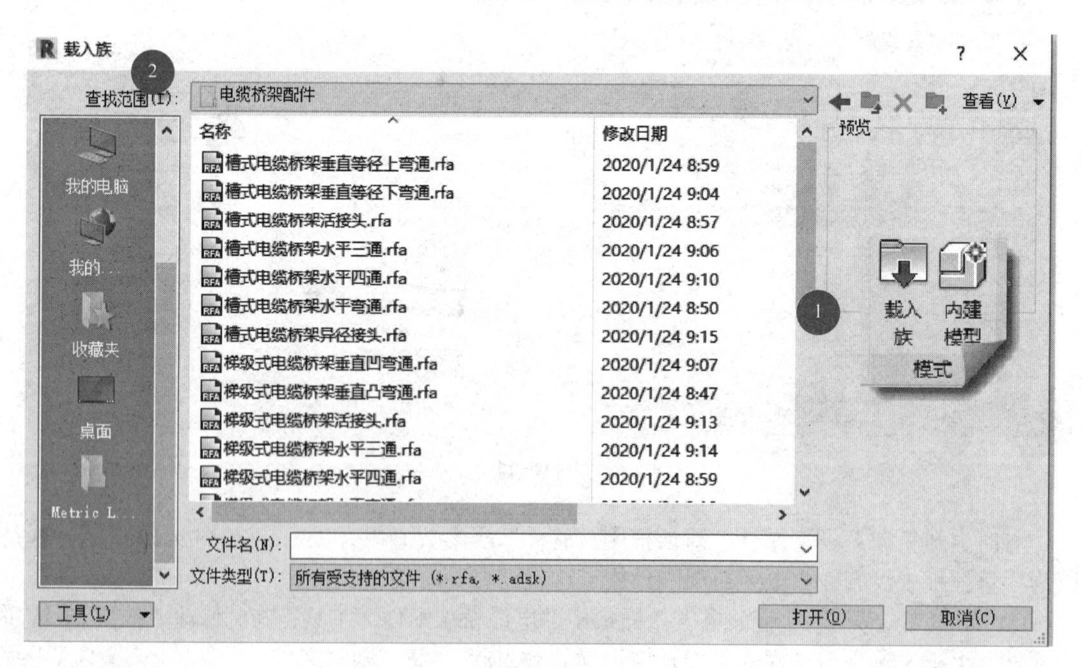

图 9-13

在“电气设置”中可以对电气系统进行更详细的设置，对电气系统、线型进行控制。

⑨ 如图9-14所示，单击“管理”选项卡“设置”面板“MEP设置”下拉列表中“电气设置”工具，打开“电气设置”对话框。

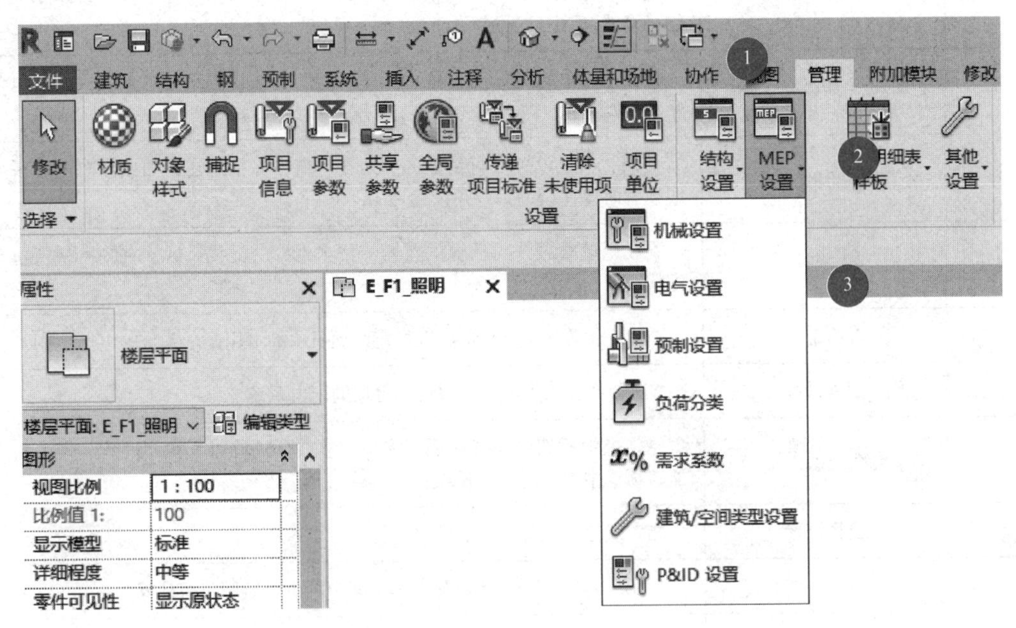

图9-14

⑩ 如图9-15所示，“电气设置”对话框中包含了对电气系统参数默认值的设置，包括指定配线参数、电压定义、配电系统、电缆桥架和线管设置以及负荷计算、电路编号设置。各项设置功能及其解释参见表9-6。至此完成电缆桥架的全部定义。保存该项目文件，或打开“随书文件\第9章\9.2.2.rvt”项目文件查看最终结果。

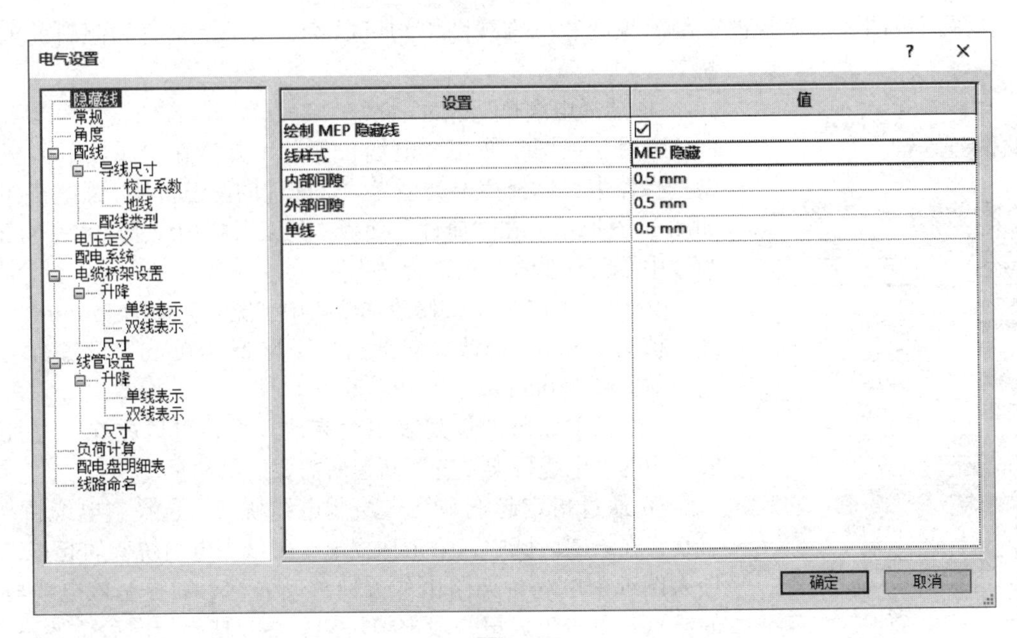

图9-15

表 9-6 “电气设置”对话框各项设置功能及解释

编号	电气设置功能	功能解释
1	隐藏线	使用“电气设置”对话框的“隐藏线”窗格，指定在电气系统中如何绘制隐藏线
2	常规	使用“电气设置”对话框中的“常规”窗格，定义基本参数并设置电气系统的默认值
3	角度	使用“电气设置”对话框的“角度”窗格以指定在添加或修改电缆桥架或线管时要使用的管件角度
4	配线	在“电气设置”对话框的左侧窗格中选择“配线”后，右侧窗格将包含配线表
5	电压定义	“电压定义”表定义了可以指定给项目中的可用配电系统的电压范围
6	配电系统	“配电系统”表定义了项目中可用的配电系统
7	电缆桥架设置	指定电缆桥架的注释比例、注释尺寸、分隔符以及在“尺寸”表中指定能在项目中使用的电缆桥架尺寸
8	线管设置	指定线管的注释比例、注释尺寸、分隔符等
9	负荷计算	使用该复选框可以指定是否为空间中的负荷启用负荷计算
10	配电盘明细表	指定备用标签、空间标签等
11	线路命名	使用此窗格定义自定义线路命名方案

9.2.3 绘制电缆桥架

在平面视图、立面视图、剖面视图和三维视图中均可以绘制水平、垂直和倾斜的电缆桥架。

图 9-16

① 选择电缆桥架尺寸。接 9.2.2 小节练习文件，切换至“E_F1_照明”视图，使用“电缆桥架”工具，在“属性”面板类型选择器中，选择桥架类型为“带配件的电缆桥架 : 强电桥架”。如图 9-16 所示，在“属性”面板“约束”栏中设置“水平对正”为“中心”，“垂直对正”为“中”。

② 如图 9-17 所示，修改选项栏中“宽度”值为 150mm，“高度”值为 75mm，修改“底部高程”为 2800.0mm，设置桥架距离当前标高 2800mm。

【提示】如果下拉列表中没有改尺寸，可以先在“电气设置”中的“电缆桥架设置”新建所需要的尺寸。

③ 通过指定起点和终点绘制电缆桥架。选择“电缆桥架”工具，在绘图区域中，单击捕捉电气图纸中电缆桥架的起点，沿导入图纸中电缆桥架路由的方向移动光标，捕捉至该电缆桥架的终点，单击生成第一段电缆桥架。继续捕捉转向后桥架终点，Revit 会自动生成电缆桥架弯通，如图 9-18 所示。

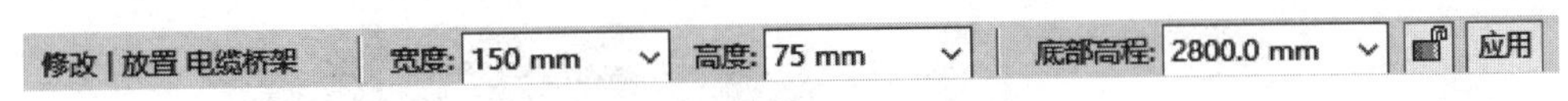

图 9-17

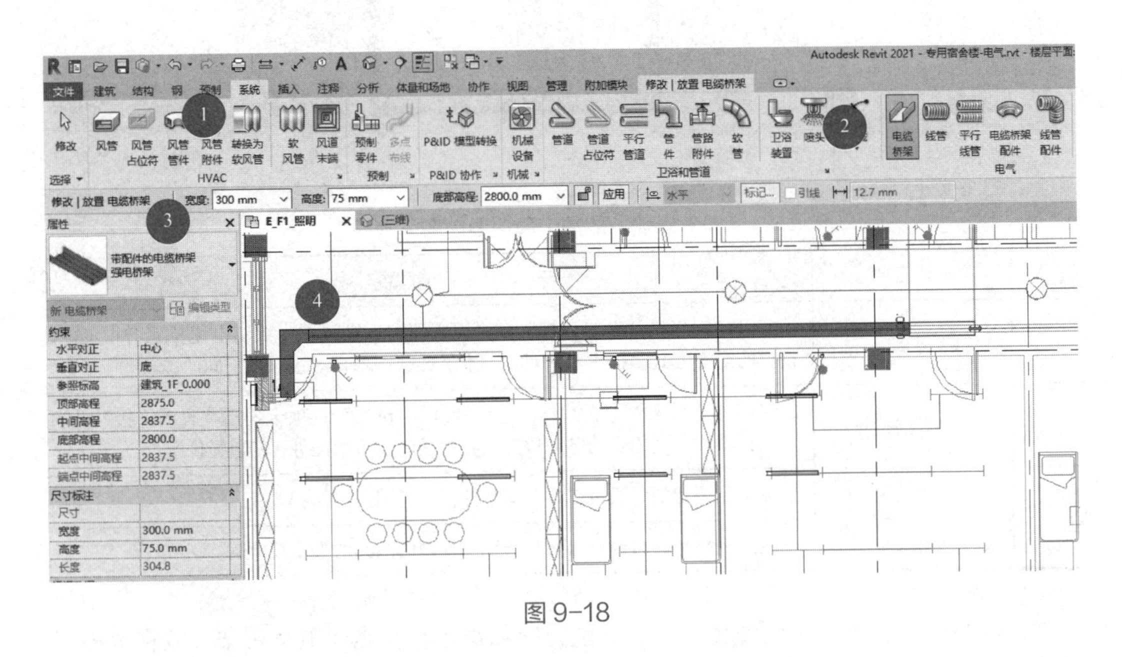

图 9-18

④ 按照上述方法，完成一层强电桥架的绘制。按 9.2.2 小节的方法导入“一层弱电图纸”，按本节内容完成一层弱电桥架的绘制。

⑤ 完成 B1、F1、F2 层全部电缆桥架的绘制，最终效果如图 9-19 所示。

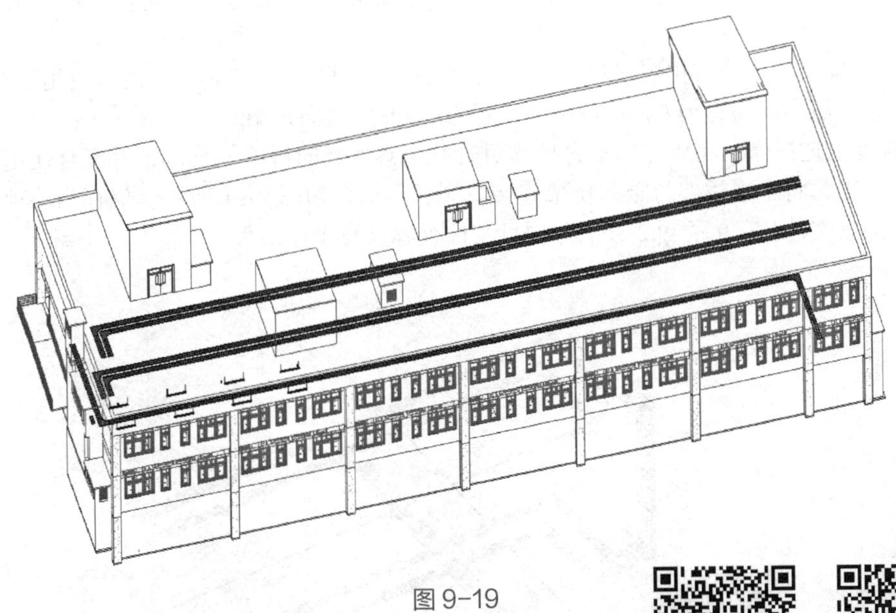

图 9-19

二维码 9-3

二维码 9-4

如图 9-20 所示，在绘制电缆桥架时，在“修改 | 放置 电缆桥架”上下文选项卡中还提供了用于控制桥架绘制的功能，常用设置功能及其解释如表 9-7 所示。

图 9-20

表 9-7　放置工具主要内容

编号	放置工具	功能解释
1	对正	打开“对正设置”对话框，在平面视图和三维视图中绘制电缆桥架时指定电缆桥架的对齐方式。提供水平对正、水平偏移、垂直对正三个不同的选项
2	自动连接	绘制电缆桥架时，在“修改丨放置 电缆桥架”选项卡勾选“自动连接”选项，可以自动连接到相交的电缆桥架，并生成电缆桥架配件（四通配件）
3	继承高程	在绘制桥架的时候可以自动继承捕捉到的图元的高程
4	继承大小	在绘制桥架的时候可以自动继承捕捉到的图元的大小尺寸

实际项目中，除了水平电缆桥架外，在电井等部位还存在竖向电缆桥架。以宿舍楼项目电井中的桥架为例，绘制竖向电缆桥架的方法如下。

① 切换至“E_F1_照明”楼层平面视图。缩放视图至左侧电井位置，选择“系统”选项卡“电气”面板下的“电缆桥架”工具，自动进入“修改丨放置 电缆桥架”对话框。

② 在“属性”面板电缆桥架类型中选择“强电桥架”，设置桥架“宽度”为 150，“高度”为 70，“中间高程”为 0。

③ 单击确认电缆桥架位置，修改选项栏中“中间高程”为 3000，点击“应用”按钮，即可创建一根起始中间高程为 0、端点中间高程为 3000 的竖向桥架。

④ 重复上述操作，完成专用宿舍楼项目管井中其他竖向桥架的绘制，并配合使用“修剪 / 延伸为角”工具将水平桥架与竖向桥架连接。完成后结果如图 9-21 所示。保存当前项目文件，或打开“随书文件 \ 第 9 章 \9.2.3.rvt”项目文件查看最终操作结果。

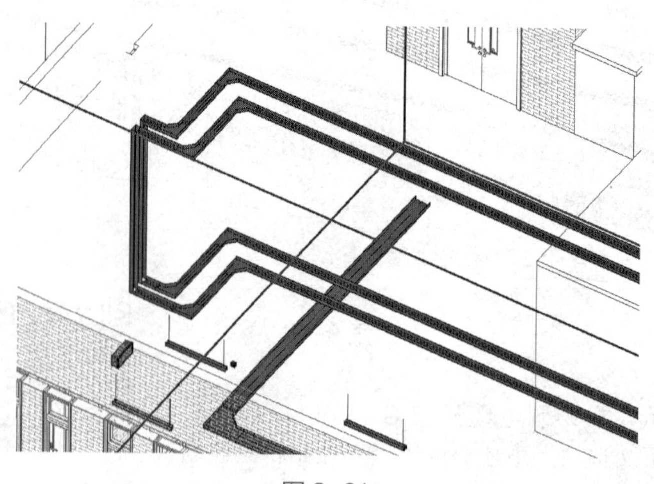

图 9-21

实际项目中，还可能涉及水平三通和水平四通绘制。先绘制一根水平（或垂直）桥架。在垂直于该电缆桥架的方向上，从第一根电缆桥架出发绘制第二根电缆桥架，完成后在交叉处会自动生成水平三通配件，如图 9-22 所示步骤①。两根电缆桥架不在同一个高度依然可以生成水平三通，但会自动生成弯通以连接两者，如图 9-22 所示步骤②。

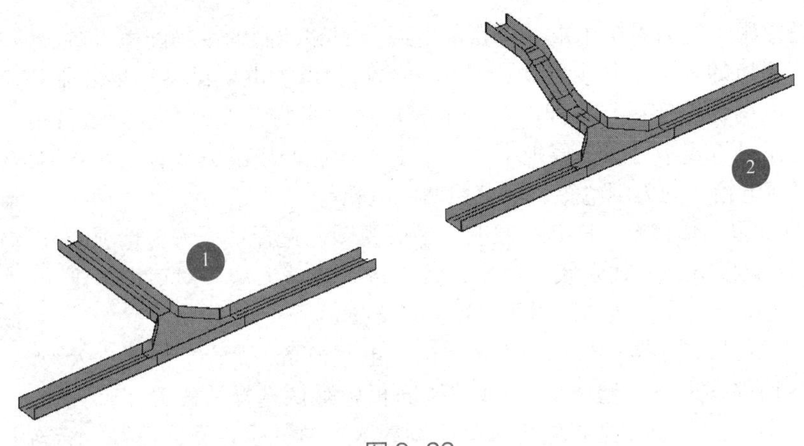

图 9-22

绘制水平四通有两种方法。水平四通的绘制与 T 形三通的方法类似，区别在于水平四通的四根桥架需要在同一水平高度绘制才能生成四通配件。若桥架的高度不一，会错开架设，不生成四通配件，如图 9-23 步骤①、②所示。

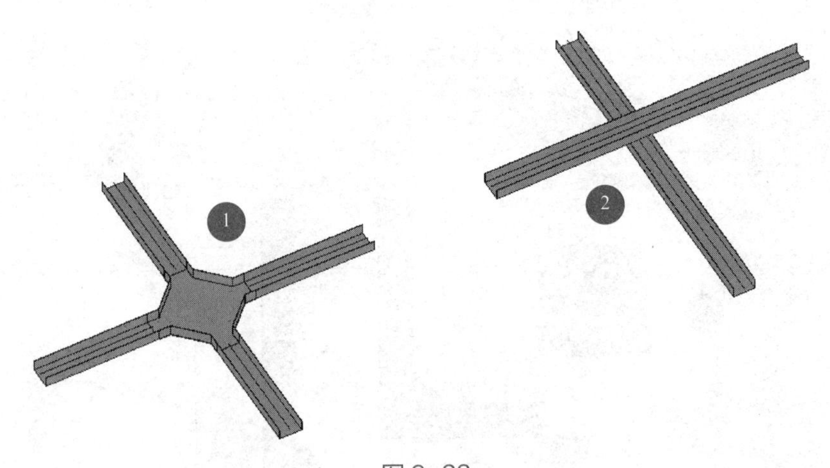

图 9-23

在绘制电缆桥架时，Revit 提供了三种电缆桥架的对正方式，即水平对正、水平偏移和垂直对正。

① 水平对正：使用电缆桥架的中心、左侧或右侧作为参照，水平对齐电缆桥架剖面的各条边。

② 水平偏移：指定在绘图区域中的鼠标单击位置与电缆桥架绘制位置之间的偏移。如果要在视图中距另一构件固定距离的地方放置电缆桥架，则该方式非常有用。

③ 垂直对正：使用电缆桥架的中部、底部或顶部作为参照，垂直对齐电缆桥架剖面的各条边。

9.3 创建电气系统

9.3.1 创建配电箱

配电箱是指用于电力系统中电气设备的电源分配和控制的一种配电设备，通常用于住宅、工厂、商场等场所的配电。其主要功能是集中控制和保护电气设备，将电流分配到各个用电设备中，保证电网的稳定运行。配电箱按电气接线要求将开关设备、测量仪表、保护电器和辅助设备组装在封闭或半封闭金属柜中或屏幅上，构成低压配电装置。在专用宿舍楼项目中，主要包含照明配电箱、动力配电箱、应急照明配电箱等。

① 接上节练习。切换至“E_F1_照明”平面视图，选择“插入”选项卡“从库中载入”面板下的“载入族”命令，自动进入“载入族”对话框，浏览文件位置，选择电气设备族“照明配电箱 - 明装 .rfa”。

二维码 9-5

② 选择“系统”选项卡“电气”面板下的“电气设备”命令，自动进入“修改丨放置 构件”上下文选项卡，“放置”面板中默认选择“放置在垂直面上”。在“属性”面板类型选择器中选择刚刚载入的电气设备族，设置“标高中的高程”为1200mm，单击鼠标在视图中进行放置，如图 9-24 所示。

③ 按照“一层照明平面图”中配电箱位置，完成全部照明配电箱放置。按照上述方法，完成宿舍楼项目全部配电箱放置。保存该项目文件，或打开“随书文件 \ 第 9 章 \9.3.1.rvt”项目文件查看最终操作结果。

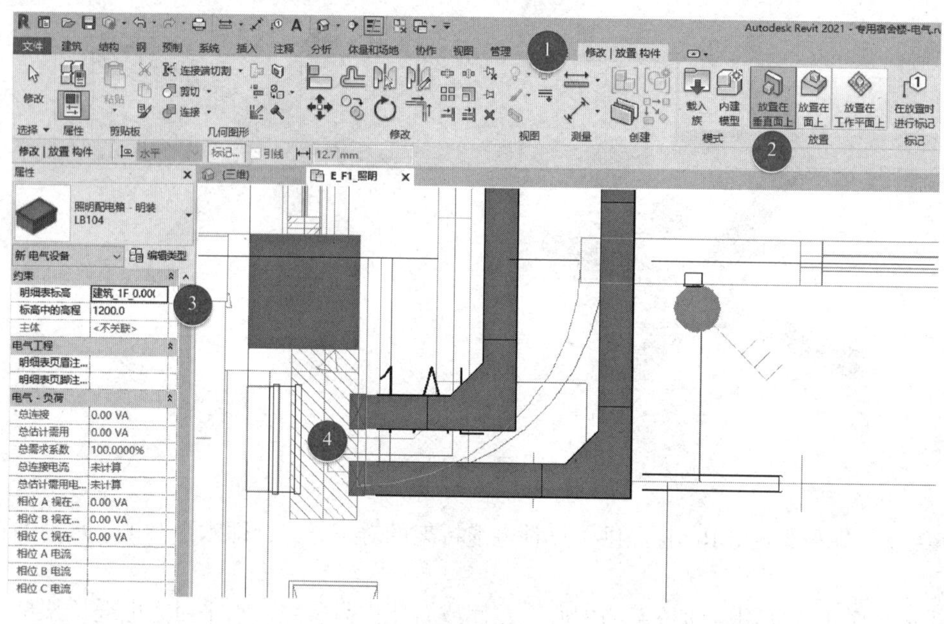

图 9-24

9.3.2 创建灯具

灯具是照明工具的统称，分为吊灯、台灯、壁灯、落地灯等，指能透光、分配和改变光源光分布的器具，包括除光源外所有用于固定和保护光源所需的全部零部件，以及与电源连接所必需的线路附件。专用宿舍楼项目中，灯具主要包含单管荧光灯、双管荧光灯、LED 吸顶灯等。

① 接上节练习，打开“E_F1_照明”平面视图，选择“插入”选项卡“从库中载入”面板下的“载入族”命令，自动进入“载入族”对话框，浏览文件位置，选择电气设备族“单管悬挂式灯具 .rfa”。

② 切换至南立面视图。在南立面视图中绘制参照平面（偏移量根据灯具标高确定），将名称更改为“灯具参照标高”。配合使用临时尺寸标注工具修改参照平面距离建筑标高的距离为 2600mm。

③ 切换至“E_F1_照明”平面视图。如图 9-25 所示，在“系统”选项卡下“电气”面板中点击“照明设备”，选择“单管悬挂式灯具”，进入“修改 | 放置 设备”上下文选项卡。在“放置”面板中选择“放置在工作平面上”，修改“选项栏”中放置平面选项，将放置平面更改为上一步设定的“灯具参照标高”参照平面。根据图纸布置灯具。

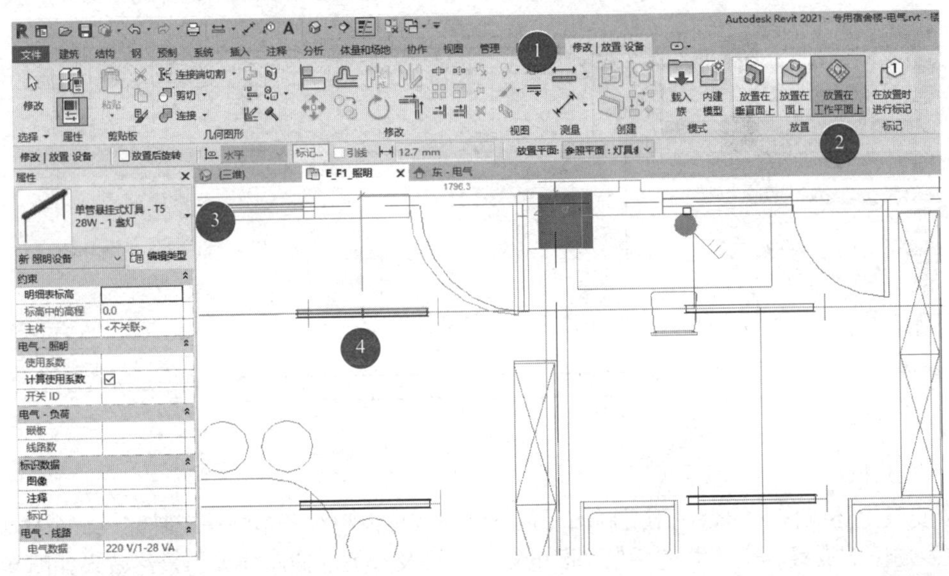

图 9-25

二维码 9-6

【提示】在放置灯具时，Revit 会给出灯具预览，配合键盘空格键可按 90° 旋转灯具图元。

④ 使用类似的方式，完成地下室及 2F 的灯具的创建。保存该项目文件，或打开“随书文件 \ 第 9 章 \9.3.2.rvt”项目文件查看最终操作结果。

本练习中使用的灯具族属于基于面的族。在放置基于面的族时，Revit 提供了“放置在垂直面上”“放置在面上”及“放置在工作平面上”三种不同的放置选项。“放置在垂直面上”通常用于放置在垂直于墙面的灯具，“放置在面上”通常用于放置在垂直于任意角度的面如倾斜的天花板的灯具。

9.3.3 创建开关、插座

开关是可以使电路开路、使电流中断或使其流到其他电路的电子元件。插座是有一个或一个以上电路接线可插入的座，通过它可插入各种接线，便于与其他电路接通。宿舍楼项目中，包含单联、双联、三联单控开关，以及二、三级暗装普通插座等。

① 接上节练习，打开“E_F1_照明”平面视图，选择“插入”选项卡“从库中载入”面板中的“载入族”命令，自动进入“载入族”对话框，浏览文件位置，选择电气设备族“三联开关 – 暗装 .rfa”。

② 选择“系统”选项卡“电气”面板→“设备”→照明，自动进入“修改 | 灯具”上下文选项卡，在“属性”面板类型选择器中选择刚刚载入的开关族，设置“标高中的高程”为 1500.0mm，捕捉至墙面单击鼠标进行放置，见图 9-26。

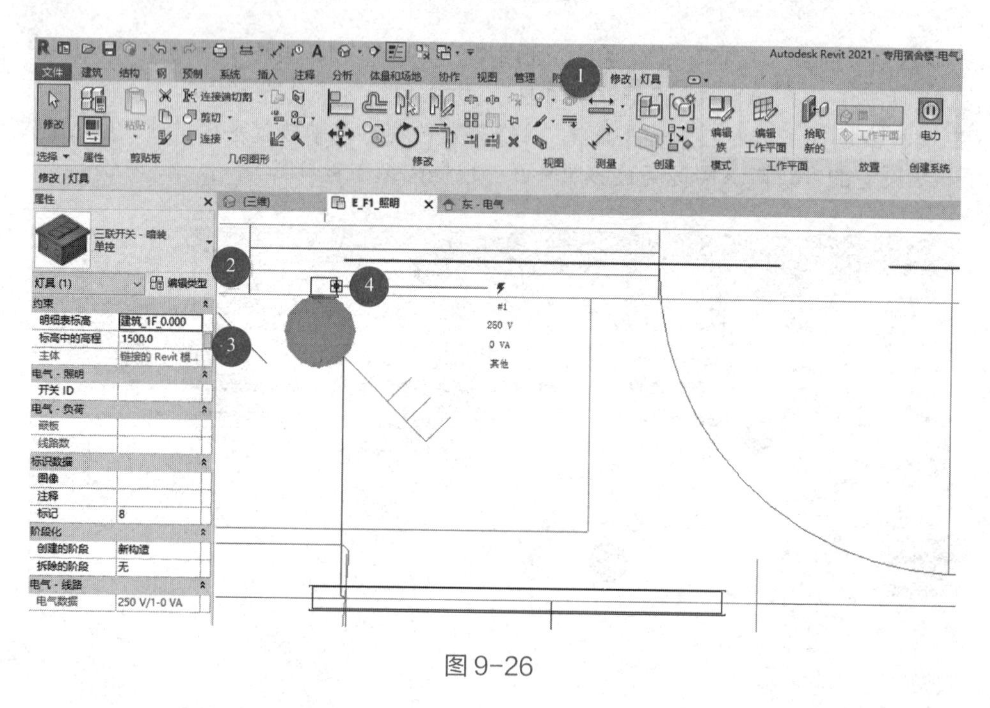

图 9-26

③ 重复上述操作，配合使用复制图元及复制到剪贴板和对齐粘贴等工具完成宿舍楼项目其他开关及插座的放置。全部电缆桥架、配电箱、灯具及开关、插座建模，最终效果如图 9-27 所示。保存该项目文件，或打开“随书文件 \ 第 9 章 \9.3.3.rvt”项目文件查看最终操作结果。

二维码 9-7

二维码 9-8

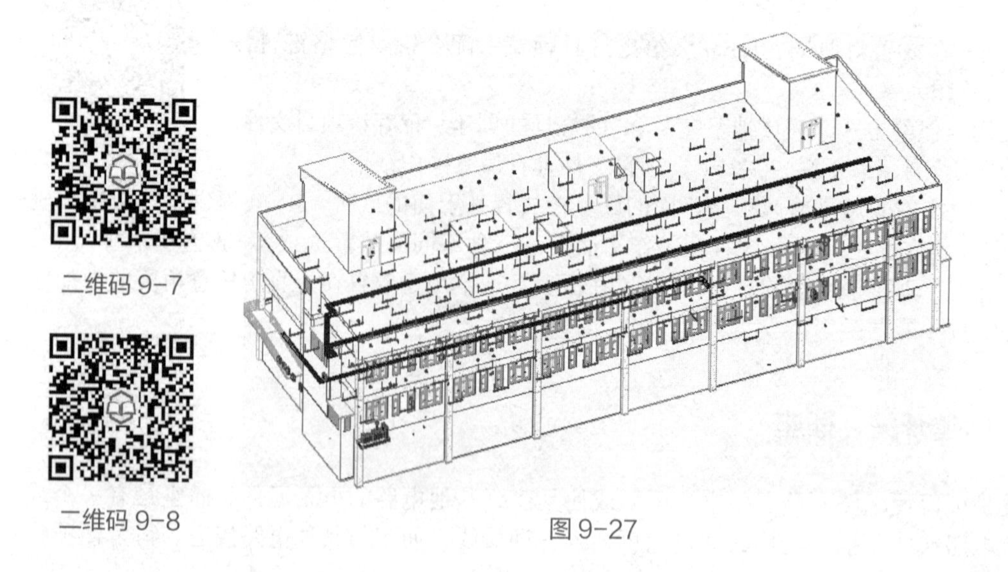

图 9-27

9.3.4 创建导线

导线是输送电能、传输信号以及配电的主要部件之一，各个用电设备都通过导线连接。在“系统”选项卡“电气”面板中，导线的绘制提供了“弧形导线”“样条曲线导线”和“带倒角导线”几种方式。同样，Revit 可以为连接兼容电气装置和照明设备的电力系统创建线路，然后将线路连接到电气设备配电盘，见图 9-28。

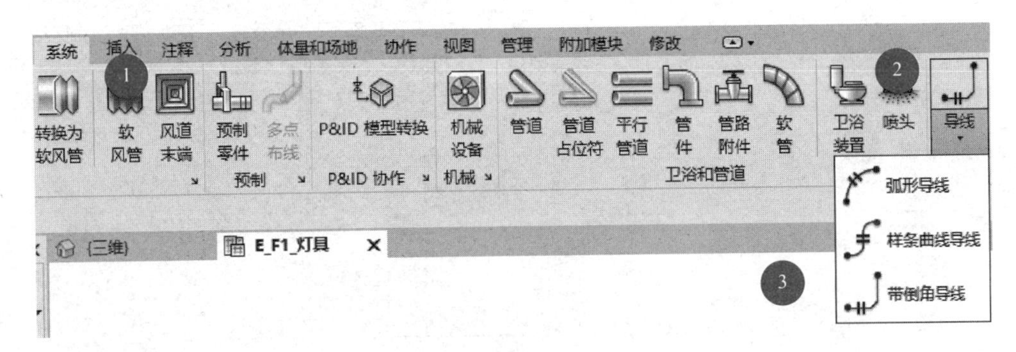

图 9-28

① 接上节练习。选择一个或多个照明设备，单击“修改 | 照明设备”上下文选项卡→“创建系统”面板→“开关”工具，进入“修改 | 开关系统”上下文选项卡；单击“系统工具”面板中“选择开关”工具，选择一个开关创建开关系统，如图 9-29 所示。

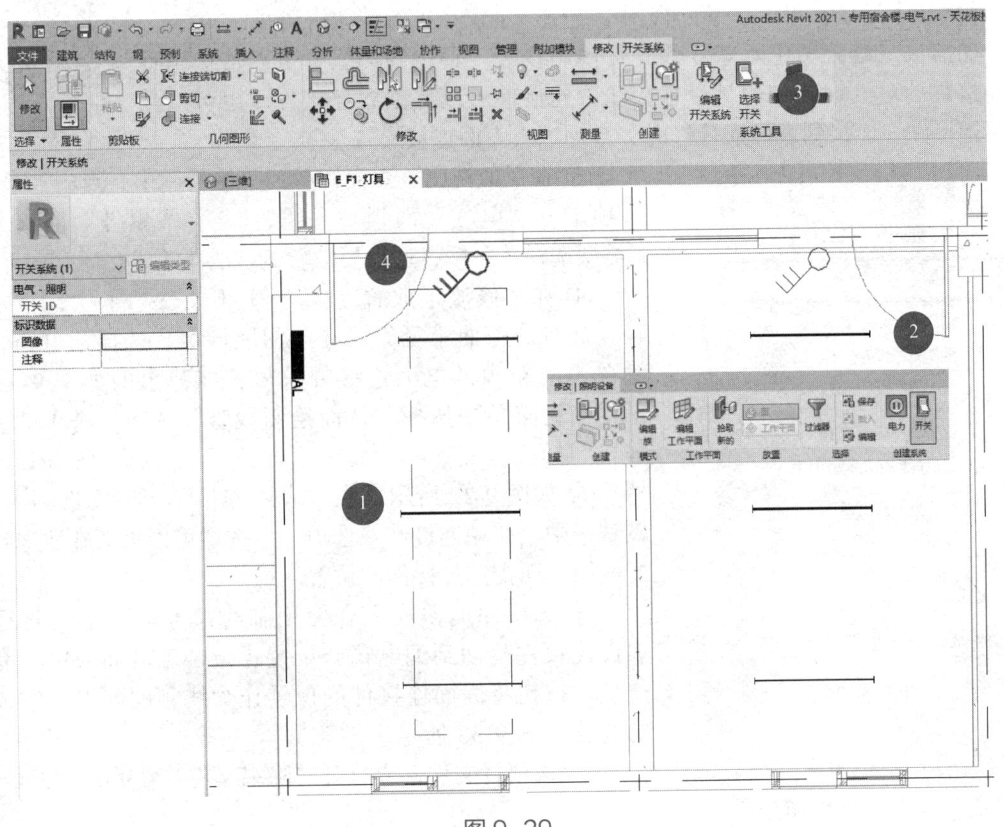

图 9-29

② 选择照明设备和开关。单击“修改 | 照明设备”上下文选项卡“创建系统”面板中“电力”工具，创建开关所关联的电气电路。通过“修改 | 电路”上下文选项卡中的“转换为导线”面板，选择弧形导线或者带倒角导线，即可以自动生成二维电线，见图 9-30。

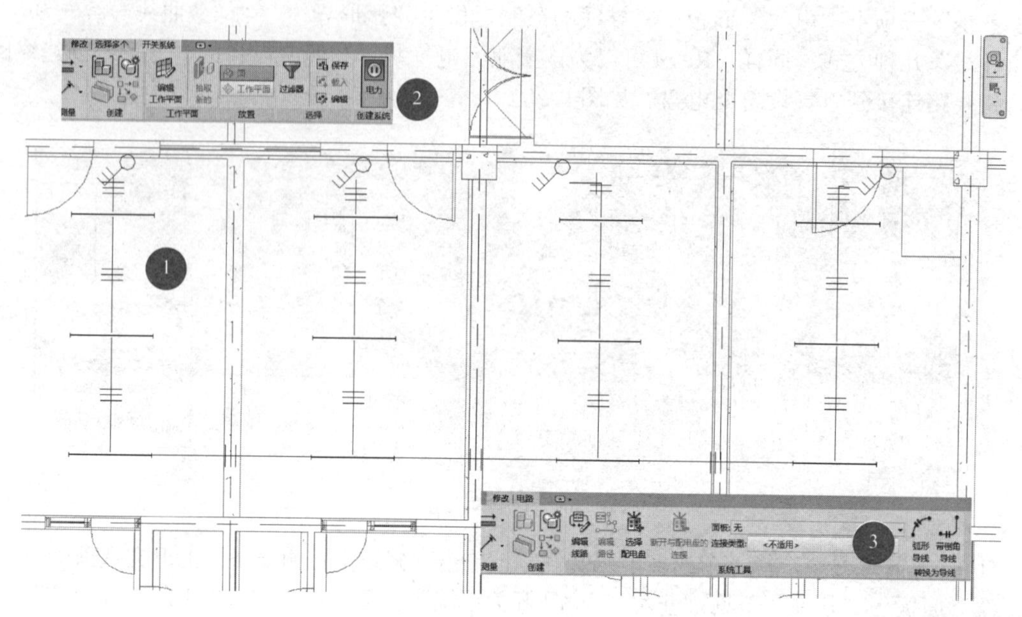

图 9-30

二维码 9-9

【提示】导线仅可以在平面视图中绘制，也仅在平面视图中可见。

如需在三维视图中示意导线，可使用线管工具代替。线管可以连接到具有连接件的电气设备和机械设备，线管连接件可以是独立连接件，也可以是表面连接件。连接到表面连接件时，自动进入表面连接模式。

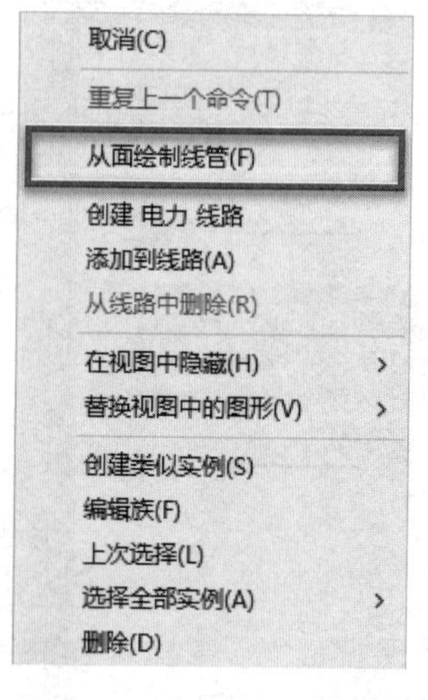

图 9-31

③ 在平面视图、立面视图或三维视图中，点击“系统”选项卡→“电气”面板→“线管”。在“属性”面板下的“类型选择器”中，选择要放置的线管类型。

④ 在“修改 | 放置 线管”上下文选项卡中，指定直径、高程、弯曲半径等。在绘图区域中，选择配电箱，右键单击电箱顶部电力连接件符号，在弹出的如图 9-31 所示的右键菜单中选择“从面绘制线管”选项，进入“表面连接”模式。

⑤ 如图 9-32 所示，在“表面连接”上下文选项卡中，默认选中“移动连接件”选项，该选项可以重新在所选择的配电箱表面指定连接件的位置。

⑥ 选择并拖拽或配合使用临时尺寸标注工具将绿色表面连接件移动到配电箱新位置，单击工具面板中“完成连接”按钮将表面连接件的位置作为线管的起点。完成后的线管如图 9-33 所示。

⑦ 使用类似方式完成其他线管。保存该项目文件，或打开“随书文件 \ 第 9 章 \9.3.4.rvt”项目文件查看最终操作结果。

图 9-32

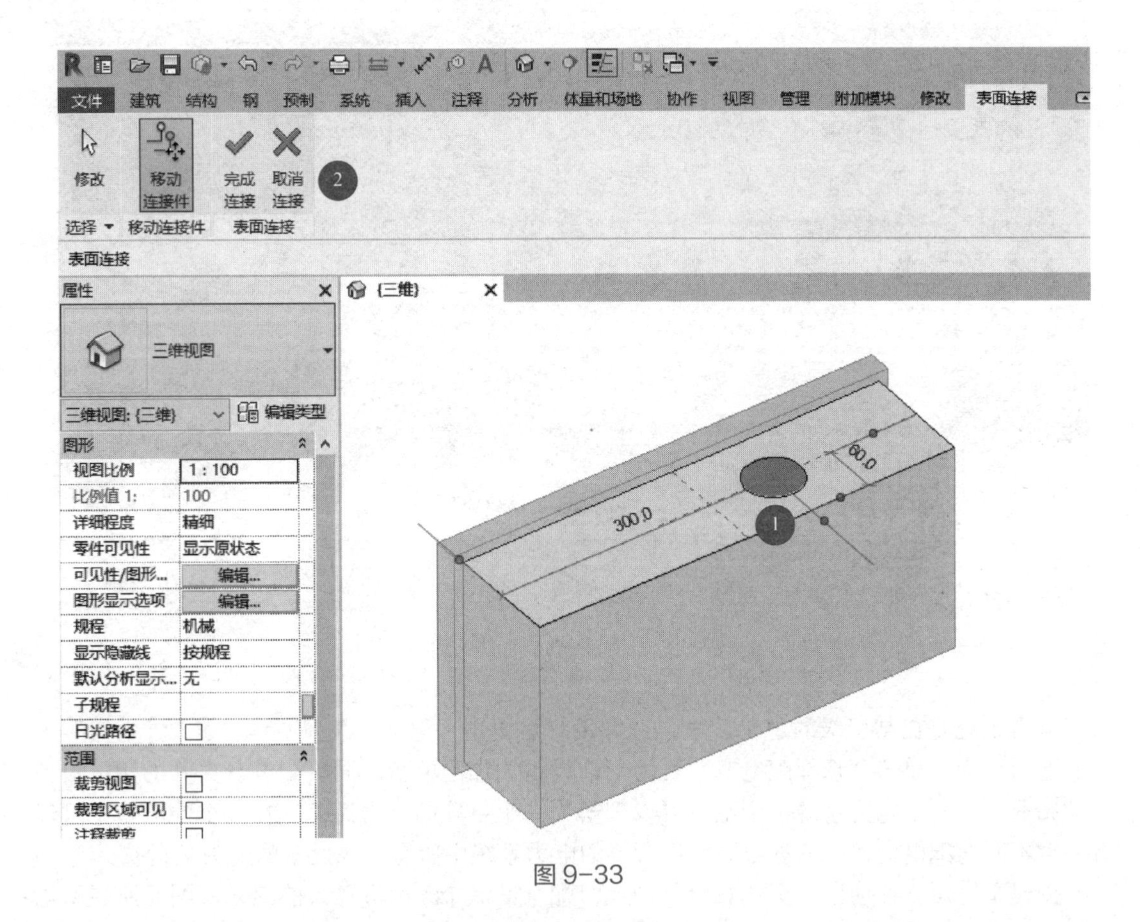

图 9-33

注意在 Revit 中创建的导线仅在平面视图中起到逻辑连接的作用，并非真实的三维导线。Revit 中的电气图元包含在两个逻辑系统中，即电力系统和开关系统。电力系统即通常说的控制回路；开关系统是回路中更小的控制单元，用于控制一个回路中的指定灯具等用电单元。回路通常与配电箱中空气开关连接，一个电力系统中可以包含多个不同的开关系统。

在 Revit 中灯具、开关构成一个完整的开关系统。每个开关系统内部可以通过导线将一个或多个灯具等通过导线连接至指定的开关，构成完整的开关控制单元。如图 9-34 所示，选择任意一个灯具图元后可以为该灯具创建一个开关系统，可通过“编辑开关系统”中的“添加到系统”或“从系统中删除”工具在当前开关系统中添加或删除灯具图元。设置完成开关系统后，可以单击“选择开关”工具并在项目中选择开关图元，该开关将自动添加到该开关系统中。注意一个系统中仅可指定一个开关连接件（对于多级开关，每个系统连接件可分别连接至不同的开关系统中）。

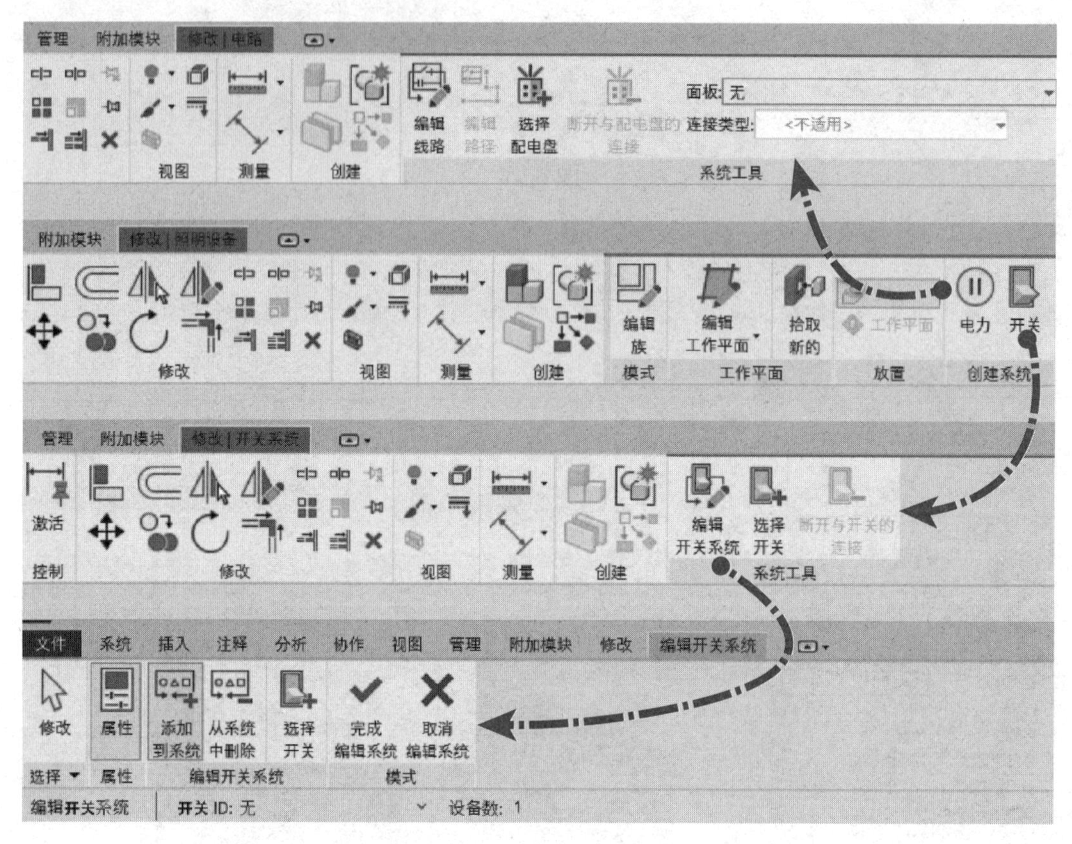

图 9-34

电力系统是更高层级的逻辑系统。选择设备后单击“电力”工具进入“修改 | 电路”上下文选项卡中，单击“选择配电盘”可为当前设备添加配电盘。同一配电盘关联的用电设备自动归属于同一个电力系统，配电盘可以理解为一个单独的电力回路。在一个配电箱中可以有多个不同的配电盘，配电盘需要承担所属的电力系统中所有电气设备的电力负荷。

创建系统后，移动鼠标至任意电气图元，配合键盘 Tab 键可在当前图元及图元所在的电力或开关系统中进行循环选择预览，如图 9-35 所示。

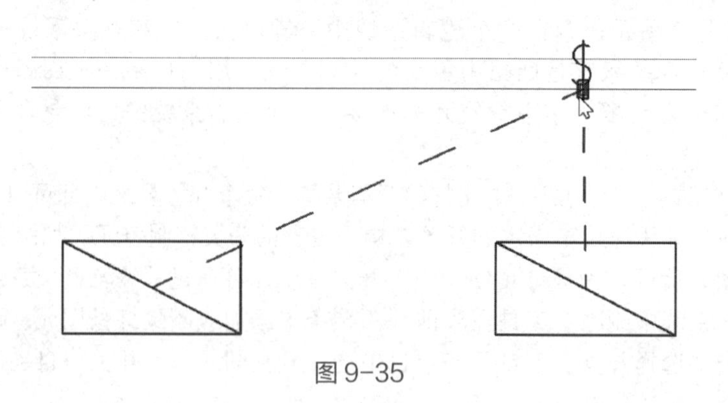

图 9-35

小 结

本章介绍了电气专业的组成及电气专业建模要求，阐述了电缆桥架、配电箱、开关插座及导线的创建方法。最后介绍了电气的开关系统和电力系统，这两者概念相对抽象，需要结合实际工程中的电气系统回路加以理解。通过本章的学习，要求熟练掌握电气专业识图方法，并具备独立完成电气专业建模的能力。

练习题

1. 电气专业主要包含哪些系统？各子系统包含哪些构件？
2. 如何在Revit中创建和定义电缆桥架类型？
3. 结合本书教学资源对本章各系统进行创建。

第 10 章 机电模型综合应用

知识目标

- 熟悉机电管线综合的原则及步骤
- 掌握预留孔洞图纸创建思路
- 掌握机电安装工程材料统计的方法
- 掌握净高分析图的创建方法
- 掌握机电成果的输出与展示的方法

能力目标

- 能够完成机电模型管线综合优化
- 能够创建预留洞口模型及图纸
- 能够输出机电材料明细表
- 能够根据项目需求细分净高分析图
- 能够根据项目管综实际情况选择并创建各个类型支吊架

素质拓展

港珠澳大桥连接香港、澳门、珠海，是目前世界上最长的跨海大桥，是中国从桥梁大国走向桥梁强国的里程碑之作，大桥被英国《卫报》评为“新世界七大奇迹”之一。

在项目设计阶段，利用 BIM 的三维技术进行碰撞检查，优化工程设计，减少了在施工阶段可能存在的错误及损失并降低了返工可能性；优化管线排布方案及净空，同时就复杂管线的关键部位，制定合理的碰撞规则，依据检查报告发现、纠正并优化管线路由，将所有碰撞问题解决于施工之前，以有效减少深化设计成本和时间，提高深化设计质量。

中国锦屏地下实验室二期极深地下极低辐射本底前沿物理实验设施是国家“十四五”规划中重点实验室项目之一，用于探索宇宙暗物质、中微子等。该实验室位于四川省凉山彝族自治州锦屏山地下2400m处，总容积33万m^3，是目前世界最深最大的极深地下实验室。与国际上其他地下实验室相比，中国锦屏地下实验室岩石覆盖最深、宇宙线通量最小、辐射本底最低、可用空间最大，还具备交通便捷、电力及水源充足、基础设施完备等优势，提供了极低辐射本底实验条件，是我国开展暗物质研究的绝佳场所。实验室已于2023年12月7日正式投入使用。为完成这一世界最深的实验室壮举，项目在设计及施工阶段均深度利用BIM技术，利用点云扫描技术创建还原了原始的崎岖不平的隧道壁数字化模型，通过创建完整的消防、给排水、通风等机电工程管道BIM模型，协调优化钢结构设计与机电工程管线排布方案，减少施工中的变更，提高工程深化设计质量，提高决策效率。

10.1 碰撞检查

在传统的工作流程下由于机电安装工程专业较多，各专业管线空间由本专业确定，无法清晰地了解所有机电管线的关系，导致在施工阶段发现由管线碰撞造成的工期延误及财产损失。利用机电安装工程BIM模型可进行三维设计核查，帮助机电安装工程人员查找不同专业模型间碰撞点，进行专业间协调，从而提高机电安装工程质量，实现此目标的功能为碰撞检查。

本节将学习了解碰撞检查的概念，运用三维软件的碰撞检查功能，如Autodesk Revit软件的碰撞检查、Autodesk Navisworks（简称Navisworks）软件的Clash Detective（碰撞检查）等，可以对机电安装工程的管线进行碰撞检查并输出碰撞检查报告。

10.1.1 Revit碰撞检查

Revit中的碰撞检查功能用于查找模型中图元之间是否存在冲突接触，可以帮助机电安装工程师通过BIM模型查找直接碰撞的图元，提高机电安装工程模型的协调质量。

① 启动Revit 2021软件，打开“随书文件\第10章\碰撞检查\专用宿舍楼-风防排烟及空调专业-F1.rvt”项目文件。切换至默认三维视图，如图10-1所示，单击“协作”选项卡“坐标”面板中的“碰撞检查”工具下拉列表下的“运行碰撞检查”工具，弹出“碰撞检查”对话框。

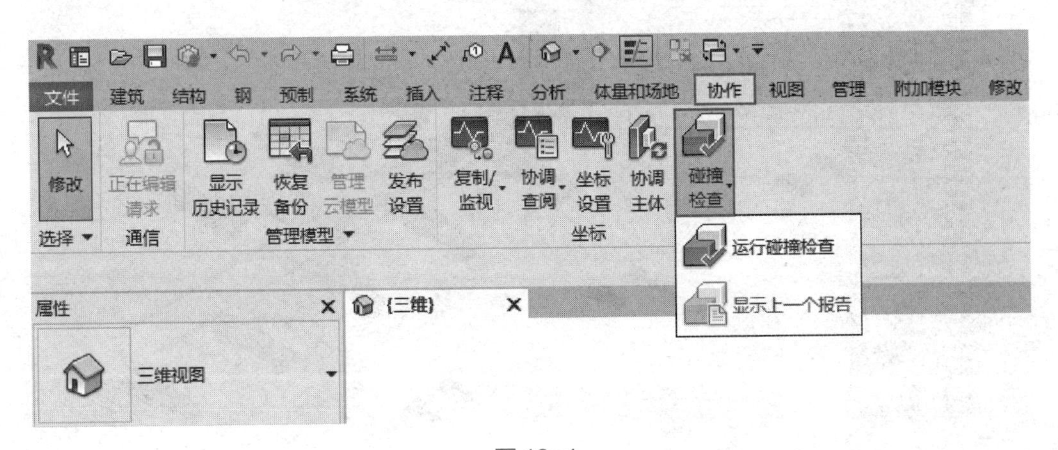

图10-1

② 如图 10-2 所示，在“碰撞检查”对话框中勾选当前项目中的风管图元，单击“确定”运行碰撞检查。

二维码 10-1

图 10-2

③ 碰撞检查计算完成之后，弹出“冲突报告”对话框，单击碰撞点前的“+”，下拉列表显示碰撞点的图元信息。要查看其中一个有冲突的图元，可在“冲突报告”对话框中选择该图元名称，单击“显示”工具，碰撞的图元会在当前视图亮显，如图 10-3 所示。

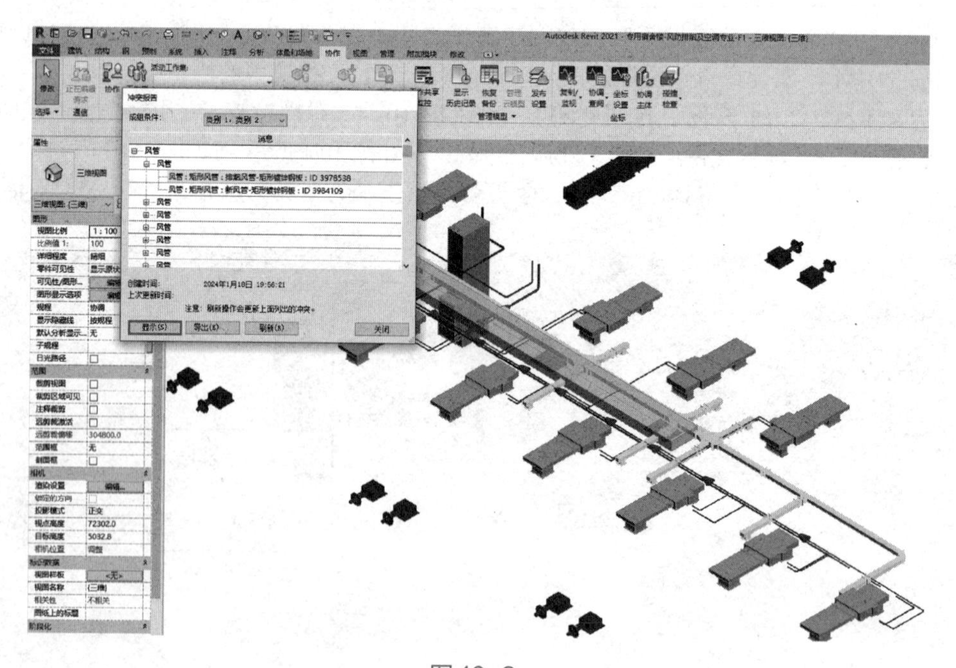

图 10-3

④ 也可通过“查找ID”的方式找到当前视图中的碰撞图元，牢记要查找的图元的ID号码，单击“冲突报告”对话框的“关闭”工具退出冲突报告。单击“管理”选项卡“查询”面板中的“按ID选择”工具，弹出“按ID号选择图元”对话框，输入ID号码，单击“显示”工具，如图10-4所示，查找的图元会在当前视图中被选择。

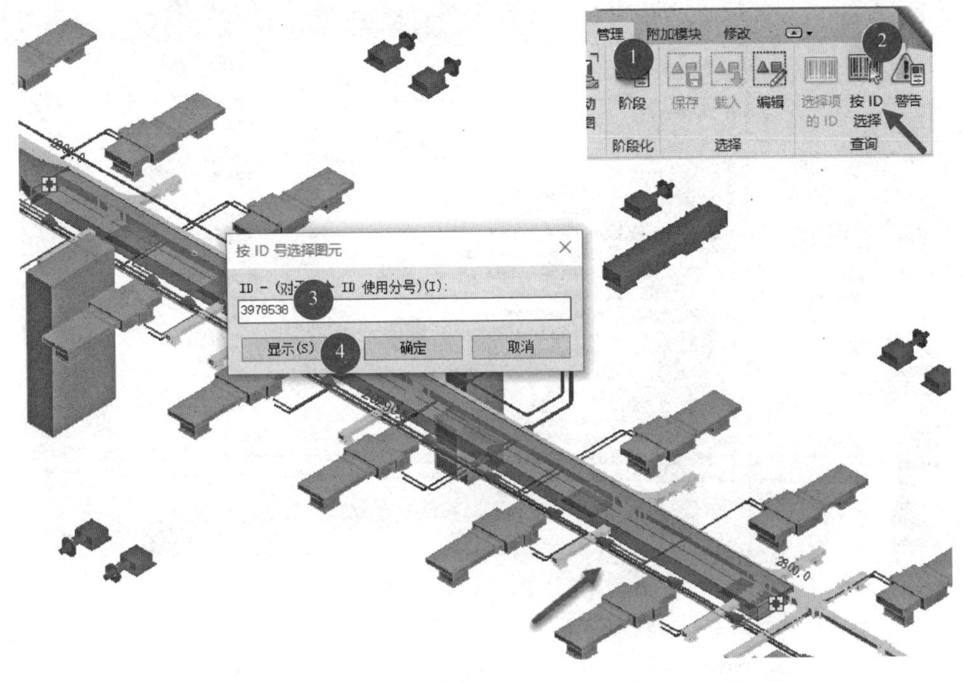

图10-4

⑤ 在视图内单击图元，对图元进行编辑修改，解决碰撞问题后，在“冲突报告”对话框中单击“刷新”工具。如果问题已解决，则会从冲突列表中删除之前发生冲突的图元信息。

⑥ 在“冲突报告”对话框中单击“导出”，输入名称，定位保存报告的文件夹，然后单击“保存”，将冲突报告保存为独立文件。

⑦ Revit软件中碰撞检查工具还可在链接文件中运行。如图10-5所示，单击“插入”选项卡“链接”面板中的“链接Revit”工具，弹出“导入/链接RVT”对话框，浏览至“随书文件\第10章\管线综合优化\专用宿舍楼-建筑结构专业-F1.rvt”，选择定位方式为“自动-内部原点到内部原点”，打开模型文件。

⑧ 使用“VV”快捷键打开“可见性/图形替换”对话框，取消“楼板”前方复选框的勾选，点击“确定”退出当前对话框，使楼板在当前三维视图中不可见。单击“协作”选项卡“坐标”面板中的“碰撞检查”工具下拉列表下的“运行碰撞检查”工具，弹出“碰撞检查”对话框，如图10-6所示，左侧勾选当前项目中的风管及管道图元，右侧勾选链接项目“专用宿舍楼-建筑结构专业-F1.rvt”中的结构框架图元，单击“确定”运行碰撞检查。

⑨ 弹出“冲突报告”对话框，单击碰撞点前的“+”，下拉列表显示与结构框架发生碰撞的风管及管道，调整当前项目的风管及管道位置至冲突为零。

⑩ 到此完成在Revit中进行碰撞检查的操作。不保存当前项目文件，关闭当前项目。

在使用Revit自带的碰撞检查工具进行机电安装工程碰撞检查时，可以指定当前或链接文件中所选择的对象类别中的所有图元间的碰撞。但需要注意在碰撞检查完成后，需要判断该碰撞是否为真实的工程碰撞，对于需要穿墙或穿楼板的管道，即使使用碰撞检查工具检查出碰撞，也不应该将该碰撞视为问题。

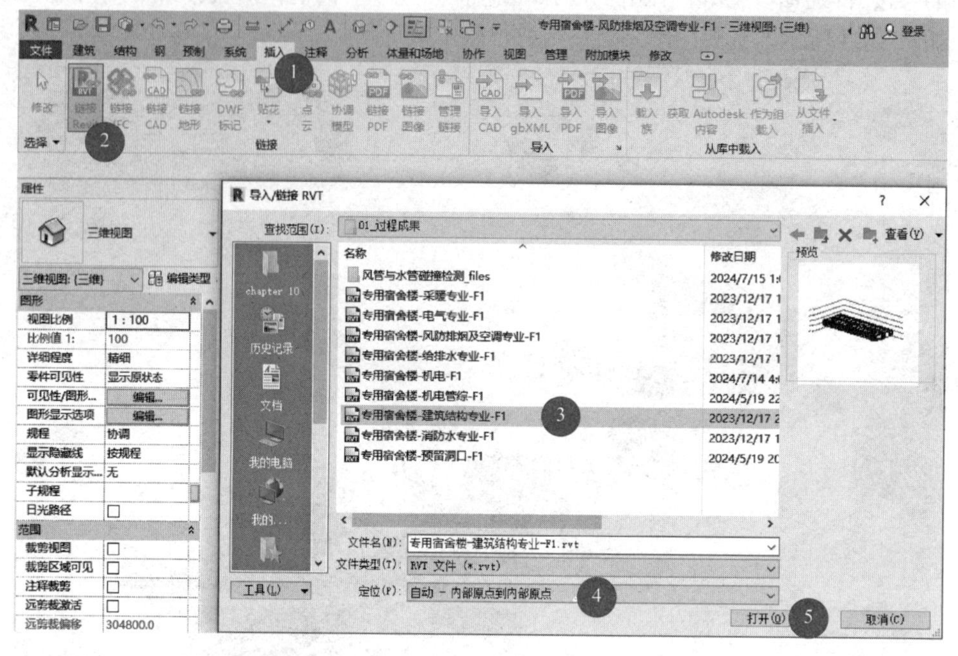

图 10-5

图 10-6

10.1.2 Navisworks 碰撞检查

Navisworks 是一款针对建筑设计行业的解决方案产品，用于整合、浏览、查看和管理建筑工程中多种BIM模型和信息，提供功能强大且易学易用的BIM数据管理平台，其可读取多种三维软件文件的功能及轻量化的模型展示，深受设计师的青睐。

使用Navisworks的Clash Detective工具，可以对场景中的模型图元是否干涉进行检测。Clash Detective工具将自动根据用户指定的两个选择集中的图元，按照指定的条件进行碰撞测试，当满足碰撞的设定条件时，Navisworks将记录该碰撞结果，以便于用户对碰撞的结果进行管理。相比Revit软件，其碰撞检查功能更为灵活。

Navisworks提供了四种冲突检测的方式，分别是硬碰撞、硬碰撞（保守）、间隙和重复项。其中“硬碰撞”和“间隙”方式是最常用的两种方式：硬碰撞用于查找场景中两模型图元间是否发生交叉、接触方式的干涉和碰撞冲突；而间隙的方式则用于检测指定的未发生空间接触的两模型图元之间的间距是否满足要求，所有小于指定间距的图元均被视为碰撞。而重复项方式则用于查找模型场景中是否有完全重叠的模型图元，以检测原场景文件模型的正确性。

在Navisworks中要进行冲突检测，必须先创建测试条目，指定参加冲突检测的两组图元，并设定冲突检测的条件。接下来，通过机电与结构模型间的冲突检测练习说明在Navisworks中使用冲突检测的一般步骤。

① 启动Navisworks软件，单击“打开”按钮，弹出“打开”对话框，浏览至“随书文件\第10章\碰撞检查\专用宿舍楼-风防排烟及空调专业-F1.nwc”，打开模型文件。单击“附加”按钮，弹出“附加”对话框，浏览至“随书文件\第10章\碰撞检查\专用宿舍楼-建筑结构专业-F1.nwc”，打开模型文件。

② 如图10-7所示，单击“常用”选项卡“工具”面板中的“Clash Detective”工具，弹出“Clash Detective”对话框，单击“添加检测”工具，进入“测试1”。鼠标右键选择“重命名”工具，修改名称为“风管与结构框架碰撞检测”。

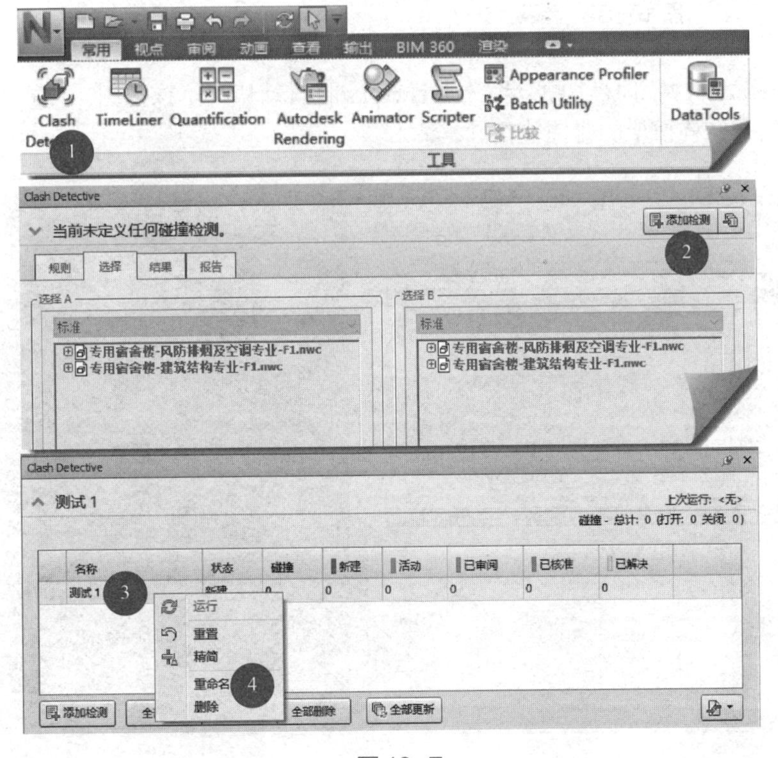

图10-7

二维码10-2

③ 如图 10-8 所示，在“选择 A”中选择“专用宿舍楼 - 风防排烟及空调专业 -F1.nwc”模型文件中的风管，在“选择 B”中选择“专用宿舍楼 - 建筑结构专业 -F1.nwc”模型文件中的结构框架。在设置栏中选择类型为“硬碰撞”，公差设置为“0.000m”，链接为“无”。单击“运行检测”工具，如图 10-9 所示跳转到“结果”面板，显示风管与结构框架碰撞检测数量为 14，状态为“新建”。

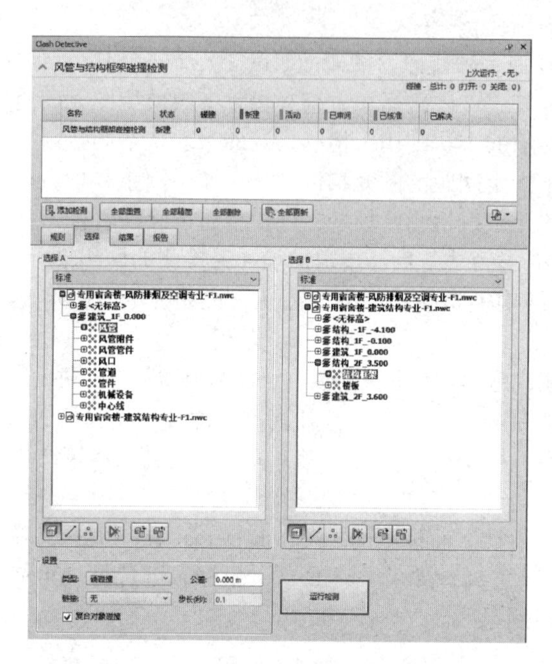

图 10-8

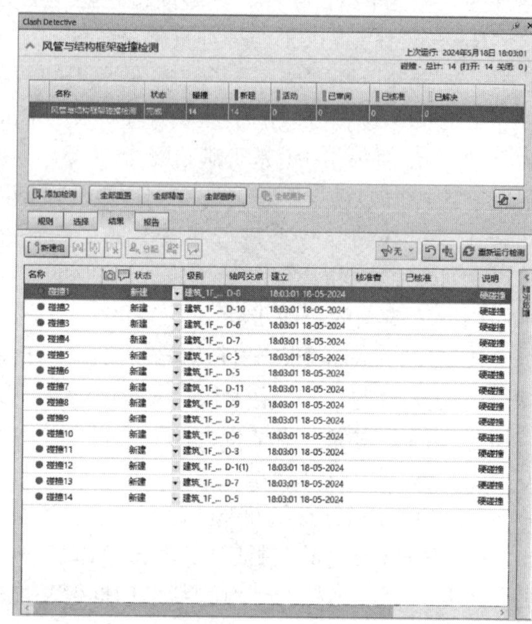

图 10-9

④ 单击“碰撞 2”，如图 10-10 所示，Navisworks 将自动切换至该视图，以查看图元碰撞的情况，完成风管与结构框架的碰撞检查。

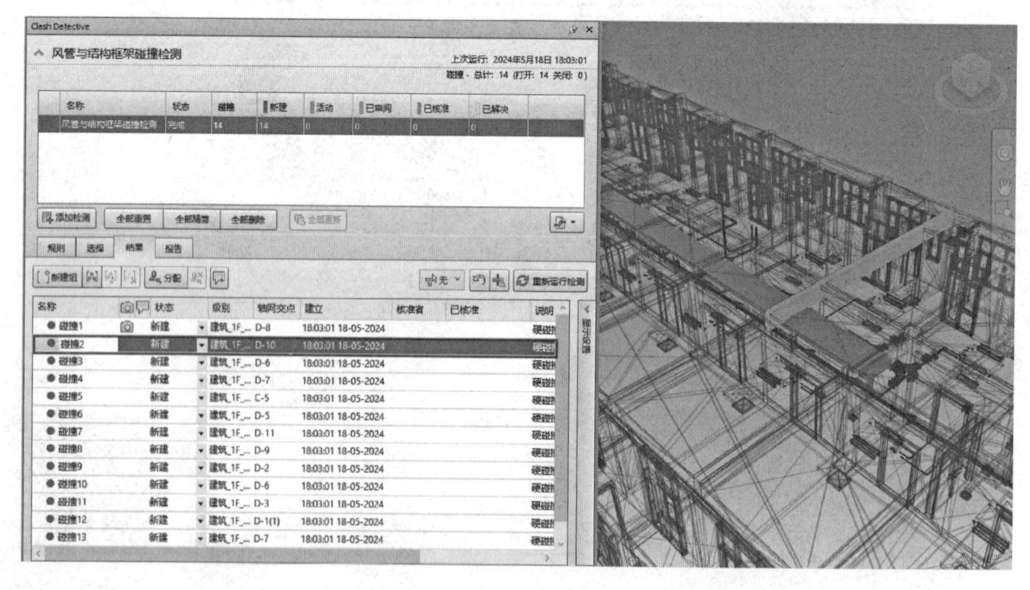

图 10-10

⑤ 单击“添加测试”工具，可添加其余碰撞检查任务。如新增风管与水管碰撞检测，设置选择 A 为“专用宿舍楼 - 风防排烟及空调专业 -F1.nwc”模型文件中的风管，选择 B 为“专用宿舍楼 - 风防排烟及空调专业 -F1.nwc”模型文件中的管道，碰撞类型为“硬碰撞”，公差为“0.001 m”，链接为“无”，单击“运行检测”工具，结果如图 10-11 所示，碰撞数量为新建 59。

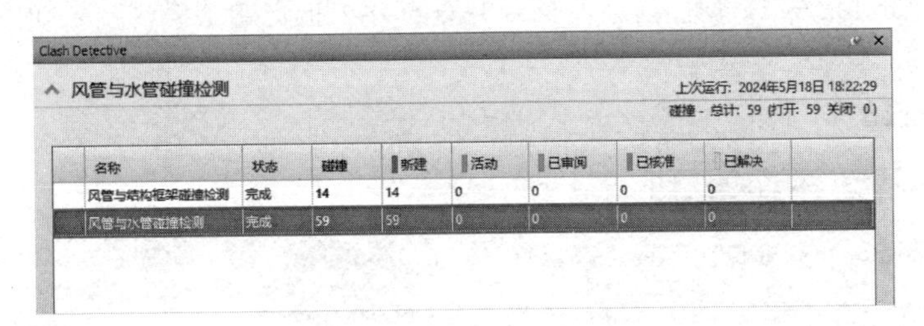

图 10-11

⑥ 切换至“选择”面板，修改公差为“0.000m”，再次单击“运行检测”工具，结果如图 10-12 所示，碰撞数量为 64，其中新建 5 活动 59。单击碰撞，查看模型中碰撞详情，可根据模型调整实际情况，修改碰撞状态为“已审阅”“已核准”及“已解决”，碰撞将按照不同颜色进行区分显示，如图 10-13 所示。

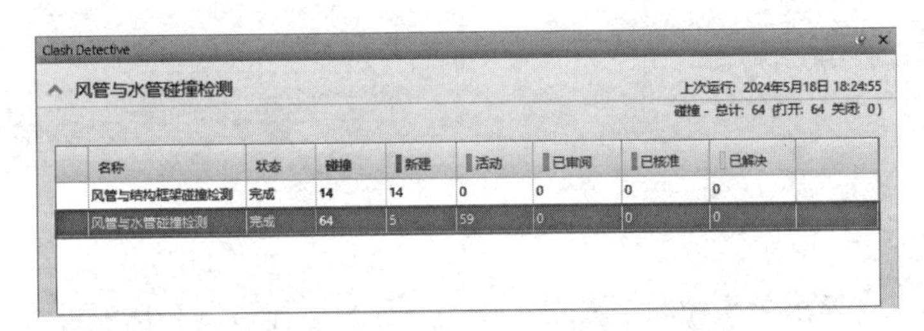

图 10-12

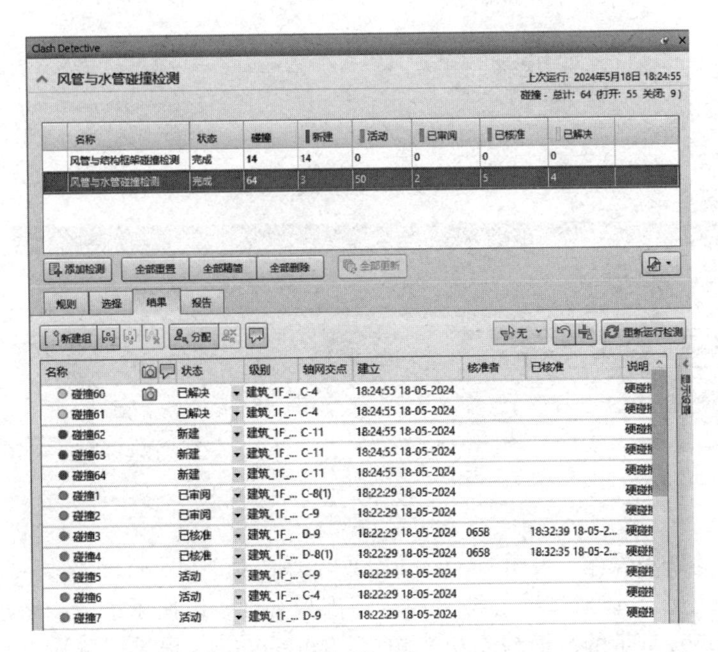

图 10-13

⑦ 切换至“报告”面板，在内容中勾选要显示在报告中的冲突检测结果内容，该内容显示了在冲突检测“结果”选项卡中所有可用的列标题内容。采用默认状态，在“输出设置”中设置报告类型为“当前测试”，设置“报告格式”为“HTML（表格）”格式。单击“写报告”工具，浏览至任意文件保存位置，单击“保存”按钮，Navisworks 将输出冲突检测报告。使用 IE、Google Chrome、Firefox 等 HTML 浏览器打开并查看导出报告的结果，结果如图 10-14 所示。

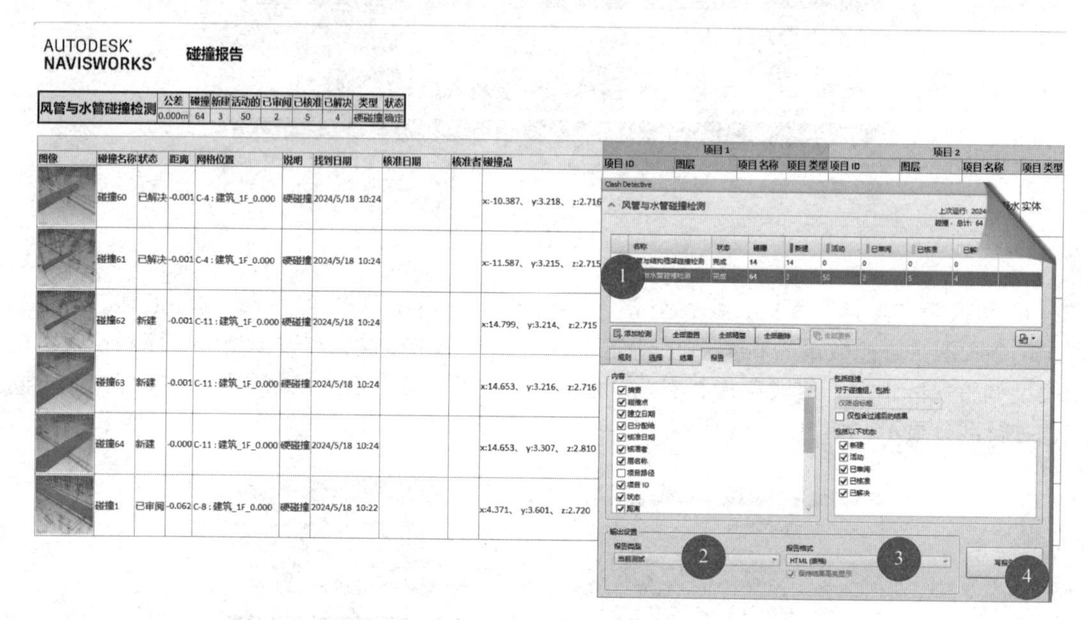

图 10-14

⑧ 单击“导入 / 导出碰撞检测”按钮，使用“导入碰撞检测”选项可将碰撞检测报告导入项目中进行再次检测，如图 10-15 所示。

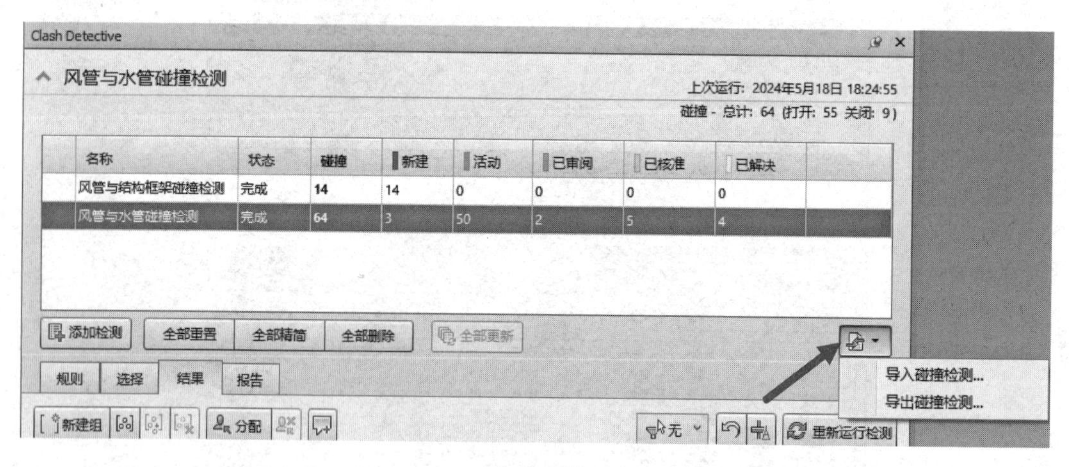

图 10-15

⑨ 到此完成本练习操作。关闭 Navisworks 时不保留对项目文件的修改。

Navisworks 中，可以对碰撞的结果和状态进行管理。以便于进一步跟进碰撞的变更和修改情况。与 Revit 自带的碰撞检查功能相比，Navisworks 提供的碰撞检查功能更加灵活和方便。

10.2 管线综合优化

在设备管线深化设计阶段，通过应用BIM技术整合各专业模型，并对BIM模型进行深化分析，汇总问题报告作为管线综合前期技术文档。根据深化设计内容与管线综合的排布原则及避让原则进行管线综合优化设计。

10.2.1 管线综合优化原则

（1）管线综合排布的主要原则

① 满足规范要求：设备各专业系统在进行深化设计时应遵循设计原理，确保各系统符合设计规范要求。各系统在安装时，需要在符合施工规范的要求下进行深化。

② 满足建筑的空间要求：对于建筑特殊功能房间的净空要求，需要与建设方进行确认，以满足其使用功能；管线排布应设计合理，在满足方便施工、造价合理的前提下尽可能集中管线排布，系统主干管集中排布于公共区域。

③ 满足安装与维护要求：了解设备安装要求，满足施工安装的同时还需要考虑设备管线的维护检修空间，以保证可维护性。尤其是设备管道、阀门、设备和开关在使用与维护时不受影响，需预留一定的空间，避免软碰撞。

④ 满足功能空间装饰装修的要求：考虑功能空间的装修要求，对管线的排布需要美观、整齐、合理。充分考虑设备末端与装饰装修的协调，使其使用功能及观感不受影响。

⑤ 满足结构安全的要求：针对管线穿梁、结构墙，需与结构专业进行沟通协调，分析是否影响其结构的稳定性、安全性。

⑥ 功能空间的复核：在完成深化设计后，需对深化结果进行复核，检查是否满足以上原则要求。

（2）管线综合的避让原则

① 小管道避让大管道。

② 有压管道避让无压管道。

③ 金属管道避让非金属管道。

④ 低压管道避让高压管道。

⑤ 临时管道避让长久管道。

⑥ 电气管道避让蒸汽、热水管道。

⑦ 冷水管道避让热水管道。

⑧ 热水管道避让冷冻管道。

⑨ 常温管道避让高温、低温管道。

⑩ 强弱电分设原则。

⑪ 附件少的管道避让附件多的管道。

⑫ 工程量小、造价低的管道避让工程量大、造价高的管道。

（3）管线排布间距的要求

① 风管之间水平间距考虑保温后，考虑风管固定，净间距不宜小于50mm。

② 管道之间水平间距考虑保温后，考虑管卡固定，净间距不宜小于50mm。

③ 同类型桥架之间的水平间距，通常考虑分支线管，净间距不宜小于100mm。

④ 强电与弱电之间的水平间距，最小不宜小于100mm。

⑤ 桥架与水管或风管之间的水平间距，最小不宜小于 100mm。

⑥ 管线上下布置的间距考虑支吊架的空间以及分支管空间。

10.2.2 管线综合优化步骤

根据管线综合优化的原则，在 Revit 中完成综合协调优化的主要工作步骤与内容如下。

① 模型整合：整合全专业模型，熟悉建筑房间与结构体系，熟悉机电各系统的组成布置。

② 空间分析：对建筑层高、结构高度、机电主管线的路由进行分析，确定调整方案。

③ 主管线调整：对重点区域的管线进行排布，确定主管线定位。

④ 支管调整：对房间的支管进行排布，确定支管的定位。

⑤ 管线翻弯处理：对局部交叉的管线进行翻弯与连接处理。

⑥ 末端调整：综合精装修以及末端点位定位要求，对末端进行调整，并处理末端与各系统的连接关系及避让关系。

二维码 10-3

机电管线综合优化应结合项目的实际情况综合运用上述原则进行设计。接下来以专用宿舍楼项目为例说明机电安装工程中完成管线综合优化的一般步骤。

① 模型整合。启动 Revit 2021 软件，单击“新建模型”工具，弹出“新建项目”对话框，浏览至“随书文件 \ 第 10 章 \ 管线综合优化 \ 专用宿舍楼 - 机电 .rte”，新建项目文件，保存文件为“专用宿舍楼 - 机电 -F1.rvt”。

② 单击“打开 Revit 模型文件”按钮，打开“随书文件 \ 第 10 章 \ 管线综合优化 \ 专用宿舍楼 - 采暖专业 -F1.rvt”模型文件，切换至默认三维视图，选择视图当中所有图元，被选中后的图元颜色显示为选中状态，然后点击如图 10-16 所示修改选项卡“剪贴板”面板当中的“复制”按钮，将所选择图元复制到剪贴板。

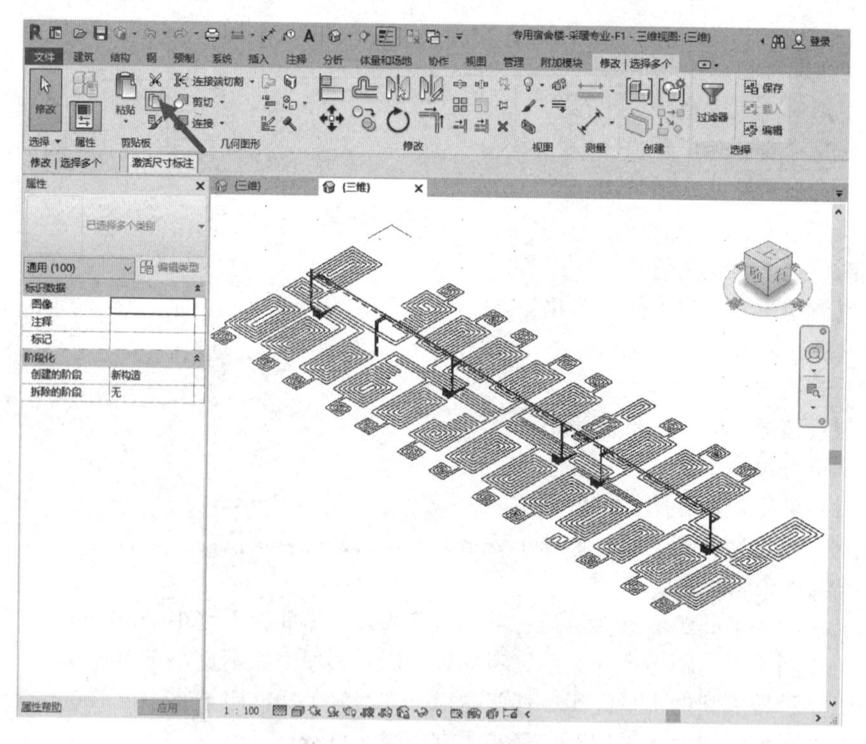

图 10-16

③ 切换到“专用宿舍楼 - 机电 -F1.rvt”项目，保持视图为“管线综合 _1F_0.000 平面视图”。如图 10-17 所示，单击“修改”选项卡“剪切板”面板中“粘贴”下拉列表下的“与当前视图对齐”工具，Revit 将默认按照项目原点与项目原点对齐的方式将上一步中复制的图元对齐粘贴到当前项目中。

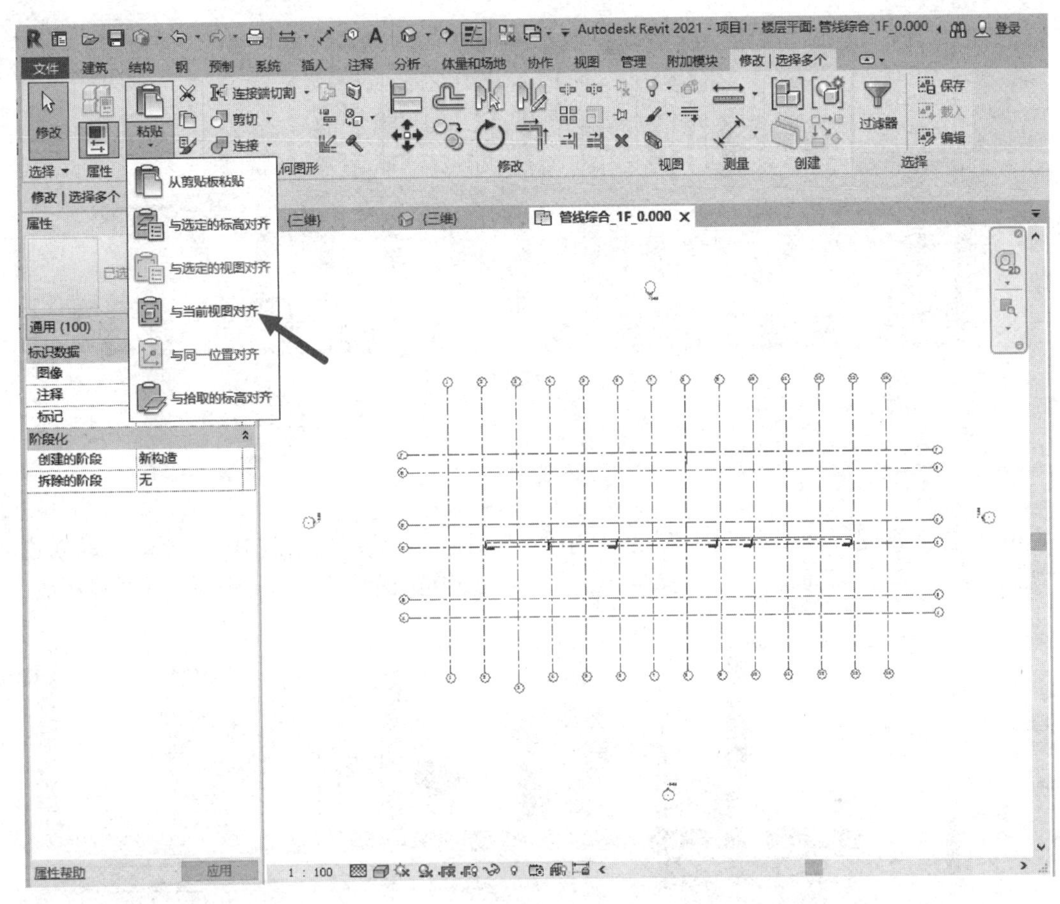

图 10-17

④ 采用相同的方法，将“随书文件 \ 第 10 章 \ 管线综合优化”中的“专用宿舍楼 - 电气专业 -F1.rvt”“专用宿舍楼 - 风防排烟及空调专业 -F1.rvt”“专用宿舍楼 - 给排水专业 -F1.rvt”“专用宿舍楼 - 消防水专业 -F1.rvt” 的模型构件复制到“专用宿舍楼 - 机电 -F1.rvt”项目中。

【提示】除复制外，还可以将各机电专业模型文件链接至当前项目中，再通过图 10-18“绑定链接”的方式，将链接文件转换为当前项目文件。

图 10-18

⑤ 单击“插入”选项卡“链接”面板中的“链接 Revit”工具，弹出“导入 / 链接 RVT”对话框，浏览至“随书文件 \ 第 10 章 \ 管线综合优化 \ 专用宿舍楼 - 建筑结构专业 -F1.rvt”，选择定位方式为“自动 - 内部原点到内部原点”，打开模型文件。在当前项目将显示所有的机电模型及建筑结构模型，结果如图 10-19 所示。

在进行管线排布时，走道通常因为其管线多，管路复杂，净高要求高而成为重点关注的区域位置。本项目中走道区域机电管线包含强电桥架、弱电桥架、消防排烟风管、空调新风管、空调冷媒水管、空调冷凝水管、采暖热水供水管、采暖热水回水管、自动喷淋水管，判断为最不利空间位置。

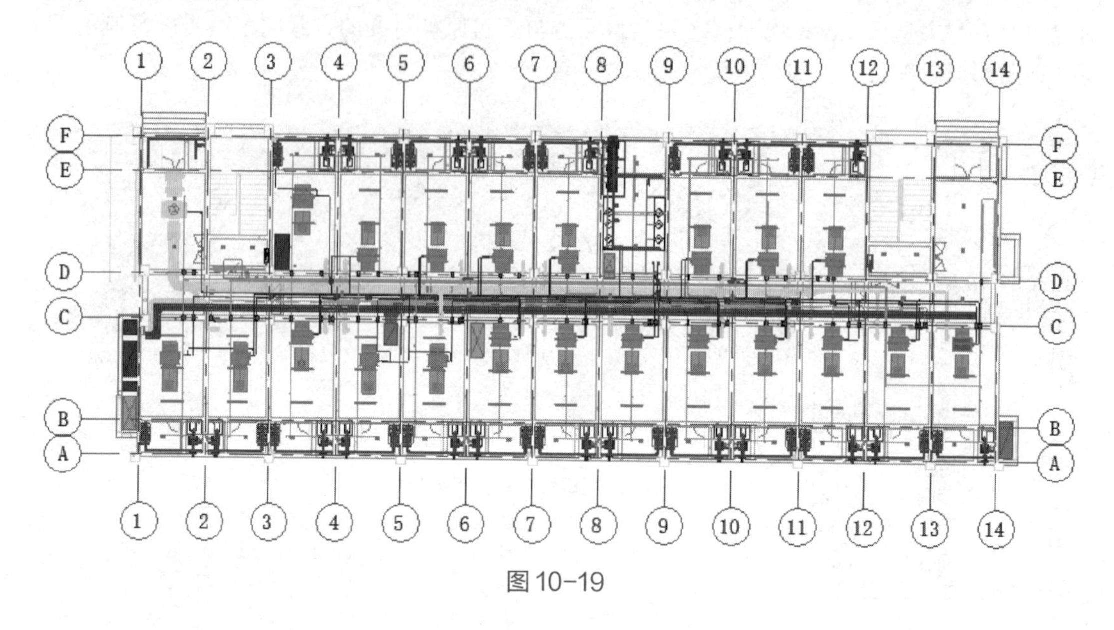

图 10-19

⑥ 单击“视图”选项卡“创建”面板中的“剖面”工具，在如图 10-20 所示位置创建剖面视图，修改“属性”面板“远剪裁偏移”为 300.0，设置视图样板为“剖面”视图样板。

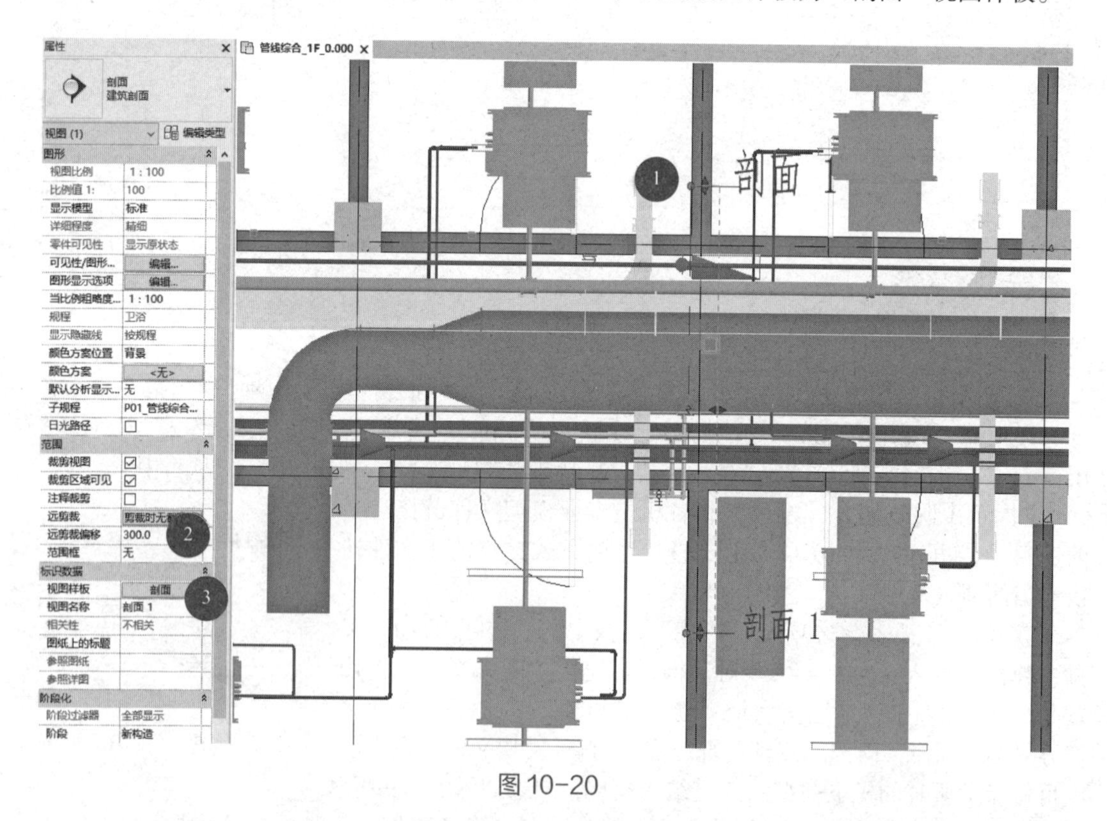

图 10-20

⑦ 切换至剖面 1 视图，查看断面情况，如图 10-21 所示。对剖面净高进行分析，此

剖面视图范围中包含强电桥架150mm×75mm、弱电桥架150mm×75mm、消防排烟风管1000mm×320mm、空调新风管400mm×250mm、空调冷媒水管35mm、空调冷媒水管32mm、空调冷媒水管19mm、空调冷凝水管32mm、采暖热水供水管50mm、采暖热水回水管50mm、自动喷淋水管150mm。通过测量可知，整体走道宽度2200mm，层高3600mm，梁高600mm，建筑面层厚100mm，梁下净高2900mm。

⑧ 接下来将对各专业的主管线进行调整。首先对占空间较大的消防排烟风管进行调整，消防排烟风管无分支管，但为下风口，需设置在最下方，保证风口的正常使用。调整消防排烟风管距离右侧走道墙壁230mm，将强电桥架、弱电桥架、采暖热水供水管、采暖热水回水管、空调冷媒水管、空调冷凝水管布置在消防排烟风管上方。

⑨ 空调冷媒水管、空调冷凝水管、空调新风管、自动喷淋水管有分支管，需考虑分支管的布置。空调冷媒水管、空调冷凝水管梁底安装，布置在采暖热水供回水管及电缆桥架左侧。为保证分支管较少翻弯，空调冷媒水管、空调冷凝水管中心偏移量为2850mm，采暖热水供回水管及电缆桥架中心偏移量为2750mm。自动喷淋水管靠走道左墙梁底安装，空调新风管位于自动喷淋水管右侧，具体走道排布结果如图10-22所示，机电管线底净高2300mm。

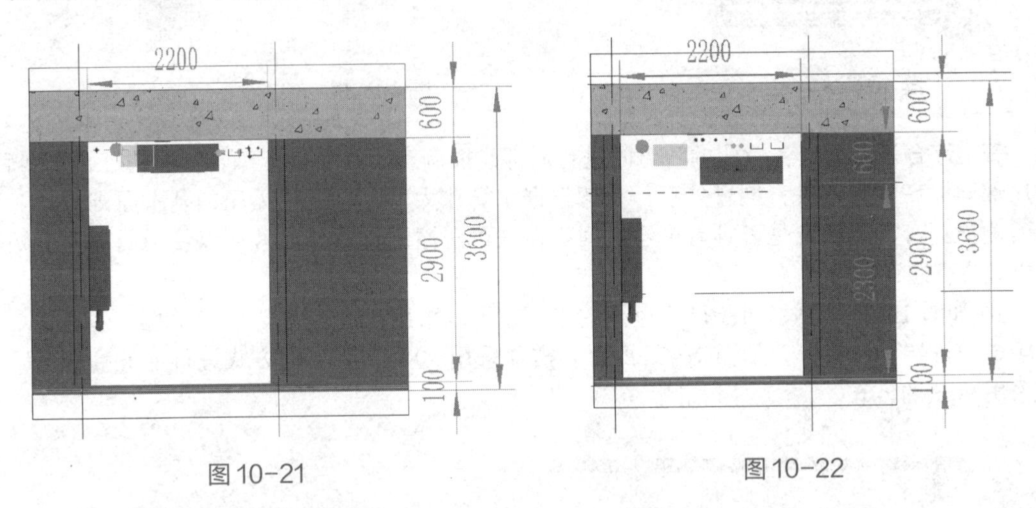

图10-21 图10-22

在调整重点区域管线时，要优先满足管线的排布原则、净高原则、施工的可行性要求。在排布时不仅要考虑本剖面视图范围内的管线，还要考虑其他区域范围内的管线走向。如在其他区域管线较为复杂，可以在管线较少位置对管线进行截断，先对本区域管线进行排布，再将其他区域管线排布完成，最后将断开位置进行连接，以保证管线的连续。

最后综合调整各系统的支管管道。机房作为系统的源头，通过管井管线将动力主管线输送到各楼层后，各楼层的水平干管最后通过支管分支到每个功能房间，最后连接房间内的机电点位。从主管线、分支管到房间机电点位的管线也需要通过深化设计进行合理的布局。

⑩ 支管的深化设计调整方式与主管线类似。接下来以如图10-23所示样例项目右下角房间为例说明支管调整的步骤，该区域房间中的机电系统包括空调送风管、空调回风管、空调新风管、空调冷媒水管、空调冷凝水管以及自动喷淋水管。卫生间内还包含生活给水管、污水管及排风管。

支管的深化设计，应确定该房间分支管进入房间的平面引入位置，保证各系统管线的引入位置不冲突，同时能方便从主管引出，避开结构梁的影响。

⑪ 此房间分支管进入房间为空调新风管、空调冷媒水管、空调冷凝水管以及自动喷淋水管，平面宽度足够所有管线在梁下一层排布。调整自动喷淋水管位置，使其不与空调室内机

及其风管发生碰撞。将空调冷媒水管、空调冷凝水管与室内机连接。结果如图 10-24 所示。

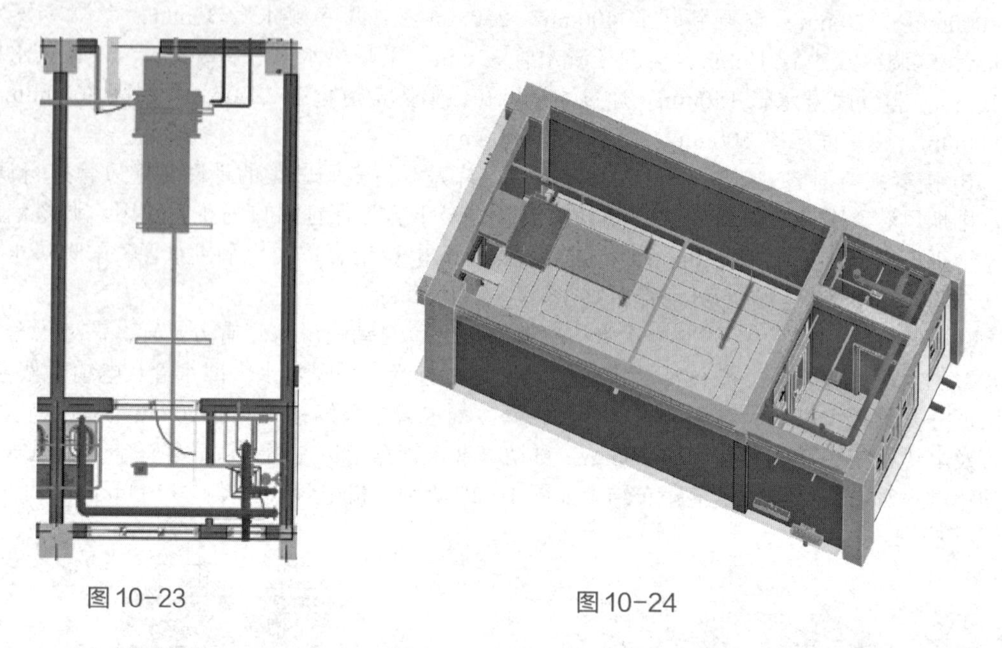

图 10-23

图 10-24

管道综合调整后，各专业的管道间进行局部碰撞调整，指在确定综合管线的排布方案后，对局部同标高的管道进行翻弯处理，翻弯根据小管让大管，有压让无压的基本原则进行。局部的碰撞翻弯需要确定是否具有翻弯空间。在进行碰撞调整时，通常可以使用局部上下翻弯的方式进行避让。

⑫ 如图 10-25 所示，对于产生碰撞的水管，可以采用 45°、90° 的上下翻弯的形式。而对于电缆桥架、风管等，如图 10-26 所示，需要采用 30°、45° 的方式进行上下翻弯，而不宜采用 90° 的方式。

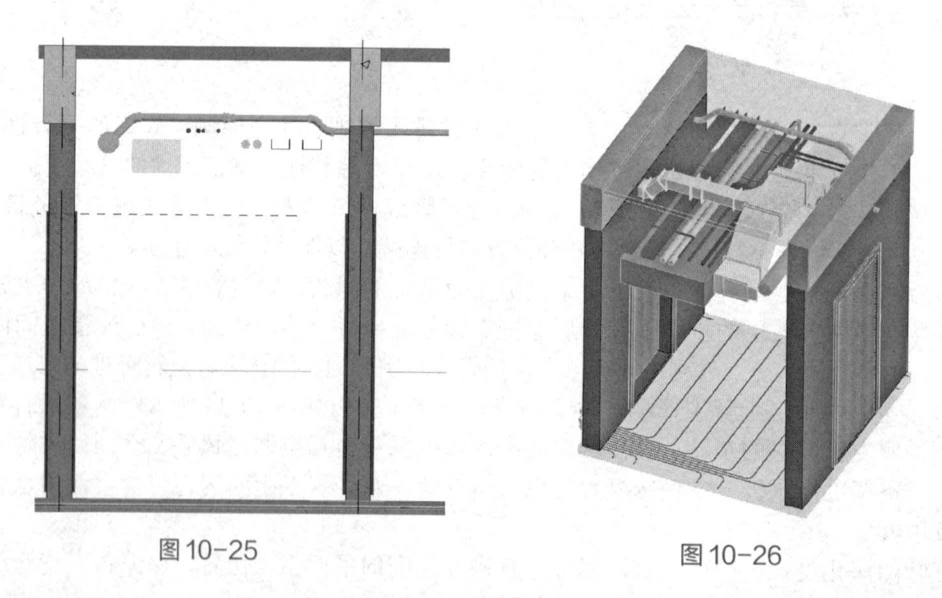

图 10-25

图 10-26

最后，还需要优化各系统的末端位置。机电管线末端的位置通常需要与精装修等专业进行协调和确认，因此通常在最后阶段来完成设计深化。由于末端连接支管涉及砌体结构的二次预留预埋，因此还需要与土建专业进行预留预埋的协调，以保障综合优化的效果。

在末端连接支管调整过程中，可配合“碰撞检查”工具辅助完成。

10.3　预留孔洞

确定机电管线排布以后，需要对机电管线穿越的建筑结构墙、梁、板进行洞口预留，方便机电管线安装。在施工过程中，需要在结构上进行预留的洞口称为一次预留洞口，需要在建筑砌体上进行预留的洞口叫二次预留洞口。

按照预留预埋的做法，分为预留洞口、预留套管，以及预留管。预留洞口一般为方形洞口；预留套管一般用在结构一次预留当中；预留管一般用在人防当中，预留管两端预留法兰，后期安装直接连接。

10.3.1　预留孔洞注意事项与布置方法

预留预埋布置通常需要在深化设计之后，并需绘制预留套管的图纸。在施工过程中，在楼板、梁、墙上预留孔、洞、槽和预埋件时应有专人按设计图纸对管道及设备的位置、标高尺寸进行测定，标好孔洞的部位，将预制好的模盒、预埋件在绑扎钢筋前按标记固定，盒内塞入纸团等物。

设备管线深化预留预埋注意事项：

二维码 10-4

① 在设备管道深化时，设备管道如需穿梁，则开洞尺寸必须小于$\frac{1}{3}$梁高度，且小于 250mm。开洞位置位于梁高度的中心处。在平面的位置，位于梁跨中的$\frac{1}{3}$处。穿梁定位需要经过结构专业工程师确认，并在结构图纸上进行标注。

② 在剪力墙上穿洞（尺寸大于 300mm×300mm）洞口或遇到暗梁、暗柱时，需要与结构专业工程师确认，设备管线留洞在墙中心位置，不可在端点或拐角处，避免与暗柱碰撞。人防区域必须提前预留，管线综合时定位需要准确。

③ 在梁上穿洞开洞尺寸必须小于$\frac{1}{3}$梁高度，且小于 800mm。

④ 结构楼板上，柱帽范围不可穿洞。

⑤ 预埋套管管径需按技术规范确定并进行预埋定位标注。

在 Revit 软件中，创建预留孔洞是软件自带的功能，Revit 支持在模型上创建洞口，单击“建筑”选项卡 “洞口”面板可以选择开洞类型，例如竖井、按面开洞、墙体开洞、垂直洞口，如图 10-27 所示。

图 10-27

本项目以右下角房间为例说明 Revit 软件中洞口的布置方法。

① 启动 Revit 2021 软件，打开“随书文件 \ 第 10 章 \ 管线综合优化 \ 专用宿舍楼 - 建筑结构专业 -F1.rvt”项目模型文件。使用“链接”工具以“自动 - 内部原点到内部原点”链接“随书文件 \ 第 10 章 \ 管线综合优化 \ 专用宿舍楼 - 机电 -F1.rvt”项目文件。

② 切换至“建筑 _1F_0.000”平面视图，单击“属性”面板的“视图范围”工具，弹出

“视图范围”对话框，设置“顶部”为“建筑 _2F_3.600”，偏移 0.0。使用“VV”快捷键打开“可见性 / 图形替换”对话框，在“模型类别”中设置全部机电管线可见，楼板不可见。切换至“导入的类别”，设置 CAD 图纸不可见。

③ 通过链接的机电模型可以看到管线穿越墙体的位置，找到需要开洞的墙体，单击“快速访问工具栏”中的“剖面”工具，在该墙体位置用“剖面”剖开，进入到剖面视图中，如图 10-28 所示。

④ 选中该墙体，单击“修改 / 墙”选项卡“修改墙”面板中的“墙洞口”工具，为墙体开洞口。在剖面视图中该风管位置，沿着风管大小绘制洞口，绘制完成后可以修改洞口大小的参数。如图 10-29 所示，完成风管在墙体预留洞口的设置。

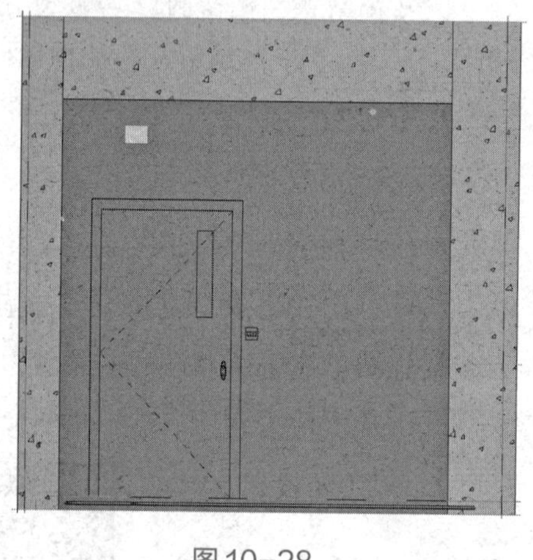

图 10-28

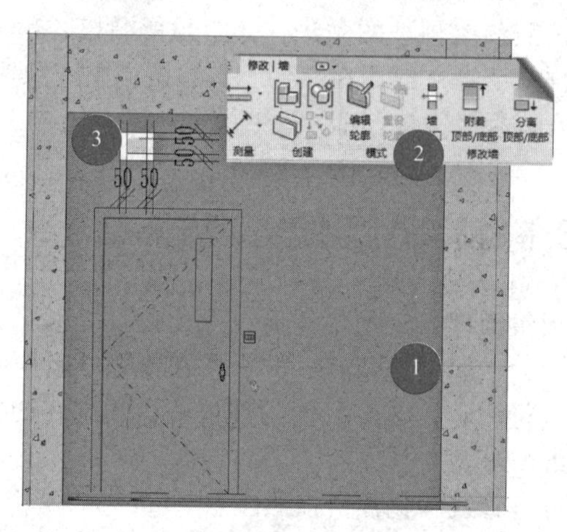

图 10-29

10.3.2 预留孔洞图纸

软件自带的开洞功能属于在墙体或楼板上直接进行实体剪切，在需要标注时会出现无法标注剪切洞口的情况，实际预留孔洞出图中不推荐这个方法。

为了能够对洞口图进行标注，通常解决的方法是利用孔洞构件族将其放置在平面视图中，再进行标注出图。

① 启动 Revit 2021 软件，打开“随书文件 \ 第 10 章 \ 管线综合优化 \ 专用宿舍楼 - 机电 -F1.rvt”项目文件。切换至“管线综合 _1F_0.000”平面视图，单击“插入”选项卡“从库中载入”面板中的“载入族”工具，浏览至“随书文件 \ 第 10 章 \ 预留孔洞 \ 墙预留套管 .rfa”，将墙预留套管族载入至当前项目中。

② 放大视图至需要穿墙的管道，管道直径 32mm，中心偏移量为 2830mm，单击“建筑”选项卡“构建”面板中的 “构件”工具，在类型选择器中选择“墙预留套管”族类型。如图 10-30 所示，调整“属性”面板中的套管族实例参数。偏移量为套管的中心标高，同管道中心标高。套管外径为钢套管的外径尺寸，通常套管外径比管道尺寸大 100mm，然后取对应的管道尺寸，套管的长度为穿墙的墙体厚度。

单击鼠标左键将套管放置在管道的中心线处，使用空格键，调整套管的方向与管道方向一致，使用移动命令，将套管与墙外边线平齐，结果如图 10-31 所示。

使用相同方法创建其余管道墙上预留孔洞，对不同的套管类型，可以根据外形，创建相应的套管族进行放置。

Revit 开洞时不能一次性开很多洞口，因为开洞口是一项很耗时间的工作，但目前已经有很多二次开发的插件可以完成一键开洞，如橄榄山、建模大师、构件坞等。如图 10-32 为某插件的开洞工具，仅需要选择管线，并设置开洞的原则，软件会自动在结构模型中完成洞口开设，且洞口会随管线的移动而自动调整，可提高机电模型优化预留孔洞的工作效率。

二维码 10-5

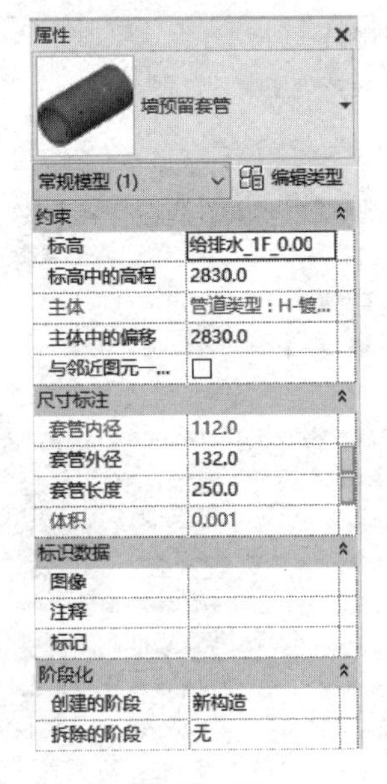

图 10-30

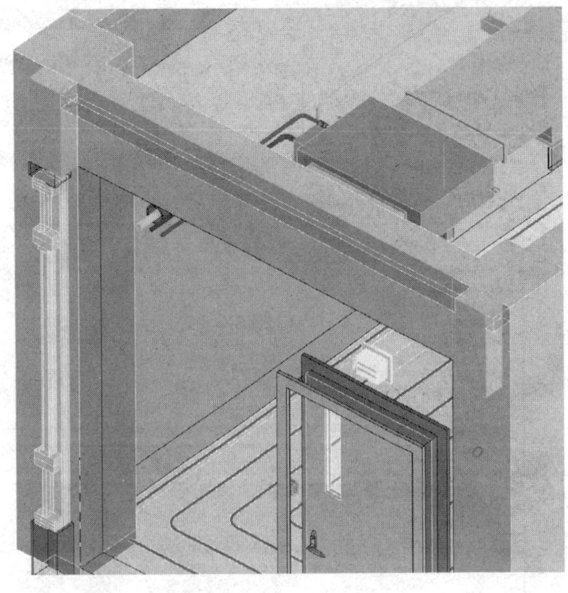

图 10-31

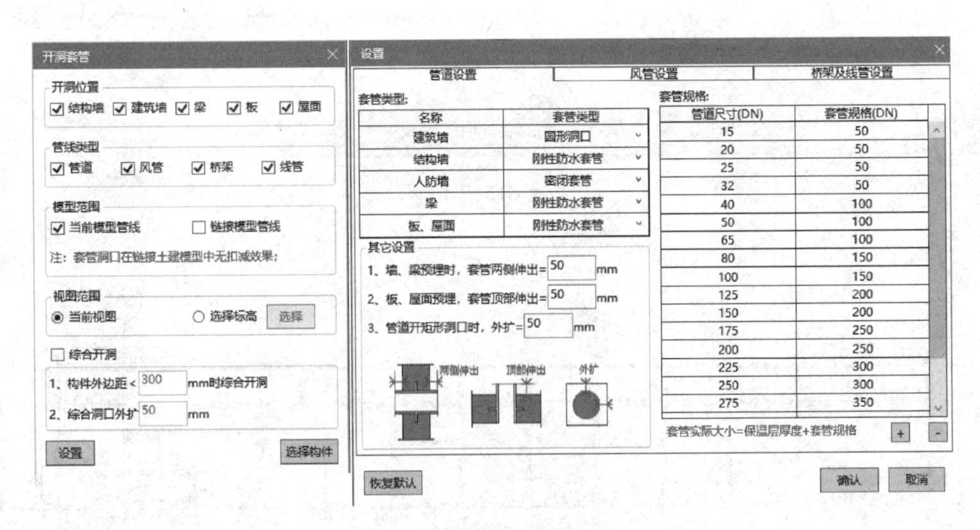

图 10-32

完成洞口构建后，在项目浏览器中选择“管线综合 _1F_0.000”平面视图，单击鼠标右键，在弹出的右键对话框中选择“复制视图 - 复制”，重命名为“预留孔洞平面图”。使用快捷键“VV”打开“可见性 / 图形”对话框，在“模型类别”对话框中将所有的机电管线及设备隐藏。切换至“注释类别”，将剖面进行隐藏。如图 10-33 所示，切换至“Revit 链接”，勾选“专用宿舍楼 - 建筑结构专业 -F1.rvt”为底图显示，“显示设置”中选择“自定义”，取消链接模型轴网显示。单击“确定”退出可见性设置，结果如图 10-34 所示。

单击“注释”选项卡“标记”面板下“按类别标记”工具对预留孔洞进行标注。

单击“视图”选项卡“图纸组合”面板中的“图纸”工具，弹出“新建图纸”对话框，根据项目需要选择图框类型，此项目选择 A1 图框。单击“确定”创建新图纸并自动切换至该视图。

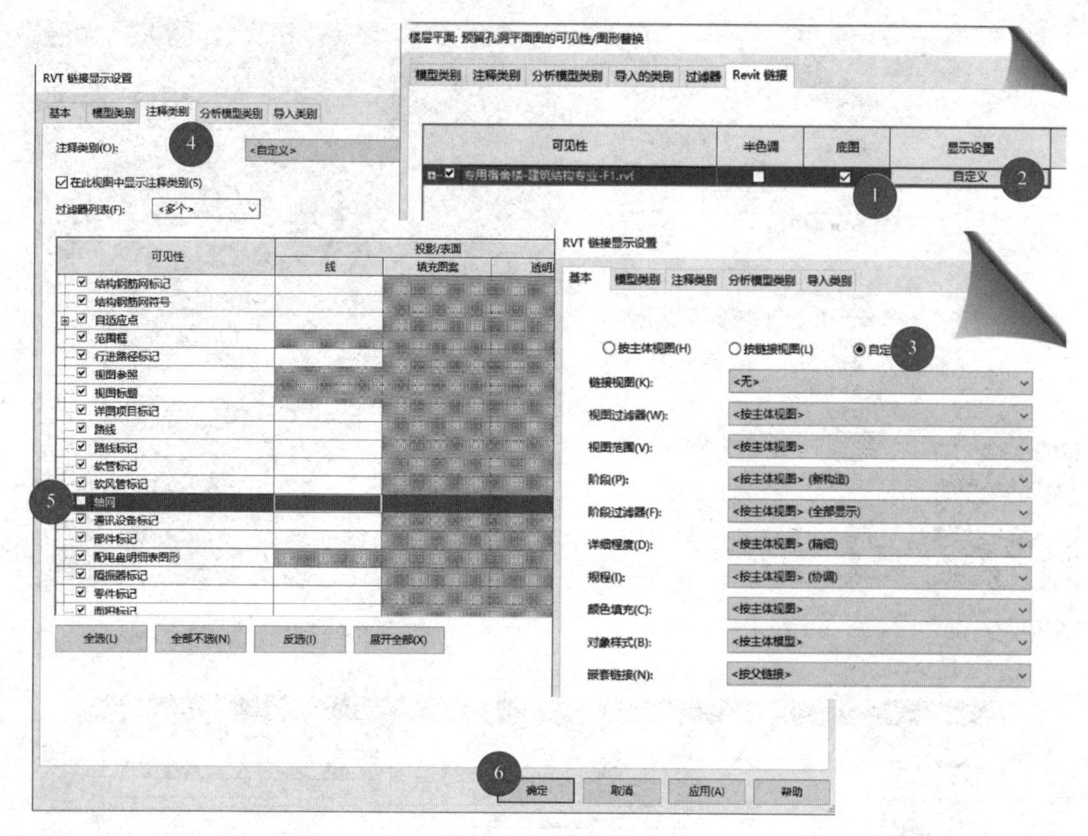

图 10-33

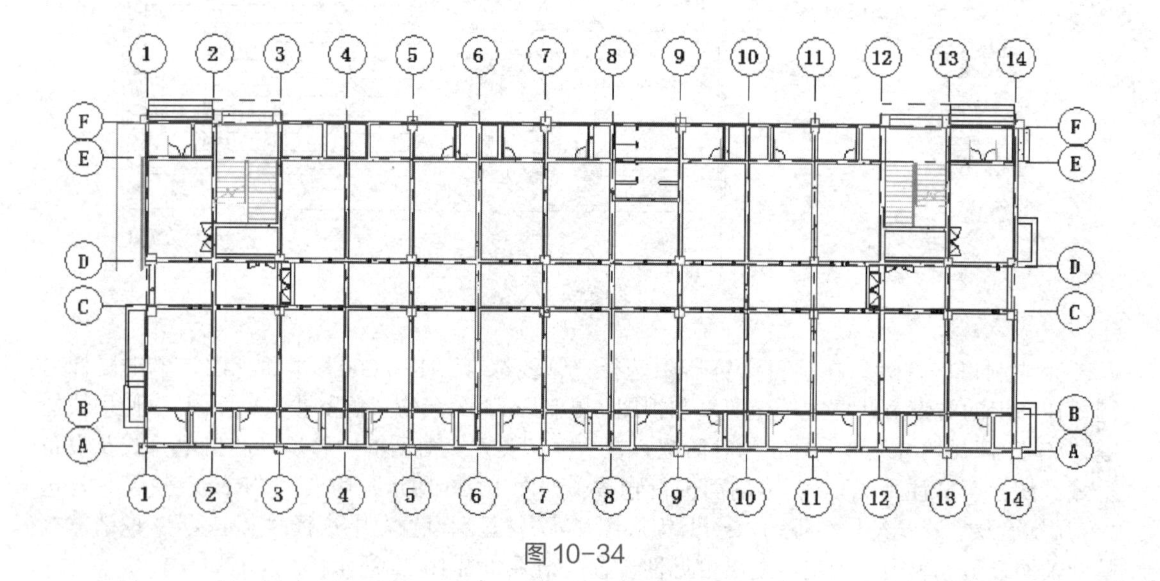

图 10-34

在“项目浏览器”视图列表中，直接以拖拽的方法将“预留孔洞平面图”拖拽到图纸中；或在项目浏览器中选择要添加视图的图纸，点击鼠标右键，选择“添加视图”，打开视图对话框，在对话框中选择预留孔洞平面图，单击“在图纸中添加视图”将视图放置在图纸中。结果如图 10-35 所示。

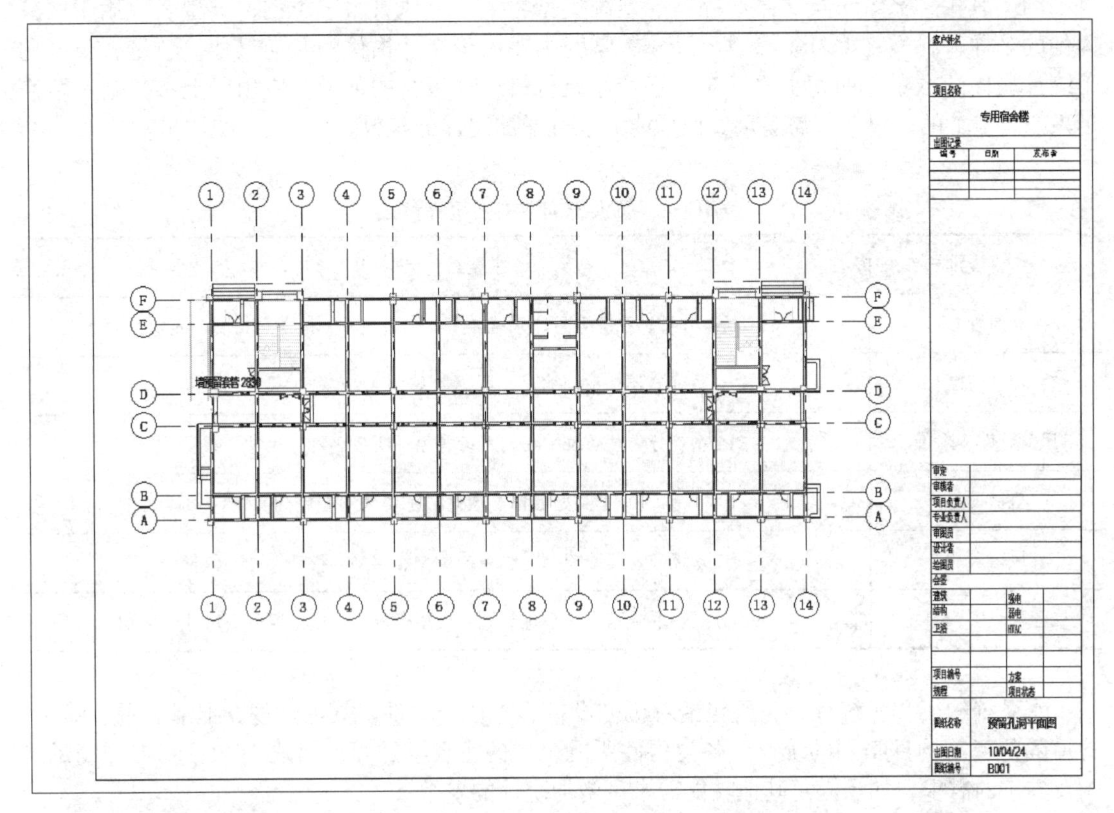

图 10-35

视图放置在图纸上，称为视口。视口与窗口相似，通过视口可以看到相应的视图。每添加一个视图，将自动为该视图添加一个视图标题，视图标题显示视图名称、缩放比例以及编号信息。需注意一个视图只能添加到一张图纸上。如果要将同一视图添加到多张图纸上，可以使用视图复制，将复制的视图添加到所需图纸上。

10.4 机电材料统计

机电工程系统类型多，设备管线构件种类、型号、规格、尺寸等参数众多，在工程量统计过程中，应按照采购及现场施工的相关要求，合理选取构件需要统计的类别字段，通过对字段参数进行过滤、排序及格式外观设定等操作处理，创建符合要求的各类构件的统计明细表。机电工程量统计内容主要包括对设备、管线及配件、末端装置等不同类别构件的数量和参数信息的统计，不同专业的各系统对构件统计的侧重点有所不同，对构件参数信息的统计要素也存在差异。

10.4.1 机电材料统计要求

风系统的工程量统计，主要包括对机械设备、风管、软风管、风管管件、风管附件、风道末端、风管隔热层、风管内衬等构件类别的统计，各类构件所需统计的主要参数可参考表 10-1。其中，系统分类、系统缩写、系统类型主要区分风管系统类型；类型名称用于区分构件的名称、材质、型号等参数；尺寸、厚度主要用于统计构件的几何尺寸；数量、长度用于统计构件的数量；面积主要针对风管及保温材料统计板材的数量。应用以上参数基本可满足采购及施工的需求，如需满足其他功能需求可增加统计的参数。

表 10-1 风系统构件主要统计参数

构件类别	主要统计参数
风管	系统分类、系统缩写、系统类型、类型名称、尺寸、长度、面积
软风管	系统分类、系统缩写、系统类型、类型名称、尺寸、长度
风管管件、附件	系统分类、系统缩写、系统类型、类型名称、尺寸、数量
机械设备	类型名称、数量、主要选型参数
风道末端	系统分类、系统缩写、系统类型、类型名称、尺寸、数量
风管隔热层、内衬	系统分类、系统缩写、系统类型、类型名称、长度、厚度、尺寸、面积

水系统的工程量统计，主要包括对机械设备、管道、管件、管道附件、卫浴装置、喷头、管道隔热层等构件类别的统计，各类构件所需统计的主要参数可参考表 10-2，基本可满足采购及施工的需求，如需满足其他功能需求可增加统计的参数。

表 10-2 水系统构件主要统计参数

构件类别	主要统计参数
管道	系统分类、系统缩写、系统类型、类型名称、尺寸、长度
管件、管道附件	系统分类、系统缩写、系统类型、类型名称、尺寸、数量
机械设备	类型名称、数量、主要选型参数
卫浴装置	类型名称、数量
喷头	系统分类、系统缩写、类型名称、数量
管道隔热层	系统分类、系统缩写、系统类型、类型名称、长度、厚度、尺寸、面积

电气系统的工程量统计，主要包括对电气设备、电气装置、照明设备、电缆桥架、电缆桥架配件、线管、线管配件等构件类别的统计，各类构件所需统计的主要参数可参考表 10-3，基本可满足采购及施工的需求，如需满足其他功能需求可增加统计的参数。

表 10-3　电气系统构件主要统计参数

构件类别	主要统计参数
电缆桥架、线管	类型名称、尺寸、长度
电缆桥架配件、线管配件	类型名称、尺寸、数量
电气设备、照明设备、电气装置	类型名称、数量、主要配电参数

10.4.2　创建机电材料明细表

如图 10-36 所示，单击“视图”选项卡“创建”面板“明细表”下拉列表的“明细表 / 数量”工具，自动弹出“新建明细表”对话框。在“类别”中选择“风管”，点击确定进入“明细表属性”对话框。

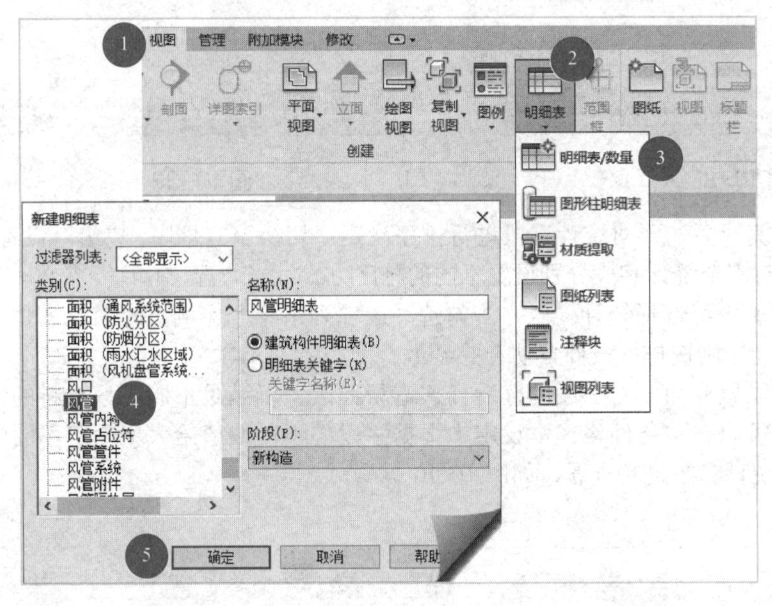

图 10-36

二维码 10-6

明细表属性有五个选项，分别为“字段”“过滤器”“排序 / 成组”“格式”与“外观”。

① 字段：明细表所要统计的参数。这个字段可以是该软件自带的参数，用户也可以通过为某类族添加“共享参数”或添加“项目参数”，增加该类别在明细表中统计的字段。

② 过滤器：根据过滤条件在明细表中只显示满足过滤条件的信息，添加过滤约束。

③ 排序 / 成组：根据已添加的字段设置明细表排序。

④ 格式：编辑已选用“字段”的格式。

⑤ 外观：设置明细表显示，如方向和对齐、网格线、轮廓线和字体样式等。明细表的外观部分设置的变化要在图纸视图中才能看到。下面以风管明细表为例介绍明细表外观的设置。

如图 10-37 所示，在“明细表属性”对话框中可以对明细表字段进行编辑，依次选择系统分类、系统缩写、系统类型、族与类型、尺寸、长度及面积，或通过“向上”“向下”图标对统计字段进行排序，不勾选“包含链接中的图元”。

在字段选择完成后，切换至“过滤器”设置界面，可对统计的字段参数进行过滤条件设置，如图 10-38 所示，可同时使用多个过滤条件实现对构件的统计需求。

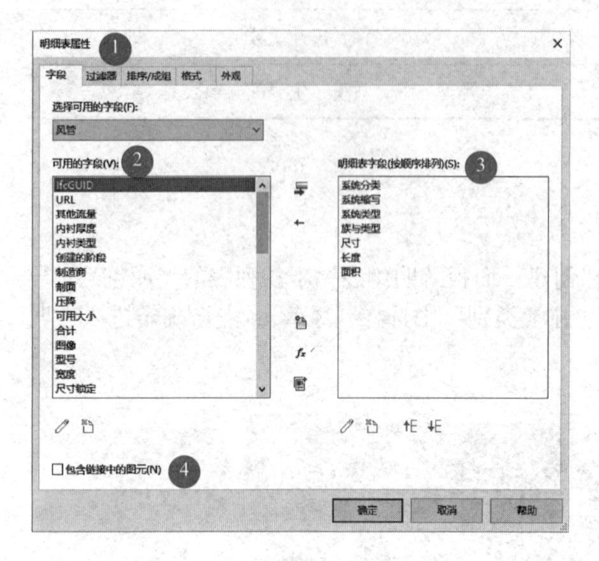

图 10-37

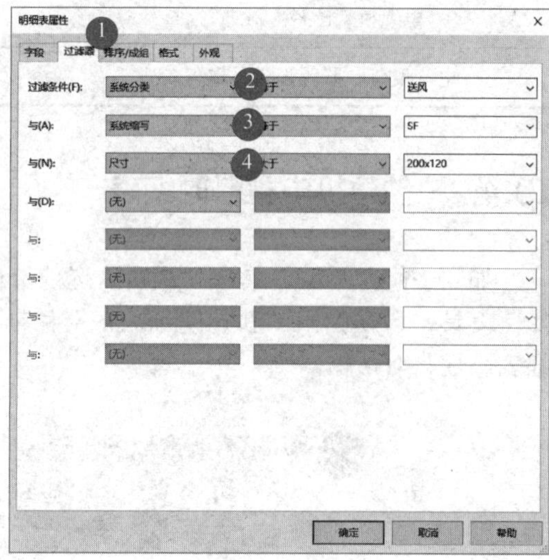

图 10-38

在过滤条件设置完成后，要对统计字段进行排序设定，切换至“排序 / 成组”设置界面，如图 10-39 所示，可对多个统计字段分别设置不同的排序方式，当勾选“总计”参数时，可统计总数量，在相应列表中可选择统计样式。当勾选“逐项列举每个实例”时明细表将显示所有单个构件信息，不勾选则按排序条件自动合并显示。

切换至“格式”设置界面，对字段的标题样式进行修改，以满足不同工程材料的统计样式的需求。同时，也可以在“条件格式”设定中根据字段的不同取值给表格设定不同的背景颜色，以便更好地对统计参数进行查看，如图 10-40 所示。

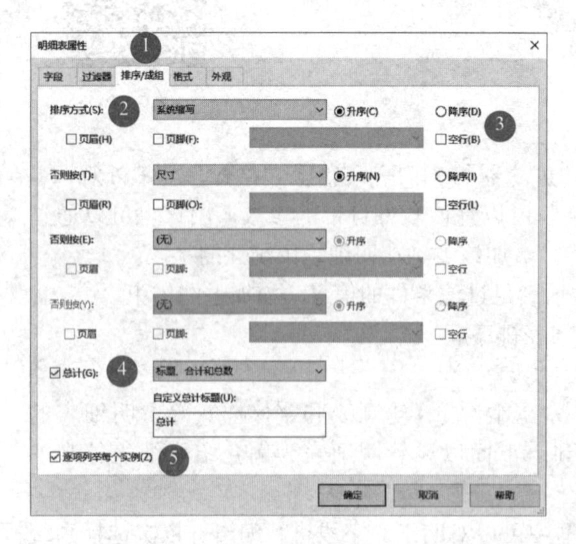

图 10-39

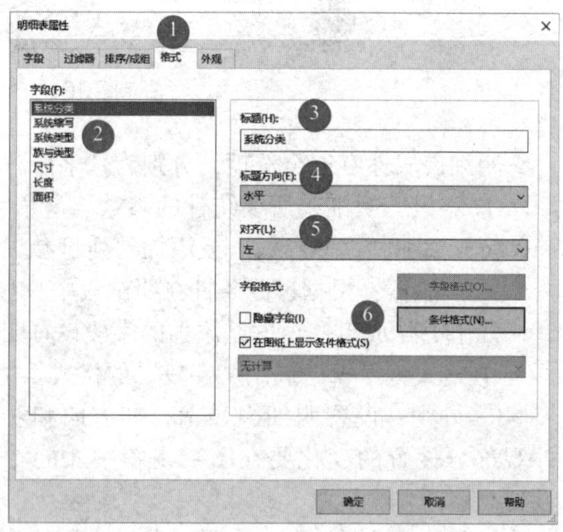

图 10-40

在“外观”设置界面中，可对明细表的表格外观样式进行修改，如图 10-41 所示，在“图形”栏目中可设置明细表的线型样式，在“文字”栏目中可设置明细表的文字样式，外观设置完成后，将明细表添加到图纸后可显示出修改效果。

10.4.3　导出机电材料明细表

机电材料明细表可导出为外部数据，便于各方数据信息沟通，常见的为 Excel 表格数据，在 Autodesk Revit 软件中，应先将明细表导出为“.txt”格式的文本文件，再导入到 Excel 文件中。

在明细表视图中，如图 10-42 所示，单击“文件”选项卡“导出”列表“报告”中的“明细表”工具，确定保存位置后，弹出“导出明细表”对话框，如图 10-43 所示。根据需求选择导出明细表的外观及输出选项，选择完成后单击“确定”，保存“.txt”的文本文件。

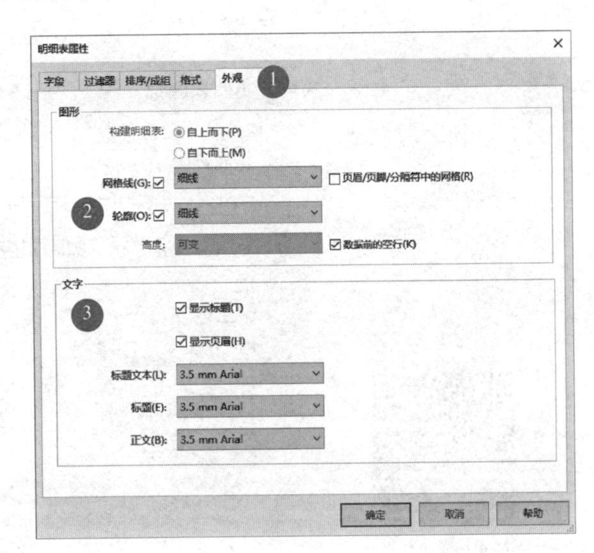

图 10-41

图 10-42

明细表生成“.txt”格式文本文件后，新建 Excel 表格空白文件，如图 10-44 所示，单击“数据”选项卡“获取和转换数据”面板下的“从文本 /CSV”工具，浏览至“随书文件 \ 第 10 章 \ 机电材料统计 \ 风管明细表 .txt”文本文件。

“.txt” 文件导入 Excel 表格时，在导入文件设置对话框中按默认设置，如图 10-45 所示，单击“加载”按钮可将内容导入 Excel 表格，将 Excel 表格保存为 Excel 明细表文本文件。

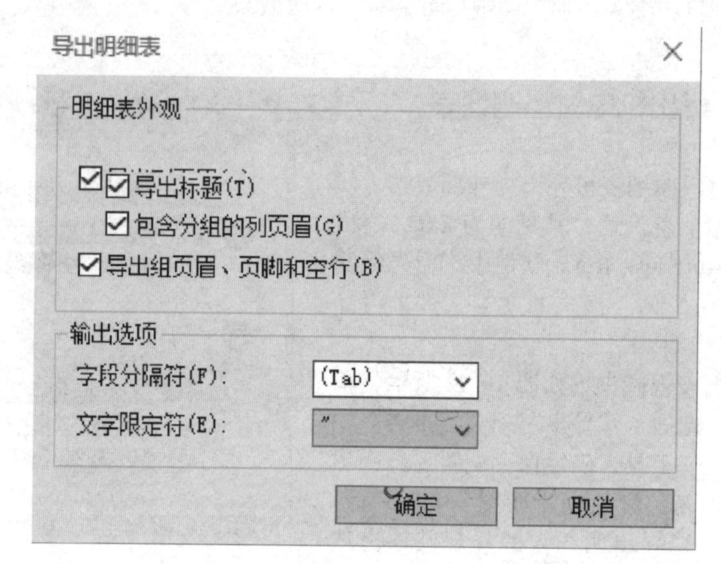

二维码 10-7

图 10-43

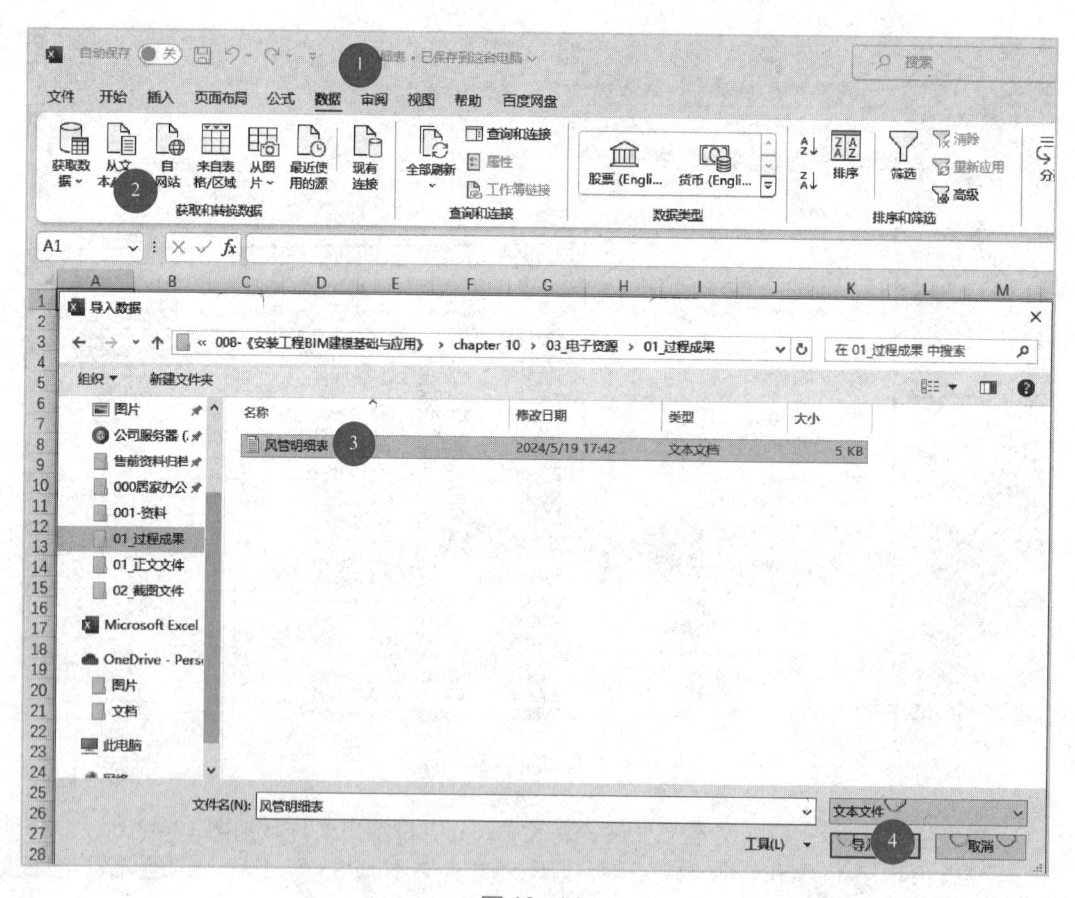

图 10-44

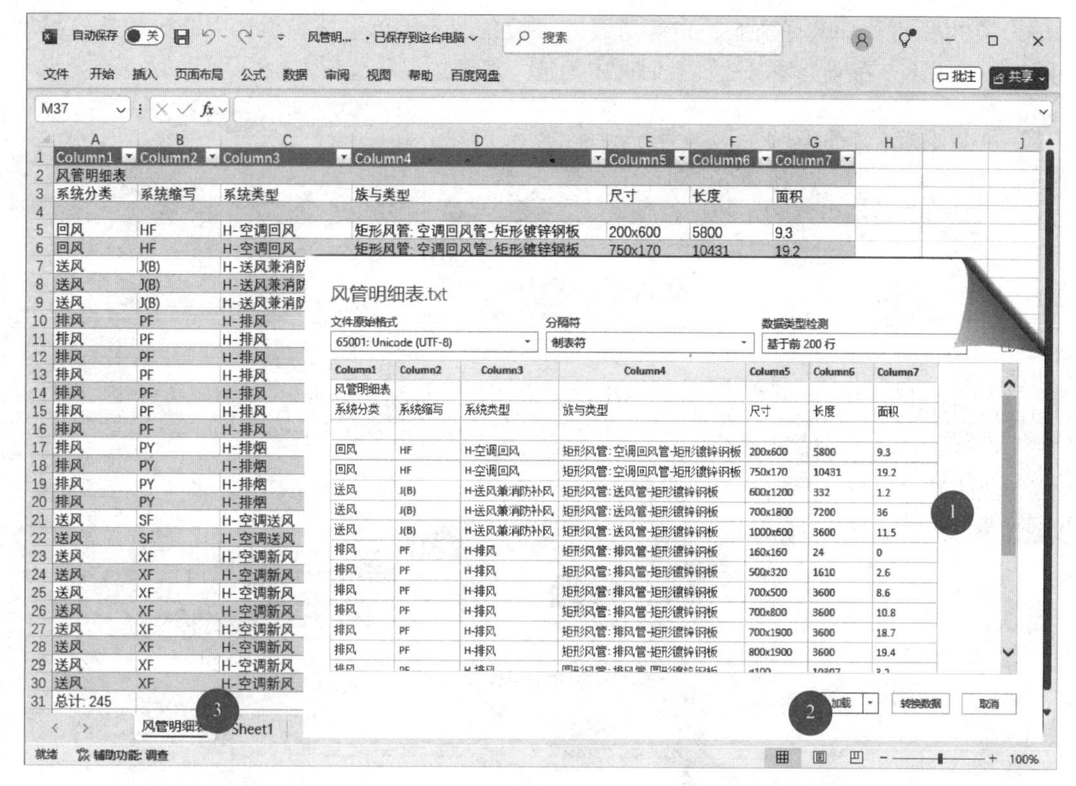

图 10-45

10.5　净高分析

各种建筑都有特定的空间需求，比较常见的空间需求是竖向净高需求。建筑工程涉及建筑、结构、给排水、暖通、电气等多个专业，参与人员众多，所以常常难以准确地确定最终净高，导致工程施工完成后有些部位不满足相应功能区的使用需求，造成返工维修，浪费大量人力、物力、财力，严重影响工期。因此，通过 BIM 技术对建筑三维模型进行净高分析，在区域施工之前，可以通过 BIM 模型进行净高分析，对不满足净高和使用要求的区域及时进行协调修改，减少后期设计变更，从而达到缩短工期、节约成本的目的。

在工程项目中业主对各个功能空间的净高有不同的要求，可通过模型统计结构梁底净高、机电管综后管底净高及天花吊顶后净高，业主可根据具体的净高值来复核图纸方案内容。

二维码 10-8

在机电深化过程中表达净高一般指的是房间区域范围内建筑完成面至机电管综后最下方的管底净高。除直接测量管道的底部标高外，还需要考虑支吊架、指示牌、吊顶等带来的净高影响。一般来说，会在管底净高基础上扣除 50mm 支架占用空间，对于有吊顶的区域，还需要再扣除 150mm 的吊顶高度。在 Revit 中可以通过“房间”功能来实现各区域净高表达。接下来以创建专用宿舍楼项目一层净高分析图为例说明创建净高分析图的一般过程。

① 打开“随书文件 \ 第 10 章 \10.5.rvt”项目文件，切换至“建筑 _1F_0.000”创建平面视图，如图 10-46 所示，将视图重命名为“1F 净高平面图”。

② 在可见性里面关闭所有机电管道及管件设备图元。单击选择项目中链接的建筑模型，如图 10-47 所示，在“类型属性”对话框中勾选“房间边界”选项。

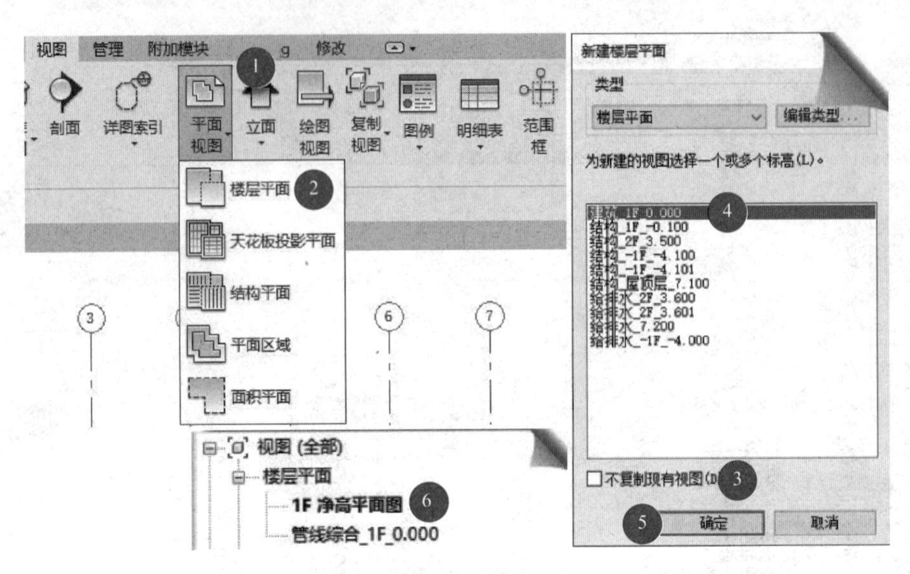

图 10-46

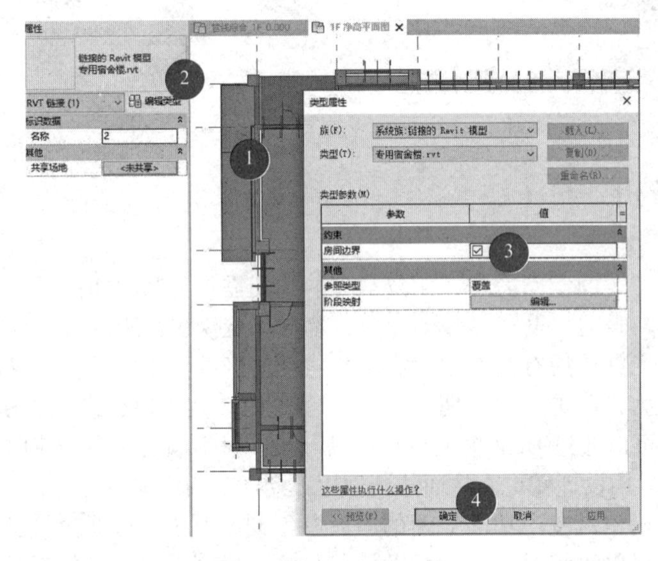

图 10-47

③ 选择“建筑”选项卡“房间和面积”面板中的“房间”工具，Revit 自动切换至“修改 | 放置房间”选项卡，激活“在放置时进行标记”选项，在“属性”面板的“高度偏移”中输入 2600mm，在“名称”中输入“宿舍 2.60m”，移动至模型中的任意宿舍房间区域，单击鼠标左键放置房间，会自动标注房间名称，如图 10-48 所示。

④ 重复步骤③的操作，将所有的房间净高分区放置，完成结果如图 10-49 所示。

⑤ 选择“分析”选项卡“颜色填充”面板下的“颜色填充图例”命令，在绘图区域单击任意位置，弹出“选择空间类型和颜色方案”对话框，选择“空间类型”为“空间”，“颜色方案”为“方案 1”，如图 10-50 所示。

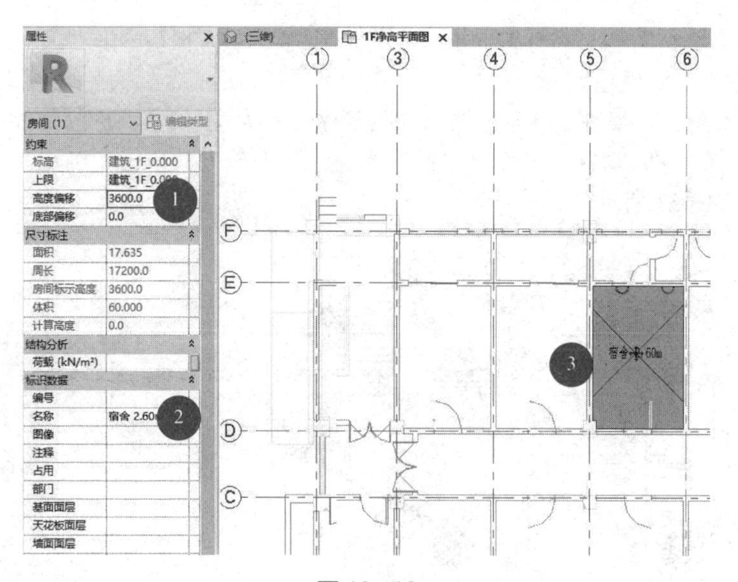

图 10-48

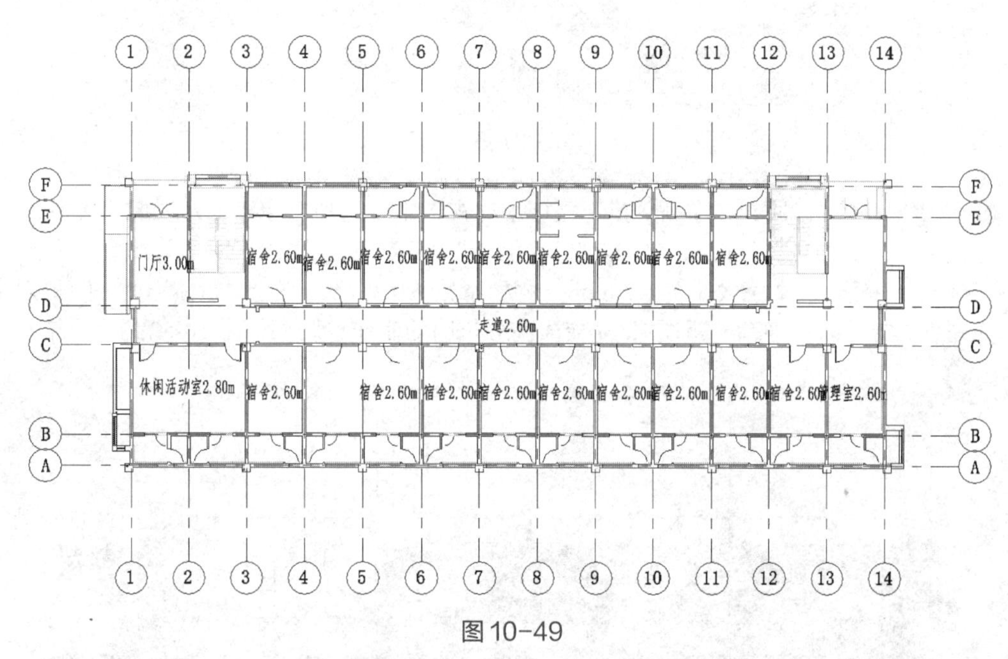

图 10-49

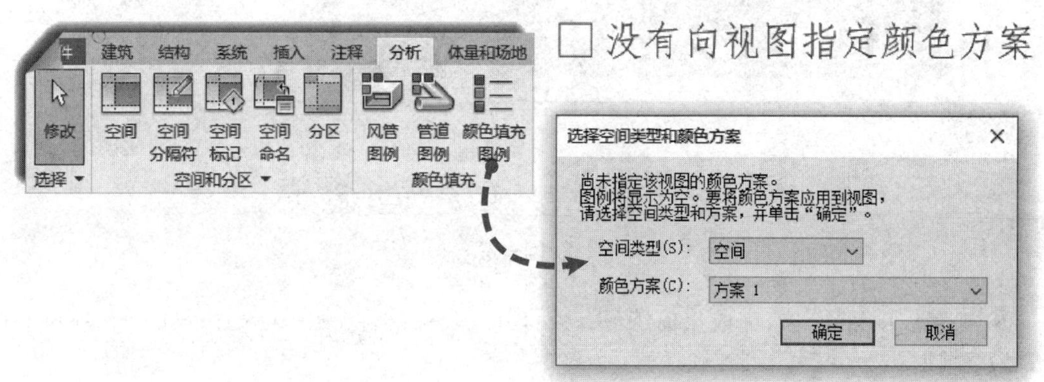

图 10-50

⑥ 选择颜色填充图例，在“修改 | 颜色填充图例”选项卡上单击“编辑方案”按钮，弹出“编辑颜色方案”对话框。

⑦ 选择“重命名”按钮，将颜色填充方案名称修改为“名称”，标题修改为“名称图例”，颜色选择下拉列表中的“名称”，弹出“不保留颜色”警告框，单击“确定”按钮，出现颜色填充方案，如图 10-51 所示。

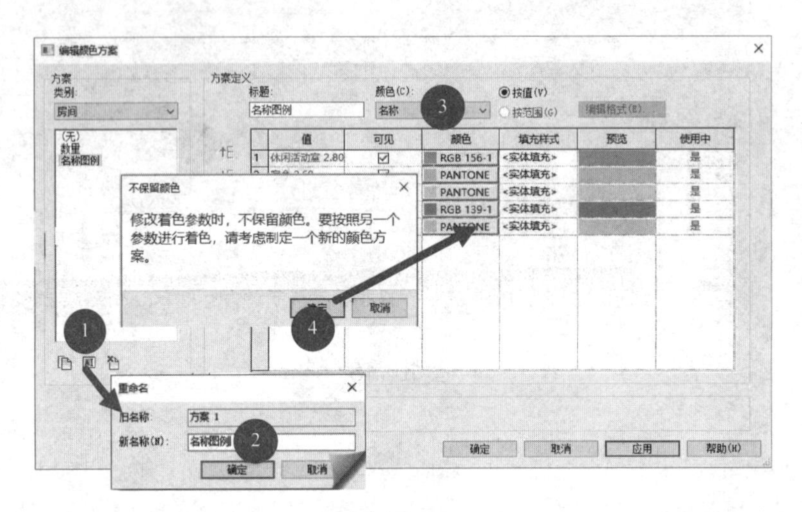

图 10-51

⑧ 单击“确定”，回到“净高分析”楼层平面视图中。选择“注释”选项卡“文字”面板下的“文字”命令，在属性面板中单击“编辑类型”，复制创建“7mm 宋体”类型文字，调整文字字体为“宋体”，文字大小为“7mm”，宽度系数为“0.7”，勾选“粗体”。在平面视图颜色填充图例下方输入“净高分析图”，完成净高分析图的制作，结果如图 10-52 所示。

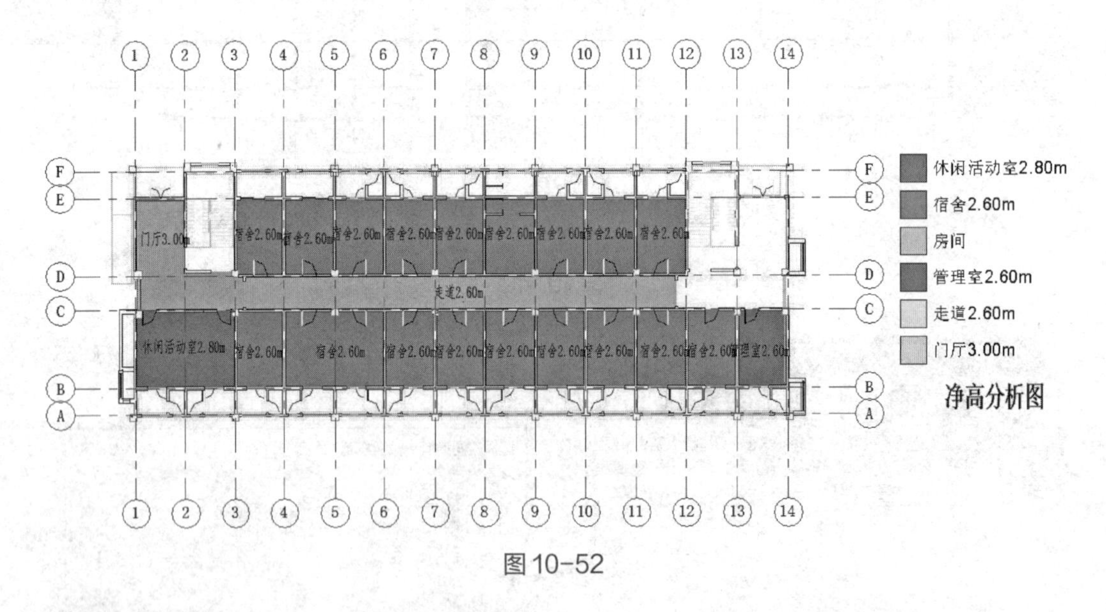

图 10-52

⑨ 保存该项目文件，完成当前练习，或打开“随书文件 \ 第 10 章 \10.5.1.rvt”项目文件查看最终结果。

注意，各房间的净高应结合机电管综后的 BIM 模型逐一测量确定，再根据实测的管道净高调整房间高度，得到准确的房间净高分布图。

在使用房间工具时注意设置房间的“高度偏移”值，用来确定当前房间的净空。房间工具通常用于表达建筑专业中的房间的空间范围，这里是借用了该工具的图例功能来完成房间净高分析图；也可以按实际的建筑专业的房间高度范围来设置偏移值（例如，专用宿舍楼中为3600mm），再通过对房间对象添加共享参数来单独记录房间对应的净高值，并以该净高值作为图例的生成依据，以充分发挥BIM模型的多维度数据的管理能力。

10.6 支吊架深化

支吊架属于管道的支撑承重构件，用于连接管线与结构主体，管线综合过程当中需要考虑支吊架布置的形式与安装的空间。

支吊架按照制作的材料，分为成品支吊架与非成品支吊架：成品支吊架由支吊架生产厂家根据支吊架的各部分零件现场拼装而成；非成品支吊架一般在施工现场使用角钢、槽钢、钢板等原材料现场加工而成。

在机电安装工程中，支吊架有多种不同的分类方式。按照支吊架的结构形式，分为支架与吊架：支架一般落地安装；吊架一般悬挂安装。支吊架按照承担的管线类型，分为水管支吊架、风管支吊架、桥架支吊架以及综合支吊架；按照功能分为固定支吊架、抗震支吊架、承重支吊架。如图10-53所示为地下车库中使用的支架与吊架。

图10-53

本节以非成品支吊架为例，通过水平支吊架、立管支吊架、综合支吊架的布置，介绍Revit中支吊架布置的方法与操作步骤。

10.6.1 水平支吊架布置

水平支吊架用于管道水平方向的固定，根据管线大小、管线类型、功能作用、与结构连接的形式的不同，其结构形式也不同。通常水管支架布置在梁上，风管与桥架布置在结构板上。在Revit中采用可载入的支吊架族来生成各类支吊架图元，以风管支吊架举例说明水平支吊架的布置步骤。

① 打开“随书文件\第 10 章\10.6.rvt”项目文件。切换至“管线综合平面图”视图。使用“构件”工具，在族类型选择器中选择“矩形支吊架”。修改“属性”面板中吊杆中心高度参数、吊杆间距、风管宽度与风管高度参数。吊杆中心高度与风管的中心高度一致，吊杆间距通常比风管宽度多 100mm，如图 10-54 所示。

② 移动鼠标至风管位置，捕捉风管中心线，按空格键保证支吊架位置与风管垂直，单击放置支吊架图元，结果如图 10-55 所示。

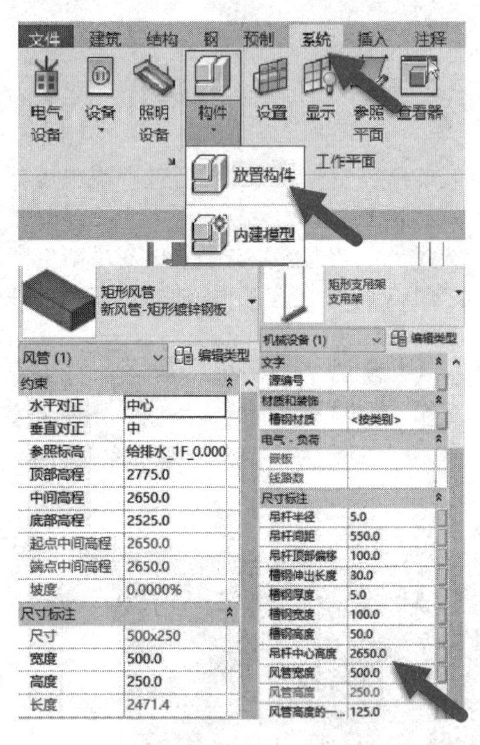

图 10-54

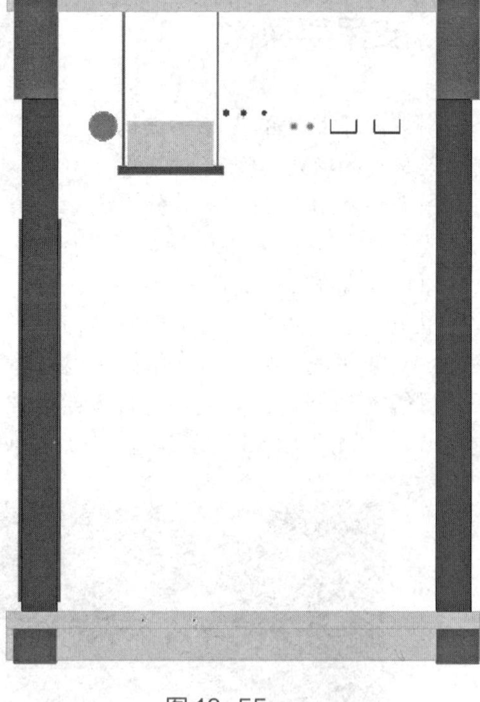

图 10-55

③ 按照支吊架的布置间距要求以及支吊架类型要求，沿风管方向使用复制命令向左移动 1500mm，完成该段管的支吊架布置，结果如图 10-56 所示。

二维码 10-9

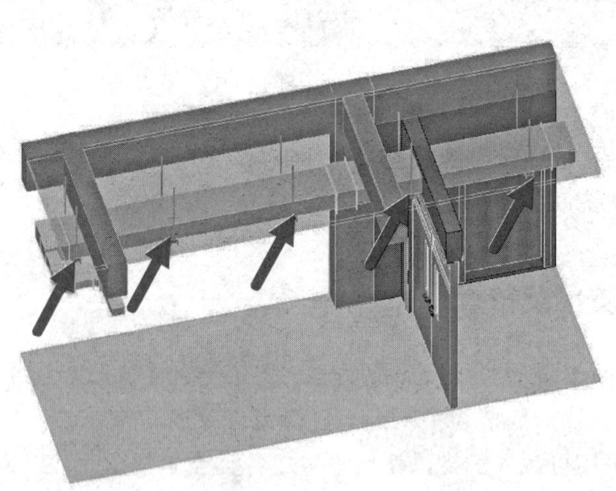

图 10-56

④ 保存项目文件，完成当前练习，或打开“随书文件 \ 第 10 章 \10.6.1.rvt”项目文件查看最终结果。

水平支吊架的放置方式较为简单，一般来说选择合适的族进行放置即可。通常应结合施工规范以及管线的重量来选择合适的支吊架形式。表 10-4 中列举了《建筑给水排水及采暖工程施工质量验收规范》中关于钢管管道支架最大间距的要求，在对该类管道布置支吊架时其间距应小于表中要求的间距，且应尽量均匀分布。对于支撑较大管线的支吊架，还需要对支吊架的受力进行分析计算，以确保支吊架的受力安全。

表 10-4　钢管管道支架的最大间距

项目		公称直径 /mm													
		15	20	25	32	40	50	70	80	100	125	150	200	250	300
支架最大间距 /m	保温管	2	2.5	2.5	2.5	3	3	4	4	4.5	6	7	7	8	8.5
	不保温管	2.5	3	3.5	4	4.5	5	6	6	6.5	7	8	9.5	11	12

10.6.2　立管支吊架布置

在本章介绍管井综合排布时，已说明立管支吊架用于管线垂直方向的固定，根据固定的管道类型、尺寸大小、功能作用以及与结构连接的形式的不同，会选择不同的立管支吊架。立管支吊架也是通过制定相应的支吊架族，通过指定参数的方式进行放置。以放置给排水立管支吊架为例，说明立管支吊架放置的一般步骤。

① 接上节练习。切换至管线综合平面视图。使用“构件”工具，在族类型选择器中选择“立管支架”。如图 10-57 所示，修改“实例属性”面板中的参数。管径与所选水管立管尺寸一致，取值为 100mm。“管距墙”指立管中心距墙的距离，根据施工的布置取值 100mm。偏移高度指立管支架布置的高度，按要求取 1100mm。

② 移动鼠标捕捉到管线中间位置，按键盘空格键保证支架位置朝向墙体。单击鼠标放置支吊架，如图 10-58 所示。

③ 根据支吊架立管布置的间距要求，使用复制功能通过复制添加其他支吊架，结果如图 10-59 所示。

④ 保存项目文件，完成当前练习，或打开“随书文件 \ 第 10 章 \10.6.2.rvt”项目文件查看最终结果。

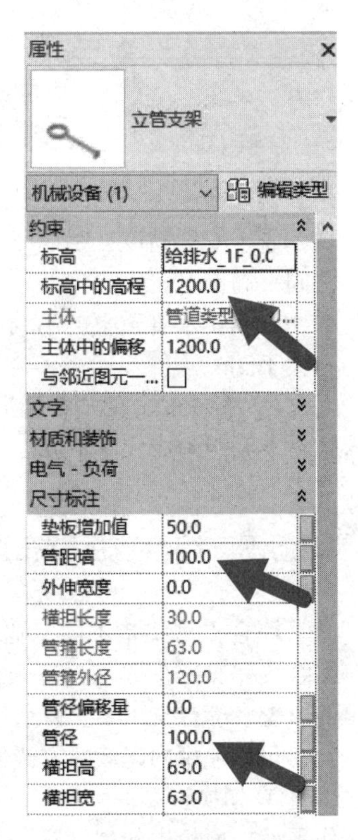

图 10-57

立管支吊架布置同样需要参考相关规范的要求。根据《建筑给水排水及采暖工程施工质量验收规范》规定，采暖、给水及热水供应系统的金属管道立管管卡安装应符合下列规定：

楼层高度小于或等于 5m，每层必须安装 1 个。立管底部的弯管处应设支墩或采取固定措施。

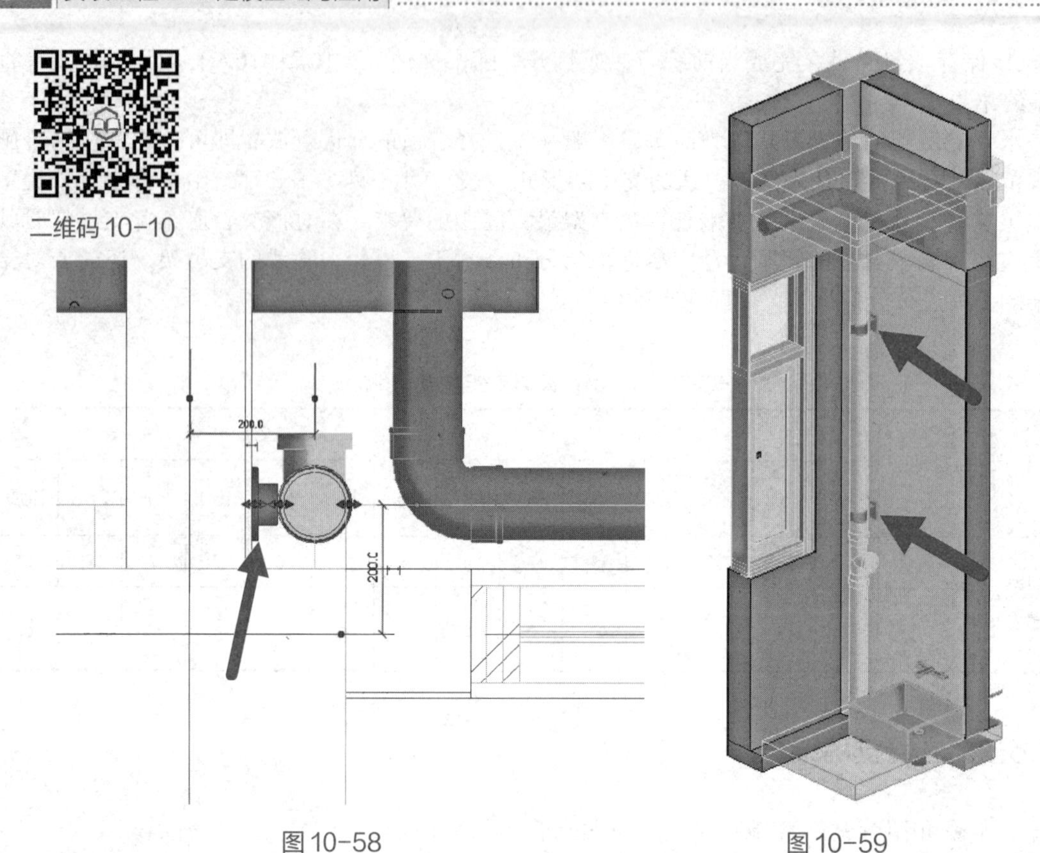

图 10-58　　图 10-59

楼层高度大于 5m，每层不得少于 2 个。

管卡安装高度，距地面应为 1.5 ～ 1.8m，2 个以上管卡应均匀安装，同一房间管卡应安装在同一高度上。

金属排水管道上的吊钩或卡箍应固定在承重结构上。固定件间距：横管不大于 2m；立管不大于 3m。

DN ≤ 50mm 的塑料管道立管支架间距不应大于 1.2m；50mm<*DN* ≤ 75mm 的塑料管道立管支架间距不应大于 1.5m；*DN*>75mm 的塑料管道立管支架间距不应大于 2.0m。

10.6.3　综合支吊架布置

综合支吊架指不同专业管道在比较集中的情况下，所有管道共用一个支吊架布置形式。综合支吊架一般是多层管道，根据要支吊架承担的管道数量以及管道排布的方案进行支吊架的布置。综合支吊架整体重量较大，常布置在梁侧面。

可以使用内建族的方式创建综合支吊架。接上节练习，具体操作步骤如下。

① 切换至梁平面视图，首先确定支吊架布置的水平位置定位。如图 10-60 所示，使用“工作平面”面板中的“设置”工作平面工具，弹出“工作平面”对话框，选择“拾取一个平面”选项，点击项目当中的梁边线作为支吊架的水平布置工作平面。在弹出的“转到视图”对话框当中选择操作编辑的剖面视图为“剖面：剖面 1”，单击“打开视图”按钮切换到所选择的剖面 1 视图中。

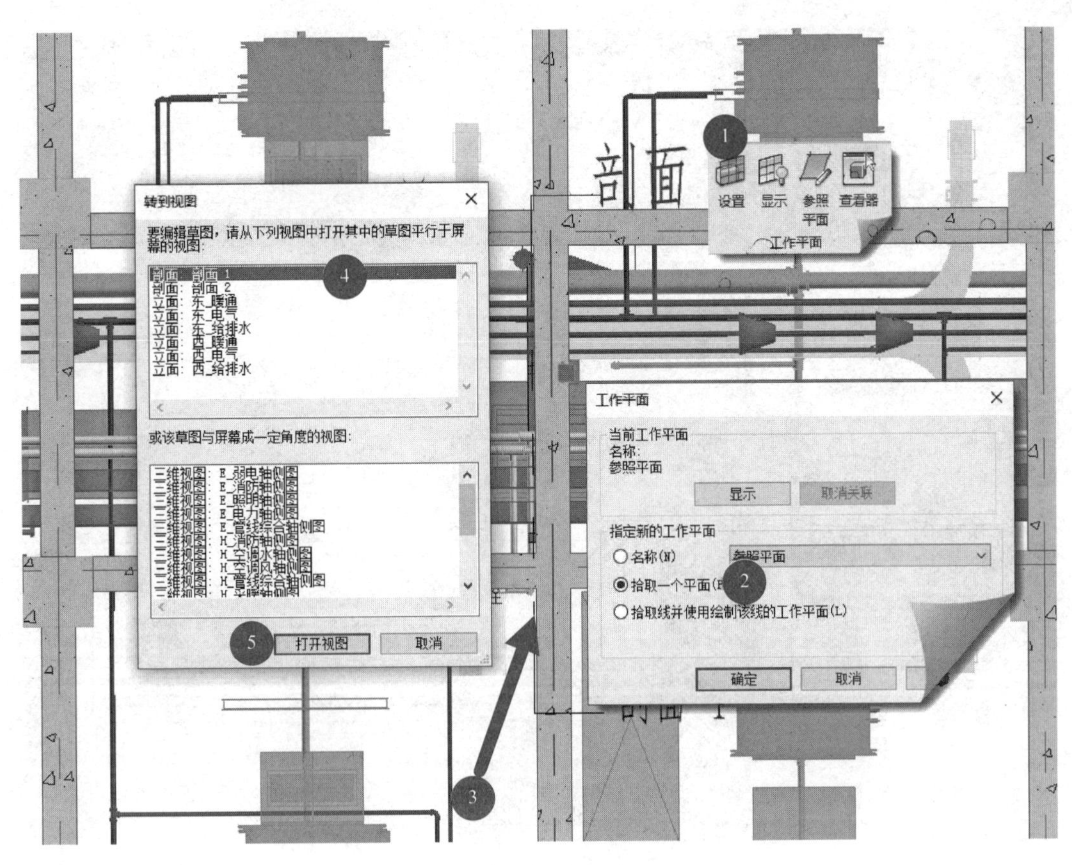

图 10-60

② 使用内建模型命令创建粗略的支吊架模型。单击“系统”选项卡“模型”面板“内建模型”工具，弹出“族类别和族参数”对话框，在“族类别”中选择“常规模型”类别，设置名称为“综合支吊架 01”，如图 10-61 所示。

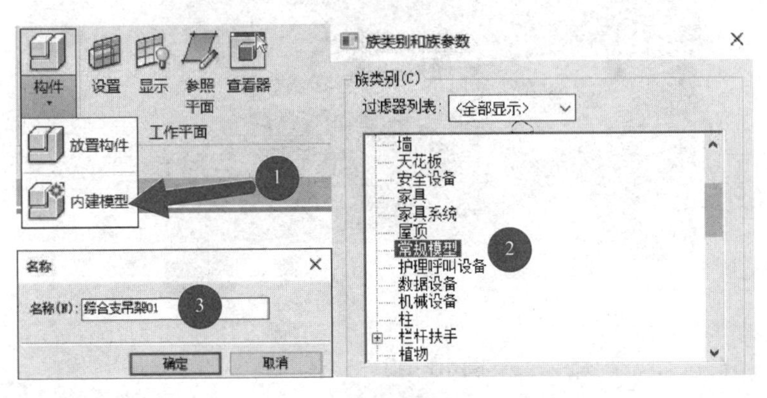

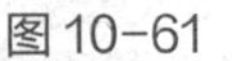

图 10-61

二维码 10-11

③ 在剖面视图当中使用“拉伸”工具创建支吊架。点击拉伸命令，通过绘制支吊架的轮廓创建支吊架模型。首先创建支吊架的壁挂与横担，在实际应用中，综合支吊架选用的槽钢尺寸一般为 80mm×43mm×5.0mm 或 100mm×48mm×5.3mm。本项目中采用 10# 槽钢，拉伸厚度为 50mm，如图 10-62 所示。

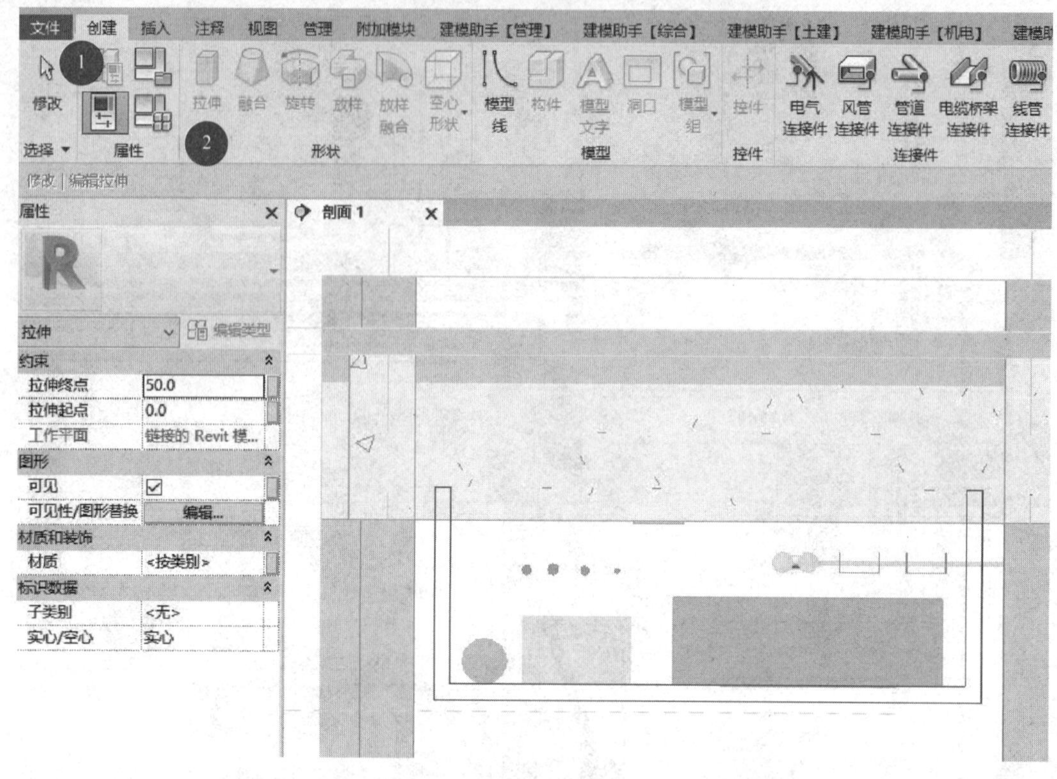

图 10-62

④ 继续使用“拉伸”工具，绘制草图创建其他综合支吊架，结果如图 10-63 所示。保存项目文件，完成当前练习，或打开“随书文件 \ 第 10 章 \10.6.3.rvt”项目文件查看最终结果。

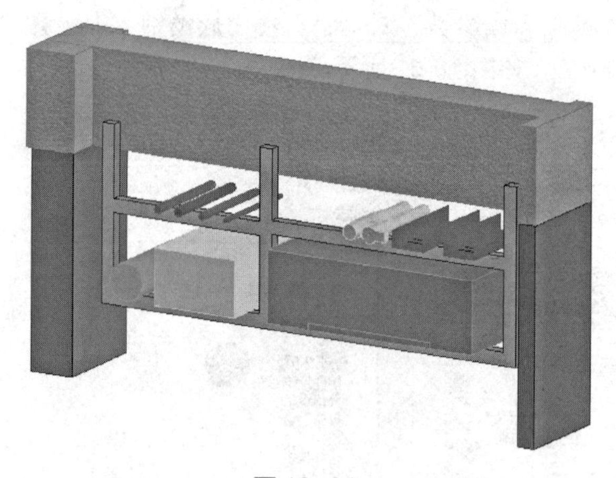

图 10-63

本操作采用 Revit 内建族的方式创建综合支吊架，是为了让大家了解在 Revit 中自定义族的一般过程。在实际机电安装工程项目建模时并不推荐采用内建族的方式创建综合支吊架模型，而是采用自定义参数化综合支吊架可载入族的方式来创建综合支吊架。目前在基于 Revit 的二次开发的插件中，已有部分插件可以自动根据管道的类型自动生成支吊架，并自动调整支吊架的尺寸、标高以及吊杆的长度，从而提升支吊架的生成效率。

10.7　出图打印

机电出图指依据协调模型，按照机电深化的图纸表达要求，使用 Revit 当中的标注、视图显示功能，完成深化图纸的表达，导出 .pdf 或 .dwg 格式的图纸并打印。

以综合管线平面图为例，接上节练习，说明图纸创建的步骤。

① 单击“视图”选项卡“图纸组合”面板中“图纸”工具，如图 10-64 所示。

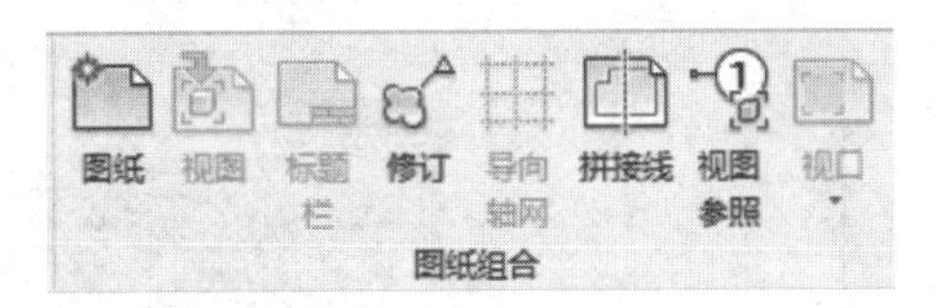

图 10-64

② 在弹出“新建图纸”对话框当中选择图框族名称以及图框的大小。添加完毕后会在项目浏览器图纸列当中生成系统默认的图纸编号与名称。可在项目浏览器中单击鼠标右键并在弹出的快捷菜单中选择重命名，修改图纸编号与名称，如图 10-65 所示。

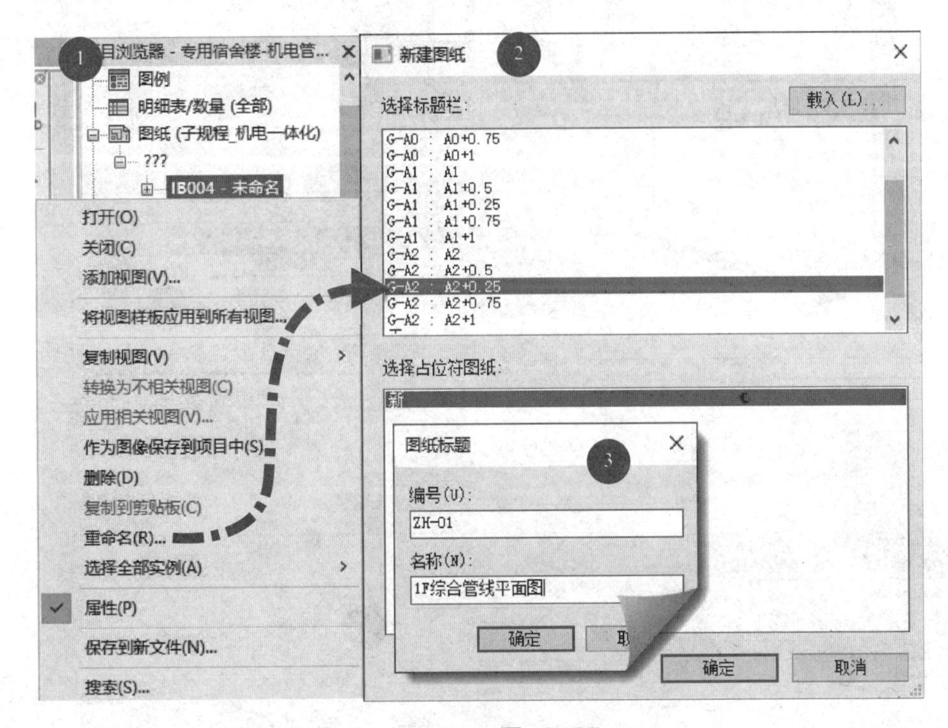

图 10-65

二维码 10-12

③ 在项目浏览器当中，选中管线综合平面图，按住鼠标左键拖动到图纸当中，松开鼠标左键，Revit 将在图纸当中预览显示视图范围与当前图幅纸的位置。在图纸中心部位单击鼠标左键，完成视图放置。选择视口下方的标题栏，属性面板“类型选择器”列表中选择标题栏类型为“出图标题”，设置出图标题格式，如图 10-66 所示。

④ 可以使用 Revit 的图纸功能将图纸导出为 DWG 格式的图纸。在文件选项卡中选择“导出→ CAD 格式→ DWG”，弹出“DWG 导出”对话框。在导出的截面当中设置线型为“比例线型定义”，颜色选择“视图中指定的颜色”，最后单击“下一步”，选择 CAD 的版本，同时不勾选“将图纸上的视图和链接作为外部参照导出”，以保障导出后的 DWG 文件可在模型以及布局当中查看图纸，如图 10-67、图 10-68 所示。

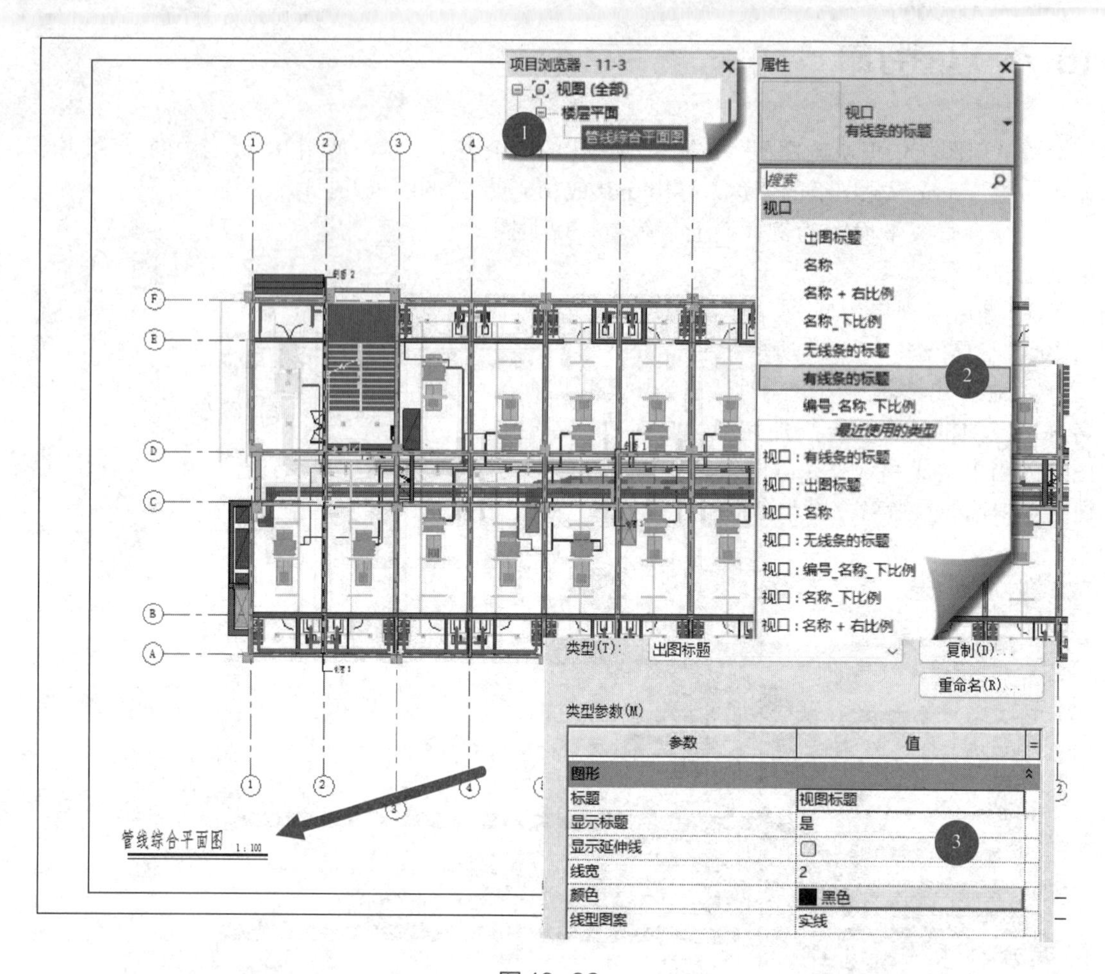

图 10-66

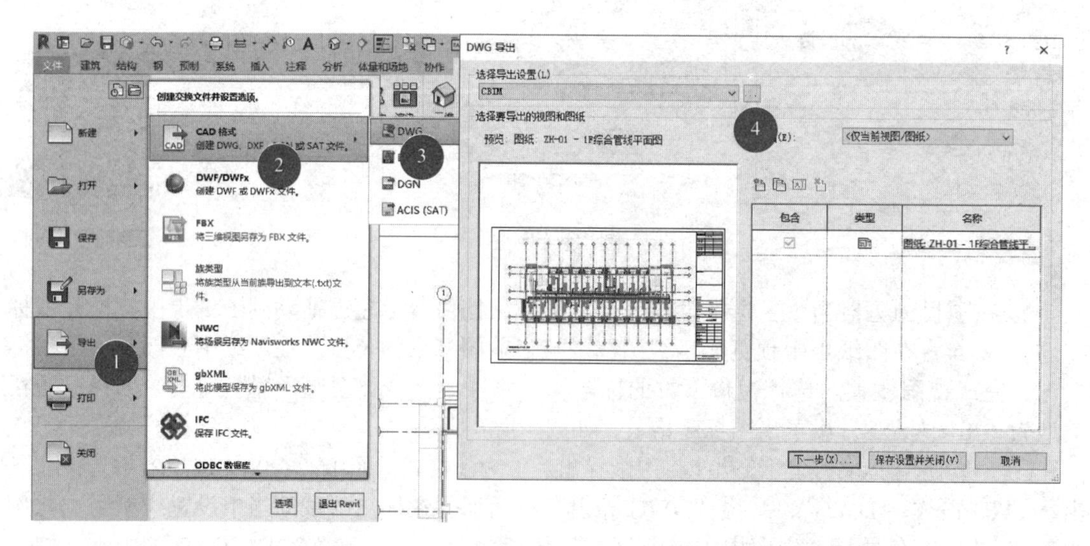

图 10-67

⑤ 可以直接在 Revit 当中打印 PDF 图纸。使用“Ctrl+P”快捷键打开“打印”对话框，

选择“当前窗口”，然后单击“设置”打开“打印设置”对话框，在“打印设置”对话框中设置图纸的大小、打印方向等，设置完成后，单击“确定”打印 PDF 格式图纸文件，如图 10-69 所示。

在 Revit 图纸视图中布置视口时，视口会自动添加视图名称标签。可以通过定义视图名称标签控制视图中显示的内容。在本书中，所有的视口名称已在视图中定义，因此在布置图纸时不再显示视口名称。

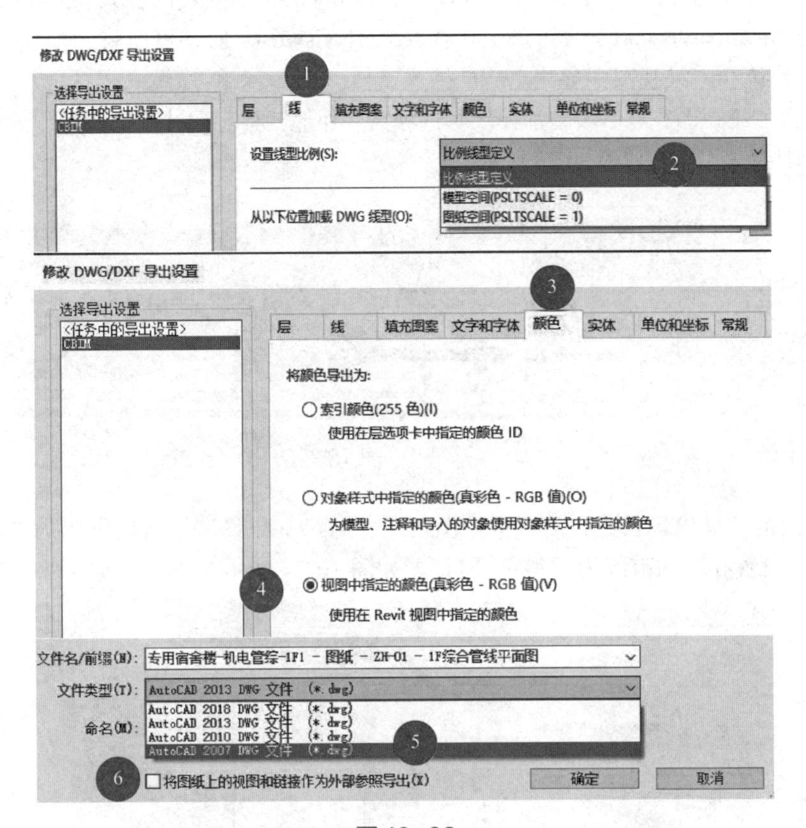

图 10-68

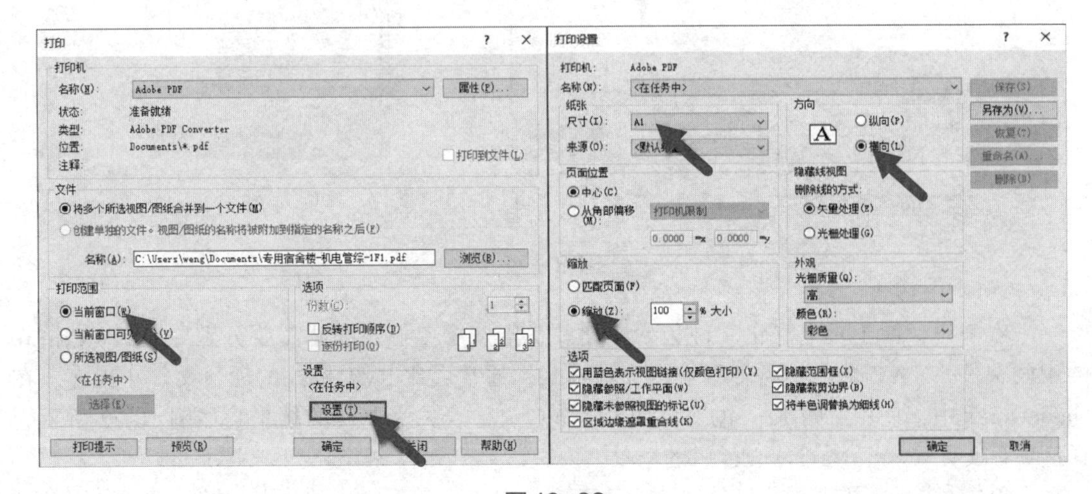

图 10-69

10.8 模型输出与展示

在 Revit 中完成机电深化设计模型的创建后，可以导出到其他软件中进行进一步的应用与管理。通常在完成机电深化设计模型后，可以导入至 Navisworks 中，完成协调管理、施工模拟等工作。

要将 Revit 中的场景导入至 Navisworks 中，需要将 RVT 格式的项目文件转换为 NWC 格式，然后再合并至 Navisworks 的场景中。在安装 Navisworks 后，可以将当前项目文件导出为 NWC 格式。建议在三维视图中导出 NWC 格式文件。

① 切换到三维视图，点击“附加模块”选项卡“外部工具”，下拉列表中会出现“Navisworks 2021”工具。选择该工具，如图 10-70 所示。

二维码 10-13

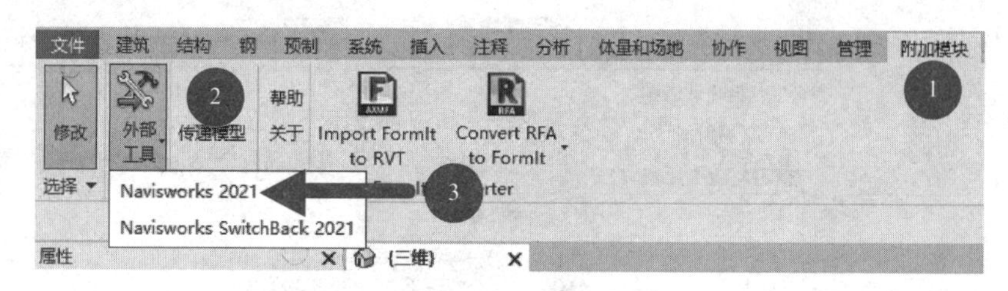

图 10-70

② 在弹出的“导出场景为”对话框中单击“Navisworks 设置”可对导出的参数进行设置，特别注意的是设置导出的范围为“整个项目”，如图 10-71 所示。

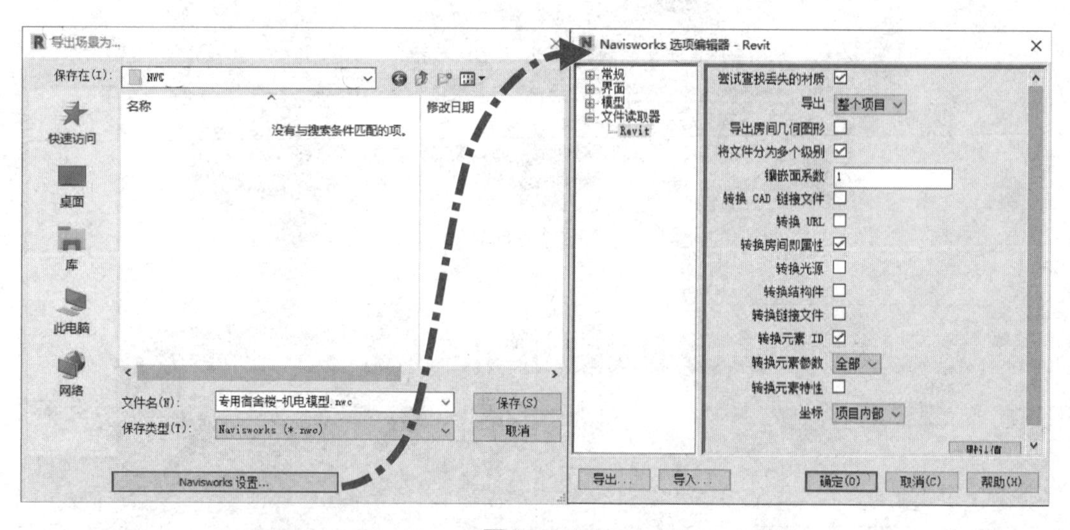

图 10-71

一般来说，由于机电深化文件包含土建及机电多个专业，因此需要分别导出 NWC 格式的中间文件。NWC 格式是高度压缩的文件格式，通常会比 RVT 格式的项目文件小得多。在 Navisworks 中，使用“附加” 的方式可将 NWC 文件合并为单一的场景。如图 10-72 所示为样例项目文件导入至 Navisworks 后的场景。

在 Revit 中进行机电深化设计时，由于各专业严格遵守了原点到原点的链接方式，因此导入至Navisworks后，各专业的空间位置将自动对齐，且Navisworks保留了Revit中的管道系统过滤器颜色，所以在导出NWC格式文件前应在Revit中设置好视图样板和显示过滤器。

除可以使用插件将Revit项目文件导出为NWC格式外还可以在Navisworks中直接打开RVT格式的文件。但在打开RVT格式文件时，Navisworks会自动转换生成与RVT格式文件同名的NWC格式文件。因此，第一次用Navisworks打开RVT格式文件时消耗的时间会稍长。

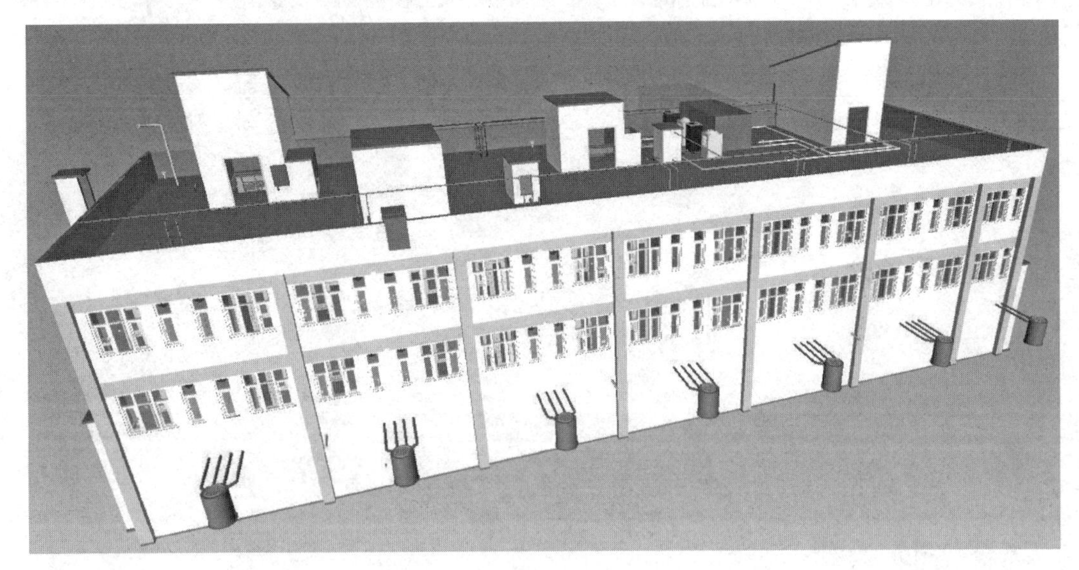

图10-72

小结

本章结合项目案例，主要介绍了机电管线综合优化、预留孔洞、机电材料统计、净高分析、支吊架深化以及完成机电模型应用后的成果输出与表达。管线优化调整方案没有唯一确定的答案，需要根据实际项目情况与需求，结合管线综合优化原则进行灵活处理。预留孔洞图纸、机电材料统计明细表、净高分析图是机电协调结果的表达，是成果交付与沟通的工具，在机电深化过程及协调过程当中都可以使用。在掌握基础方法的同时，需要通过项目实际操作逐步掌握并灵活运用。

练习题

1. 碰撞检查的意义是什么？
2. 管线综合优化的原则有哪些？
3. 机电材料统计的内容有哪些？
4. 净高分析图中，如何将不满足区域标红显示出来？
5. 常见的支吊架种类有几种？分别适用于何种管线类型？

参考文献

[1] 李建成，王广斌 . BIM 应用 • 导论 [M]. 上海 : 同济大学出版社，2015.

[2] 王君峰，娄琮味，王亚男 . Revit 建筑设计思维课堂 [M]. 北京：机械工业出版社，2019.

[3] 王君峰 , 胡添 , 杨万科，等 . Revit 机电深化设计思维课堂 [M]. 北京 : 机械工业出版社 , 2021.

[4] 拉斐尔 • 萨克斯，等 . BIM 手册 [M]. 3 版 . 北京：中国建筑工业出版社，2023.

[5] 朱溢镕，段宝强，焦明明 . Revit 机电建模基础与应用 [M]. 北京：化学工业出版社，2019.

[6] 黄亚斌，胡林 . Revit 技巧精选应用教程 [M]. 北京：机械工业出版社，2020.

横琴科学城（二期）项目

建筑面积：137.32 万平方米　　项目业态：综合体　　供图单位：重庆筑信云智建筑科技有限公司

BIM 在项目中的应用：

（1）应用 BIM 技术提高设计方案的表达、展示效果，优化参建各方的沟通渠道，提高项目在规划设计、概念设计、方案设计阶段等方面的决策工作的准确性和科学性，实现项目重难点工程的设计优化调整，确保项目复杂部位设计成果的高效、准确；

（2）降低施工过程长期性、复杂性、动态性、不确定性和资源消耗等方面的负面影响，提高项目施工过程的精细化管理水平；

（3）形成竣工阶段的基于 BIM 的数字资产，提升工程项目的生命力，对接项目运维数据，为数字型、智慧型城市建设奠定基础。

邵逸夫大运河院区项目

建筑面积：24 万平方米　　项目业态：医院　　供图单位：杭州彼盟建筑科技管理有限公司

BIM 在项目中的应用：

（1）设计优化：BIM 技术在机房设计阶段可以实现高效精准的布局规划，减少设计错误，优化空间利用，从而提高设计质量和效率；

（2）施工管理：通过 BIM 技术，可以提升施工过程的管理质量，实时监控项目进度，确保按计划执行，有效避免延误和成本超支；

（3）运维与资产管理：BIM 不仅有助于降低运维成本，还可以实现资产管理的精确性和高效性，及时预警系统故障，降低维护难度。

成都铁路科技创新中心项目

建筑面积：13.5 万平方米　　项目业态：办公楼　　供图单位：中铁建工集团有限公司

BIM 在项目中的应用：

（1）施工组织优化：针对项目工期紧，施工场地狭小，施工组织难度大的特点，采用 BIM 技术对施工组织进行优化，合理布置材料堆场、施工道路、大型机械设备、临水临电，使施工总体部署更加科学合理；

（2）净高分析：开展建筑净高分析，查找结构问题及机电深化的最不利点，生成彩色净高分析图，为结构问题的核查以及机电深化工作的开展提供指导，保证净高满足使用要求；

（3）深化设计：通过机电管线综合排布与深化设计，消除二维设计条件下存在的误差及管线碰撞，辅助现场预留预埋，提高工程的施工质量和效率。

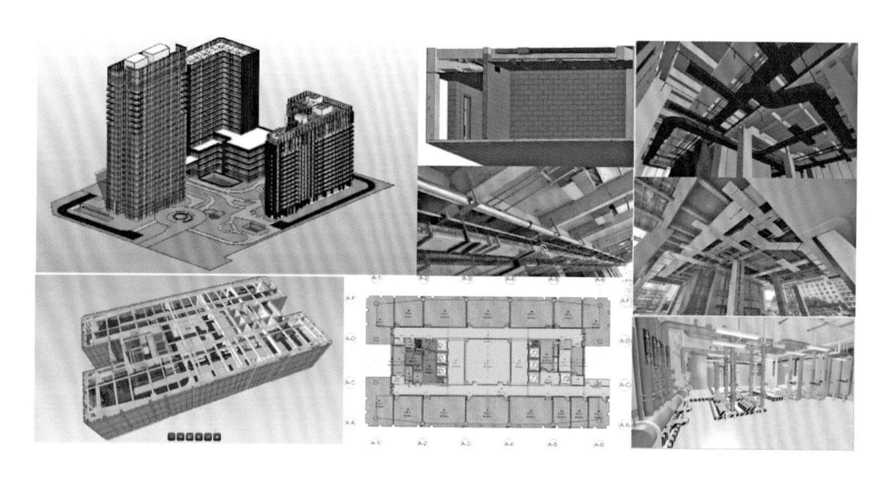

某室外综合官网项目

建筑面积：14.9 万平方米　　项目业态：小市政　　供图单位：重庆筑信云智建筑科技有限公司

BIM 在项目中的应用：

（1）小市政模型创建：BIM 建模包括场地与园林景观、基坑支护、结构、雨水、污废水、消防、强弱电、生活给水、园林给水、燃气等专业；

（2）设计分析优化：通过 BIM 模型，考虑设计方案可行性、功能区使用的合理性、施工的方便程度等因素，对设计图纸提出优化建议，提高设计图纸质量，减少后期变更，提高项目品质；

（3）景观优化：场地区域多在地下室顶板上方，覆土空间浅，且管线较多，考虑埋地管线对植物移植的影响，不同类型乔木创建不同大小土球，综合考虑埋地管线及植物位置，保证植物安放空间，提高植物存活率；

（4）协调管理：利用 BIM 多专业协调性，对现场的施工障碍进行模型创建分析，可提前避免这些施工后期拆除的设备对进度的影响；

（5）管综出图：利用 BIM 模型深化输出相关图纸成果，包括机电管综图、预留预埋图等，保证 BIM 成果的落地实施。

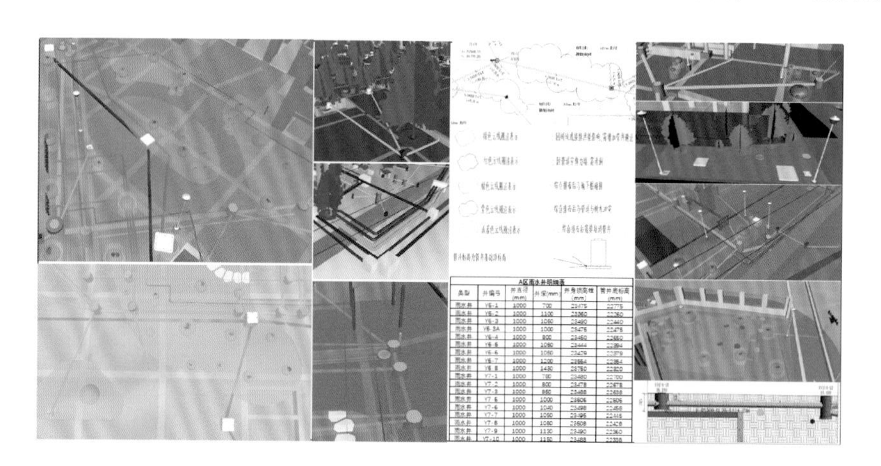

浙江省建筑设计研究院滨江院区新大楼项目

建筑面积：9.7 万平方米　　项目业态：办公楼　　供图单位：浙江省建筑设计研究院、浙江建设技师学院

BIM 在项目中的应用：

（1）管线综合：三维协同设计整合机电管线，优化净高空间利用，提高安装精度；

（2）机房深化设计：通过三维模型深化机房布局，生成高质量施工图，确保现场施工精确；

（3）协同校对：在正向出图中校对机电设备与装饰专业的点位，确保一致性和协调性。

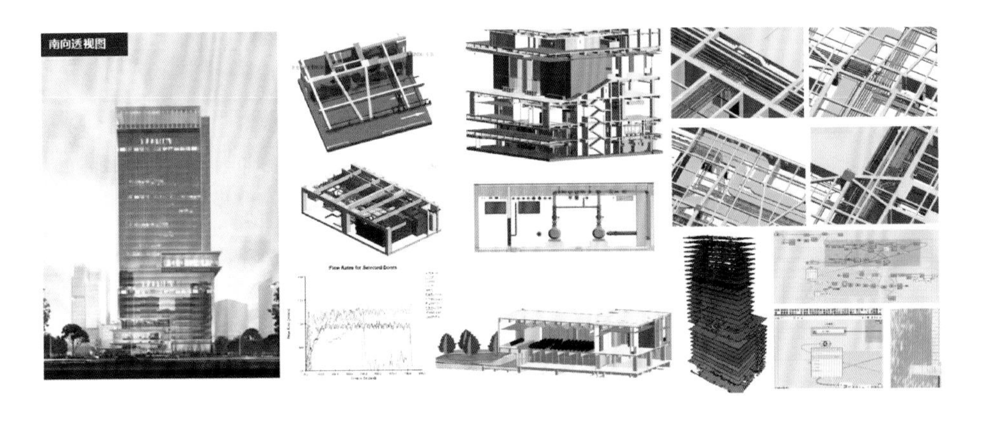

某 12 英寸芯片制造基地项目

建筑面积：68 万平方米　　项目业态：芯片制造工厂　　供图单位：信息产业电子第十一设计研究院科技工程股份有限公司

BIM 在项目中的应用：

（1）虚拟展示：通过 BIM 的可视化，判断设计是否满足业主的要求和最初的设想，避免对常规二维图纸理解不一致造成的偏差。

（2）设计勘误：通过 BIM 模型，检查设计中的问题，避免重大的设计问题和专业间的设计冲突。

（3）净空优化：通过 BIM 模型，对厂房内的管道进行空间管理整合，完成空间规划；通过优化设备管线在建筑结构可用空间中的布置，提高设备管线的空间利用率，降低空间成本，提升项目建成后的空间品质，并为业主节省费用和工期。

（4）管线综合：在空间管理的基础上，对所有系统的管线进行碰撞检查，在设计阶段就做到合理排布管道，避免管线碰撞，通过多方案对比获得最合理的管道布置方案。

（5）预留洞口：通过 BIM 技术进行精准的洞口预留，尽量减少后期的开洞和无谓的封堵，节约成本。

（6）材料统计：通过 BIM 模型的精确计量功能自动统计所有的材料，避免人为因素对精度的影响，帮助项目团队高效、精确、及时地获取各种类型材料的统计数据，有效地控制项目成本。

（7）施工出图：设计中采用模型直接出图的策略，保证图模一致，确保设计信息准确地移交给施工部门。

（8）气流分析模拟：采用专业 CFD 气流模拟软件，模拟洁净室的气流流态、温湿度状态、压力场状态，以找出最佳的设计布置。

深圳市大鹏新区人民医院项目

建筑面积：41.7 万平方米　　项目业态：医院　　供图单位：中建科工集团有限公司

BIM 在项目中的应用：

（1）设计优化：BIM 技术在弯弧形管道的建模及分段，采用“定制弯头+直管”相结合的方式，高效、精准地布局规划，优化空间排布，提高设计质量和效率；

（2）施工管理：项目全程采用 BIM 技术主导设备机房的深化设计、管线优化、组织排水、工厂预制、现场装配，有效助力现场施工。

第 31 届世界大学生夏季运动会和 2025 年世界运动会主场馆——成都东安湖体育公园项目

建筑面积：32 万平方米　　项目业态：体育场馆　　供图单位：四川柏慕联创建筑科技有限公司

BIM 在项目中的应用：

（1）多种技术融合：BIM 技术与虚拟现实、增强现实、云计算、物联网、智能全站仪、3D 扫描、放样机器人、无人机倾斜摄影、3D 打印等前沿技术结合，在施工模拟分析、5D 项目管理、点云数据处理、现场智能放样、智慧工地等领域做出有借鉴意义的尝试；

（2）自主软件研发：基于 BIM 设计、出图、施工管理等工作，研发了插件管理平台、饰面材料下单、模型检查报告工具、机电管线综合、协同管理平台、BIM 知识库查询、族库管理平台、智慧工地管理平台、BIM 出图插件、编码算量、排版下单等多款软件，提高工程师的工作效率；

（3）全生命周期管理：基于云计算技术，搭建设计和施工阶段的智慧建造管理平台，以及运维阶段的客户运营管理平台、能效能耗运维管理平台、EHS 管理平台等智慧运行管理平台，从设计端开始制定信息编码规则，形成项目单体与整体、项目与政府智慧城市平台，形成数据联动；

（4）协同线上化：审核、沟通、施工管控、运维管理线上化，是未来跨区域、跨专业、跨项目协同工作必须面对的考验；

（5）管理智慧化：积极响应国家智慧城市的宏观政策，以 BIM 技术为起点和抓手，以信息化技术为核心驱动，利用大数据和人工智能全面提升企业的智慧管理能力，给其他项目的智慧化提供了良好的范本。

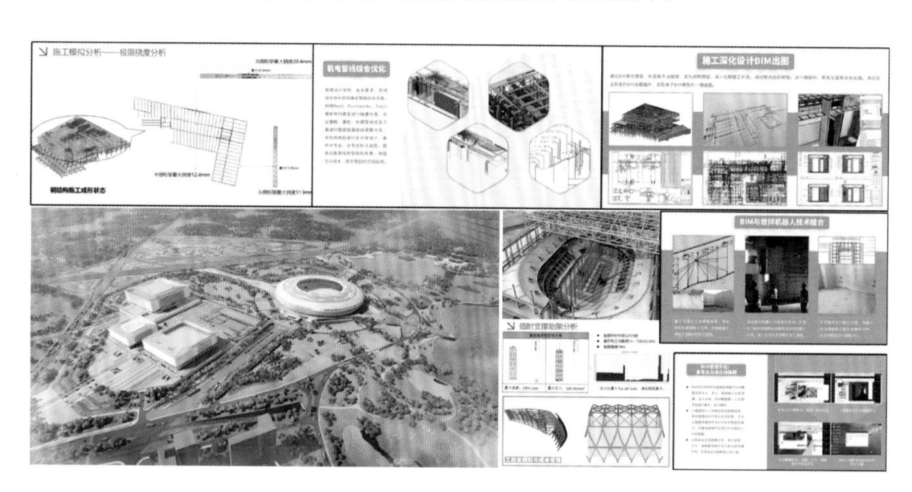